Safari-Verlag · Berlin

Weltraumfahrt

Harro Zimmer
A. F. Marfeld

Mit 12 ganzseitigen Farbtafeln,
118 Fotos auf Tafeln und 191 Textabbildungen

Die Abbildungen auf der Vorderseite des Schutzumschlags zeigen von unten nach oben neue Weltraumfotos von Erde, Jupiter und Saturn.
Auf der Rückseite ist das NASA-Modell der Voyager-Sonde abgebildet.

ISBN 3-7934-1402-7

Alle Rechte an Text, Statistiken, technischen Unterlagen
und dem Abbildungsmaterial vorbehalten
Fotomechanische Vervielfältigung von Text und Abbildungen
auch auszugsweise verboten
Copyright © 1978 by Safari-Verlag, Berlin
Satz: Universitätsdruckerei H. Stürtz AG, Würzburg
Druck und Bindearbeit: Welsermühl, Wels
Printed in Austria

Inhaltsverzeichnis

9 Der Schritt des Riesen – In zwanzig Jahren Sputnik bis Voyager

4. Oktober 1957: Ein neues Zeitalter beginnt – Der »kalte Krieg«: Triebfeder des Fortschritts – Militärische Raumfahrt: Garant des status quo – Eine kurze Bilanz der zwanzig Jahre Weltraumaktivitäten (1957–1977) – Noch immer weit vorn: USA und UdSSR, die beiden Technologiegiganten – China und Japan auf dem Weg zur Spitze – Raumfahrtqualifiziert und dennoch abhängig – Der »Satellitenclub« gewinnt neue Mitglieder: Osteuropa – Raumfahrttechnik gleich ständige Evolution – Der »Griff nach den Sternen« oder »Zurück zur Erde«? – Etwas Statistik

31 Physikalische Grundlagen der Astronautik

Galilei und der schiefe Turm von Pisa – Was ist eigentlich Schwerkraft? – Isaac Newton tut den zweiten Schritt – Die drei Axiome – Das Gravitationsgesetz – Geschwindigkeit und Beschleunigung – Die drei berühmten Gesetze Keplers – Was ist 1 g? – Geometrie im Sonnensystem – Raumflugbahnen zu den Planeten und das »Kosmische Billard« – Die Physik des Albert Einstein – Flug zu anderen Sternsystemen

63 Raketenantriebe heute und morgen

Warum Raketen eigentlich fliegen – Flüssige und feste Treibstoffe – Elektrische und nukleare Antriebe – Mit dem Sonnensegel durch den interplanetaren Raum?

91 Trägerraketen in Ost und West

Sowjetische Trägerraketen – Amerikanische Trägerraketen – Die »Billigrakete« des Lutz Kayser – Europas Trägersystem Ariane – Japanische Trägerraketen

147 Der Wiederverwendbare Raumtransporter

Das dritte Raumfahrt-Jahrzehnt: Der Space Shuttle gibt sein Debut – Frühe Ideen für ein wiederverwendbares Fluggerät – Der Orbiter als bemanntes Raumfahrzeug – Energieversorgung und Datenübertragung – Der typische Ablauf einer Raumtransporter-Mission

165 Der Flugkörper in der Bahn

Von der Orientierung im Raum – Die stabile Fluglage: Voraussetzung für das Gelingen jeder Mission – Astronavigation – Flugführung und Flugüberwachung – Flugbahnen zu den Planeten – Die Rückkehr zur Erde

193 Erdsatelliten und Raumsonden: Etwas zur Technik

Die Energieversorgung von Raumflugkörpern – Maßgeschneidert oder Baukastenprinzip? – Nukleare Energiequellen – Der amerikanische Vorsprung: Zuverlässigkeit und Langlebigkeit – Die sowjetische »Sicherheits«-Philosophie

203	Satelliten und Spacelab: Von der Grundlagenforschung zur Anwendung	Die Umgebung der Erde – Forschungsalltag der Satelliten – Sternwarten in der Umlaufbahn – Wetter-Satelliten: Revolution der Meteorologie – Kommunikations-Satelliten – Erderkundung aus der Satelliten-Perspektive – Spacelab
237	Der Weg zum Mond	Die frühen Versuche der UdSSR – RANGER, SURVEYOR, LUNAR ORBITER – Höhepunkte des sowjetischen Lunasonden-Programms – Projekt Apollo: Das bisher größte wissenschaftlich-technische Unternehmen in der Geschichte der Menschheit
271	Die bemannte Raumstation: Skylab und Saljut	Raumstation: Projekt zwischen Wunsch und Wirklichkeit – SKYLAB setzt in vieler Hinsicht Maßstäbe – Sonnenbeobachtungen – Der Komet Kohoutek – Erdbeobachtungen – Werkstoffherstellungs-Prozesse – SALJUT: Es begann mit einer Katastrophe
287	Apollo-Sojus: Mehr als eine Demonstration guten Willens	Die Entwicklung der Raumfahrtkooperation zwischen den USA und der UdSSR – Der gemeinsame Flug des Jahres 1975 – Eine Shuttle-Saljut-Mission?
295	Der Vorstoß zu den Planeten	Konzept der Programme – Von MARINER bis VIKING – PIONEER 10 und 11 – Das Viking-Programm – Die Landegebiete – Die Viking-Experimente – Das Pioneer-Venus-Programm – Die Erforschung des sonnennahen Raums mit Helios – Der Vorstoß in den interplanetaren Raum: Und morgen ...?
361	Raumfahrt zur Jahrtausendwende	
372	Nachwort	
373	Sachregister	

Der Schritt des Riesen –
in zwanzig Jahren Sputnik bis Voyager

4. Oktober 1957: Ein neues Zeitalter beginnt

Die Geschichte der Raumfahrttechnik dieses Planeten – auf welches Datum werden einst die Historiker die Stunde Null legen? Wann wurde erstmals das technische Gerät vorgestellt, das tatsächlich für sich in Anspruch nehmen konnte, den ersten Schritt auf dem Wege zur Überwindung derjenigen Fesseln darzustellen, die den Menschen für immer an seine kosmische Heimat zu binden schienen? War es der 3. Oktober 1942 oder der 4. Oktober 1957?
Am 3. Oktober 1942 vollführte die erste Großrakete der Welt, das deutsche »Aggregat 4 (A 4)«, später von der nationalsozialistischen Propaganda »Vergeltungswaffe 2 (V 2)« genannt, von Peenemünde an der Ostseeküste aus ihren ersten erfolgreichen Flug. Zum ersten Mal überbrückte in der Geschichte der Technik ein raketengetriebener Flugkörper eine Entfernung von 192 km, wobei die Scheitelhöhe der ballistischen Bahn rund 90 km betrug. Im Zeitalter der Großraketen ist es lehrreich, sich einmal die Abmessungen der A 4 zu vergegenwärtigen. Die Rakete war 14 m lang, mit einem Durchmesser von 1,65 m, der über den Flossen 3,55 m erreichte. 4 000 kg betrug das Leergewicht der A 4, aufgetankt und startfertig rund 14 000 kg. An Nutzlast einschließlich Instrumenten und Kontrollsystemen vermochte die A 4 bis zu 1000 kg zu transportieren. Die weitaus dominierenden Bauelemente des Raketenkörpers waren die beiden großen Tanks. Der eine faßte 5000 Liter 75 %igen Äthylalkohol als Brennstoff, der andere Tank enthielt 5 000 kg flüssigen Sauerstoff als Oxydator. 68 Sekunden lang brannte das Treibstoffgemisch im Raketenmotor, lieferte einen Startschub von 26 Mp und eine Brennschlußgeschwindigkeit von 5 600 km/h. Strahlruder unmittelbar hinter der Öffnung der Raketenschubdüse sorgten durch Umlenkung des heißen Gasstrahls für die Steuerung des Flugkörpers. Außerdem war die A 4 zusätzlich noch mit aerodynamischen Rudern ausgestattet. 25 Sekunden nach dem Start war die Schallgeschwindigkeit erreicht; in 22 000 m Höhe erfolgte der Brennschluß. Von da bewegte sich die Rakete auf der ballistischen Bahn in antriebslosem Flug, maximal die Geschwindigkeit Mach 3 erreichend. Die Steuerung erfolgte über Funkkommando oder automatisch. Auch ein modernes Element der modernen Raumfahrttechnologie finden wir bereits bei der A 4: Ein Kreiselreferenzsystem. Es bleibt jedoch festzuhalten, daß die A 4 eine Waffe war, von der im zweiten Weltkrieg rund 5 500 Exemplare gestartet wurden, von denen nur 4 400 ihr Ziel erreichten. Das ändert jedoch nichts an der Tatsache, daß dieser Flugkörper gleichsam in West und Ost zur Stamm-Mutter aller Flüssigkeitsraketen wurde. Aus der Konkursmasse des 3. Reichs starteten nach 1945 Dutzende von A 4-Raketen in den Vereinigten Staaten und in der Sowjetunion und gaben damit jenen Impuls weiter, der am 3. Oktober 1942 nicht nur die technische Welt verändert hat.

Das zweite Datum ist bereits zum festen Bestandteil der Geschichtsbücher geworden und markiert im wörtlichen Sinne den Beginn des Raumfahrtzeitalters: Der 4. Oktober 1957 – Fast auf den Tag genau 25 Jahre nach dem ersten erfolgreichen Start der A 4 in Peenemünde. Kein Atlas verzeichnete damals die kleine trostlose Steppensiedlung Tyuratam am Fluß Syr-Darja, in Kasachstan gelegen, von der aus in der Abenddämmerung des 4. Oktober 1957 der erste von Menschenhand geschaffene Erdsatellit »Sputnik 1« auf die Reise ging. Bis heute trägt jenes Startgelände das bewußt irreführende Etikett Baikonur, doch darüber später mehr.

Völlig überraschend kam der Start eines Satelliten nicht: Im Rahmen des Internationalen Geophysikalischen Jahres 1957/58, in dem ausführlich die Erde, ihre Atmosphäre und Magnetosphäre und die solar-terrestrischen Beziehungen erkundet werden sollten, war der Einsatz von Erdsatelliten angekündigt worden. Die Vereinigten Staaten hatten bereits konkrete Pläne vorgelegt und weltweit den Aufbau eines Ortungs- und Beobachtungsnetzes vorangetrieben. Entsprechende Ankündigungen der UdSSR, übrigens recht detailliert, hatte man im Westen ignoriert oder als bloße Propaganda abqualifiziert; eine Fehleinschätzung, die – speziell im militärischen Bereich – noch erhebliche Konsequenzen haben sollte. Die Amerikaner hatten das Satellitenprojekt ausgerechnet in die Hände jener Waffengattung gegeben, die über die geringsten Erfahrungen in der Raketentechnologie verfügte: Die US-Navy. Sie hatte ohnehin nur an einen Mini-Satelliten gedacht, der mehr der Demonstration des kühnen Vorhabens dienen sollte. Die UdSSR hatte das Unternehmen Sputnik 1 psychologisch geschickt durchdacht: Amerikas erster Kunstmond sollte seine Signale über einen verhältnismäßig schwachen Sender auf der UKW-Frequenz von 108 Mhz abstrahlen, was damals Spezialempfänger und einen gewissen Antennenaufwand erforderte. Sputnik 1 hingegen sendete sein charakteristisches Piep-Piep auf der Kurzwelle von 20,0 Mhz, auf einer Frequenz also, die ohne Probleme mit herkömmlichen Kurzwellen-Empfängern aufgenommen werden konnte. Zahlreiche Funkamateure und Monitorstationen überall auf der Welt konnten so bereits am 5. Oktober 1957 die Signale auffangen und dadurch den Tatbestand erhärten, der auf ungläubiges Erstaunen gestoßen war. Dazu hatte auch die Massenangabe beigetragen: 83,6 kg. Eine Zahl, von der die Experten sofort behaupteten, hier müsse das Komma falsch gesetzt worden sein. Der Satellit könne doch höchstens etwa 8 kg wiegen. Der eigentliche Sputnikschock traf die Welt erst rund vier Wochen später, nämlich als Sputnik 2 mit der Hündin Laika an Bord und einer Masse von 508 kg am 3. November 1957 gestartet wurde. Diese Nutzlastkapazität erschien selbst noch den Männern um Wernher von Braun damals als atemberaubend...

Welches Datum also sollen wir wählen? Den Tag des erfolgreichen Jungfernfluges der ersten Großrakete in der Geschichte – oder jenen Tag, an dem es Menschen zum ersten Mal gelang, der Erde einen »künstlichen Mond« beizugesellen? Stellt man sich auf den Standpunkt, daß für die Raumfahrt die Trägerrakete das Primäre ist, die es überhaupt erst möglich macht, Nutzlasten in die irdische Hochatmosphäre oder in den Raum zu befördern, mag man sich für den 3. Oktober 1942 entscheiden. Wer aber meint, ganz streng den Tag fixieren zu müssen, an dem der erste Schritt aus der Bannmeile unseres Lebensraumes hinaus getan wurde, wird für den 4. Oktober 1957 optieren. Beide Daten haben also gewichtige Argumente für sich zu beanspruchen. Wollen wir jedoch den Titel dieses Buches »Weltraumfahrt« in vollem Sinne seiner Bedeutung als Maßstab heranziehen, dann sollten wir den 3. März 1972 als wahrhaft historischen Meilenstein setzen: An jenem Tag wurde die amerikanische Jupitersonde Pionier 10 gestartet, die als erstes Zeugnis irdischer Technik und menschlichen Wissens das Sonnensystem verlassen und in die Weiten der Milchstraße vorstoßen wird.

Fest steht jedoch, daß mit dem 4. Oktober 1957 eine wahrhaft explosive Entwicklung einsetzte, die ihresgleichen in der Geschichte sucht und bis heute unvermindert anhält. Die Raumfahrt ist nach zwei Dekaden nunmehr ein integraler Bestandteil unseres täglichen Lebens geworden, auch wenn es noch immer Technik-Gegner gibt, die meinen, das Rad der Geschichte zurückdrehen zu können. Es kann vielmehr behauptet werden, daß allein die Raumfahrttechnologie, gepaart mit menschlicher Vernunft und Einsicht, die Lösung jener Probleme bringen kann, die in den nächsten Jahrzehnten auf uns zukommen werden und die Existenz der menschlichen Gesellschaft gefährden könnten. Sei es die optimale Erschließung der mineralischen Rohstofflager, das globale Management der Nahrungsmittelreserven oder die weltweite Vermittlung von Wissen, Erfahrung und der Anleitung zur Selbsthilfe: Die notwendigen Methoden hat die Raumfahrt bereitgestellt. Es gilt, sie klug zu nutzen. Für die Industrienationen schließlich ist es eine wirtschaftliche und technologische Überlebensfrage, der Erhalt der internationalen Konkurrenzfähigkeit, der geradezu eine breite Basis von Forschung und Entwicklung auf dem Gebiet der Raumfahrttechnik erzwingt.

Der »kalte Krieg«: Triebfeder des Fortschritts

So paradox es klingt: Das Geheimnis des Erfolges der Raumfahrttechnologie liegt in ihrer Doppelgesichtigkeit begründet: Die Rakete war immer eine Waffe und wird es – leider – noch lange bleiben. Die Entwicklung, die nach 1945 vor allem in den Vereinigten Staaten und in der Sowjetunion einsetzte, war zunächst auch nur die konsequente Weiterverfolgung des Weges, der in Peenemünde eingeschlagen wurde: Die Realisierung eines tödlichen Waffensystems, dessen makabre Effektivität durch die Entwicklung nuklearer Sprengköpfe ins Gigantische gesteigert worden ist. Das Spannungsverhältnis zwischen den beiden Supermächten, der »Kalte Krieg« insbesondere in den Jahren 1955–1965, war zweifellos die Triebfeder des technologischen Fortschritts, auch im zivilen Bereich und speziell in der Raumfahrt. Da war zuerst der Zwang, schubstarke Trägerraketen von hoher Zuverlässigkeit und großer Reichweite zu haben, mit denen man einen nuklearen Sprengkopf in jeden Winkel der Erde tragen konnte. Dazu gehörte ein Mindestmaß an autonomer Elektronik, die eine zuverlässige Flugführung über zehntausende von Kilometern gewährleistete. Um die Aktion eines möglichen Angreifers rechtzeitig zu erkennen, benötigte man ein ausgeklügeltes Radarsystem zur Frühwarnung, verbunden mit einem Hochleistungscomputer, der schneller als die Rakete flog, ihre Bahn und das anvisierte Zielgebiet berechnen konnte. Zum Schuß einer Interkontinentalrakete gehörte, wenn er sein Ziel mit verderbenbringender Präzision erreichen sollte, Wissen über die Hochatmosphäre, über die örtliche und zeitliche Änderung ihrer Dichte, Wissen über das Eintrittsverhalten eines Flugkörpers in die dichteren Luftschichten. Die ersten Verfahren der Funkleitsteuerung über große Distanzen benutzten, speziell in der UdSSR, Kurzwellenfrequenzen, deren kapriziöses Ausbreitungsverhalten auch nur in groben Zügen bekannt war. Kurzum: Allein die volle Nutzung des militärischen Aspektes der Raketentechnik erforderte ein erhebliches Maß an Grundlagenwissen über die irdische Hochatmosphäre.

Da waren – zumindest um die Mitte der fünfziger Jahre – die nicht a priori zu ignorierenden Überlegungen zur Nutzung der erdnahen kosmischen Umgebung als strategisches Aufmarschgebiet: Der Krieg im und aus dem Weltraum gehörte damals mit zu den »Sandkastenspielen« der Militärs. Sehr schnell bereits erkannte man jedoch in den USA und der UdSSR, daß die größeren Chancen der kommenden Raketen- und Raumfahrttechnologie auf der defensiven Seite lagen: in der Aufklärung, der Frühwarnung, der Kommunikation und der Navigation. Nicht leicht ist – selbst nach zwanzigjähriger zeitlicher Distanz – die Frage zu beantworten, ob Russen oder Amerikaner schon 1956/57 die immense publizistische und propagandistische Wirkung des Raumfahrtgeschehens vorausgesehen haben. »Erfolge in der Raumfahrt = Überlegeneres Gesellschaftssystem«, diese Meinung beherrschte über ein Jahrzehnt die Raumfahrtplanung in Ost und West. Diese trügerische Devise hat das Tempo der Entwicklung entscheidend bestimmt. Die anfängliche Überlegenheit der Sowjets in der Nutzlastkapazität ihrer Raketen zwang die Amerikaner zur forcierten Entwicklung der Mikro-Elektronik, um in den von Nikita Chruschtschow als »Pampelmusen« oder »Fußbälle« verspotteten Minisatelliten ein Höchstmaß an Experimenten und Kontrollsystemen unterzubringen. Jener Vorzug der UdSSR-Satellitenkonstrukteure, nicht mit dem Kilogramm geizen zu müssen, hat sich als schwere Hypothek erwiesen, der die Sowjets in der Mikro-Elektronik mit all ihren technologischen Konsequenzen, bis hin zur Computer-Entwicklung, auf Jahre hinter die Amerikaner zurückfallen ließ.

Die Konzentration des sowjetischen Raumfahrtprogrammes in den Jahren 1957 bis 1966 auf spektakuläre Erstleistungen ging eindeutig zu Lasten der Evolution einer breiten Anwendungstechnologie. Während man in der UdSSR unter Anspannung aller Kräfte auf den ersten Raumflug eines Menschen hinarbeitete, machten die gelungenen Starts amerikanischer Wetter- und Navigationssatelliten, die ersten erfolgreichen Kommunikationsexperimente über die kosmische Funkbrücke weltweit kaum Schlagzeilen. Heute, mehr als anderthalb Jahrzehnte nach Juri Gagarins historischer Erdumkreisung, haben Moskaus Kunstmond-Pioniere erhebliche Fortschritte auf dem Gebiet der Anwendungssatelliten gemacht, doch weder in der Qualität noch in der Quantität das Leistungsniveau der USA auch nur annähernd erreicht. Das sei hier ohne Polemik als historisches Fazit festgestellt. Im Verlauf der weiteren Ausführungen wird sich dieses Faktum dem unvoreingenommenen Leser von selbst erschließen.

Beenden wir den kurzen Exkurs in jene Jahre, in denen die Weichen für die Raumfahrt von heute gestellt wurden und die viel facettenreicher sind, als hier angedeutet werden kann, mit der Beleuchtung eines bislang wenig beachteten Aspekts: In beiden Nationen wurde ein entscheidendes Stück Raumfahrtgeschichte von herausragenden Persönlichkeiten geschrieben: In der Sowjetunion von Sergei Pawlowitsch Koroljow (1906–1966), der nicht nur der geniale Raumschiff-, Satelliten- und Raketenkonstrukteur war, sondern auch Vaterfigur für die erste Kosmonautengeneration. 1966, nach dem Tode Koroljows, war der Bruch in der sowjetischen Raumfahrtentwicklung nicht zu übersehen. Weit populärer als der Russe, der zur Zeit des Höhepunkts seines Schaffens aus Gründen der Geheimhaltung anonym bleiben mußte, ist sein deutsch-amerikanisches Gegenstück Wernher von Braun (1912–1977). Sein beinahe missionarischer Eifer verhalf der Raumfahrtidee in den Vereinigten Staaten zum entscheidenden Durchbruch. Mehr noch: Von Braun war die kongeniale Persönlichkeit, die die kühne Herausforderung Präsident Kennedys an die Nation, den bemannten Mondflug zu realisieren, in eine technische Aktion umsetzte, die bis heute noch kein Gegenstück gefunden hat. Koroljow und von Braun – wie verschieden auch immer ihre technologische Breitenwirkung und ihr Einfluß auf die farbige Palette der Raketen- und Weltraumaktivitäten in der UdSSR bzw. den USA letztlich waren – haben als singuläre Zeiterscheinungen Akzente gesetzt. Heute dominiert das Team oder Kollektiv, das weder in West noch Ost zu sonderlich kühnen Taten inspirieren kann. Hier soll keinesfalls der genialen »Führernatur« nachgetrauert werden, das wäre bei der komplexen Materie ein Anachronismus. Festzuhalten bleibt, daß nach dem Ende der Ära Koroljow/von Braun die Raumfahrt ein anderes Gesicht bekommen hat, in dem von der Vision der Eroberung des Weltraums zur Zeit nicht viel zu erkennen ist.

Bevor wir uns an eine ausführliche Bestandsaufnahme der zwei Jahrzehnte Beschäftigung mit Raketen, Satelliten, Raumschiffen und Weltraumsonden wagen, zunächst noch ein Wort zur militärischen Raumfahrt, die uns noch umfassender beschäftigen wird. Offensichtlich sind auch heute die absurden Vorstellungen über diesen Bereich des Metiers, die Klischees, gemischt aus der Mentalität von Spionage-Thrillern und bewußt lancierten Halbwahrheiten, noch immer nicht auszurotten. Unbestreitbar, daß wie in der modernen Waffentechnologie auch, strikte Geheimhaltung in den Details oberster Grundsatz auch in der Raumfahrt des militärischen Bereichs ist. Dennoch sind für die Kenner der Materie weder die Grundzüge der Programme noch der jeweilige technische Entwicklungsstand ein Buch mit sieben Siegeln: Raumfahrtaktivitäten vollziehen sich nun einmal vor den Augen der Öffentlichkeit, kein Manöver bleibt verborgen. Die Überwachung der Funksignale und die optische Verfolgung militärischer Raumflugkörper ist fast schon zu einem intellektuellen, allerdings etwas kostspieligen Sport geworden. Grundsätzliches ist also kaum noch zu verbergen. Die Interpretation des beobachteten Geschehens ist mehr oder weniger eine Frage der Erfahrung und des analytischen Scharfsinns. Hinzu kommt, daß die gezielte Indiskretion über den Leistungsstand des anderen fast schon zu den Spielregeln des Geschäfts gehört.

Militärische Raumfahrt: Garant des status quo

Drei Thesen zum Komplex der militärischen Raumfahrt sollen hier hervorgehoben werden. 1) Ihre Existenz in den USA und der Sowjetunion hat den bewaffneten Konflikt zwischen den beiden Giganten verhindert und ist heute der Garant des status quo. Abkommen über die Rüstungsbegrenzung sind nur durch die Politik des »Offenen Himmels«, also durch die Satellitenaufklärung möglich. 2) Die absolute Spitze der Innovation finden wir stets in der militärischen Raumfahrt. Sie hat fast immer nach einer gewissen Zeit ihren Eingang in den zivilen Bereich gefunden, hat also entscheidende Schrittmacherfunktion. Als Beispiel sei nur an die Erd- und Umwelterkundung erinnert, die aus der militärischen Satellitenaufklärung hervorgegangen ist. 3) Der wissenschaftliche Datenfluß aus der militärischen Raumfahrt ist außerordentlich weit gefächert und meist von hoher Qualität. So verfügen die Militärs in den Vereinigten Staaten über ein eigenes Wettersatellitensystem, mit entsprechender zentraler Datenverarbeitung zur globalen numerischen Wettervorhersage. Oder – um ein anderes Beispiel herauszugreifen: Auch über das »kosmische Wetter«, über die Wechselwirkung zwischen der Sonnenaktivität und der irdischen Atmosphäre und Magnetosphäre also – steht der US Air Force 24 Stunden lang – rund um die Uhr – mit Satelliten und erdgebundenen Beobachtungstechniken ein laufender Informationsfluß zur Verfügung. Mehr und mehr werden diese wissenschaftlichen Resultate – zumindest in den USA – der Allgemeinheit zugänglich gemacht.

Eine kurze Bilanz der zwanzig Jahre Weltraumaktivitäten (1957–1977)

Bis zum 30. September 1977 – also in zwanzig Raumfahrtjahren – haben die Vereinigten Staaten für ihre gesamten Weltraumaktivitäten rund 94 Milliarden Dollar ausgegeben und mehr als eine halbe Million Menschen direkt in ihren Raumfahrtprojekten beschäftigt. Entsprechende Zahlen für die UdSSR liegen nicht vor, da der Posten »Raumfahrt« weder im jährlichen Staatshaushalt noch in den »Fünfjahresplänen« direkt ausgewiesen wird. Die meisten Analytiker sind jedoch darin einig, daß die entsprechenden Ausgaben beider Staaten halbwegs vergleichbar sind. Es ist sinnvoll, anzumerken, daß zwar 94 Milliarden Dollar eine vordergründig beeindruckende Summe ist: Wenn man jedoch nur die Werbeetats einiger großer amerikanischer Getränkefirmen oder anderer Industriekonzerne über die Jahre 1957 bis 1977 aufsummiert, sieht man, daß die Größenordnungen ähnlich sind. Oder ziehen wir den US-Verteidigungshaushalt als Vergleichsgröße heran: Hieran gemessen, sind die Raumfahrtausgaben ausgesprochen bescheiden zu nennen.

Eine erste Bilanz von zwanzig Jahren Raumfahrt ist noch immer eine Aufrechnung der Erstleistungen der beiden Technologiegiganten USA und UdSSR. Einige tabellarische Gegenüberstellungen – sie basieren auf dem US-Congress-Document 77–99 SP (1977) – vermitteln einen plastischen Eindruck. Sehen wir uns zunächst den wissenschaftlichen Bereich an:

Tabelle 1

USA			UdSSR		
Ereignis	Satellit	Startdatum	Ereignis	Satellit	Startdatum
Van Allen-Strahlungsgürtel	Explorer 1	1.2.1958	Geophysikalisches Labor in Umlaufbahn	Sputnik 3	15.5.1958
Vermessung der Erdgestalt	Vanguard 1	17.3.1958	Photos von der Mondrückseite	Luna 3	4.10.1959
Sonnen-Observatorium im Orbit	OSO 1	7.3.1962	Messung der kosmischen Strahlung	Proton 1	16.7.1965
Meßdaten von der Venus	Mariner 2	27.8.1962	Bilder von der Mondoberfläche	Luna 9	31.1.1966
Geodätischer Satellit	Anna 1 b	31.10.1962	Festigkeitsmessungen des Mondbodens	Luna 13	21.12.1966
Nahaufnahmen vom Mond	Ranger 7	28.7.1964	Sondierung der Venusatmosphäre	Venera 4	12.6.1967
Mars-Bilder	Mariner 4	28.11.1964	Automatische Rückführung von Mondgestein	Luna 16	12.9.1970
Bilder aus dem Mondorbit	Lunar Orbiter 1	10.8.1966	Automatisches Mondmobil	Luna 17	10.11.1970
Graben im Mondboden	Surveyor 3	17.4.1967	Analyse des Venusbodens	Venera 8	27.3.1972
Farbbild der Vollerde	DODGE	1.7.1967	Bild der Venusoberfläche	Venera 9	8.6.1975
Chemische Analyse des Mondbodens	Surveyor 5	8.9.1967			
Punktstabilisierte Sternwarte im Orbit	OAO 2	7.12.1968			
TV-Direktübertragung aus dem Mondorbit	Apollo 8	21.12.1968			
Rückführung von Mondgestein	Apollo 11	16.7.1969			
Langlebens-Meßstationen auf dem Mond	Apollo 12	14.11.1969			
Farbbilder vom Jupiter	Pionier 10	3.3.1972			
Radioteleskop auf der Mondrückseite	Explorer 49	10.6.1973			
Vollbilder der Venus	Mariner 10	3.11.1973			
Merkur-Bilder	Mariner 10	3.11.1973			
Sonnensonde	Helios 1	10.12.1974			
Bilder von der Marsoberfläche	Viking 1	22.8.1975			
Nachweis von heißem, intergalaktischem Gas	HEAO 1	22.8.1977			

Auch der Blick auf den Bereich »Anwendung« in der Raumfahrt läßt einiges von der Spannweite der Entwicklung in den zwei Jahrzehnten Astronautik ahnen. Allerdings ist die Definition des Begriffes »Anwendung« etwas willkürlich. Was der Leser in der folgenden Tabelle zu vermissen scheint, mag unter einer anderen Rubrik der bemerkenswerten Erstleistungen zu finden sein.

Tabelle 2

USA			UdSSR		
Ereignis	Satellit	Startdatum	Ereignis	Satellit	Startdatum
Aktive Kommunikation	Score	18.12.1958	Regionales Kommunikationssystem	Molniya 1-1	23.4.1965
TV-Bilder aus dem Weltraum	Explorer 6	7.8.1959	»Orbitalbombensystem«	Kosmos 139	25.1.1967
Wettersatellit	Tiros 1	1.4.1960	»Killersatellitensystem«	Kosmos 249	20.10.1967
Navigationssatellit	Transit 1 B	13.4.1960	Ozean-Überwachung mit Radar	Kosmos 402	1.4.1971
Raketen-Frühwarnung	Midas 2	24.5.1960			
Passive Kommunikation	Echo 1	12.8.1960			
Kernexplosionsnachweissystem	Vela Hotel	17.10.1963			
Aufklärungssystem mit Rückführung	Discoverer 13	10.8.1960			
Erderkundungssatellit	ERTS 1	23.7.1972			
Geostationärer Wettersatellit	SMS 1	17.5.1974			

Noch immer weit vorn: USA und UdSSR, die beiden Technologiegiganten

Noch immer ist auch die bemannte Raumfahrt eine Domäne der beiden Supermächte. Natürlich kann man bereits heute sagen, daß mit an Sicherheit grenzender Wahrscheinlichkeit mit dem SPACELAB Mitte 1980 und mit einem amerikanischen Trägerfahrzeugsystem, dem Space Shuttle, europäische Astronauten im Erdorbit arbeiten werden. Vermutlich werden vor ihnen jedoch als Besatzungsmitglieder sowjetischer Sojus-Flüge oder von Saljut-Raumstationen Kosmonauten aus der DDR, nach den erfolgreichen Flügen ihrer Kollegen aus der CSSR und Polen, ihr Debüt gegeben haben. Die einzige Nation, die von sich aus in der Lage ist, eigenständig bemannte Raumschiffe in absehbarer Zukunft zu starten, dürfte die Volksrepublik China sein, doch darüber später mehr.

In der folgenden Tabelle sind die bedeutendsten Erstleistungen der bemannten Raumfahrt und der Biosatelliten-Technik zusammengestellt.

Tabelle 3

USA			UdSSR		
Ereignis	Satellit	Startdatum	Ereignis	Satellit	Startdatum
Bemanntes Orbitalmanöver	Gemini 3	23.3.1965	Biosatellit	Sputnik 2	3.11.1957
Kontrollierte Außenbordaktivität	Gemini 4	3.6.1965	Rückführung von Lebewesen	Sputnik 5	19.8.1960
Bemanntes Rendezvous im Orbit	Gemini 6, 7	4.12.1965	Bemannter Raumflug	Vostok 1	12.4.1961
Bemanntes Docking	Gemini 8/Agena	16.3.1966	Flug mit Mehrfachbesatzung	Voskhod 1	12.10.1964
Bemannte Mondumrundung	Apollo 8	21.12.1968	Außenbordaktivität	Voskhod 2	18.3.1965
Atmosphäreneintritt nach Mondflug	Apollo 8	21.12.1968	Mondumrundung mit Rückführung von Lebewesen	Zond 5	21.9.1968
Rendezvous im Mondorbit	Apollo 10	18.5.1969	Besatzungstransfer zwischen Raumschiffen	Sojus 4/5	14.1.1969
Mondlandung und Rückkehr	Apollo 11	16.7.1969	18 Tage-Flug	Sojus 9	1.6.1970
Punktlandung auf dem Mond	Apollo 12	14.11.1969	Raumstation	Saljut 1	19.4.1970
Bemanntes Mondmobil	Apollo 15	26.7.1971	23,75 Tage-Flug	Sojus 11	6.6.1970
28 Tage-Flug	Skylab 2	25.5.1973	Internationale Kopplung	Sojus 19	15.7.1975
59,3 Tage-Flug	Skylab 3	28.7.1973	Kopplung dreier Raumschiffe und 1. Versorgungs-Raumschiff	Saljut 6 Sojus 26 und Sojus 27 Progress 1	Dezember/Januar 1977/78
84 Tage-Flug	Skylab 4	16.11.1973			
Internationale Kopplung	Apollo/Sojus	15.7.1975	97 Tage-Flug	Sojus 26/Saljut 6	Dezember/März 1977/78

Bisher nicht aufgeführt haben wir jene Aktivitäten, die als Höhepunkte der »Astronautik« und der Antriebstechnologie bezeichnet werden müssen. Auch hier gibt es eine stattliche Liste von beachtlichen Leistungen, die noch vor zwanzig Jahren kaum jemand zu prophezeien wagte; zumindest nicht, daß sie innerhalb von nur zwei Dekaden Wirklichkeit werden.

Tabelle 4

USA			UdSSR		
Ereignis	Satellit	Startdatum	Ereignis	Satellit	Startdatum
Mehrfach-Satellitenstart	Transit/Solrad	22.6.1960	Raumflug	Sputnik 1	4.10.1957
Nutzlastrückführung	Discoverer 13	10.8.1960	Erreichen der Fluchtgeschwindigkeit	Luna 1	2.1.1959
Geosynchron-Satellit	Syncom 2	26.7.1963	Harte Mondlandung	Luna 2	12.9.1959
Wasserstoff-Oberstufe	Centaur 2	27.11.1963	Orbitale Sondenplattform	Venera 1	12.2.1961
Manöver eines gekoppelten Raumschiffsystems	Gemini 10/Agena	18.7.1966	Venus-Vorbeiflug	Venera 1	12.2.1961
			Mars-Vorbeiflug	Mars 1	1.11.1962
			Weiche Mondlandung	Luna 9	31.1.1966
Mondrückkehrgeschwindigkeit	Apollo 4	9.11.1967	Mond-Orbiter	Luna 10	31.3.1966
Wiedereintritt mit konstanter Abbremsung	Apollo 8	21.12.1968	Automatische Kopplung	Kosmos 186 Kosmos 188	27.10.1966 29.10.1966
			Nutzlastrückführung aus Monddistanz	Zond 5	21.9.1968
Mars-Orbiter	Mariner 9	30.5.1971	Skip-Eintritt einer Nutzlast aus der Mondumgebung	Zond 6	10.11.1968
Jupiter-Vorbeiflug	Pionier 10	3.3.1972			
Sonnensystem-Entweichkurs	Pionier 10	3.3.1972	Weiche Venuslandung	Venera 8	17.7.1970
Venus/Merkur-Vorbeiflug	Mariner 10	3.11.1973	Harte Marslandung	Mars 2	19.5.1971
Jupiter/Saturn-Vorbeiflug	Pionier 11	5.4.1973	Weiche Marslandung	Mars 3	28.5.1971
			Venus-Orbiter	Venera 9	18.6.1975

Ergänzen wir die Bilanz der großen Erstleistungen der beiden führenden Raumfahrtnationen USA und UdSSR durch eine wichtige, meist jedoch unerwähnt bleibende Kategorie: Die Systeme zur Energieversorgung.

Tabelle 5

USA			UdSSR		
Ereignis	Satellit	Startdatum	Ereignis	Satellit	Startdatum
Solarzellen	Vanguard 1	17.3.1958	Batteriestrom	Sputnik 1	4.10.1957
Isotopenbatterien	Transit 4A	29.6.1961			
Kernreaktor im Orbit	Snapshot 1	3.4.1965			
Brennstoffzellen	Gemini 5	21.8.1965			

Die technologische Bilanz der zwei Raumfahrtdekaden kann sich also sehen lassen und wird noch immer durch die beiden Giganten bestimmt, wenn auch andere Nationen oder Gruppen deutlich aufholen. Nicht zuletzt sind es die hohen finanziellen Aufwendungen der Vereinigten Staaten und der Sowjetunion für die Raumfahrt, die ihre Vormachtstellung zementieren. Wir erwähnten bereits die 94 Milliarden Dollar der USA für den Zeitraum von 1957 bis zum

30. 9. 1977. Darin stecken natürlich allein rund 24 Milliarden Dollar für das Apollo-Mondlandeprogramm. 1966 erreichte der US-Raumfahrtgesamt-Etat mit 7,7 Milliarden Dollar sein Maximum. Für das Haushaltsjahr 1977 stehen rund 5,8 Milliarden Dollar für den zivilen und den militärischen Bereich bereit. Auf das Bruttosozialprodukt (BSP) bezogen, war das 1966 ein Betrag von 1 %; gegenwärtig sind es etwa 0,33 %. Konkrete Zahlen für die UdSSR liegen, wie gesagt, nicht vor. Die Größenordnungen sind jedoch vergleichbar. Das BSP der Sowjetunion ist etwa halb so groß wie das der Vereinigten Staaten: Vermutlich gibt die UdSSR knapp 2 % ihres Bruttosozialproduktes für alle Raumfahrtbereiche jährlich aus.

Gegenwärtig sind in den Vereinigten Staaten rund 150 000 Menschen an Raumfahrtprojekten und in der operationellen Abwicklung der Programme beschäftigt. Mitte der 60ziger Jahre dürften es rund 600 000 Beschäftigte gewesen sein. Will man auch hier einen Vergleich mit der Sowjetunion anstellen, so bleibt festzuhalten, daß gegenwärtig mindestens eine halbe Million Menschen in der sowjetischen Raumfahrt tätig sind, soviel also wie in Amerikas produktivsten Zeiten. Wir werden noch öfter Vergleiche zwischen diesen beiden Nationen anstellen müssen, denn sie haben Maßstäbe und Bezugsgrößen gesetzt, die uns zur Orientierung dienen können, wenn die Aktivitäten der anderen Staaten und die Zukunftsentwicklung beurteilt werden sollen.

China und Japan auf dem Weg zur Spitze

Wer ist nun die Nummer Drei auf der »Raumfahrtplatzliste«? Eine gewichtige Elle ist die Existenz eigener Trägerraketen, die erst »raumfahrtmündig« macht. Drei Staaten sind es, die dieses Kriterium erfüllen: Frankreich, China und Japan. Allerdings ist dieser Raketenstatus nicht automatisch auch die Legitimation für eine hochentwickelte Raumfahrttechnologie, die in allen Sätteln perfekt ist: So haben die Japaner – um ein Beispiel herauszugreifen – mit einem großen Teil ihrer Satelliten, trotz ihres hohen Elektronikstandards, nicht immer eine glückliche Hand gehabt. Nationen wiederum, die nicht über eigene Raketen verfügen, ihre Satelliten mit amerikanischer oder auch sowjetischer Hilfe gestartet haben, so Italien, Kanada, Großbritannien, die Bundesrepublik oder die Niederlande, haben Vorzügliches auf dem Gebiet des Satellitenbaus geleistet, und auch hier sind nur einige Nationen stellvertretend herausgegriffen. Auch die Europäer als Gruppe, sei es noch unter dem Etikett ESRO oder der neuen Bezeichnung ESA, müßten in diesem Zusammenhang genannt werden. Trägerraketen allein sind eine – um es einmal mathematisch zu definieren – notwendige aber nicht hinreichende Bedingung, um eine relevante Rolle im »Weltraumclub« zu spielen.

Dem Raumfahrtpotential nach gebührt der dritte Rang nach den USA und der UdSSR zweifellos der Volksrepublik China. Sie startete am 24. April 1970 vom Versuchsgelände Shuang Cheng-tzu ihren ersten Satelliten mit einer Masse von 173 kg. Zur richtigen Einschätzung dieses Faktums seien die Nutzlast-Massen der anderen Nationen bei ihrem Erststart zusammengestellt: UdSSR (1957)

83,6 kg, USA (1958) 8,3 kg, Frankreich (1965) 41,7 kg, Australien (1967) 71,2 kg, Japan (1970) 38 kg, Großbritannien (1971) 65,8 kg. Der zweite chinesische Satellit folgte am 3. März 1971. Er wog 221 kg und stellte eine neue technologische Stufe dar. Das sei an einer Tatsache demonstriert, die selbst westlichen Raumfahrtexperten nur wenig geläufig ist. Einer der beiden im Kurzwellenbereich abstrahlenden Bordsender arbeitet zur Zeit (1. 6. 1978) noch immer einwandfrei. Das heißt, daß die Energieversorgung des Flugkörpers hervorragend ausgelegt ist. Das trifft auch auf die Spannungsregelung und -verteilung zu, denn selbst knapp 7 Jahre nach dem Start ist die nicht unbeträchtliche Sendeleistung kaum zurückgegangen, die Stabilität des Bordsenders ist nach wie vor ausgezeichnet, und auch in der Echtzeit-Mehrkanaltelemetrie sind keine Ausfälle zu verzeichnen.
Obwohl das Thema Trägerraketen in einem späteren Kapitel aufgegriffen wird, sei hier erwähnt, daß die erste Generation der chinesischen Raketen mit denen die Satelliten China 1 und 2 gestartet worden sind, aus ballistischen Mittelstreckenraketen entwickelt wurden, die man in den fünfziger Jahren von der UdSSR bekommen hatte. Es dauerte immerhin vier Jahre, bis der nächste chinesische Satellit folgte. Die relativ große Zeitspanne hat nicht nur technologische, sondern auch innenpolitische Gründe gehabt. Mit China 3 gab auch eine neue Trägerrakete ihren Einstand. Mit ihr war es möglich, einen rund 3500 kg (!) schweren Satelliten in eine nahezu kreisförmige, erdnahe Umlaufbahn zu bringen. Am 26. November und am 19. Dezember 1975 folgten dann zwei vergleichbar schwere Satelliten, von denen jeweils eine Nutzlast-Einheit weich zur Erde zurückgeführt werden konnte. Eine derartige Leistung war den Amerikanern mit Discoverer 13 am 11. August 1960 und den Sowjets mit Sputnik 5 am 20. August 1960 gelungen und war damit der entscheidende Schritt zur Aufklärung aus der Satellitenperspektive mit hochauflösendem Film und zur bemannten Raumfahrt. Das Jahr 1976 sah zwei weitere chinesische Weltraumexperimente: Den Forschungssatelliten China 6 gestartet am 30. August und den am 7. Dezember aufgelassenen und rückgeführten Aufklärungssatelliten China 7. 1977 gab es zwar keinen Start in der Volksrepublik; aus verschiedenen offiziellen Ankündigungen, so zum Beispiel der Beantragung von Satelliten-Funkfrequenzen bei der Internationalen Fernmeldeunion (ITU) in Genf, geht klar hervor, daß man in Peking für die kommenden Jahre große Pläne hat. Der bemannte Raumflug ist sehr wahrscheinlich nur eine Frage der Priorität. Vorrang dürfte jedoch die Anwendung im zivilen und militärischen Bereich haben.
Bleiben wir gleich im Fernen Osten: Langfristig gesehen, wird Japan zu einem ernstzunehmenden Raumfahrtkonkurrenten – vor allem für die USA – werden. Der Begriff »Konkurrenz« ist durchaus wörtlich gemeint: Die breite technologische Basis wird die Japaner relativ bald in die Lage versetzen, auf rein kommerzieller Grundlage Raumfahrt-»know how« zu exportieren, Anwendungssatelliten für potente Kunden zu entwickeln und sie dann sogar in die geostationäre Umlaufbahn zu transportieren. Japan hat ja sein Raumfahrtprogramm unter einzigartigen Voraussetzungen aufgebaut. Bis heute hat dieses Land keinerlei Ansätze zur Entwicklung militärischer Raketen gemacht. Aus der rein zivilen

Forschung über Miniraketen – 1955 wurde bekanntlich die berühmte »Bleistiftrakete« erstmals vorgeführt – ging eine ganze Palette verschiedener Trägerraketensysteme hervor, die später noch vorgestellt werden soll. Einschließlich der Satellitenentwicklung hat Japan in den letzten zwanzig Jahren für die Raketen- und Weltraumforschung etwa nur 1,1 Milliarden Dollar ausgegeben und Erstaunliches erreicht.

Am 30. Juni 1958 startete das »Institute of Industrial Science« – IIS – der Universität Tokio eine Zweistufen-Feststoffrakete vom Typ Kappa 6 zur Messung der Kosmischen Strahlung. Die Rakete erreichte eine Höhe von 60 km. Das Komitee für die Nationale Raumfahrt wurde am 16. Mai 1960 gegründet und am 9. Dezember das Kagoshima-Raumflugzentrum der Universität Tokio ins Leben gerufen. Von dort startete am 31. Januar 1965 die Lambda-3-Rakete und erreichte eine Scheitelhöhe von 1040 km. Am 1. Oktober 1969 schließlich wurde die japanische Raumfahrtbehörde NASDA gegründet. Weitere Meilensteine: 11. Februar 1970: Start des ersten Satelliten »OSUMI« mit der Lambda-4S-5. Am 16. Februar 1971 folgt der zweite Testsatellit MT 1 »TANSEI«, gestartet mit der My-4S-2. Der erste wissenschaftliche Satellit der Japaner ist der »SHINSEI«, der am 28. September 1971 in die Umlaufbahn gebracht wird. Inzwischen hat sich die Arbeitsteilung in der japanischen Raumfahrt gut bewährt: Das Tokioter Universitätsinstitut – jetzt ISAS abgekürzt – ist für die wissenschaftlichen Satelliten verantwortlich und hat über ein halbes Dutzend Objekte in den Orbit gebracht. Die NASDA befaßt sich primär mit der Entwicklung schubstarker Raketensysteme und von Anwendungssatelliten. Immerhin ist es der japanischen Raumfahrtbehörde gelungen, von ihrem Tanegashima-Raumflugzentrum mit der neuen dreistufigen N-3 Trägerrakete als 3. Nation am 23. Februar 1977 einen Testsatelliten in den geostationären Orbit zu schicken, in 36 000 km also. Ein Ziel, das die USA erstmals am 26. 3. 1963, die UdSSR am 26. 3. 1974 (!) erreicht haben.

Viel mehr als eine detaillierte Schilderung einzelner Satellitensysteme sagt die Zusammenfassung einer Langzeitplanung aus, die die japanische Raumfahrtbehörde kürzlich vorgelegt hat. Danach werden sich die Japaner mit rund 32 Millionen Dollar am US-Raumtransporterprogramm beteiligen, mit dem Ziel, in den frühen achtziger Jahren ein oder zwei japanische Astronauten mit einer eigenen Forschungsmission und amerikanischer Hilfe in die Umlaufbahn zu bringen. Bis 1985 soll eine Trägerrakete für 5000 kg Nutzlast im niedrigen Erdorbit, bis 1990 ein noch größerer Träger für 10 000 bis 15 000 kg Kapazität entwickelt werden, mit dem Japan auch eigene bemannte Raumflüge – mit zwei oder drei Mann Besatzung – durchführen kann. Diese Raketengeneration soll ausschließlich mit Wasserstoff-Sauerstoff-Triebwerken ausgerüstet sein. Japans Weltraumpläne greifen weiter: Bis zum Ende des Jahrhunderts ist eine automatische Rückführung von Mondgestein vorgesehen. Für die erste Dekade nach dem Jahr 2000 denkt man an unbemannte Venus- und Marsmissionen, wobei an der Oberfläche des roten Planeten ein Lander abgesetzt werden soll. Bereits zwischen 1985 und 1995 wird der Flug von Jupiter- und Saturnorbitern erwogen, wobei die Flugsysteme mit dem Shuttle in die Erdparkbahn gebracht werden sollen. Hohe Priorität genießt die mögliche Beteiligung an internationalen Raumstationen. Abschließend noch ein besonders bemerkenswerter Aspekt des japanischen Langzeitkonzeptes: Die Entsendung von Raumfahrzeugen zu planetaren Begleitern benachbarter Sonnensysteme. Das klingt zwar schon nach Science Fiction, festzuhalten aber bleibt, daß eine »offizielle« Absichtserklärung dieser Art bisher nur von Japan bekanntgeworden ist.

Bevor wir uns der fünften Nation mit eigenen Trägerraketen zuwenden, nämlich Frankreich, sollten wir noch einen Widerspruch klären, den der aufmerksame Leser vermutlich schon bemerkt hat. Bei der Aufzählung der ersten Nutzlastmassen haben wir auch Australien (Wresat) und Großbritannien (Prospero) als Mitglieder des Raketenclubs erwähnt. Übrigens wurden Wresat und Prospero beide vom australischen Testgelände Woomera gestartet. Bei den Australiern liegt ein Sonderfall vor: Die Trägerrakete war eine amerikanische »Redstone«-Rakete, die ihnen zu Versuchszwecken überlassen wurde und die sie zusätzlich mit Feststofftriebwerken ausstatteten. Über eigene Trägerraketen verfügt also Australien grundsätzlich nicht und hat auch kaum entsprechende Ambitionen. Auch der englische Start war rückblickend eine Singularität: Es sollte bewiesen werden, daß die Black Arrow-Rakete sich als Satellitenträger eignet. Doch Großbritannien verzichtete dann auf den weiteren Ausbau einer Trägerraketen-Kapazität und konzentrierte sich mit großem Erfolg auf die Satelliten-Technologie.

Frankreich bietet auch mehrere interessante Aspekte zum Thema Raumfahrt zur Diskussion an: Sein Potential entstammt primär dem militärischen Bereich, hat aber bisher eine von der Raketenkapazität gesetzte Grenze nicht überschreiten können. Frankreich verfügt über strategische Mittelstreckenraketen und damit über ein Fahrzeug für Raumflugmissionen, dessen Nutzlasten bei Bahnhöhen bis zu 1000 km maximal 100 kg betragen können. Die »Diamant«-Trägerrakete ist ausentwickelt und hat damit die Grenze erreicht. Daher setzt Frankreich in mehrfacher Hinsicht seine Hoffnung auf die »französisch-europäische« Rakete Ariane, die – wenn sie Anfang der achtziger Jahre fliegen wird, bereits ein Stück leicht »antiquierter« Raumflugtechnik darstellen wird.

Frankreich hat, obwohl stets auf die Wahrung nationaler Souveränität bedacht, ein Maximum an internationaler Kooperation entwickelt. Besonders bemerkenswert ist die enge Zusammenarbeit mit der UdSSR, die auf diesem Gebiet hochsensitiver Technologien kaum ein vergleichbares Gegenstück hat. Es wäre interessant, würde aber den Rahmen dieses Buches sprengen, die rationalen und die – nicht weniger ausgeprägten – emotionalen Motive genauer zu untersuchen, die Frankreichs Raumfahrt bestimmen: Der Verbindung mit den USA und der UdSSR, die Rolle in der ESA, der Europäischen Raumfahrtbehörde also, die bilateralen Projekte im europäischen Raum und schließlich die Ambitionen im eigenen, im nationalen Programm. Dennoch seien einige Anmerkungen gestattet, die die Situation – schon wegen ihres exemplarischen Charakters – etwas aufhellen sollen. Da ist zunächst jene Problematik, vor der jede raumfahrtpotente Nation steht: Sollen die Prioritäten zugunsten der Einbettung in internationale Programme oder zur Forcierung nationaler Projekte gesetzt werden?

Hier muß unter anderem der Gewinn an Prestige gegen den Einsatz öffentlicher Mittel abgewogen werden.

Ohne Zweifel: Es ist sinnvoll und nützlich, für eine Nation, die über eine breite industrielle Basis, z.B. auf den Gebieten der Elektronik oder der Luftfahrt verfügt, zu demonstrieren, daß sie in der Lage ist, eigene Satelliten zu entwerfen und zu bauen. Satelliten, die mehr sind, als die bloße Nachahmung erprobter Konzepte der Amerikaner oder der Sowjets. Für diese Überlegung gibt es zahlreiche positive Beispiele: Die Bundesrepublik Deutschland, Kanada, Frankreich, Großbritannien, Italien, die Niederlande ...

Dann gilt es jedoch, zu überlegen: Soll das nationale Programm weiter verfolgt werden, vor allem, wenn man selbst keine eigenen Trägerraketen besitzt? Natürlich bieten die beiden Raumfahrtgiganten ihre Starthilfe an, die jedoch schnell auf Grenzen stößt, wenn kommerzielle Weltraumaspekte ins Spiel kommen. Auch bei der Beteiligung an inter- oder multinationalen Vorhaben ist man gegen Probleme nicht gefeit: Kosten können den anvisierten Rahmen sprengen, Erfolge weit hinter den Erwartungen zurückbleiben. Hier den goldenen Mittelweg zu wählen, bedarf nicht nur wissenschaftlichen und politischen Weitblicks, sondern auch einer Portion Glück.

Im Falle Frankreichs ergab sich überraschend die Situation, daß ein Partner wie die UdSSR großzügig – und anscheinend selbstlos – Möglichkeiten eröffnet, an die man vorher kaum zu denken wagte. Zwei kleine Testsatelliten wurden als Sekundär-Nutzlasten beim Start sowjetischer Nachrichtensatelliten in hochexzentrische Erdumlaufbahnen gebracht. Französisch-sowjetische Experimente fliegen in Satelliten der Kosmos- und der Prognoz-Serie. Auf den beiden längst außer Funktion befindlichen sowjetischen Lunochod-Mondmobilen sind französische Laser-Reflektoren montiert, die noch immer für verschiedene Testzwecke genutzt werden.

Im Juni 1977 wurde mit einer – kostenlos zur Verfügung gestellten – sowjetischen Trägerrakete Frankreichs bisher schwerster Satellit SIGNE 3 vom Kosmodrom Kapustin Yar in eine kreisförmige Umlaufbahn gebracht. Er soll im Rahmen eines gemeinsamen Langzeitprogramms die kosmische Gammastrahlung untersuchen. Mit sowjetischer Hilfe wurde den französischen Wissenschaftlern auch der Weg für Untersuchungen im interplanetaren Raum geebnet: Mehrere ihrer Experimente befanden sich an Bord von UdSSR-Venus- und Marssonden. Gegenwärtig ist die CNES – Frankreichs Raumfahrtbehörde – dabei, das wohl anspruchsvollste Weltraum-Vorhaben beider Nationen zu projektieren: Eine gemeinsame Venusmission in den frühen achtziger Jahren. Die UdSSR stellt die Raumsonde mit »leerem Nutzlastraum«; Frankreich soll einen Ballon mit einer umfangreichen Meßplattform in der Gondel entwickeln. Der Ballon wird dann – so die Planung – in der Hochatmosphäre der Venus abgesetzt und soll mehrmals um den Planeten driften, während die Raumsonde als Venus-Orbiter ergänzende Messungen durchführen und gleichzeitig als Funkbrücke zur Erde dienen soll.

Wer die technischen Vorgaben der Sowjets und den extrem hohen Schwierigkeitsgrad dieses Ballon-Projektes genauer kennt, weiß, daß es nur mit hoch-

karätiger – und damit teurer – Technologie, vor allem auf der Elektronikseite, zu realisieren ist. Technologie, die für dieses spezifische Vorhaben mit seinen Anforderungen in der UdSSR nicht zur Verfügung steht und auch Frankreich vor Probleme stellen dürfte. Will man sich nicht nur auf eine »Schmalspur-Mission« beschränken, werden die Franzosen tief in die Tasche greifen müssen und der UdSSR interessantes technisches »know how« zuwachsen.
Ein anderes Motiv für die Kooperationsbereitschaft der UdSSR mit Frankreich sollte nicht unerwähnt bleiben: Mit dem Abschußgelände Kourou in Französisch Guayana, in Südamerika nahe dem Äquator gelegen, verfügt Frankreich über den idealen Startplatz für geostationäre Satelliten. Europa hat sich über die ESA diesen Vorteil für die Zukunft bereits gesichert, wenn erst einmal mit der Ariane eine leistungsfähige Trägerrakete zur Verfügung steht. Auch für die UdSSR wäre eine eigene Startrampe in Kourou technisch und wirtschaftlich interessant. Das ehrgeizige Kommunikationssatelliten-Programm der Sowjets für das nächste Jahrzehnt ist von den relativ weit nördlich gelegenen Startbasen der UdSSR nur mit verhältnismäßig hohem Energieaufwand, das heißt, mit recht schubstarken Trägerraketen abzuwickeln. Noch ist nichts über offizielle Verhandlungen bekanntgeworden, doch das Interesse der UdSSR an Kourou ist ein offenes Geheimnis. Weniger eng ist gegenwärtig die zweiseitige Zusammenarbeit Frankreichs mit den Vereinigten Staaten. Einige französische Wissenschaftler gehören dem Voyager-Team an, dessen erste große Stunde im Sommer 1979 schlagen wird. Die primäre Schaltstelle ist jetzt jedoch die Europäische Raumfahrtbehörde ESA, in der Frankreich eine bedeutende Rolle spielt und in die 61 % des Raumfahrtetats von 1977 geflossen sind.

Raumfahrtqualifiziert und dennoch abhängig

Es ist nun an der Zeit, die Raumfahrtszene in Europa – genauer gesagt, zunächst die Westeuropas – näher zu skizzieren. Sparen wir uns den detaillierten Rückblick auf politische Querelen und technische Pannen, die noch vor einigen Jahren als typisch für die Weltraumaktivitäten der Alten Welt angesehen wurden. Rekapitulieren wir statt dessen einige relevante Fakten: Am 15. September 1962 nahm zur Entwicklung einer eigenen europäischen Trägerraketenkapazität die »European Launcher Development Organization« – ELDO – die vorbereitenden Arbeiten auf. Immerhin dauerte es bis zum 5. Mai 1964, bis die Organisation – mit Sitz in Paris – offiziellen Charakter erhielt. Mit dem Ziel, die Europa-Rakete Realität werden zu lassen, hatten sich in der ELDO Belgien, die Bundesrepublik Deutschland, Großbritannien, Frankreich, Italien, die Niederlande und als Partner, der das Startgelände zur Verfügung stellen sollte, Australien zusammengeschlossen.
Bekanntlich sollte die erste Stufe des europäischen Trägerfahrzeugs aus der britischen Mittelstreckenrakete Blue Streak hervorgehen. Die zweite Stufe Coralie kam von den Franzosen, als Weiterentwicklung aus dem Véronique-Höhenforschungsraketenprogramm. Die dritte Stufe schließlich, Astris, war der

Beitrag der Bundesrepublik – eine Neuschöpfung nach zwanzig Jahren Raketenabstinenz. Der Bau des Testsatelliten wurde an Italien vergeben. Belgien sollte das Ortungs- und Lenksystem liefern, während die Niederlande die Telemetrie-Einheit sowie die Elektronik des Referenzsystems beisteuern sollten. Dieses von Proporzdenken bestimmte Konzept scheiterte aus vielfältigen Gründen. Was sich auf dem Startgelände in Woomera und später auf Kourou dem Auge einer Erfolge gewöhnten Öffentlichkeit bot, war grotesk und deprimierend zugleich.

Das Dauer-Fiasko der ELDO überschattete die Arbeit einer anderen Einrichtung, der Europäischen Raumforschungs-Organisation ESRO, die parallel zur ELDO entstand. Ihr gehörten zusätzlich Dänemark, Schweden, die Schweiz und Spanien an. Anspruchsvoll war das Programm der ESRO für die ersten 8 Jahre, also zwischen 1965 und 1973: Es sah den Start von 440 kleinen und mittelgroßen Höhenforschungsraketen, von 8 Raumsonden, 22 Forschungssatelliten, vier astronomischen Satelliten und zwei Mondsatelliten vor. Zur Verwirklichung dieses Programmes, das grundsätzlich die Verfügbarkeit der Europarakete voraussetzte, wurden in den verschiedenen Mitgliedsstaaten eine Reihe besonderer Einrichtungen geschaffen: So in Darmstadt das Kontroll- und Datenverarbeitungs-Zentrum, damals ESDAC, heute ESOC genannt. In den Niederlanden entstand in Noordwijk das Zentrum für Raumfahrttechnik (ESTEC), in Kiruna (Schweden) eine Startbasis für Höhenforschungsraketen, um nur einige zu nennen. Die Europa-Rakete kam, trotz verschiedener Abänderungsideen, nicht. Das ESRO-Programm konnte also nur – einige Nummern kleiner – mit amerikanischer Hilfe angegangen werden: Am 15. Mai 1968 startete der erste von insgesamt sieben Forschungssatelliten. Zwei von ihnen HEOS 1 und HEOS 2 stießen weit in den Raum zwischen Erde und Mond vor und der am 12.3.1972 gestartete Astronomiesatellit TD–1 A zeichnete sich nicht nur durch seine überraschende elektronische Langlebigkeit, sondern auch durch bemerkenswerte wissenschaftliche Resultate aus. Die Raumflugkörper der ESRO werden uns in anderem Zusammenhang erneut begegnen.

Das Debakel der Europa-Rakete mit vier aufeinanderfolgenden Fehlstarts, mit dem politischen Gezänk um eine mögliche Abänderung und Sanierung des Programms sowie die ständigen Reibereien zwischen der ELDO und der ESRO, führten schließlich zur einzig sinnvollen Konsequenz: Zur Zusammenfassung aller Aktivitäten in einer zentralen Raumfahrtbehörde, der »European Space Agency«, abgekürzt ESA. Auch hier waren politische Geburtswehen nicht zu übersehen. Die entsprechende Vereinbarung, in der auch festgelegt wurde, daß sich die neue Behörde verstärkt dem Feld der Anwendungssatelliten widmen soll, wurde bereits 1975 getroffen; offiziell trat die Charta der Organisation erst 1978 in Kraft. Getragen wird die ESA von den Staaten Belgien, Bundesrepublik Deutschland, Dänemark, Frankreich, Großbritannien, Irland, Italien, Niederlande, Schweden, Schweiz und Spanien. Ist die ESA eine europäische Kopie der amerikanischen Luft- und Raumfahrtbehörde NASA? Es gibt grundsätzliche Unterschiede. So setzt bei der Europäischen Raumfahrtbehörde jede größere Sachentscheidung ein politisches Votum von 11 Nationen mit durchaus divergierenden Interessen voraus. Die ESA ist eine typisch europäische Organisation, mit all den Schwächen und Stärken, die man bei vergleichbaren Institutionen der EG kennt. Dennoch leistet zur Zeit die ESA – gemessen an den Erfahrungen mit ihren Vorgänger-Organisationen – effektive und erfreuliche Arbeit.

Innerhalb der Europäischen Raumfahrtbehörde hat man eine eigene »Währung«, die sogenannte Rechnungseinheit, trotzdem sollen die folgenden Informationen über die Finanzen in Dollar (Umrechnungsstand: Anfang 1977) gegeben werden. Der ESA stand 1977 ein Etat von rund 499 Millionen Dollar zur Verfügung. 30 % dieses Betrages kamen aus Frankreich, 16 % aus der Bundesrepublik, 12 % aus Großbritannien, der Rest aus den anderen ESA-Mitgliedsstaaten. Das ist kein starrer Schlüssel: Er spiegelt aber recht deutlich die Einflußverhältnisse in der Europäischen Raumfahrtbehörde wider. Für den Dreijahres-Zeitraum von 1977–1980 rechnet die ESA mit einem Haushaltsvolumen von 1,54 Milliarden Dollar.

Die drei Programm-Schwerpunkte der ESA für die nächsten Jahre sind ein politischer Balance-Akt. Details sind in den entsprechenden Kapiteln zu finden, daher hier nur eine summarische Aufzählung: 1) Das Raumlabor SPACELAB (Bundesrepublik). 2) Die Trägerrakete Ariane (Frankreich). 3) Eine neue Generation von Kommunikationssatelliten (Großbritannien). In Klammern steht diejenige Nation, die sich in dem betreffenden Projekt finanziell am stärksten engagiert hat.

Rechnet man einmal die Gesamtausgaben Westeuropas für die Raumfahrt 1977 zusammen, so sind es rund 700 Millionen Dollar. 200 Millionen Dollar müssen also auf nationale Programme entfallen. So ganz stimmt diese Rechnung nicht: Einiges davon ist dennoch mehr oder weniger indirekt in die gemeinsame ESA-Kasse geflossen. Den dominierenden Anteil hat man jedoch, wie schon in den Jahren zuvor, in Programme oder Projekte investiert, die dann den hohen Qualitätsstandard der europäischen Raumfahrttechnologie überzeugend bewiesen haben. Stellvertretend seien hier einige Missionen genannt: Helios, Symphonie, Aeros, Sirio, IUE . . .

Der »Satellitenclub« gewinnt neue Mitglieder: Osteuropa

Jene Nationen, die politisch und wirtschaftlich zum »Ostblock« gerechnet werden, haben – in enger Anlehnung an die UdSSR – seit 1968 ein begrenztes, aber stetig wachsendes Raumfahrtpotential entwickelt. Die gemeinsame Plattform ist die INTERKOSMOS-Organisation, der auch Kuba und die Äußere Mongolei angehören. Grundsätzlich stellt die UdSSR die Trägerrakete, den Satelliten-»Bus« und den Abschußservice. Während in den ersten Jahren die Ostblockstaaten vorwiegend nur Experiment-Einheiten ablieferten, hat sich dann ein immer komplexer werdendes Niveau der Zusammenarbeit entwickelt, das – speziell für die CSSR und die DDR – auch von der Kostenseite her nicht unbeachtlich sein dürfte.

Einige Fakten, chronologisch geordnet, sollen die Fortschritte verdeutlichen: Am 19.12.1968 startet vom Versuchsgelände Plesetsk der Satellit Kosmos 261 mit Experimenten aus Bulgarien, CSSR, DDR, Polen, Rumänien, Ungarn und der UdSSR. Der erste Gemeinschaftssatellit Interkosmos 1 (IK 1) wurde dann vom Startgelände Kapustin Yar in die Umlaufbahn gebracht, der mit Versuchen aus der CSSR, DDR und der UdSSR beschickt ist. An dieser Stelle ist anzumerken, daß die Sowjetunion zunächst für die Interkosmos-Flüge ihre kleinste Trägerrakete einsetzt, die allerdings über die beachtliche Nutzlastkapazität von 260 bis 420 kg verfügt. Am 13. Juni 1970 wird das Experiment mit Kosmos 261 wiederholt. Das Satellitenduplikat trägt nun die Bezeichnung Kosmos 348. Die nächste – und bis heute singuläre – Etappe ist die Mission Interkosmos 6 vom 7. April 1972. Hier setzt die UdSSR erstmals ein militärisches System mit einem rückführbaren Satelliten ein. Die von Tyuratam aus gestartete Mission dient der Untersuchung der Kosmischen Strahlung. Hier wird unter den beteiligten Staaten auch die Äußere Mongolei genannt. Mit dem Flug von Interkosmos 10 wird eine weitere Trägerrakete aus dem sowjetischen Arsenal in das Programm eingeführt, die schubstärker als die übliche Interkosmos-Rakete ist und die Erzeugung von Kreisbahnen gestattet. Eine neue Stufe der Kooperation ist mit dem Start von Interkosmos 15, am 19. Juni 1975 gestartet, verbunden. Ein neuer Satellitentyp erscheint auf der Szene, abgekürzt AYOC, frei übersetzt: Automatische, universelle Orbitalstation. Die verfügbare Nutzlastmasse liegt hier – je nach Bahn – zwischen 500 und 900 kg. Die Konstruktion ermöglicht anwendungstechnische Experimente.

Raumfahrttechnik gleich ständige Evolution

Die technologische Raumfahrtbilanz der Staaten Osteuropas im Interkosmos-Programm ist beachtlich. Man geht eigene Wege, ob es nun das neue einheitliche Telemetriesystem für die Interkosmos-Satelliten, das von der DDR entwickelt worden ist, oder die Beiträge der CSSR zum späteren Einsatz der Satelliten für geodätische Zwecke sind: Die meisten Experimente und Systeme zeichnen sich durch Originalität aus und haben das Stadium der Improvisation längst hinter sich gelassen. Das gilt auch für Geräte aus Bulgarien, Polen und Ungarn.
Während die Interkosmos-Satelliten 1 bis 14 primär der Grundlagenforschung sowie der Erprobung verschiedener Bord- und Bodensysteme dienten, wird mit der neuen IK-Generation eine Umorientierung der Programme einhergehen. Auch hier heißt die Devise: Anwendungsbezogene Forschung. Daß man bereits dabei ist, hierfür die technologische Basis zu schaffen, zeigte der bemannte Raumflug Sojus 22. Das am 15. September 1976 gestartete Raumschiff mit den Kosmonauten Bykowski und Aksenov an Bord, führte eine in Jena konstruierte Multispektralkamera MFK-6 mit sich. Damit beteiligte sich die DDR erstmals an einer Erderkundungsmission und lieferte auch die dazu notwendigen Auswertungsapparaturen. Möglicherweise wird man in den kommenden Jahren weitere zweiseitige Unternehmen der UdSSR mit einem anderen Ostblock-

partner sehen. Alles das erinnert stark an die westliche Entwicklung: Doch die Analogie ist nur oberflächlich. Schon die ganz andere gemeinsame ökonomische Basis der Ostblockstaaten verzerrt jeden Vergleich.

Der »Griff nach den Sternen« oder »Zurück zur Erde«?

Zwei Jahrzehnte Raumfahrt liegen hinter uns. Sie ist nicht mehr eine Domäne der Vereinigten Staaten und der Sowjetunion allein. Die Raumfahrttechnologie hat sich als Triebfeder des »technischen Fortschritts« erwiesen, und das in weit größerem Maße als es die »Väter des Weltraumfluges« zu prophezeien wagten. Dennoch hat sie keine »bessere Welt« geschaffen, bisher nicht zu einer Solidarisierung der Menschheit geführt: Weder unter dem Aspekt eines »kosmischen Bewußtseins«, das aus dem Vorstoß in den Weltraum resultieren könnte, noch aus der bestürzenden Erkenntnis des »Raumschiffs Erde« heraus, mit seinem empfindlichen Öko-System, seinem begrenzten Vorrat an Reserven, das mit einer unvernünftigen »Besatzung« an Bord durch den Raum zieht. Nur unverbesserliche Optimisten konnten eine derartige Solidarisierung in so kurzer Zeit erwarten. Für den großen Teil der Menschheit, dem nicht einmal das tägliche Nahrungsminimum garantiert ist, dürfte die Suche nach Lebensspuren auf anderen Planeten ohne jedes Interesse sein. Eine Technologie jedoch, die durch ein globales Management der Nahrungsmittelreserven die Grundlage für eine gerechtere Verteilung schaffen kann, ist hautnah und lebenswichtig. Dennoch wollen wir nicht in die modisch gewordene Phrase »Zurück zur Erde« als Sinn und Zweck der Raumfahrt einstimmen. Sicher: Diese Seite der neuen Technologie ist wichtig und muß forciert entwickelt werden. Doch sie darf auch nicht zur Fessel der »Weltraumfahrt« werden, den Aufbruch des Menschen zu neuen Grenzen der Erkenntnis verhindern.

Es gehört heute – speziell in Europa – offensichtlich wieder zum guten Ton, zu behaupten, das Apollo-Mondlandeprogramm der Vereinigten Staaten sei ein gigantischer und verschwenderischer Irrweg gewesen, der Weg in eine technologische Sackgasse. Fragen wir doch jene Kritiker, wo denn die *irdische* Nutzung der Raumfahrttechnologie heute stehen würde, wenn es das Apollo-Projekt nicht gegeben hätte, mit seinem Impetus, seiner einmaligen Herausforderung an Wissenschaft und Technik, mit seinem Setzen von Qualitätsmaßstäben und schließlich mit den brillanten Erfolgen? Es ist eine banale Erkenntnis, daß nur mit der Größe der Aufgabe der Gewinn an Innovation wächst.

Der »Griff nach den Sternen« und das »Zurück zur Erde« sind doch letztlich nur die beiden Seiten einer Medaille. Diese Einsicht soll uns bei der weiteren Betrachtung der Raumfahrt leiten.

Etwas Statistik

Schließen wir diesen Abschnitt mit einer Übersicht, die in nüchternen Zahlen ein eindrucksvolles Bild der Raumfahrtaktivitäten von 1957 bis Ende 1977 vermittelt. Seit dem Start von Sputnik 1 sind danach 10601 Objekte in den

Raum gelangt: Satelliten, Planeten- und Mondsonden, Raketen-Endstufen und »Raummüll« aller Art. Davon befanden sich im Januar 1978 noch 4546 Objekte auf Umlaufbahnen. Dabei handelt es sich um 939 Satelliten und 56 Interplanetare Sonden, die zwar mechanisch intakt sind, von denen aber nur ein Bruchteil arbeitet. Schlüsseln wir die Satelliten nach Nationen auf, so entfallen 392 auf die USA, 474 auf die UdSSR und 73 auf andere Staaten und multinationale Organisationen...

Physikalische Grundlagen der Astronautik

Vor rund 350 Jahren unternahm der Italiener Galileo Galilei eines der berühmtesten Experimente in der Geschichte der Naturwissenschaften: Von der Spitze eines hohen Turmes in Pisa – es muß nicht, wie die Sage behauptet, gerade der »Schiefe Turm« gewesen sein – ließ er Gewichte fallen, die äußerlich in Abmessungen und Formen gleich waren, nur bestanden sie einmal aus Holz und das andere Mal aus Blei.
Er stellte sich dabei nicht etwa die jedem von uns aus Kindertagen her bekannte Scherzfrage: Was ist schwerer, ein Pfund Daunenfedern oder ein Pfund Blei? Galilei ging es um etwas ganz anderes: Er wollte wissen, ob die leichten Gewichte, also die aus Holz, wohl langsamer vom Turm zu Boden fallen, als die äußerlich zwar gleichartigen, aber wesentlich schwereren Bleigewichte. Das Ergebnis des Experimentes war für damalige Zeiten verblüffend, und es hat noch heute volle Gültigkeit: Galilei schloß aus den Beobachtungen, die er aus diesem und noch einigen weiteren ähnlichen Versuchen gewonnen hatte, daß alle Körper mit der gleichen Beschleunigung fallen, ungeachtet ihres individuellen Gewichtes, sobald sie nur durch ihre gleichartigen Formen einen gleichen Luftwiderstand zu überwinden haben. Wir können ebenso sagen: Im leeren Raum, also bei Ausschluß aller störenden Reibungskräfte, fallen alle Körper – ungeachtet ihrer Form und Masse – gleich schnell.
Die zweite uns hier interessierende wichtige Erkenntnis des Galilei besagt, daß die Geschwindigkeit eines bewegten Körpers um so weniger abnimmt, je kleiner die Reibung (oder der die Geschwindigkeit »bremsende« Widerstand) ist.
Diese letztere Erkenntnis berichtigte den Aristoteles, der behauptet hatte, daß jede gleichförmige Bewegung durch eine Kraft unterhalten werden muß – und daß sie endet, wenn diese Kraft erlischt. Das war also genau das Gegenteil dessen, was Galilei viele Jahrhunderte später für wahr erkannte. Aber noch lange nach Galilei spukte der aristotelische Irrtum in der Wissenschaft und in der mit ihr eng verbundenen Philosophie herum, was vor allem der Ächtung Galileis durch die römische Kirche zuzuschreiben ist, denn die Werke

des großen Italieners wurden ja erst Ende des 19. Jahrhunderts (!) vom Index gestrichen.

Galilei also war es, der mit einigen wenigen grundlegenden Erkenntnissen und Überlegungen eine erste Ordnung in unser Denken über diese physikalischen Probleme gebracht hat. Allerdings genügten sie noch nicht zu vollkommener Erklärung, geschweige denn zur Erkenntnis des überaus komplizierten und geheimnisvollen Prinzips, das wir »Schwerkraft« nennen.

Erst der Engländer Isaac Newton brachte uns auf diesem Wege ein entscheidendes Stück weiter. Newtons berühmte drei Bewegungsgesetze – die wir im ersten Kapitel schon kurz zu erwähnen hatten – haben die Dynamik, die Lehre von den Kräften, zum erstenmal auf eine feste Grundlage gestellt. Geben wir diese drei Axiome hier im Original und in der Auslegung zunächst einmal wieder:

Voraussetzung ist zuerst einmal die Definition des Begriffes »Kraft«. Hier können wir sagen: »Unter einer Kraft versteht man die Ursache einer positiven oder negativen Beschleunigung« (wenn wir Kraft als Ursache einer elastischen Verformung, etwa bei der Zusammenziehung und Dehnung einer Schraubenfeder, außer Acht lassen).

Das erste Newtonsche Axiom stützt sich auf Galileis Erkenntnis. Im Originaltext lautet es: »Corpus omne perseverare in statu suo quiescendi vel movendi uniformiter in directum, nisi quatenus illud a viribus impressis cogitur, statum suum mutare« – wörtlich: »Jeder Körper beharrt in seinem Zustand der Ruhe oder der gleichförmigen Bewegung, wenn er nicht durch einwirkende Kräfte gezwungen wird, seinen Zustand zu ändern«. In moderner Formulierung sagen wir:

1. Axiom: »Jeder Körper verharrt in seinem Geschwindigkeitszustand, wenn er nicht durch einwirkende Kräfte gezwungen wird, diesen Geschwindigkeitszustand zu ändern.«

Hier ist also nichts anderes ausgedrückt, als was wir »Beharrungsvermögen« oder »Trägheit« nennen. Das erste Newtonsche Gesetz heißt deshalb auch »Trägheitsgesetz«.

Das zweite Newtonsche Axiom lautet im Original: »Mutationem motus proportionalem esse vi motrici impressare, et fieri secundum lineam rectam, qua vis illa imprimitur« – wörtlich: »Die Beschleunigung ist der Einwirkung der bewegenden Kraft proportional und erfolgt in Richtung der geraden Linie, in der jene Kraft wirkt.« Moderne Formulierung:

2. Axiom: »Jede auf einen frei beweglichen Körper wirkende Kraft erteilt diesem eine Beschleunigung, deren Betrag der Größe jener Kraft direkt und der Masse des Körpers umgekehrt proportional ist. Beschleunigung und wirkende Kraft sind stets gleichgerichtet.«

Die Physik lehrt uns, daß »die Kraft den Betrag 1 hat, die der Masse 1 kg die Beschleunigung 1 m/sec² gibt«. Diese Krafteinheit erhielt den Namen »1 Newton (N)«. Umgekehrt: »Eine Kraft (K) hat den Betrag 1 Newton (N), wenn das Produkt aus der Masse (m) eines Körpers und der diesem Körper durch die Kraft (K) erteilten Beschleunigung (b) den Wert mb = 1 kg m/sec² hat. In der Formel geschrieben heißt das

$$1\,N = 1\,kg\,m/sec^2$$

Das Bundesgesetz über »Einheiten im Meßwesen« schreibt mit Wirkung vom 1. Januar 1978 als Einheit der Kraft das »Newton« zwingend vor. Die alte Einheit Kilopond (kp) ist mit der neuen Einheit Newton (N) durch die Beziehung 1 N = 0,1019716 kp verknüpft. Bei Überschlagungsrechnungen kann man 1 Newton zu rund 1/10 Kilopond ansetzen, wenn es auf den Fehler von etwa 2 % nicht ankommt. Wenn die »verbotene« Größe kp in unserem Text dennoch sporadisch auftaucht, dann meist in »historischem« Zusammenhang oder im Zitat.

1 Newton und 1 Kilopond sind also Maßeinheiten für dieselbe physikalische Größe »Kraft (K)« – ebenso wie 1 Kilogramm und 1 technische Masseneinheit Maßeinheiten für dieselbe physikalische Größe »Masse (m)« sind.

Von hier aus gelangen wir zur »Newtonschen Grundgleichung der Mechanik«. Wir haben eben gesagt, daß ein Körper mit der Masse 1 kg durch die Kraft 1 N (Newton) die Beschleunigung $1\,m\,sec^{-2}$ erfährt. Setzen wir das fort: »Ein Körper mit der Masse 1 kg erhält durch die Kraft 1 kp (Kilopond) – nämlich durch sein eigenes Gewicht – die Beschleunigung $9{,}81\,m\,sec^{-2}$.« Also ist die Beschleunigung, die ein Körper mit der Masse 1 kg durch die Kraft 1 kp bekommt, 9,81mal so groß wie die durch 1 N erzeugte Beschleunigung:

$$1\,kp = 9{,}81\,N$$

Dieselbe Beschleunigung erhält ein Körper mit der Masse 1 ME techn. durch eine Kraft von 1 kp (= 9,81 N), also gilt:

$$1\,ME\,techn. = 9{,}81\,kg$$

was bedeutet, daß 1 technische Maßeinheit gleich 9,81 kg ist. Newton stellte die Grundgleichung auf

$$K = m\,b$$

also Kraft = Masse mal Beschleunigung.

Das dritte Newtonsche Axiom ist für das Verständnis der Strahlantriebe von größter Bedeutung. Es ist das Gesetz von Actio und Reactio. Hier das Original: »Actioni contrariam semper et aequalem esse reactionem, sive corporum duorum actiones in se mutuo semper esse aequales et in partes contrarias dirigi« – wörtlich: »Die Wirkung ist stets gleich der Gegenwirkung oder die Wirkungen zweier Körper aufeinander sind stets gleich und von entgegengesetzter Richtung.« Moderne Formulierung:

3. Axiom: »Wenn ein Körper (a) auf einen Körper (b) die Kraft (K_1) ausübt, so übt der Körper (b) auf den Körper (a) eine Kraft (K_2) aus, die gleich groß und entgegengesetzt wie K_1 gerichtet ist.«

Schreiben wir das in einer Formel, so heißt das ganz einfach

$$K_1 = -K_2$$

wobei K_1 und K_2 selbstverständlich stets an verschiedenen Körpern angreifen.
In unserem Zusammenhang interessiert uns Newtons Gravitationsgesetz an

erster Stelle. Die grundlegende Erkenntnis Newtons war verhältnismäßig einfach – wie so oft im Reich der Naturwissenschaften: Er sah, daß die irdische Schwerkraft – wenn etwa ein Apfel vom Baume fällt – nur ein Sonderfall einer allgemeinen Eigenschaft der Materie ist, die wir »Massenanziehung« oder »Gravitation« nennen. Newton konnte zeigen, daß diese Kraft nicht nur die Ursache für das Fallen des Apfels zur Erde ist, sondern daß diese selbe Kraft auch den Mond auf seine Bahn um die Erde und die Planeten auf ihre Bahnen um die Sonne zwingt.

Wenn wir das Newtonsche Gravitationsgesetz finden und selbst entwickeln wollen, dann können wir folgendermaßen vorgehen: Wir nehmen zunächst einmal an, daß die Planetenbahnen Kreise sind, die mit Geschwindigkeiten von konstantem Betrage durchlaufen werden. Diese Annahme (zur Vereinfachung unserer Rechnung) ist erlaubt, denn sie ist in der Natur mit großer Annäherung wirklich erfüllt. Dabei muß auf den Planeten eine stets zum Kreismittelpunkt gerichtete Beschleunigung wirken, die den unveränderlichen Betrag

$$b_n = \frac{4\pi^2 r}{T^2}$$

hat. Dabei ist r der Radius der Kreisbahn und T die Umlaufzeit des Planeten. Bezeichnen wir seine Masse mit m, so hat die Kraft, die die angegebene Beschleunigung hervorbringt, den Betrag

$$K = m\, b_n = \frac{4\pi^2 r m}{T^2}$$

Mit dieser Kraft muß also der Planet von der Sonne angezogen werden, damit er sich auf einer kreisförmigen Bahn um die Sonne bewegt. Weil nach dem dritten Keplerschen Gesetz (später in diesem Kapitel kommen wir darauf zurück) die Quadrate der Umlaufzeiten den dritten Potenzen der großen Achsen, das heißt hier auch den dritten Potenzen der Kreisradien, proportional sind, gilt weiter

$$T^2 \sim r^3$$

und

$$K \sim \frac{m\, r}{r^3} \sim \frac{m}{r^2}$$

Es ergibt sich demnach folgender Lehrsatz: »Die von der Sonne auf einen Planeten ausgeübte Anziehungskraft ist der Masse des Planeten direkt und dem Quadrat seiner Entfernung von der Sonne umgekehrt proportional.« Wir können also für den Betrag der von der Sonne auf den Planeten wirkenden Anziehungskraft

$$K = c_1 \cdot \frac{m}{r^2}$$

schreiben, wobei c_1 einen Proportionalitätsfaktor darstellt, der nicht mehr vom Abstand r abhängt, von dem wir aber erwarten können, daß er mit irgendwelchen Eigenschaften der Sonne zusammenhängt, weil diese an der Entstehung der Kraft beteiligt ist. Nach dem dritten Newtonschen Axiom, nämlich dem von Aktion und Reaktion, muß der Planet jedoch auf die Sonne ebenfalls eine anziehende Kraft ausüben, die gleich groß ist wie die von der Sonne zum Planeten gerichtete Kraft. Schreiben wir für diese Kraft

$$K = c_2 \cdot \frac{M}{r^2}$$

dann ist M die Masse der Sonne und c_2 ein anderer Proportionalitätsfaktor. Von c_2 können wir erwarten, daß es in irgendeiner Weise mit dem Planeten zusammenhängt. Fassen wir diese Überlegungen zusammen, so ergibt sich, daß die Anziehungskraft zwischen der Sonne und einem Planeten in dem einen Falle der Sonnenmasse M und im anderen Falle der Planetenmasse m proportional ist, daß also

$$K \sim M m$$

ist. Das bedeutet, daß in dem Proportionalitätsfaktor c_1 die Masse M und in c_2 entsprechend die Masse m als Faktor enthalten ist. Die hier entwickelten Zusammenhänge wurden 1798 von H. Cavendish (1731–1810) durch direkte Messungen bestätigt. Wir können also folgende Gleichung aufstellen:

$$K = \gamma \cdot \frac{M m}{r^2}$$

Damit ist das Newtonsche Gravitationsgesetz gefunden: »Zwei Massenpunkte ziehen sich mit einer Kraft an, die in der Richtung ihrer Verbindungslinie wirkt, und deren Betrag dem Produkt der Massen direkt und dem Quadrat ihres Abstandes umgekehrt proportional ist.« In vektorieller Schreibweise lautet das Gesetz

$$\mathfrak{K} = - \gamma \cdot \frac{M m}{r^3} \mathfrak{r}$$

Dabei ist $\mathfrak{r}$ der von der Sonne zum Planeten gerichtete Radiusvektor.
Oskar Höfling, dem wir hier gefolgt sind, was die Mathematik betrifft, bemerkt sehr richtig: »Das Newtonsche Gesetz ist eines der wichtigsten Gesetze der Physik und Astronomie. Es gilt sowohl für die Bewegung der Planeten um die Sonne als auch für die Bewegung der Monde um die Planeten, ebenso für die Bewegung der Doppelsterne. Wir haben hier das Newtonsche Gravitationsgesetz aus den Keplerschen Gesetzen entwickelt. Man könnte

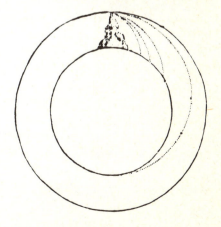

Eine Zeichnung von Newton, mit der er erklären wollte, wie sich (theoretisch) die Erdkrümmung auswirkt, wenn man mit der nötigen Beschleunigung einen Stein von der Spitze eines hohen Berges aus abschleudert. Ist die Beschleunigung groß genug, wird der Stein zum Satelliten

auch umgekehrt verfahren und die drei Keplerschen Gesetze als mathematische Folge aus dem Newtonschen Gravitationsgesetz ableiten.«

Fügen wir nur noch hinzu: Dieses Gesetz ist zugleich eines der fundamentalen Gesetze der Astronautik — und das ist der Grund, weshalb wir uns hier so ausführlich damit beschäftigen.

Wir haben hier jedoch noch eine Bemerkung zu dem Proportionalitätsfaktor γ in unserer Gleichung zu machen: Diese Größe γ wird als »Gravitationskonstante« bezeichnet. Sie hat die Dimension

$$[\gamma] = \frac{[K] \cdot [r^2]}{[m^2]} = \frac{[MLZ^{-2} \cdot L^2]}{[M^2]} = [M^{-1}L^3Z^{-2}]$$

Die Gravitationskonstante kann deshalb in der Einheit m³ kg⁻¹ sec⁻² gemessen werden. Ihr Zahlenwert muß experimentell bestimmt werden. Genaueste Messungen haben ergeben $\gamma = 6{,}67 \cdot 10^{-11}$ m³ kg⁻¹ sec⁻².

Weil das Newtonsche Gravitationsgesetz für alle Himmelskörper, alle Satelliten- und Rotationssysteme gilt – ist es natürlich auch für »künstliche Systeme« anzuwenden, also auch für künstliche Erdsatelliten oder für Kreisbahnkörper, die wir irgend einem anderen Planeten oder Mond attachieren. Wir brauchen in unserer Formel dann nur unter M die Masse des Zentralkörpers (also bei Erdsatelliten der Erde), und unter m die Masse des Rotationskörpers (also des Satelliten) zu verstehen.

Aber: »Die wahre Bedeutung der Leistung Newtons wird auch heute, mitten im 20. Jahrhundert, nicht immer klar erfaßt«, sagt Professor Bondi, der 1919 in Wien geborene und heute in Großbritannien, am King's College der Universität London arbeitende, weithin bekannte Forscher: »Newton etablierte eine Beziehung zwischen Kraft und Beschleunigung, während man vor ihm glaubte, daß Kraft und Geschwindigkeit miteinander verknüpft seien. Warum war diese neue Definition der Kraft von so einschneidender Bedeutung? Das ergibt sich aus einer Betrachtung der Erdbewegung. Nimmt man an, daß die Kraft, die diese Bewegung erzeugt, zu ihrer Geschwindigkeit in Beziehung steht, so müßte man die Ursache der Bewegung entdecken, wenn man in die Richtung der Erdgeschwindigkeit blickt. Doch dies ist völlig unfruchtbar. Manchmal sieht man dabei den einen oder anderen unwichtigen Stern, und manchmal sieht man dabei überhaupt nichts. Blickt man dagegen in die Richtung der Erdbeschleunigung, also in die Richtung, aus der die Kreisbahn der Erde im Sonnensystem tatsächlich bestimmt wird, dann sieht man die Sonne, und es erscheint ganz natürlich, diesen wichtigen Körper, unser Zentralgestirn, als die Ursache für die Bahnbewegung der Erde anzusehen.«

Mit anderen Worten: Newtons Definition der Kraft ermöglicht es, eine beobachtbare Bewegungserscheinung, nämlich die Erdbeschleunigung, mit einer optisch beobachtbaren zweiten Erscheinung, nämlich der Richtung zur Sonne, in Verbindung zu setzen. Darauf beruht die entscheidende Bedeutung von Newtons Dynamik. Bondi erläuterte das noch etwas näher:

»Jede erfolgreiche wissenschaftliche Hypothese ist unter anderem dadurch gekennzeichnet, daß sie eine Beziehung zwischen zwei bisher voneinander unabhängigen Typen von Beobachtungen herstellt. Das aber ist bei Newtons Dynamik in sehr sinnfälliger Weise der Fall. Außerdem ergibt sich eine weitere Forderung: Es ist die Forderung nach der Einheit der Physik als Wissenschaft. Die Physik läßt sich nicht in eine Anzahl einzeln stehender Gebiete aufteilen, etwa in die Dynamik, die Optik, die Wärmelehre und so weiter. Alle diese Gebiete sind eng und untrennbar miteinander verbunden, und viele der wichtigsten physikalischen Erkenntnisse würden uns ewig verschlossen bleiben, wenn wir diese Verkettung nicht beachteten. Die Physik ist also in allen ihren Zweigen dieselbe, sei es in der Dynamik oder in irgendeinem anderen Gebiet. Dynamik ohne optische Beobachtung ist unmöglich, und rein dynamische Versuche existieren nicht. Jede Untersuchung betrifft mehr als nur einen Zweig der Physik, und bei Newton haben wir ja eben gesehen, daß die eigentliche Grundlage der Dynamik auf der Vereinigung und Zusammenschau einer optischen und einer dynamischen Beobachtung beruht.«

Nach Newton, und zwar nach seinem zweiten Gesetz, ist die Kraft eine Realität von wahrer physikalischer Bedeutung, die Beschleunigung jedoch ebenfalls. Beschleunigung ist aber die zeitliche Änderung der Geschwindigkeit – und Geschwindigkeit ist die Veränderung des Ortes mit der Zeit. Alle Komponenten in unserer Rechnung – Ort, Geschwindigkeit und Beschleunigung – sind relativ, und ihre Werte werden durch den Bewegungszustand des Maßsystems, also durch die Art des jeweils vorliegenden Bezugssystems bestimmt.

Nehmen wir an, wir befinden uns in einem Flugzeug, das sich gleichförmig durch den Luftraum bewegt. Dieses Flugzeug befindet sich dann in einem Bezugssystem, das aus den Größen für Flughöhe, Fluggeschwindigkeit und Flugrichtung besteht. Führen wir nun in diesem Flugzeug irgendwelche physikalischen Versuche aus, so müssen sie zwangsläufig dieselben Ergebnisse haben, als wenn sie im Laboratorium auf der Erde unternommen würden. Weil nur die Beschleunigung physikalische Effekte erzeugt, nicht aber die Geschwindigkeit, ergibt sich weiter, daß eine Bestimmung der Geschwindigkeit durch lokale Experimente unmöglich ist.

Newton hat in der Gravitation den tieferen Grund für die von Johannes Kepler gefundenen Gesetze der Planetenbewegung gesehen. Aber er entdeckte zugleich, daß die auf der Erde wirksame Schwerkraft einen Sonderfall der allgemeinen Gravitation darstellt. Diese allgemeine Gravitation beherrscht das ganze Weltall, von beispielsweise Ebbe und Flut auf Erden bis zu den Bewegungen aller Planeten und ihrer Monde, aller Sterne und Mehrfachsterne; sie hält Sternhaufen, Spiralnebel und Nebelgruppen in ihren Verbänden und jeweiligen Bahnen.

In den Jahrzehnten und Jahrhunderten nach Newton vollzog sich eine Wandlung, die bis zum heutigen Tage nicht abgeschlossen ist. Aus Newtons »Fernwirkungsgesetz« wurde die »Nahewirkungstheorie«. Sie hatte ihre Wurzel in der Elektrodynamik, und zwar vor allem in den berühmten »Maxwellschen Gleichungen«, durch die der Begriff des »Feldes« in den Brennpunkt der Physik rückte. Zugleich wurde unsere Vorstellung von der Gravitation durch die Quantentheorie umgeformt, die dem Begriff vom Feld, also von weit und breit hingelagertem Potential, den Teilchenbegriff, den Quantenbegriff, gegenüberstellte.

In dieses Dilemma griff Albert Einstein ein. In einem ersten entscheidenden Schritt konnte Einstein durch seine allgemeine Relativitätstheorie das Grundgesetz der Gravitation als sogenanntes »Nahewirkungsgesetz« formulieren. Nach dieser in ihren wesentlichen Zügen heute allgemein anerkannten Theorie ist die Gravitation eine Eigenschaft des Raum-Zeit-Kontinuums, das in seinen geometrischen Eigenschaften keineswegs gleichförmig ist, sondern durch die Anwesenheit von Massen innere Strukturänderungen erfährt. Wie haben wir das zu verstehen?

Kehren wir wieder zu unserem Beispiel von dem Flugzeug zurück: Wenn wir aus der Ferne die Position eines etwa von Europa nach Amerika über den Atlantik fliegenden Flugzeuges feststellen wollen, brauchen wir vier Dimensionen, um seinen Standort exakt zu bestimmen. Erstens: die geographische Breite Nord-Süd, zweitens: die geographische Länge Ost-West, drittens: die Flughöhe über dem Meeresspiegel – und viertens: die Zeit als generelle Bezugsgröße. Sie wäre die vierte Dimension. Genauso ist es auch beim Entwurf des Weltraumes. Die drei Dimensionen Länge, Breite und Höhe genügen nicht zur Vermessung des Kosmos, wir müssen auch noch die vierte Dimension, nämlich die Zeit, mit in die Rechnung setzen.

An diesem Punkt unserer Überlegungen dürfen wir uns einer Anekdote erinnern: Als Albert Einstein bei seiner Ankunft in den USA von Reportern mit Fragen bestürmt wurde, was denn nun das Wesen seiner Relativitätstheorie sei, da lächelte der kluge Schwabe amüsiert und sagte: »Wenn Sie diese Antwort nicht allzu ernst nehmen, so kann ich es folgendermaßen ausdrücken: Früher glaubte man, wenn man alles aus der Welt herausnimmt, so bleiben Raum und Zeit übrig. Heute glauben wir: Wenn man die Dinge herausnimmt, so schwinden mit ihnen auch Raum und Zeit.«

So sieht unsere moderne Wissenschaft also den Weltraum als ein vierdimensionales Raum-Zeit-Kontinuum, in dem eine besondere Geometrie herrscht, und das im Grunde nur existiert, weil in ihm Massen existieren. Vereinfacht ausgedrückt ist er nichts anderes als ein ungeheuer kompliziertes Kraftfeld um rund hundert Milliarden Welteninseln herum. Sie alle sind untereinander nach den Gesetzen der Gravitation in Nahewirkungen gebunden, und jede einzelne wird wiederum in sich selbst nach denselben Gesetzen zusammengehalten.

»Es bedurfte schon der Herstellung künstlicher Satelliten, um das Augenmerk darauf zu richten, daß wir in der Gravitation eine altbekannte Kraft besitzen, für die die allgemeine Relativitätstheorie eine Erklärung vorschlägt, die aber auch heute noch geheimnisvoll erscheint. Wenn wir es auf der einen Seite beim Atomkern mit unvorstellbar großen Kräften zu tun haben, so auf der anderen Seite bei der allgemeinen Massenanziehung mit außerordentlich kleinen. Und doch üben diese immer dann, wenn es sich um die großen Massen astronomischer Körper handelt, eine große Wirkung aus.« Das erklärt ein hervorragender Kenner dieser so komplizierten Materie, der Schweizer Professor Dr. H. Greinacher, Bern. Und er gibt ein didaktisch ausgezeichnetes Beispiel: Betrachten wir einmal die Anziehung zweier Kugeln von je einer Tonne Gewicht. »Nehmen wir als schwerstes und daher wirksamstes Material das Metall Osmium, das 22,5mal so schwer wie Wasser ist. Jede Kugel besitzt dann den Durchmesser von 44 Zentimetern. Da die Anziehung gerade so groß ist, wie wenn die beiden Massen in den Kugelmittelpunkten konzentriert wären, wird sie gefunden, indem man das Produkt der beiden Massen bildet, mit der Gravitationskonstante multipliziert und dann durch das Quadrat des Abstandes der Mittelpunkte (44 cm) dividiert. Man findet so, daß die Anziehung dem Gewicht von 35 Milligramm entspricht. In gleicher Weise berechnet sich die Anziehung, die irgend ein Gegenstand von unserer Erde erfährt. Das heißt, man multipliziert seine Masse mit der der Erde und dividiert nach Multiplikation mit der Gravitationskonstante durch das Quadrat des Abstandes vom Erdmittelpunkt, das heißt des Erdradius. Noch einfacher geht es ohne Rechnung: Man wägt den Gegenstand. Denn das Gewicht gibt uns nichts anderes als die gesuchte Anziehungskraft. Dieser Provenienz des Gewichtes entsprechend ist es nun verständlich, daß ein Körper je nach dem Ort, wo er sich befindet, verschieden schwer ist. Steigt man in einen Schacht hinunter, so nimmt das Gewicht erst zu, da sich im Erdinneren dichtere Stoffe befinden als an der Oberfläche, dann aber schließlich ab. Steigt man andererseits auf einen Berg, so wird das Gewicht kleiner, da die Erdanziehung mit dem Quadrat des Abstandes vom Erdmittelpunkt abnimmt. Begibt man sich zum Beispiel vom Meeresniveau aus auf Montblanc-Höhe (etwa 4000 m), so wird man auf 77 Kilo 100 Gramm an Gewicht verlieren. In Wirklichkeit macht dies scheinbar weniger aus, da ein Gewicht immer um den Auftrieb, den es in der Atmosphäre erleidet, kleiner ausfällt. Auf großer Höhe ist aber entsprechend der Luftverdünnung der Auftrieb kleiner. Bringt man zum Beispiel einen Gegenstand in einen luftleeren Raum, so verliert er ungefähr so viel an Gramm, als er Kilo wiegt. Trotz der Gewichtsabnahme mit der Höhe über Meer würde indessen eine mit Gewichten bediente Waage stets dasselbe Gewicht anzeigen, da sie eben eigentlich nicht Gewichte, sondern Massen (lies: Mengen) mißt. Hingegen wird eine mit Federkraft arbeitende Waage (Schnellwaage) ein zu kleines Gewicht anzeigen. Nach ihr würde man beispielsweise in 2640 Kilometer Höhe doppelt so viel Ware wie unten auf der Erde und damit zum halben Preis erhalten. Genau besehen, hängt das Gewicht nicht nur von der Erdanziehung ab. Auch Sonne und Mond haben einen gewissen Einfluß. Während die Mondanziehung auf einen Gegenstand der Erde nur $1/50$ Promille des Gewichts ausmacht, beeinflußt die Sonnenanziehung das Gewicht um 0,6 Promille. Das Gewicht erscheint somit auf der von der Sonne abgewandten Seite der Erde um so viel größer und auf der ihr zugewandten dann um so viel kleiner. Die Gewichtsbeeinflussung durch Sonne und Mond wird uns übrigens täglich durch die Gezeiten vor Augen geführt. Bedeutender als diese Störungen der Schwere von außen ist der Einfluß, den die Bewegung der Erde auf das Gewicht ausübt. Auf unserem Breitengrad (47°) eilen wir mit Schallgeschwindigkeit um die Erde herum, und am Äquator beträgt diese

Rotationsgeschwindigkeit sogar 465 Meter pro Sekunde. Wir merken nur nichts davon, da alles um uns herum sich mit derselben Geschwindigkeit bewegt. Diese Karussellbewegung erzeugt aber eine merkbare Fliehkraft, um die nun die Schwere verringert wird. Dies macht am Äquator 3,3 Promille aus. Könnte man nun die Erde wie einen Kreisel antreiben, so würde das Gewicht mit dem Anwachsen der Fliehkraft scheinbar fortwährend abnehmen, und bei einer Geschwindigkeit von 7,91 km/sec, das heißt der 24fachen Schallgeschwindigkeit, würde man sich sogar im gewichtlosen Zustand befinden. Wir könnten mühelos vom Boden abspringen und würden schwebend über der Erde mit dieser rotieren. Wir wären damit zu einem Erdsatelliten geworden. Nur würden wir, abgesehen von physiologischen Feststellungen, die Rotation nicht gewahren, da alles mitrotierte. Ein mit 7,91 km/sec bewegter Körper wird aber genau so auch um eine ruhende Erde herumkreisen. Das heißt, diese Zahl gibt die Geschwindigkeit an, die ein horizontal abgefeuertes Geschoß besitzen müßte, bis es nicht mehr auf die Erde herabfällt, sondern um sie herumsaust. Die Dauer eines Umlaufs betrüge 1 Stunde 24 Minuten. Wegen der tatsächlichen Rotation der Erde käme allerdings ein solcher Satellit am Ausgangspunkt etwas schneller oder langsamer an, je nachdem er sich nach Westen oder nach Osten bewegt. In Wirklichkeit kann man Satelliten wegen des Luftwiderstandes nicht in unmittelbarer Nähe der Erde rotieren lassen. Man wird sie daher auf größere Höhen (300 km und mehr) befördern müssen. Je größer die Entfernung, um so größer allerdings auch die Arbeit, die man zur Überwindung der Schwere aufwenden muß, um so kleiner aber die für die Rotation erforderliche Geschwindigkeit. Diese nimmt mit der Entfernung ab und beträgt zum Beispiel für unseren Mond nurmehr etwa 1 km/sec. Auch für die künstlichen Satelliten gelten die Keplerschen Gesetze. Danach verhalten sich die Quadrate der Umlaufzeiten wie die Kuben der Abstände von der Erdmitte.«

Soweit für jetzt Professor Greinacher. Wir werden uns dieser Ausführungen später erinnern, wenn wir nämlich vom Raketenflug und von Satellitenbahnen sprechen. Dann wollen wir auch Greinacher noch einmal hören. Zunächst aber müssen wir noch einmal zu Newton zurück. Er sagt ja, daß die Beschleunigung, nicht die Geschwindigkeit angesichts der Gravitation die entscheidende Rolle spiele. Das ist im Hinblick auf die Astronautik ein Fundamentalsatz. Denn aller Raumflug – bemannt oder unbemannt, in Erdnähe oder Erdferne unternommen – ist in erster Linie ein Kampf gegen die Schwerkraft. Der gesamte Raketenbau – gehe es nun um lediglich ballistische Flüge, oder handele es sich um die Entsendung von Raumsonden und Raumschiffen zu großer Fahrt – muß sich grundsätzlich und zuerst mit der Überwindung der Schwerkraft auseinandersetzen.

Dabei ist es nicht die außerordentlich hohe Geschwindigkeit, die das entscheidende Problem aufwirft, sondern es sind eben die jeweiligen Änderungen der einmal innegehabten Geschwindigkeit, also Beschleunigung oder Verzögerung. Solche Beschleunigung oder Verzögerung tritt immer dann auf, wenn eine irgendwie geartete Kraft auf den Bewegungszustand wirkt und ihn ändert. Beschleunigung – also Zunehmen der Geschwindigkeit (»Gasgeben«) – und

Verzögerung – also Abnehmen der Geschwindigkeit (»Bremsen«) – sind in ihrer Wirkung analog. Wir tun deshalb besser daran, von jeweils positiver oder negativer Beschleunigung zu sprechen, weil wir auf diese Weise die Problematik eher in den Griff bekommen.

Haben wir vorhin (nach Höfling) das Newtonsche Gravitationsgesetz so geschrieben

$$K = -\gamma \cdot \frac{M\,m}{r^3} \mathfrak{r}$$

(vektorielle Schreibweise), so können wir aus dieser Formel nun eine weitere bedeutende Größe ableiten, nämlich die Erdbeschleunigung. Das ist die Anziehungskraft, die die Erde auf eine Masse m_1 an ihrer Oberfläche ausübt. Setzen wir für die Erdmasse M_1 und für den Erdradius R, dann können wir schreiben

$$K_1 = -\gamma \cdot \frac{M_1\,m_1}{R_2} = m_1 g$$

und finden

$$g = -\gamma \cdot \frac{M_1}{R^2}$$

In Zahlen ausgedrückt ergibt sich dafür der Wert von 9,7 bis 9,8 m/sec².
Die Erdbeschleunigung – auch Fallbeschleunigung oder Schwerebeschleunigung genannt – ist je nach geographischer Lage verschieden. Ihr Wert schwankt zwischen 9,87 m/sec² am Äquator der Erde und 9,83 m/sec² an den Polen. Für eine geographische Breite von 45 Grad und Meeresniveau benutzt man einen Mittelwert von 9,80665 m/sec². Man kann kaum fehlgehen, wenn man für eigene Überschlagsrechnungen einen Normwert von 9,81 m/sec² generell benützt.

Diese Schwerebeschleunigung der Erde ist ein für die Erde individueller Wert. Wir haben ihn als Maßstab für alle unsere Messungen eingeführt und bezeichnen ihn mit g.

1 g ist also die einfache Erdbeschleunigung.

(Für den freien Fall gelten die Formeln $v = gt$; $s = 1/2\,gt^2$ und $v = \sqrt{2gs}$, wobei $g = 9,81$ m/sec² ist und t und s vom Augenblick des Fallbeginns an gezählt werden, so daß für $t = 0$ auch $s = 0$ und $v = 0$ ist. t steht für die Fallzeit, v ist der Geschwindigkeitsvektor, s steht für die Fallstrecke. Wichtig: Im leeren Raum fallen alle Körper gleich schnell!)

Als Einheit der Beschleunigung (sei sie nun positiv oder negativ) bezeichnet man also – und das müssen wir festhalten – »die Wegstrecke, um die ein frei fallender Körper durch die Anziehungskraft der Erde in der Zeiteinheit von 1 Sekunde beschleunigt wird«. Diese Beschleunigung beträgt auf der Erdoberfläche (im Mittel) 9,81 Meter pro Sekunde – Faustregel 10 Meter pro Sekunde – und diese Größe wird mit »1 g« bezeichnet.

Es gibt in der Natur außerordentlich viele verschiedene positive und negative Beschleunigungen, das reicht von der (negativen) Beschleunigung von weniger als einem tausendstel Gramm bei schwachen Erdbeben bis zu (positiven) Beschleunigungen von mehreren Zehntausenden von Gramm etwa in Ultrazentrifugen. Fallen wir hin und brechen uns das Bein, so kann daran eine Beschleunigung von 20 bis 30 g schuld sein. Stoßen auf einer Autobahn zwei Wagen frontal zusammen, so können dabei Beschleunigungswerte bis zu 1000 g auftreten. Und springt ein Sportler vom Zehnmeterturm in das Schwimmbecken, so erlebt er kurzfristig Beschleunigungen in der Größenordnung von 6 bis 8 g. Weil die Schwerebeschleunigung (an der Oberfläche) nicht nur von der Masse eines Körpers, sondern auch von seinem Radius abhängt, ist es nicht verwunderlich, daß sie auf verschiedenen Himmelskörpern verschieden groß ist. Unsere folgende Tabelle gibt diese Werte für die Sonne, acht Planeten (Pluto nicht bekannt) und den Mond der Erde. Zugleich haben wir in dieser Tabelle auch die Kreisbahn- und die Fluchtgeschwindigkeiten auf der Oberfläche dieser Himmelskörper angegeben, weil diese Werte in Zusammenhang stehen (wir werden nachher darauf zurückkommen):

	Schwerebeschleunigung m/sec	g	Kreisbahn-Geschwindigkeit	Flucht- (km/sec)
Sonne	274,00	27,90	438,00	618,00
Merkur	3,60	0,37	3,00	4,20
Venus	8,50	0,86	7,30	10,30
Erde	9,81	1,00	7,90	11,20
Mars	3,76	0,38	3,60	5,00
Jupiter	26,00	2,65	43,00	61,00
Saturn	11,20	1,40	26,00	37,00
Uranus	9,40	0,96	16,00	22,00
Neptun	15,00	1,53	18,00	25,00
Erdmond	1,62	0,16	1,70	2,38

Jeder Himmelskörper hat also sein eigenes Gravitationsfeld, das theoretisch bis in die Unendlichkeit reicht, aber von einem ganz bestimmten Abstand vom Mittelpunkt des Körpers an praktisch gleich Null wird, also vernachlässigt werden kann. Und alle Himmelskörper sind untereinander in ihren Verbänden nach den Gesetzen der Gravitation verbunden. So ist unsere eigene Planetenfamilie ein Muster eines derartigen Gravitationssystems. Dieser Gedanke führt uns in unseren Überlegungen zu den physikalischen und geometrischen Grundlagen der Weltraumfahrt wesentlich weiter – nämlich zu Johannes Kepler und seinen Gesetzen der Planetenbewegung.
Johannes Kepler (1571–1630) veröffentlichte die ersten beiden dieser grundlegenden Gesetze im Jahre 1609, das dritte 1619. Wie sehen diese Gesetze aus? Stellen wir uns zunächst die »dynamische Situation« vor, in der sich ein um die Sonne als Zentralkörper und Gravitationszentrum kreisender Körper – etwa die Erde – befindet: Zwei Kräfte zerren unablässig an diesem Körper, die eine will ihn nach außen, in den Raum hinaus entführen – das ist die Zentrifugalkraft, die andere will ihn nach innen, in den Sonnenleib hineinreißen – das ist die Schwerkraft oder Massenanziehung der Sonne. In Wirklichkeit aber kreist der Körper unbeirrt um sein Gravitationszentrum herum, und zwar auf einer ganz bestimmten Bahn. Das heißt, daß keine der beiden Kräfte ihr Ziel erreicht – sie heben sich gegenseitig auf.

Dieser Ausgleich von Fliehkraft und Schwerkraft regiert das Verhalten aller Körper in Rotationssystemen, ob es sich nun um Planeten und ihre Monde, Planeten und ihre Zentralsonne, Mehrfachsterne, Sternsysteme höherer Ordnung, Milchstraßenhaufen – oder künstliche Erdsatelliten, Raumstationen, künstliche Satelliten fremder Planeten und Monde, oder künstliche Planetoiden, also Sonnensatelliten handelt. Doch nun zu den drei Keplerschen Gesetzen:

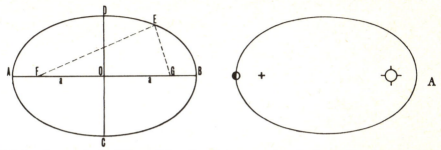

Bild links: Geometrie der Ellipse: Diese Gestalt ist an zwei senkrecht zueinander stehenden Durchmessern symmetrisch (Hauptachse A-O-B und Nebenachse D-O-C). Der Mittelpunkt ist O. Die beiden Brennpunkte F und G liegen auf der Hauptachse. Ihre Entfernungen von O sind jeweils gleich. Die Summe der Strecken G-E und F-E ist für alle Punkte auf der Ellipse konstant und gleich A-B. Die verschiedenen Ellipsenformen werden entsprechend der Summe G-E und F-E und der Größe der Strecke F-G (also dem Abstand der Brennpunkte) vermessen. Fallen F und G in O zusammen, wird aus der Ellipse ein Kreis

Bild rechts: Das erste Keplersche Gesetz: Links der Planet, rechts, in einem Brennpunkt der Bahnellipse, die Sonne

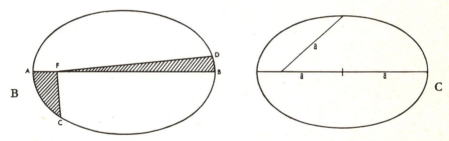

Bild links: Das zweite Keplersche Gesetz: In F steht die Sonne. Kommt der Planet in A an, so hat er den sonnennächsten Punkt seiner Bahn, sein Perihel, erreicht. Steht der Planet dagegen in B, so ist sein sonnenfernster Punkt, das Aphel, erreicht. Um von B nach D zu kommen, braucht der Planet ebenso lange, wie für den Weg von A nach C

Bild rechts: Das dritte Keplersche Gesetz: Wenn a die mittlere Entfernung eines Planeten von der Sonne und U seine Umlaufzeit ist, dann bedeutet $U^2 = a^3$ (Quadrate der Umlaufzeiten der Planeten = dritte Potenzen der großen Halbachsen ihrer Bahnellipsen)

Das erste Gesetz sagt: »Die Planetenbahnen sind Ellipsen, in deren einem Brennpunkt die Sonne steht«. Damit ist ausgesagt, daß die Entfernungen zwischen Planeten und Zentralgestirn einem ständigen Wechsel unterliegen (siehe Zeichnung A).

Das zweite Gesetz sagt: »Die Verbindungsstrecke zwischen Planeten und Zentralgestirn überstreicht in gleichen Zeiten gleiche Flächen«. Das bedeutet, daß sich auch die Umlaufgeschwindigkeit der Planeten ändert: Wenn der Planet den größten Abstand zum Zentralgestirn (Aphel) erreicht hat, ist seine Umlaufgeschwindigkeit am geringsten, und wenn der Planet den geringsten Abstand zum Zentralgestirn (Perihel) erreicht hat, ist seine Umlaufgeschwindigkeit am größten. Nur so bleibt das Gleichgewicht der Kräfte erhalten (siehe Zeichnung B).

Das dritte Gesetz sagt: »Die Quadrate der Umlaufzeiten der Planeten verhalten sich wie die dritten Potenzen (Kuben) der großen Halbachsen ihrer Bahnellipsen«. Damit wird der Zusammenhang zwischen den Entfernungen der Planeten vom Zentralgestirn und ihren Umlaufzeiten erklärt. Bezeichnen wir in Zeichnung C die große Halbachse der Bahnellipse mit a und die entsprechende Umlaufzeit mit U, so können wir schreiben

$$a_1^3 : U_1^2 = a_2^3 : U_2^2$$

Für den in unserem Planetensystem mit großer Annäherung gegebenen Spezialfall, daß nämlich die Bahnen der Planeten nahezu Kreise sind (in Wirklichkeit stark dem Kreis angenäherte Ellipsen), ergibt sich dann, daß bei einem Radius r und einer Umlaufzeit U der Quotient r^3/U^2 für alle Planeten denselben Wert hat. Setzt man nun die für die Erde geltenden Werte, $r = 1,495 \cdot 10^{11}$ m und $U = 3,156 \cdot 10^7$ sec, ein, so ergibt sich:

$$\frac{r^3}{U^2} = 3,355 \cdot 10^{18} \text{ m}^3 \text{ sec}^{-2}$$

Nachdem Nikolaus Kopernikus (auch Koppernigk oder Kopernik) – 1473 bis 1543 – zum Schöpfer des heliozentrischen Weltbildes geworden war und folgende drei Sätze formuliert hatte:
1. Die Erde dreht sich täglich einmal um ihre Achse;
2. Die Erde bewegt sich in einem Jahr einmal auf einer kreisförmigen Bahn um die Sonne;
3. Die übrigen Planeten bewegen sich ebenfalls auf kreisförmigen Bahnen um die Sonne;

war es Johannes Kepler, der mit Hilfe der Geometrie seine drei Gesetze aufstellte und die Bewegungen der Himmelskörper richtig wiedergab. Aber erst Isaac Newton vermochte diese himmlische Geometrie dynamisch zu erklären und damit zum Schöpfer der Himmelsmechanik zu werden – und das tat er mit seinem Gravitationsgesetz, das wir bereits kennen. Das Gravitationsgesetz Newtons läßt sich ebenso aus den Keplerschen Gesetzen ableiten, wie man umgekehrt die Keplerschen Gesetze aus dem Gravitationsgesetz herzuleiten vermag – das Bild ist rundum harmonisch.

Eine Ergänzung müssen wir jedoch noch geben: Jeder Planet zieht rückwärts auch die Sonne ein wenig an, und deshalb steht der Sonnenmittelpunkt nicht exakt in einem Brennpunkt der Bahnellipse, sondern dieser Brennpunkt ist etwas zum Planeten hin verschoben. Allerdings ist diese Differenz außerordentlich gering. Tatsache aber ist, daß nicht der Sonnenmittelpunkt, sondern der gemeinsame Schwerpunkt von Sonne und Planet im Brennpunkt der Bahnellipse steht. Das gilt – eben nach dem Gravitationsgesetz – immer: Bei Doppelsternen, oder auch beim Gravitationsverhältnis Erde-Erdmond kann man es leicht bestätigt finden. Zwei sich umkreisende Himmelskörper kreisen stets um ihren gemeinsamen Schwerpunkt. Im Falle Sonne-Planet (und im Falle Erde-Erdmond) liegen die Schwerpunkte jeweils noch tief im Leib der Sonne (bzw. der Erde).

Geometrie im Sonnensystem

Was wir vorhin vom Newtonschen Gravitationsgesetz gesagt haben, können wir nun hinsichtlich der drei Keplerschen Gesetze wiederholen: Diese Gesetze gelten auch für die Bahnen künstlicher Satelliten, wobei wir (was wir dürfen) von der immer vorhandenen Gravitationswirkung der Sonne auf das Bewegungssystem Planet-Satellit absehen. Wieder brauchen wir in unsere Formeln – wie beim Gravitationsgesetz auch – lediglich für die Masse M die Masse des umlaufenden Zentralkörpers, für die Masse m die Masse des Rotationskörpers (also des Satelliten), für U die Umlaufzeit, für v die Bahngeschwindigkeit und für A die große Halbachse der Bahnellipse einzusetzen.
Nun sind, wie gesagt, die tatsächlichen Planetenbahnen um die Sonne sehr weit der Kreisform angenähert, die beiden Halbachsen der Ellipsen sind also fast gleich groß (sind sie genau gleich groß, haben wir einen Kreis vor uns).

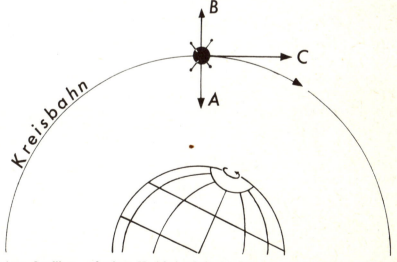

Was einen Satelliten auf seiner Kreisbahn hält, ist das gegenseitige Sich-Aufheben von Fliehkraft (B) und Schwerkraft (A). Die Kreisbahn ist letztlich ein Kompromiß der beiden widerstreitenden Kräfte unter dem Einfluß der Beschleunigung (C) des Flugkörpers

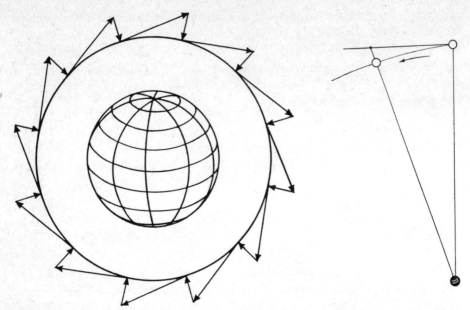

Bild links: Die Bahnbeschleunigung (Schwung) zieht den Flugkörper unentwegt auf tangentialer Bahn von der Erde hinweg, aber die Schwerkraft macht dieses Bestreben ebenso unentwegt wieder zunichte – eine Kreisbahn entsteht

Bild rechts: Auf ganz ähnliche Weise wird auch der Erdmond auf seiner Bahn um unseren Globus gehalten

Es ist kaum zu erwarten, daß ein künstlicher Satellit auch nur bei seinem ersten Umlauf eine exakte Kreisbahn um seinen Zentralkörper beschreibt, wir werden es fast immer mit Ellipsen zu tun haben, die mehr oder weniger langgestreckt sind und manchmal auch »fast« Kreise sein können. Aber rechnen wir einmal:
Bei jeder Kreisbewegung tritt, wie wir bereits erwähnten, eine nach außen gerichtete Fliehbeschleunigung, die Zentrifugalkraft, in Aktion. Schreiben wir für diese Fliehbeschleunigung Γ, für den Bahnradius r und für die Umlaufgeschwindigkeit v, so ergibt sich

$$\Gamma = -\frac{v^2}{r}$$

Gegen diese Fliehbeschleunigung wirkt die Gravitationsbeschleunigung des umlaufenden Zentralkörpers. Beide heben sich gegenseitig auf. Die Gravitationsbeschleunigung formulieren wir so:

$$b = -\gamma \frac{M}{r^2}$$

Setzen wir nun für die Umlaufzeit

$$U = \frac{2\pi r}{v}$$

so gewinnen wir

$$v^2 = \frac{4\pi^2 r^2}{U^2}$$

Schreiben wir nun die Formel mit den bisher gewonnenen Größen auf und erweitern mit r

$$(v^2 =) \frac{4\pi^2 r^2}{U^2} m = \gamma \frac{M}{r}$$

so können wir auch schreiben

$$\gamma M = 4\pi^2 \frac{r^3}{U^2}$$

Bei dieser ganzen Rechnung ist die Masse des umlaufenden Körpers, also des Satelliten, unberücksichtigt geblieben (m = 0). Aber wir können aus dieser Sequenz sehen, daß ein Satellit eine um so längere Umlaufzeit haben muß, je größer der Radius r (die Entfernung der Kreisbahn vom Mittelpunkt des umlaufenen Zentralkörpers) ist. Die folgende Tabelle gibt Umlaufzeiten (U) und Bahngeschwindigkeiten (v_k) für verschiedene Höhen über der Erdoberfläche (H) und die entsprechenden Abstände vom Erdmittelpunkt (r) an:

Höhe (H in km)	Abstand von Erdmittelpunkt (r in km)	Kreisbahngeschwindigkeit (v_k in km/sec)	Umlaufzeit (U in Std., Min.)
0	6 370	7,9	1.24
500	6 870	7,6	1.34
1 000	7 370	7,4	1.45
2 000	8 370	6,9	2.07
5 000	11 370	5,9	3.21
10 000	16 370	4,9	5.47
20 000	26 370	3,9	11.51
35 790	42 160	3,1	23.56

Besonders interessant an dieser Tabelle ist der Satellit, der in 35 790 km Höhe über der Erdoberfläche sein Bahn zieht. Wie wir sehen, hat er eine Kreisbahngeschwindigkeit von 3,1 km/sec und braucht zu einem Umlauf 23 Stunden und 56 Minuten. Er befindet sich also auf einer »Vierundzwanzig-Stunden-Bahn«. Ein solcher Satellit stünde für einen bestimmten Beobachtungspunkt auf Erden immer im Zenit – falls seine Bahnebene mit der Äquatorebene der Erde zusammenfiele – denn er liefe dann mit der Erdrotation »synchron«. Solche Satelliten interessieren uns, wie wir noch sehen werden, hauptsächlich als aktive Relaisstationen für die Nachrichtenübermittlung.

Wenn ein Satellit eine um so längere Umlaufzeit haben muß, je größer der Radius r ist, dann bedeutet das natürlich auch, daß seine Kreisbahngeschwindigkeit ebenfalls um so geringer sein muß, je größer der Radius r ist. Wir sehen das am deutlichsten an dem natürlichen Trabanten unserer Erde, dem Mond: Er umkreist seinen Zentralkörper, die Erde, in 27 1/4 Tagen (genau 27,32166 d, siderischer Monat) einmal, und das auf einer Bahn, die im Mittel 384 000 km vom Erdzentrum entfernt ist. Die Bahngeschwindigkeit des Mondes ist deshalb relativ gering: Sie beträgt »nur« etwas mehr als 1 km/sec, genau

1017 m/sec. Auch die Bahn des Mondes ist eine Ellipse, kein Kreis. Das Erde und Mond gemeinsame Schwerezentrum, um das sich beide Himmelskörper drehen, liegt noch innerhalb des Erdkörpers, genau 4650 km vom Erdzentrum entfernt. Darum beschreibt auch der Erdmittelpunkt eine Kreisbahn um dieses Schwerezentrum herum; sie hat einen Radius von etwas weniger als 5000 km. Es ist deshalb richtiger, wenn wir das System Erde-Mond nicht als Verhältnis Zentralkörper-Satellit, sondern als »Doppelplanet« betrachten.

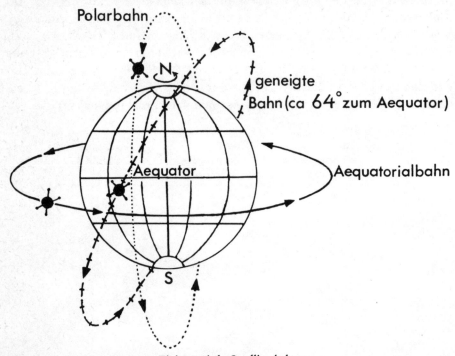

Einige typische Satellitenbahnen

Wollen wir die Geschwindigkeit eines Satelliten v_k aus dem Bahnradius r errechnen, so schreiben wir

$$v_k = \sqrt{\frac{\gamma M}{r}}$$

Allerdings gilt auch diese Formel nur für Satelliten von vernachlässigbar geringer Masse, bei Großsatelliten und Raumstationen ist anders zu rechnen, denn dann ist die verhältnismäßig große Masse des Rotationskörpers (Satellit oder Station) in Form von m als selbständiger Faktor in die Rechnung einzusetzen.

Wie nun, wenn die Beschleunigung eines Satelliten auf tangentialer Bahn A wenig größer ist als die Kreisbahngeschwindigkeit? Dann überwiegt die Fliehkraft die Gravitationskraft seitens der Erde, und der Satellit entfernt sich immer mehr vom Erdmittelpunkt. Die Physiker sagen uns, daß er dann gewissermaßen »bergauf« fliegt, nämlich gegen die Gravitationskraft der Erde, wobei er allmählich an Geschwindigkeit verliert. Schließlich gelangt er an einen Punkt in Erdmittelpunktsferne, wo seine Geschwindigkeit der für jene Entfernung gültigen Kreisbahngeschwindigkeit entspricht. Er kann aber – durch seinen eigenen »Schwung« (Trägheit) verhindert – nicht in diese neue Kreisbahn B eintreten, sondern fliegt noch weiter von der Erde weg, wobei er seine dynamische Energie (Fliehkraft) aufzehrt. Mit anderen Worten und korrekter ausgedrückt: Die Fliehkraft, die vorhin noch die Erd-Gravitation überwog, wird nun schwächer und schwächer – bis der Satellit eine Stelle auf seiner Flugbahn erreicht, wo er nicht mehr weiter weg kann. Das ist der »erdferne Punkt« – Apogäum – der Satellitenbahn. Von diesem Punkt an beginnt

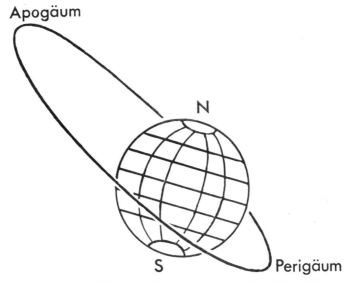

Apogäum und Perigäum bei stark exzentrischer Bahnellipse

die Erd-Gravitation wieder stärker und stärker auf den Flugkörper zu wirken, was bedeutet, daß er mit wachsender Geschwindigkeit wieder der Erde zustrebt, von der Gravitation buchstäblich herangerissen wird. Dabei behält der Flugkörper jedoch das grundlegende Bahnelement der tangentialen Annäherung bei. Nun fliegt der Satellit »bergab«, also mit der Erd-Gravitation. Hat der Satellit nun wieder seine ursprüngliche Kreisbahn A erreicht, so hindert ihn wiederum sein nun noch größerer »Schwung« (Trägheit), in diese Kreisbahn zurückzukehren. Er jagt vielmehr weit darüber hinaus. Zugleich mit dieser stark wachsenden Beschleunigung steigert sich jedoch auch wieder die Fliehkraft. Sie hindert den Satelliten an einer Stelle der Bahn daran, noch näher an die Erde heranzukommen – und schließlich erreicht er einen Bewegungszustand, der dem entspricht, den er ganz zu Anfang hatte: Seine Beschleunigung auf tangentialer Bahn ist etwas größer als die Kreisbahngeschwindigkeit: Die Fliehkraft beginnt wieder die Gravitationskraft zu überwiegen. Das ist der »erdnahe Punkt« (Perigäum) der Satellitenbahn. Und nun beginnt das Spiel wieder von vorn – der Satellit fliegt auf einer langgestreckten Ellipsenbahn dahin.

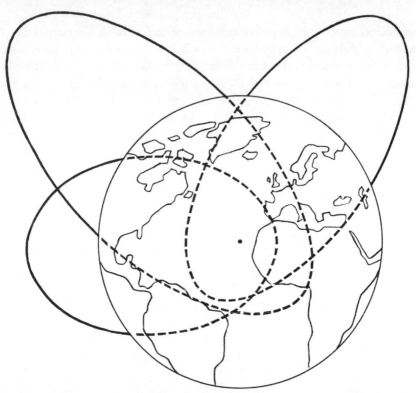

Verschiedene ballistische Wurfbahnen (zur besseren Verdeutlichung stark übertrieben). Alle ballistischen Bahnen sind Teile von Ellipsen, deren anderer (und meist größerer) Teil im Inneren des Erdkörpers verläuft

Die Lebensdauer eines Satelliten, also der Zeitraum, den er auf seiner Umlaufbahn verbringt, wird wesentlich von seiner Erdentfernung im Perigäum beeinflußt. Ist das Perigäum verhältnismäßig niedrig, trifft der Satellit auch in einigen hundert Kilometer Höhe auf einen gewissen, wenn auch geringen Luftwiderstand. Allmählich büßt er durch diese ständige sanfte »Reibungsbremsung« an Geschwindigkeit ein. Er verliert an »Schwung« für die Beschreibung seiner ursprünglichen Bahnellipse und schraubt sich allmählich immer tiefer, bis er in den dichteren atmosphärischen Schichten schließlich durch die (immer heftiger werdende Luftreibung) so stark erhitzt wird, daß er gleich einer Sternschnuppe verglüht. Kommt ein Satellit dagegen auf eine möglichst genau kreisförmige Bahn in großer Höhe über der Erde, dann hat er die größte »Lebenserwartung«, wie die folgende Tabelle zeigt:

Höhe km	Geschwindigkeit km/h	Umlaufperiode	Lebensdauer
320	28 300	90 min.	Tage oder Monate
485	28 000	93 min.	Jahre
805	27 300	100 min.	Dekaden
1 610	25 300	2 h	Jahrhunderte
35 400	10 900	24 h	Jahrtausende

Ist die Geschwindigkeit eines Satelliten kleiner als die Kreisbahngeschwindigkeit, dann beschreibt er zwar auch eine Bahnellipse – aber deren größerer Teil verläuft im Inneren des Erdkörpers (wobei natürlich der Erdmittelpunkt wiederum in einem Brennpunkt der Bahnellipse steht). Was wir nun erhalten, ist eine ballistische Flugbahn: Der Flugkörper stürzt auf die Erde ab, und zwar dort, wo seine Bahnellipse beginnt, »im Erdkörper zu verschwinden«. Die Beeinflussungen der Flugbahn durch die Erdatmosphäre und die Reibungswiderstände darin sind hier vernachlässigt.

Und wie wäre es, wenn die Bahnbeschleunigung des Flugkörpers wesentlich größer als die Kreisbahngeschwindigkeit ist? Nun, dann kommen Flugbahnen zustande, wie sie unsere nächste Zeichnung zeigt: Aus der Ellipse wird eine Parabel oder gar eine Hyperbel. Für uns besonders interessant ist die Grenzgeschwindigkeit, von der an keine elliptische Flugbahn mehr möglich ist, sondern nur noch eine parabolische oder hyperbolische. Diese Grenzgeschwindigkeit heißt »Fluchtgeschwindigkeit«. Folgen wir ein letztes Mal Oskar Höfling und seiner, nach Meinung des Autors, sinnfälligsten mathematisch-physikalischen Argumentation:

Welche Arbeit muß aufgewendet werden, damit eine Rakete den Anziehungsbereich der Erde verläßt? Um eine Masse von 1 kg aus dem Schwerefeld der Erde herauszubringen, ist ein Energieaufwand von $6{,}25 \cdot 10^7$ Joule erforderlich. Wie groß muß die Geschwindigkeit der Rakete sein, wenn man ihr die zum Verlassen des irdischen Gravitationsfeldes notwendige Energie als kinetische Energie mitgibt? Bezeichnen wir die Masse der Rakete mit m, die erforderliche Anfangsgeschwindigkeit mit v_0 und die Masse der Erde mit M, so muß die Gleichung

$$\tfrac{1}{2} m v_0^2 = \gamma \cdot \frac{M m}{r}$$

oder

$$v_o = \sqrt{\frac{2\gamma M}{r}}$$

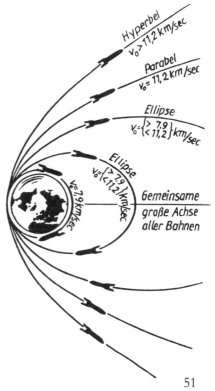

gelten. Setzt man die bekannten Werte ein, so ergibt sich

$$v_o = \sqrt{\frac{2 \cdot 6{,}67 \cdot 10^{-11} \cdot 5{,}97 \cdot 10^{24}}{6{,}37 \cdot 10^6}} \text{ m/sec}$$

$$\approx 11{,}2 \cdot 10^3 \text{ m/sec}$$
$$\approx 11{,}2 \text{ km/sec}$$

Kreisbahn, Ellipse, Parabel und Hyperbel – und die dazugehörigen Bahngeschwindigkeiten (nach O. Höfling)

Wenn also eine Rakete mit mindestens dieser Geschwindigkeit von 11,2 km/sec abgeschossen wird, verläßt sie das Schwerefeld der Erde und kehrt nicht mehr zurück. Deshalb heißt diese Geschwindigkeit »Fluchtgeschwindigkeit«. Erinnern wir noch einmal an unsere Tabelle der Flucht- oder Entweichgeschwindigkeiten hinsichtlich der verschiedenen Planeten: Sie zeigt uns, daß die Geschwindigkeit, die ein Satellit des jeweiligen Himmelskörpers für eine Kreisbahn in geringer Höhe über seiner Oberfläche braucht, ebenso verschieden sein muß, wie die Fluchtgeschwindigkeit aus seinem Schwerefeld heraus.

»Die Zahl 11,2 km/sec ist also eine für unsere Erde spezifische Konstante«, sagt Höfling. »Für andere Himmelskörper hat sie andere Werte. Wenn man bedenkt, daß die Mündungsgeschwindigkeit des Geschosses einer Kanone oder eines Infanteriegewehres in der Größenordnung von 1 km/sec liegt, so erkennt man, daß die Fluchtgeschwindigkeit bei der Erde sehr hoch ist. Auf dem Mond liegt sie wesentlich niedriger, und wenn wir uns schließlich auf einem der Marsmonde befänden, so wäre der kräftige Stoß eines Fußballspielers bereits ausreichend, um einen Ball im Weltraum verschwinden zu lassen. Von Interesse ist auch die Frage, mit welcher Geschwindigkeit eine Rakete in waagerechter Richtung von der Erdoberfläche, also tangential zum Erdkörper, abgeschossen werden muß, damit sie die Erde in gleichbleibendem Abstand umkreist.«

Auch hier wollen wir noch einmal kurz rechnen. Dabei soll wieder vom Luftwiderstand abgesehen werden. Bezeichnen wir die erforderliche Geschwindigkeit mit v_0 und setzen den Radius r der von der Rakete zu durchlaufenden Kreisbahn näherungsweise gleich dem Erdradius, so beträgt die Radialbeschleunigung der Rakete

$$b_n = \frac{v_0^2}{r}$$

Damit eine stabile Kreisbewegung zustande kommt, muß diese gerade gleich der Fallbeschleunigung g sein. Es ist also

$$\frac{v_0^2}{r} = g \text{ oder } v_0 = \sqrt{gr}$$

Dann ergibt sich

$$v_0 = \sqrt{9{,}81 \cdot 6{,}37 \cdot 10^6} \text{ m/sec}$$
$$\approx 7{,}9 \cdot 10^3 \text{ m/sec}$$
$$\approx 7{,}9 \text{ km/sec.}$$

Bei einer horizontalen Abschußgeschwindigkeit von 7,9 km/sec bewegt sich also eine Rakete auf einem recht genauen Kreis um die Erde. Wird die Geschwindigkeit größer als 7,9 km/sec, bleibt aber kleiner als 11,2 km/sec, so beschreibt die Rakete eine relativ kleine Ellipsenbahn. Wird die Geschwindigkeit weiter der kritischen Größe von 11,2 km/sec angenähert, so beschreibt die Rakete eine relativ große Ellipsenbahn. Erreicht die Rakete die Fluchtgeschwindigkeit von 11,2 km/sec, jagt sie auf einer parabolischen Bahn davon,

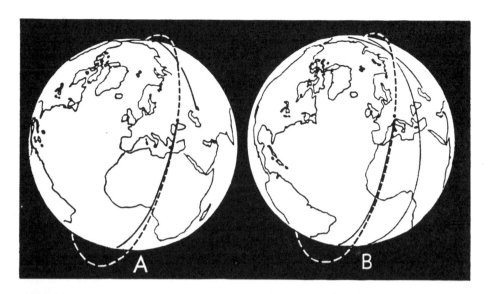

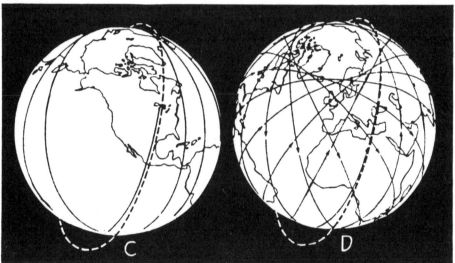

Die Erde dreht sich unter einer Satellitenbahn hinweg. So kommt es, daß der Satellit, je nach Neigung seiner Bahn zum Erdäquator, nahezu die gesamte Erdoberfläche bestreicht

und übersteigt die Fluggeschwindigkeit wesentlich die Fluchtgeschwindigkeit von 11,2 km/sec, dann sprechen die Astronauten von einer »hyperbolischen Geschwindigkeit«: Die Flugbahn beschreibt eine Hyperbel.

Wir haben uns mit diesen physikalischen Problemen des Raketen- und Satellitenfluges so ausführlich auseinandergesetzt, weil man die gesamte Astronautik ohne diese elementaren Grundlagen nicht wirklich verstehen kann. Eine Bemerkung Höflings müssen wir aber hier noch wiedergeben: »Es ist kein Zufall, daß sich beim senkrechten und horizontalen Abschuß die gleiche Fluchtgeschwindigkeit ergibt, sondern dies ist die Folge eines allgemein gültigen Gesetzes, wonach die zur Bewegung eines Körpers in einem Gravitationsfeld erforderliche Energie nur von dem Anfangs- und Endpunkt, nicht dagegen von der durchlaufenen Bahn abhängt. Um eine Masse aus einem Gravitationsfeld herauszubringen, ist deshalb stets die gleiche Energie und damit die gleiche Anfangsgeschwindigkeit erforderlich, unabhängig davon, auf welchem Wege der Transport erfolgt, und damit auch unabhängig davon, ob der Abschuß in senkrechter oder horizontaler Richtung oder unter irgendeinem anderen Winkel erfolgt.«

Jetzt, nachdem wir die wichtigsten mathematischen und physikalischen Klippen überwunden haben, können wir noch einmal Professor Dr. Greinacher hören, der uns eine Zusammenfassung gibt:

»Je weiter entfernt ein Satellit, um so kleiner die auf ihn ausgeübte Schwerkraft. Schwerelos ist er aber keineswegs, nur ist die Schwerewirkung jeweils gerade aufgehoben durch die Fliehkraft. Auch dies trifft zumeist nicht ganz zu, da die Bahnen gewöhnlich mehr oder weniger elliptisch sind, so daß die Bahngeschwindigkeit variabel ist. Immerhin verhält sich ein Körper im idealen Fall einer Kreisbahn wie ein schwereloser Gegenstand. Wollte man ihn aber wirklich der Erdschwere vollständig entziehen, so müßte er in unendliche Ferne gebracht werden. Rechnet man die Geschwindigkeit aus, die einem Körper erteilt werden müßte, damit er sich auf Nimmerwiedersehen entfernte, so findet man hierfür 11,2 km/s. Bei dieser Rechnung ist allerdings die Bremswirkung der Atmosphäre nicht einbezogen. Wirkliche Schwerelosigkeit kann auch erzielt werden, indem man einen Körper an jene Stelle bringt, wo die Anziehungskräfte von Sonne, Erde und Mond sich gerade aufheben. Der Ort, wo die Anziehung von Erde und Mond gleich und entgegengesetzt ist, kann

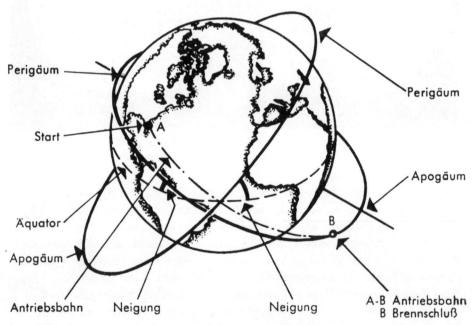

Die Bahnelemente von zwei Satellitenbahnen einschließlich der Aufstiegsbahnen, auch Antriebsbahnen genannt

leicht angegeben werden. Da der Mond eine 81mal kleinere Masse als die Erde besitzt, liegt er näher am Mond, und zwar in $1/10$ des Abstandes Erde–Mond. Die beidseitige Schwerewirkung beträgt dort nur 0,35 $^0/_{00}$ von der auf der Erde. Da sie so gering ist, spielt auch die Anziehung der Sonne, die 0,6 $^0/_{00}$ ausmacht, mit hinein, so daß der schwerelose Punkt im allgemeinen nicht auf der Verbindungslinie Erde–Mond liegt. Dies ist nur dann der Fall, wenn auch die Sonne in derselben Richtung wirkt (Mond- oder Sonnenfinsternis). Während wir es bei den Satelliten mit einer bewegten (dynamischen) Schwerelosigkeit zu tun haben, so hier am Ort des Gleichgewichts der anziehenden Kräfte mit einer ruhenden (statischen). Ein Raumschiff wäre in dieser kräftefreien Lage leicht zu manövrieren. Da es sich aber in einem labilen Gleichgewicht befindet, würde es, sich selbst überlassen, schon bei geringer Ortsveränderung vom Kraftfeld eines der drei beteiligten Himmelskörper eingesogen. Beim Herabfallen auf den Mond käme es mit einer Geschwindigkeit von 2,4 km/sec an. Wird die Fallbewegung im richtigen Maße gebremst und nach der Seite abgelenkt, so kann sie in eine Satellitenbewegung um den Mond übergeführt werden. Die Umlaufgeschwindigkeit beträgt mit 1,7 km/sec etwa 70 $^0/o$ von der Fallgeschwindigkeit. Diese selbst gibt gleichzeitig an, welche Abschußgeschwindigkeit erforderlich wäre, um ein Geschoß vom Mond aus ins Unendliche zu befördern. Wie ersichtlich, ist es leichter, die Mondschwere zu überwinden als die Erdschwere. Das Gewicht eines Körpers ist auch auf dem Mond sechsmal kleiner als auf der Erde. Die Umlaufdauer eines Mondsatelliten ist indessen nicht wesentlich verschieden von der eines Erdsatelliten. Sie beträgt 1 Stunde und 48 Minuten. Da der Mond sozusagen keine Atmosphäre besitzt, kann die Umkreisung in unmittelbarer Nähe der Mondoberfläche geschehen. Auch Abschüsse sind leichter zu bewerkstelligen, weil kein Luftwiderstand zu überwinden ist.«

Bei der Raumballistik spielt aber nicht nur die Geschwindigkeit der Rakete eine Rolle, sondern auch der Umstand, daß sowohl das Ziel als auch die Abschußstelle in Bewegung sind. Vom Mond aus erscheint die Erde als eine Kugel vom vierfachen Durchmesser des Vollmondes, die sich in deutlicher Rotation befindet; umgekehrt stellt die Mondscheibe, die uns immer dieselbe Seite zukehrt, ein fast ruhendes Objekt dar. Ein klassisches Beispiel der Astronautik: »Es handele sich darum, eine Rakete von der Erde (in der Gegend des Äquators) nach dem Monde abzufeuern. Dann wird man, selbst wenn der Mond unbeweglich wäre, nicht nach diesem zielen dürfen. Denn ein in der Visierrichtung abgefeuertes Geschoß besitzt gleichzeitig die äquatoriale seitliche Geschwindigkeit der Erde von 465 m/sec, die sich nun mit der Eigengeschwindigkeit der Rakete kombiniert. Weil die Erdrotation nach Osten erfolgt, weicht auch die Geschoßrichtung im selben Sinne von der Visierrichtung ab. Diese ›Aberration‹ macht bei einer Geschoßgeschwindigkeit von 10 km/sec ganze zwei Grad und vierzig Minuten aus. Würde die Rakete sich konstant mit dieser Geschwindigkeit bewegen, so müßte die Schußrichtung somit um diesen Winkel nach Westen abgedreht werden. In Wirklichkeit muß aber auch noch berücksichtigt werden, daß sich der Mond während der Reisezeit der

Rakete (in unserem Fall ungefähr 10 Stunden) in östlicher Richtung weiterbewegt hat, was dann noch eine entsprechende Winkelkorrektur nach Osten erheischt. Je größer die Fahrgeschwindigkeit, um so kleiner die Aberration. Sie kann aber sogar bei der ungeheuren Lichtgeschwindigkeit noch merkbar sein, wie die astronomische Aberration der Fixsterne zeigt, die sich bei der beachtlichen Geschwindigkeit der Erde um die Sonne bemerkbar macht. Hier beträgt die Abweichung von der Visierrichtung maximal nur $1/_{180}$ Grad. Mit Lichtgeschwindigkeit betrüge die Reisezeit nach dem Mond und zurück bloß $2\,1/_2$ sec. Eine solche Reise kann natürlich kein materielles Ding zustande bringen. Aber mit den immateriellen Radiowellen hat man die Reise ausführen lassen und dabei nach dem Prinzip der Echolotung den Mondabstand bestimmt. Er entspricht, da die Lichtgeschwindigkeit 300 000 km/sec beträgt, nahezu

$$\frac{2{,}5}{2} \cdot 300\,000 = 375\,000 \text{ km.}$$

Da der Mondabstand zufolge des Gravitationsgesetzes in einer einfachen Beziehung zum Erdradius steht, so kann auch dieser mittels Echolotung zum Mond bestimmt werden. Man hat dabei nur noch die Größen: Fallbeschleunigung (auf unserer Erde) und Umlaufzeit des Mondes zu kennen. Es gibt allerdings ein noch einfacheres Radioverfahren: Man schickt die Radiowellen um die Erde herum und mißt die Zeit, die ein Signal für einen Umlauf benötigt. So hat man $1/_7$ sec gefunden, entsprechend einem Erdumfang von rund 40 000 km. Auch die Masse unserer Erde und ihre (mittlere) Dichte lassen sich auf Grund einfacher Beziehungen leicht berechnen. Man ersieht hieraus, daß die auf der Massenanziehung beruhenden Gesetze einfacher Art sind. Man wird sich aber dessen bewußt bleiben müssen, daß sie die Frage nach der Natur und Provenienz der Gravitation offen lassen.«

Unsere folgenden vier Diagramme runden das Bild ab. Das erste Diagramm erlaubt uns, die Umlaufgeschwindigkeiten für die Sonne abzulesen. Wir sehen, daß die Umlaufgeschwindigkeit mit abnehmender Entfernung eines Planeten,

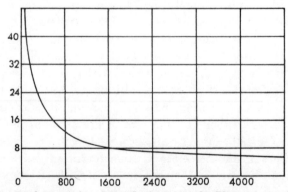

Mit abnehmender Entfernung eines Raumflugkörpers oder Planeten von der Sonne nimmt seine Umlaufgeschwindigkeit zu (Ordinatenachse: Geschwindigkeit in km/sec; Abszissenachse: Entfernung in Mill. km)

einer Raumsonde oder eines Raumschiffes von der Sonne in bestimmter Gesetzmäßigkeit wächst.

Das nächste Diagramm erlaubt uns abzulesen, wie das Gewicht eines Raumflugkörpers mit zunehmender Entfernung von der Erde abnimmt, bis schließlich relative Schwerelosigkeit eintritt, und zwar bereits in einer Entfernung von rund fünf Erdradien.

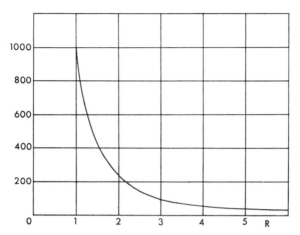

Mit zunehmender Entfernung von der Erde nimmt das Gewicht eines Raumflugkörpers ab (Ordinatenachse: Gewicht in kg; Abszissenachse: Entfernung vom Erdmittelpunkt in Erdradien)

Das folgende Diagramm gibt die Relation zwischen der Beschleunigung einer Rakete und dem Zeitpunkt nach dem Start an, zu dem sie die Fluchtgeschwindigkeit erreicht.

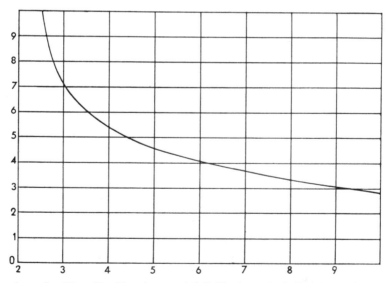

Mit zunehmend größerer Beschleunigung wird die Fluchtgeschwindigkeit (aus dem Schwerefeld der Erde) schneller erreicht (Ordinatenachse: Beschleunigung in Vielfachen von g; Abszissenachse: Zeit in min)

Unser letztes Diagramm schließlich zeigt uns die Relation von Fluchtgeschwindigkeit (obere Kurve) und Umlaufgeschwindigkeit (untere Kurve) für die Erde bezogen auf verschiedene Entfernungen vom Erdmittelpunkt. Immer ist die Fluchtgeschwindigkeit, wie unsere Formeln schon gezeigt haben, gleich der Umlaufgeschwindigkeit multipliziert mit der Quadratwurzel aus 2.

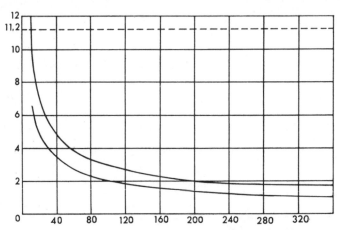

Die Fluchtgeschwindigkeit ist immer gleich der Umlaufgeschwindigkeit multipliziert mit der Quadratwurzel aus 2 (Ordinatenachse: Geschwindigkeit in km/sec; Abszissenachse: Entfernung in tausend km)

Den Ausführungen von Professor Greinacher konnten wir schon entnehmen, daß es außerordentlich schwierig ist, von der Erde aus mit einer Rakete (Raumsonde oder Raumschiff) den Mond zu treffen, weil es sich ja um relativ zueinander bewegte Körper handelt. Der Flugkörper muß zunächst auf eine Geschwindigkeit beschleunigt werden, die es ihm ermöglicht, bis zu dem Punkt zu gelangen, an dem sich die Gravitationskräfte der Erde und des Mondes die Waage halten. Dieser Punkt, auch neutraler Punkt, abarischer Punkt oder Punkt gleicher Anziehung genannt, befindet sich in einer Entfernung von neun Zehnteln der Strecke Erde–Mond, also 345 600 km vom Erdmittelpunkt und 38 400 km vom Mondmittelpunkt entfernt (wenn wir die mittlere Entfernung des Mondes von der Erde von 384 000 km in Rechnung stellen). In unserer nächsten Zeichnung ist dieses Verhältnis maßstäblich dargestellt, der Pfeil weist auf den neutralen Punkt.

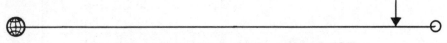

Der abarische Punkt zwischen Erde und Mond (Pfeil)

Auf den ersten Blick erkennen wir, daß das Schwerefeld der Erde weit ausgedehnter und mächtiger ist als jenes des Mondes, die Erdmasse beträgt ja schließlich auch das 81fache von der des Mondes. Bis zum neutralen Punkt muß unsere Mondrakete gegen die Gravitationskraft der Erde ankämpfen,

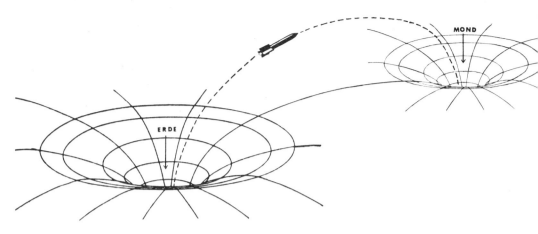

Der Flug von der Erde zum Mond.
Versuch einer zeichnerischen Darstellung der Schwereverhältnisse

sie fliegt also gleichsam »bergauf«, aus einem großen Trichter heraus. Den Scheitelpunkt des zu erklimmenden »Gravitationsberges« erreicht die Rakete im neutralen Punkt. Von dort an geht es »bergab«, in den wesentlich kleineren »Gravitationstrichter« des Mondes hinein. Erde und Mond sind von uns allerdings nur als Beispiele gewählt worden, diese Verhältnisse gelten bei jedem anderen Himmelskörper auch, wobei Abmessungen und Stärke des Gravitationsfeldes – in Abhängigkeit von der Masse des jeweiligen Himmelskörpers – die Größe des »Gravitationstrichters« bestimmen. Unsere Zeichnung oben versucht dieses ballistische Spiel auf dem »himmlischen Golfplatz«, von Gravitationsloch zu Gravitationsloch, sinnfällig zu machen.
Dieses Bild von der Schwerkraft als einem Hügel zwischen verschiedenen »Golflöchern« wurde in der angelsächsischen Fachliteratur entworfen, und es dürfte wohl die einzige Handhabe bieten, damit man sich diese komplizierten Verhältnisse einigermaßen begreiflich machen kann. Der britische Raketenpionier Arthur C. Clarke schreibt dazu: »Stellen wir uns einmal vor, dieser Gravitationstunnel oder Gravitationstrichter sei aus glattem, harten Material, wie etwa aus völlig reibungslosem Glas, hergestellt, und betrachten wir dann, was eintritt, wenn ein Körper – etwa eine Murmel – mit einer bestimmten Anfangsgeschwindigkeit diesen Tunnel aufwärts getrieben würde. Es ist klar, daß er so lange aufsteigt, bis seine Geschwindigkeit Null ist. Dann wird er – vielleicht sogar bis zu seinem Ausgangspunkt – mit der gleichen Geschwindigkeit zurückfallen, mit der er startet.« Die Zeichnung Seite 60 (nach Clarke) illustriert diese Verhältnisse. Die mit verschiedenen Anfangsgeschwindigkeiten erreichten Höhen sind mit a und b bezeichnet. »Es ist klar, daß es eine kritische Geschwindigkeit gibt, bei der der Körper nicht mehr zurückkommt, sondern über den Rand des Tunnels gelangt und die Horizontalebene d erreicht. Das eben ist, bei der Erde, die Fluchtgeschwindigkeit von 11,2 km/sec. Falls ein Körper mit einer Geschwindigkeit aufwärts startet, die größer ist als diese kritische Geschwindigkeit, wird sogar ein Überschuß verbleiben, wenn er aus dem Trichter herauskommt, das wären dann die parabolischen oder

hyperbolischen Geschwindigkeiten und Flugbahnen. Dieses Modell zeigt uns sehr genau das Verhalten einer Rakete, die vertikal von der Erde abgeschossen wird; aber es erhellt auch noch einen anderen wichtigen Effekt: Die meisten Menschen haben schon Bilder von der ›Todeswand‹ gesehen, oder waren gar selbst schon dort. Eine solche Todeswand ist eine volkstümliche Zirkusschau, bei der ein Motorradfahrer oder auch ein Autofahrer auf der Innenseite eines vertikalen Zylinders fährt, wobei die Zentrifugalkraft ihm erlaubt, sozusagen der Schwerkraft zu trotzen. Genau das gleiche kann bei unserem Modell passieren. Ein Körper, der an irgendeiner Stelle des Tunnelrandes in horizontaler Richtung in Bewegung gesetzt wird, wird unendlich lange kreisen, wenn

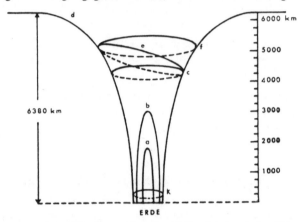

Ballistische Flüge und Satellitenflüge über der Erde. Schematische Skizze nach Clarke

nur seine Anfangsgeschwindigkeit ausreicht. Je weiter der Körper vom Boden entfernt und je sanfter die Steigung ist, um so langsamer braucht er sich zu bewegen, damit er seine Stellung innehält. Auf genau die gleiche Art hält sich der Mond in seiner Bahn um die Erde, und in genau derselben Weise laufen auch die Planeten um die Sonne als Gefangene ihres Gravitationsfeldes, aber immer den gleichen Abstand einhaltend. Die in einer solchen Bahn nahe am Boden des Gravitationstrichters, also nahe an der Erdoberfläche erforderliche Geschwindigkeit ist die bereits ausführlich besprochene Kreisbahngeschwindigkeit von rund 29 000 km/h oder 7,9 km/sec. In unserer Zeichnung ist k eine solche Kreisbahn nahe der Erdoberfläche, c und f sind andere Kreisbahnen in größerem Abstand von der Erde. Das aber sind keineswegs die einzigen vorhandenen Möglichkeiten. Betrachten wir die Bahn e. Sie ist der Weg eines Körpers, der in der Höhe f horizontal geworfen ist, aber mit einer nicht ausreichenden Geschwindigkeit, um sich dort zu halten. Er fällt also abwärts und gewinnt dabei an Geschwindigkeit, bis er schnell genug geworden ist, um wieder aufwärts zu steigen und seine alte Bahn zu verfolgen. Diese Flugbahn ist dann nicht mehr ein Kreis, sondern eine Ellipse. In dem Punkt c hätte dieser Satellit dann seine geringste, und in der Höhe f seine größte Entfernung von der Erdoberfläche, die Höhe c wäre das Perigäum, und die Höhe f wäre das Apogäum der elliptischen Satellitenbahn.

Unsere engere Umgebung im Sonnensystem. Rechts am Rande des oberen Bildes eine ungefähr maßstäbliche Darstellung der Entfernungen. Bild unten gibt die Lage der Bahnebenen der Planeten relativ zur Ebene des Sonnenäquators wieder. Nur in der engsten planetarischen Umgebung unserer Erde werden sich noch für viele Jahre die astronautischen (bemannten und unbemannten) Forschungsunternehmen abspielen können. Der Flug zu weiter entfernten Zielen dürfte in unserem Jahrhundert kaum mehr möglich werden

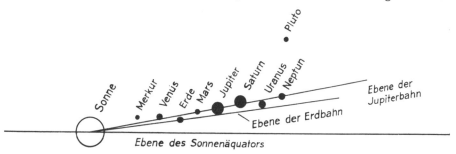

Alle diese Fälle können leicht praktisch vorgeführt werden, indem man eine Murmel auf der Innenseite eines geeignet geformten Trichters mit dem Finger in Schwung versetzt. Ein uns bekannter Astronom entdeckte eines Tages tatsächlich diese lehrreiche Analogie, als er einen Tennisball in eine große chinesische Vase warf ...«

Soweit der hochverdiente britische Raketenforscher Arthur C. Clarke. In einer anderen Publikation, die aus den Vereinigten Staaten von Amerika stammt, wird dieselbe Problematik an Hand eines Geschicklichkeitsspieles demonstriert. Man stelle sich einen Spielautomaten vor, der aus einem großen Trichter besteht, auf dessen Grunde ein Golfball liegt. Dieser große Trichter wird von einem zweiten, kleinen Trichter entlang seinem oberen Rand umlaufen. Erschwerend kommt hinzu, daß der kleine Trichter nicht mit völlig konstanter Geschwindigkeit, sondern ungleichmäßig schnell um den großen Trichterrand herumkreist. Das Geschicklichkeitsspiel besteht nun darin, mit Hilfe eines Federmechanismus den Golfball so aus dem Grund des großen Trichters hinauszuschleudern, daß er exakt in den kleinen umlaufenden Trichter hineintrifft. Mit derselben Wahrscheinlichkeit, mit der ein geschickter Spieler den Golfball in den kleinen Trichter hineinzupraktizieren versteht – gelingt auch ein Raketenschuß zum Mond. Dabei ist überdies darauf zu achten, daß der Golfball keinen Geschwindigkeitsüberschuß haben darf, denn sonst würde er aus dem kleinen Trichter wieder herausspringen. In der astronautischen Wirklichkeit bedeutet dies: Der Flugkörper hätte zuviel eigene kinetische Energie und würde deshalb am Mond vorbeirasen.

Inzwischen ist dieses Geschicklichkeitsspiel nach einer anfänglichen Kette von Mißerfolgen im ersten Raumfahrtjahrzehnt zur Routine geworden. Präzisionsflüge zu den Planeten, die Schaffung künstlicher Monde von Mars und Venus, das sichere Absetzen von Landeeinheiten auf diesen beiden Himmelskörpern, das ist beinahe Raumfahrtalltag. Das offene Problem in der Technik der Mondflüge, liegt nur noch im Bereich der Landung und Rückführung von Gesteinsproben von der Rückseite des Erdtrabanten. Doch das ist weniger ein Problem der Flugführung. Mit einem lunaren Relaissatelliten für die Kommunikation mit der erdabgewandten Seite des Mondes wäre das entscheidende Hindernis zu überwinden. Es ist nur eine Frage der Zeit, bis auch die Landung auf der Mondrückseite kein Tabu mehr sein wird.

Raketenantriebe heute und morgen

Warum Raketen eigentlich fliegen

Nachdem wir im vorigen Kapitel Newtons Bewegungsgesetze kennengelernt haben, vor allem das Axiom von Aktion und Reaktion, fällt es uns nun leicht, das Prinzip der Strahlantriebe zu verstehen und zugleich die verschiedenen Arten von Strahlantrieben methodisch zu gliedern. Bei allen Strahlantrieben ist ja das »Funktionsgeheimnis« in der Newtonschen Erkenntnis verborgen, nach der eine zwischen zwei beweglichen Massen wirkende Kraft beide Massen mit gleicher Beschleunigung auseinandertreibt. Beim Strahlantrieb heißt das: Die wirksame Kraft treibt die Masse A (die Rakete oder das Strahlflugzeug) nach der einen – und die Masse B (den Gasstrahl, also die vergasten und abgestrahlten Treibstoffmassen) nach der anderen Richtung. Es ist also – grundsätzlich – nicht nötig, daß es außerhalb des strahlgetriebenen Fahrzeugs noch ein weiteres stützendes Medium gibt.

Damit erledigt sich auch die so oft gehörte und völlig falsche Erklärung, nach der sich die ausströmenden Verbrennungsgase auf die umgebende Luft stützen und sich daran sozusagen »abstoßen«. Formulieren wir korrekt:

Soll ein Körper beschleunigt werden, so kann das nur dadurch geschehen, daß ein anderer Körper gleichzeitig in entgegengesetzter Richtung beschleunigt wird. Während Schiffe und Flugzeuge herkömmlicher Antriebsart sich an Wasser oder Luft abstoßen können, muß beispielsweise eine Rakete zur Fortbewegung im leeren Weltraum außer einem Energievorrat auch einen Massevorrat mit sich führen, der durch die Strahlrohre abgestoßen wird.

Bezeichnen wir die Masse der abgestoßenen Gasteilchen mit M_s, die Strahlgeschwindigkeit mit V_s, die Masse der Rakete mit M_r und die Geschwindigkeit der Rakete mit V_r, so ist nach dem Impulssatz

$$M_s \cdot V_s = M_r \cdot V_r$$

Das bedeutet: Um eine bestimmte Geschwindigkeit V_r zu erreichen, muß entweder eine große Masse M_s verhältnismäßig langsam – oder eine kleine Masse mit hoher Geschwindigkeit V_s abgestoßen werden.

Diese Massen – in der Sprache der Ingenieure werden sie gewöhnlich als Stützmassen bezeichnet – können nun an Bord mitgeführt oder der Umgebung entnommen werden; sie können ausschließlich als Stützmassen dienen, oder zugleich Energieträger sein. Davon im einzelnen später. Für jetzt erlaubt uns diese bloße Feststellung eine wichtige Klärung der Begriffe: Wir können nun die verschiedenen Arten von Strahlantrieben gleichsam »sortieren« und einen Überblick gewinnen. Wir erhalten so drei Gruppen von Strahlantrieben:

1. Strahlantriebe, die Masse zum Teil aus der Umgebung aufnehmen (Strahlturbinen, Staustrahltriebwerke mit chemischer Reaktion);

2. Strahlantriebe, die Masse völlig aus der Umgebung aufnehmen (Staustrahltriebwerke mit nuklearer Reaktion, Photonenstrahlantriebe nach Staustrahlprinzip);
3. Strahlantriebe, die von ihrer Umgebung ganz unabhängig, also autonom arbeiten (chemische Raketen, nukleare [thermische] Raketen, Photonenraketen, elektrische Triebwerke).

Zu Gruppe 1 ist zu bemerken, daß hier die zur Abstrahlung der Stützmasse nötige Energie (Treibstoff) an Bord mitgeführt, die Masse selbst aber zum Teil an Bord mitgenommen (in Form bestimmter Treibstoffkomponenten), zum anderen Teil jedoch (in Form von Luft) aus der Umgebung genommen wird. Funktionskennzeichen: Chemische Reaktion mit Luftsauerstoff.

Zu Gruppe 2 ist zu sagen, daß hier die Stützmasse ganz aus der Umgebung bezogen wird (in Form von Luft), während die zur Abstrahlung nötige Energie aus bordeigenen Systemen (z. B. Kernreaktoren) stammt. Funktionsprinzip: Heizung aufgenommener Massen (etwa durch Kernenergie).

Zu Gruppe 3 schließlich muß bemerkt werden, daß die autogenen Strahlantriebe völlig autonom sind und beides, Stützmasse und Energie, vollständig mit sich führen. Funktionskennzeichen: Chemische Reaktion mit eigenem Sauerstoff oder Aufheizung der Stützmasse durch Kernenergie.

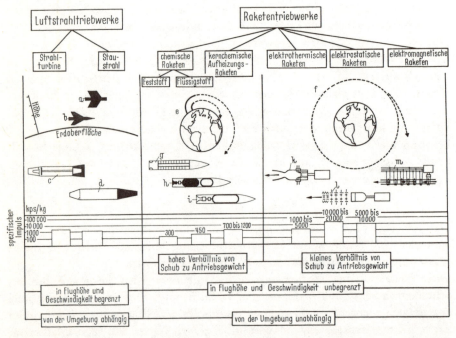

Einteilung der Strahlantriebe (nach O. Scholze, Bölkow): a, b Flugzeug für Machzahl Ma = 2 bis 4 bzw. 1 bis 2; c, d Schema eines Strahlturbinen- bzw. eines Staustrahltriebwerks; e, f Beispiele von Flugbahnen für Flugkörper mit hohem bzw. mit kleinem Schub-Antriebsgewichts-Verhältnis; g, h Schema eines chemischen Feststoff- bzw. Flüssigstoff-Triebwerks; i Schema eines nuklear-thermischen Triebwerks; k, l, m Schema eines elektrothermischen, elektrostatischen bzw. elektromagnetischen Triebwerks.

Die Leistung aller auf dem Rückstoßprinzip beruhenden Triebwerke wird, wie wir im vorigen Kapitel bereits gesehen haben, jetzt allgemein in Newton (N) oder Kilo-Newton (kN) = 1000 N gemessen und angegeben.
Uns interessieren primär die Antriebe der Gruppe 3, also »Strahlantriebe«, die von ihrer Umgebung ganz unabhängig, gleichsam aus sich heraus, arbeiten. Das sind die Raketen, gleichgültig, welches Antriebsprinzip wir zugrunde legen. In jedem Fall führt die Rakete ihre Stützmasse und die Energie, die sie zur Aktivierung, also dem Ausstoß der Stützmasse braucht, vollständig mit sich. Das bedeutet, daß sie auch im leeren Raum, jenseits aller Atmosphäre, voll zu funktionieren vermag.
Betrachten wir zunächst rein äußerlich den Aufbau einer Rakete aus ihren Hauptbauelementen. Die beiden folgenden Skizzen zeigen die beiden wichtigsten Raketengruppen, die Feststoffrakete (links) und die Flüssigkeitsrakete (rechts):
Beide Raketengruppen bilden zusammen die Hauptgruppe »Chemische Raketen«. Das heißt, daß diese Raketen ihre Antriebsenergie aus chemischen Reaktionen beziehen.

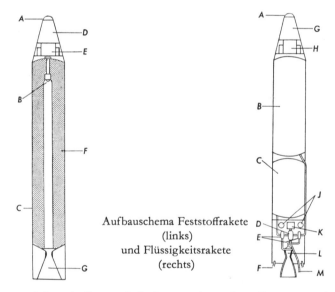

Aufbauschema Feststoffrakete (links) und Flüssigkeitsrakete (rechts)

Die älteste und im Aufbau einfachste Rakete ist die Feststoffrakete. Sie besteht aus einem röhrenförmigen Raketenkörper, der mit festem Treibstoff gefüllt ist, der Expansionsdüse und dem Raketenkopf, der Instrumente (Führungssystem) und Nutzlast enthält. Die Buchstaben bezeichnen die einzelnen Elemente: A = Hitzefeste Nasenkappe, B = Zünder für Treibsatz, C = Raketenkörper (Gehäuse oder Zelle), D = Nutzlast, E = Instrumente (Führungssystem), F = Treibsatz (Feststoff), G = Schubdüse.
Wesentlich komplizierter, aber dennoch im Aufbau leicht zu verstehen, ist die Flüssigkeitsrakete (rechts). Auch sie besteht aus einem röhrenförmigen Körper, aber dieser beherbergt die voneinander durch Schotten getrennten Tanks für Brennstoff und Sauerstoffträger (Oxydator) und, in seinem unteren Teil, den

umfangreichen Raketenmotor. Raketenkopf und Instrumentenraum sind im Prinzip ganz gleich wie bei der Feststoffrakete. Die Buchstaben bedeuten hier: A = Hitzefeste Nasenkappe, B = Tank mit Oxydator, C = Tank mit Brennstoff, D = Turbine zum Antrieb der Treibstoffpumpen (E), F = Stabilisierungs- oder Steuerraketen (Vernier-Raketen), G = Nutzlast, H = Führungssystem, J = Tanks mit Druckgas, K = Gasgenerator für Pumpenturbine, L = Brennkammer mit Schubdüse, M = Auspuff der Turbopumpe. Die Flüssigkeitsrakete muß keinen separaten Körper (Zelle) haben, mit Spanten, Stringern, eigener Beplankung usw., in dem die Tanks dann extra untergebracht werden, wie das noch bei der V-2 oder der »Redstone« der Fall war und bei mancher anderen Rakete auch heute noch üblich ist. Der Raketenkörper kann zur Einsparung von Baugewicht (und damit zur Erhöhung der Nutzlast) auch aus hauchdünnem Stahlblech geformt werden. Eine derartige Struktur hat natürlich bei weitem nicht genügend Festigkeit, sie schlägt Falten, und es wäre unmöglich, die Rakete in diesem leeren Zustand so ohne weiteres aufrichten zu wollen. Sie fiele sofort in sich zusammen oder knickte um. Ein solcher Raketenkörper ohne eigene Strukturfestigkeit verhält sich wie ein Kinder-Luftballon in Wurstform: Die schlappe Gummihülle erhält in dem Augenblick Festigkeit und Formbeständigkeit, in dem sie mit Gas gefüllt und unter verhältnismäßig hohen Innendruck gesetzt wird. Ganz ähnlich verhält es sich bei einer solchen Rakete – die »Atlas« ist das berühmteste Beispiel dafür: Der dünnwandige Raketenkörper selbst bildet die Tankwände – wobei die Behälter lediglich durch horizontale Schotts voneinander getrennt werden – und wenn man nun Brennstoff und Oxydator unter hohem Druck einfüllt, strafft sich der Raketenkörper und erhält Festigkeit. Solche Raketen müssen in unbetanktem Zustand mit einem Druckgas stabilisiert werden, damit sie ihre Form behalten.

Es ist auch nicht nötig, daß Brennstoff und Oxydator mit von einer Turbine angetriebenen Pumpen zum Motor gefördert werden. Es gibt zahlreiche Raketen, bei denen der für die Treibstoff-Förderung unerläßliche hohe Druck – er muß ja größer sein als der Druck in der Brennkammer – durch Preßluft oder komprimierten Stickstoff geliefert wird. Turbine und Treibstoffpumpen werden in diesem Fall durch Druckgasbehälter ersetzt.

Wie funktioniert ein Flüssigkeits-Raketentriebwerk im einzelnen? Um das zu verstehen müssen wir zuerst einmal die berühmte »Grundgleichung der Rakete«, kurz »Raketenformel« genannt, kennen. Wir geben sie hier ohne mathematische Ableitung wieder und erinnern lediglich daran, daß der berühmte Impuls-Satz, den wir alle aus der Physik her kennen, hier eine wesentliche Rolle spielt. Hören wir dazu einen der berühmtesten Physiker der Gegenwart, den Amerikaner russischer Herkunft George Gamow: »Eine für den Physiker außerordentlich wichtige Größe ist der Impuls, der gleich dem Produkt der Masse eines Körpers mal seiner Geschwindigkeit (mv) ist. Erinnern wir uns an das zweite Newtonsche Bewegungsgesetz, obwohl der Zusammenhang zwischen ihm und dem Impuls auf den ersten Blick nicht ersichtlich ist.

Dieses zweite Newtonsche Gesetz lautet ja

$$K = mb$$

was bedeutet, daß eine Kraft K den Betrag 1 Newton hat, wenn das Produkt aus der Masse m eines Körpers und der diesem Körper durch die Kraft K erteilten Beschleunigung b den Wert mb = 1 kg m/sec² hat.
Die Beschleunigung ist die Geschwindigkeitsänderung, anstelle b können wir einsetzen $(v_t - v_o)/t$:

$$K = \frac{m(v_t - v_o)}{t} = \frac{mv_t - mv_o}{t}$$

In Worten ausgedrückt heißt dies, daß die auf einen Körper ausgeübte Kraft gleich seiner Impulsänderung ist, und so kommen wir auf das zweite Newton'sche Bewegungsgesetz. Wir multiplizieren diese Gleichung mit t und erhalten

$$Kt = mv_t - mv_o$$

Die Größe Kt – das heißt das Produkt einer Kraft und ihrer Wirkungszeit – heißt Kraftstoß. Die Tatsache, daß der einem Körper erteilte Kraftstoß gleich seiner Impulsänderung ist, führt uns direkt zu dem Impulssatz.
Zwei Billardkugeln stoßen auf einem glatten Tisch aneinander. Während des Bruchteils einer Sekunde, in dem sich die Kugeln berühren, wird jede Kugel leicht zusammengedrückt, und indem sie ihre Kugelform wieder einnimmt, übt jede Kugel auf die andere eine Kraft aus, die ihre Geschwindigkeit und Richtung ändert. Aus dem dritten Newton'schen Bewegungsgesetz wissen wir, daß diese Kräfte genau gleich groß und entgegengesetzt gerichtet sind. Die Zeit, in welcher sie auf beide Kugeln wirken, ist offensichtlich für jede gleich. Jede Kugel erhält durch den Zusammenprall einen Kraftstoß, der jenem gleich ist, den die andere erhält, dessen Richtung ihm jedoch entgegengesetzt ist. Jede Kugel erfährt eine Impulsänderung, die der Impulsänderung der anderen Kugel gleich groß entgegengerichtet ist. Wenn man diese Änderungen addiert (vektoriell!), heben sie sich auf. Die Tatsache, daß die Gesamtimpulsänderung immer gleich Null ist, führt uns zur Feststellung, daß bei jedem Zusammenstoß oder der Wechselwirkung zwischen Körpern der Gesamtimpuls der aufeinander wirkenden Körper (vektoriell betrachtet) nachher der gleiche ist wie zuvor. Dies ist nichts anderes als eine Formulierung der Erhaltung des Impulses.
Ein 1000 kg schwerer Wagen fährt mit einer Geschwindigkeit von 32 m/sec auf einen in gleicher Richtung fahrenden Lastwagen auf, der 8000 kg wiegt und 4 m/sec schnell fährt. Nach dem Zusammenstoß prallt der kleine Wagen mit einer Geschwindigkeit von 8 m/sec zurück. Wie hoch ist die Geschwindigkeit des Lastwagens nach dem Zusammenstoß?
In diesem Beispiel liegen die Bewegungen in einer Richtung entlang einer geraden Linie. Wir geben den Vektoren für Bewegung nach rechts das Pluszeichen, denen für die Bewegung nach links das Minuszeichen. Vor dem Zusammenstoß betrug der Gesamtimpuls der beiden Fahrzeuge:

$$1000 \cdot 32 + 8000 \cdot 4 - 64\,000 \, \frac{kgm}{sec}$$

Nach dem Zusammenstoß ist er $-8 \cdot 1000 + 8000\,x$. Setzen wir den Impuls vor dem Zusammenstoß mit dem Impuls danach gleich, so erhalten wir:

$$64\,000 = -8000 + 8000\,x$$

$$x = 9\,\frac{m}{sec}$$

Nun messen wir die gesamte kinetische Energie beider Wagen vor und nach dem Zusammenstoß. Wir finden, daß mehr als 23 Prozent der ursprünglichen kinetischen Energie verloren ging – sie wurde beim Aufprall verbraucht und in Wärme verwandelt. – Zusammenstöße, bei denen mechanische Energie auf diese Weise verloren geht, nennt man unelastisch. Es gibt keinen vollkommen elastischen Zusammenstoß zwischen zwei gewöhnlichen Körpern – das heißt keinen Zusammenstoß, bei dem nicht Energie verloren ginge; am wenigsten ist dies bei Kugeln aus Glas oder Stahl der Fall. Ein Golfball, den man auf den Boden fallen läßt, hüpft mehrere Male, bevor er zur Ruhe kommt, doch jedesmal springt er weniger hoch als zuvor, man bemerkt, wie er bei jedem Zusammenstoß mit dem Boden an Energie einbüßt. Beim Aufprall am Boden wird er ein bißchen eingedrückt. Dies führt im Ball zu einer Reibung der einzelnen Fasern ineinander, wobei sie einen Teil der Energie in nicht wiederzugewinnende Wärme verwandeln. (Die Zusammenstöße zwischen Atomen und Molekülen dagegen sind im allgemeinen völlig elastisch.)

Obgleich die mechanische Energie beim Zusammenstoß zwischen zwei Körpern nie vollständig erhalten bleibt, gilt dies dennoch für den Impuls. Zwei gleichgroße Kittmassen, die sich mit gleicher Geschwindigkeit aufeinander zu bewegen, bleiben, sobald sie zusammengestoßen sind, aneinander haften und kommen zur Ruhe. Ihre ganze kinetische Energie wird durch die Reibung der Einzelteilchen verbraucht, ihr Gesamtimpuls hat sich jedoch nicht geändert. Vor dem Zusammenstoß wiesen die zwei gleichen Vektoren, die ihre Impulse darstellten, in entgegengesetzte Richtung und hoben einander auf. Nach dem Zusammenstoß ist der Gesamtimpuls immer noch gleich.

Als weiteres Beispiel befassen wir uns mit dem Rückstoß, der eine Rakete in die Höhe treibt. Eine Rakete ähnlich der deutschen V-2 verbrennt ihren Treibstoff mit einer Geschwindigkeit von 125 kg/sec, die Verbrennungsgase entfliehen mit einer Ausströmgeschwindigkeit von 2000 m/sec. Wie groß ist die Rückstoßkraft? Wir wissen nun, daß die Kraft (in diesem Fall der Schub der entfliehenden Ausströmungsgase) gleich der Impulsänderung ist. In jeder Sekunde werden 125 kg Treibstoff verbraucht, und zwar vom Ruhezustand bis zur Geschwindigkeit, mit welcher sie ausgestoßen werden. Die Impulsänderung je Sekunde beträgt daher 125 kg/sec $\cdot$ 2000 m/sec = 250 000 kg–m/sec^2 oder 250 000 Newton Rückstoß. Diese Kraft entspricht 250 000/9,8 $\approx$ 25 000 kg. Eine V-2 wog annähernd 12 000 kg, bei maximalem Rückstoß blieb also noch viel Kraft zu ihrer Beschleunigung.

Nach diesem Ausflug an der Hand George Gamows zu den Grundlagen können wir nun erklären, was es bedeutet, wenn der Raketentechniker von dem »spezifischen Impuls« einer Rakete oder eines Triebwerkes spricht. Wir erhalten den spezifischen Impuls aus folgender Rechnung:

$$I_{sp} = \frac{\text{erzeugter Schub} \cdot \text{Brennzeit}}{\text{Gesamtmasse des verbrannten Treibstoffs}} = \frac{\text{kp sec}}{\text{kg}}$$

wobei kp = Kilogramm Schubkraft (Kilopond) und kg = Kilogramm Masse bedeuten. Der spezifische Impuls einer Rakete heißt also: Wieviel kp Schubkraft erhält man aus 1 kg eines bestimmten Treibstoffes pro Sekunde?
Auch hier können wir uns weitere Ableitungen sparen und dafür gleich die Grundgleichung der Rakete wiedergeben:
Die Geschwindigkeit (V_r), die eine Rakete bei Brennschluß erreicht, hängt einmal ab von der Strahlgeschwindigkeit (V_s), mit der die Gase die Düse verlassen, zum anderen aber auch von dem Verhältnis der Startmasse (M_s) zur Masse der Rakete nach Brennschluß (M_b). Es sei:

$$\frac{V_r}{V_s} = \text{Geschwindigkeitsverhältnis}$$

$$\frac{M_s}{M_b} = \text{Massenverhältnis}$$

dann lautet die Raketenformel:

$$\frac{V_r}{V_s} = \ln \frac{M_s}{M_b}$$

(Geschwindigkeitsverhältnis = natürlicher Logarithmus [ln] des Massenverhältnisses). Die Formel zeigt, daß sehr viel Brennstoff mitgeführt werden muß, wenn die Geschwindigkeit der Rakete nach Brennschluß (V_b) wesentlich die Strahlgeschwindigkeit (V_s) übertreffen soll. Ein Geschwindigkeitsverhältnis zum Beispiel von 10 erfordert ein Massenverhältnis von 22 000.
Wir können (nach Gartmann) die Grundgleichung der Rakete auch anders schreiben:
Wird aus der Rakete die Masse m' = dm/dt mit der Geschwindigkeit w relativ zur Brennkammer ausgestoßen, so erhält die Rakete einen Schub S, der nach dem Impulssatz der zeitlichen Änderung des Impulses der ausgestoßenen Masse entgegengesetzt gleich ist. Da die Geschwindigkeit der Strahlmasse vom Wert 0 in der Brennkammer auf die Strahlgeschwindigkeit w ansteigt, ist der Schub S = m' · w. Das Startgewicht der Rakete setzt sich zusammen aus dem Leergewicht – Nettogewicht plus Nutzlast – und dem Treibstoffgewicht. Nutzlastgewicht und Nettogewicht müssen verringert werden, wenn bei sonst gleichbleibendem Startgewicht mehr Treibstoffe in der Rakete Platz finden sollen. Als dimensionslose Größe benutzen wir das Massenverhältnis, also das Verhältnis der Gewichte vor und nach der Brennzeit, das wir mit

$$\mu = m_o / m$$

bezeichnen. Massenverhältnis und Feuerstrahlgeschwindigkeit w bestimmen das Antriebsvermögen der Rakete. Wir setzen voraus, daß die Treibstoffe proportional der Zeit abbrennen und die Verbrennungsgase mit konstanter Geschwindigkeit entgegengesetzt zur Flugrichtung der Rakete ausströmen.

Nach der Zeit t hat die Rakete dann noch die Masse $m_o - m't$. Nach dem Satz von der Erhaltung des Impulses ist die Summe der Impulse von Rakete und abgestoßener Masse unveränderlich. Zur Zeit t hat die Rakete den Impuls

$$a \, [m_o - m't]$$

Nach der Zeit dt ist der Impuls auf

$$[a + da] \cdot [m_o - m'(t + dt)]$$

angewachsen. Der Impuls der von der Rakete mit der absoluten Geschwindigkeit a - w zurückgelassenen Strahlmasse m'dt beträgt

$$a - w \cdot m'dt$$

Entsprechend der Unveränderlichkeit des Impulses ist also

$$(m_o - m't) \, a = [m_o - m'(t + dt)] \, (a + da) + (a - w) \, m'dt$$

Daraus ergibt sich die Differentialgleichung der Raketenbewegung

$$w \cdot m' = [m_o - m't] \, da/dt$$

wm' ist der Schub S, welcher der Masse der Rakete $m_o - m't$ die Beschleunigung da/dt erteilt. Nach Umwandlung und Integration mit den Anfangsbedingungen $m = m_o$ und $a = 0$ bei $t = 0$ bekommen wir die Raketengrundgleichung für den Antrieb:

$$a = w \cdot \ln \mu \; [\mu = m_o/m]$$

So weit die Schreibweise von Heinz Gartmann. Wir haben sie in diese Dokumentation aufgenommen, um einen Eindruck von dem grundlegenden Gedankengang zu vermitteln, der hinter dieser Fundamentalformel der Astronautik steht. Und wir gaben sie auch gleichsam als Andenken an diesen viel zu früh, mitten in der Arbeit während einer Raumfahrttagung in Schweden verstorbenen Pionier wieder, der mit der Feder mehr für die Raumfahrt getan hat, als so mancher andere mit dem Rechenstab.

Natürlich sagen beide Schreibweisen genau dasselbe aus. Aber das »a«, in Gartmanns Schreibweise führt uns etwas weiter: Wir haben damit nämlich einen recht sonderbaren Begriff vor uns: Im leeren Weltraum bedeutete a ja die tatsächliche Fluggeschwindigkeit der Rakete, und dafür sind in der Literatur zahllose verschiedene Begriffe zu finden, so etwa »idealer Antrieb«, »ideale Geschwindigkeit« oder »ideale Brennschlußgeschwindigkeit«. Gartmann hat nach Auffassung des Verfassers den Nagel auf den Kopf getroffen, wenn er schrieb: »Der gleichberechtigte Ausdruck ›Antrieb‹ ist wesentlich einfacher. Es gibt meines Wissens keine meßbare Größe, für die bereits ›Antrieb‹ als Bezeichnung gebräuchlich ist. Wer ›Antriebsleistung‹ meint, pflegt das auch zu sagen. Bei strenger Analogie würde man unter ›Antrieb‹ eher den Impuls (in kg/sec) verstehen, während wir in Wirklichkeit die ideale Geschwindigkeit bei Brennschluß meinen, also die Endgeschwindigkeit, welche die Endmasse infolge des Impulses erhalten würde. Deswegen behält der Antrieb die Dimension einer Geschwindigkeit (in m/sec).«

Was wir uns also wünschen, sind Motoren und Treibstoffe, die einen möglichst hohen spezifischen Impuls geben – bei unkomplizierter und möglichst gefahrloser Handhabung – und Raketen, die ein optimales Massenverhältnis aufweisen. Wie unsere physikalischen Überlegungen gezeigt haben, ist beides miteinander in einem einzigen Problemkomplex verbunden.

Nun zurück zum »klassischen« Flüssigkeitstriebwerk. Wie funktioniert es im einzelnen? Eine Rakete ist ja, wie eine Gasturbine, ein Otto-Motor oder ein Diesel-Motor, eine »Verbrennungskraftmaschine«. Es gibt da nur einen Unterschied: Während jene Maschinen den zum Verbrennen des Kraftstoffes nötigen Sauerstoff mit der Luft aus der Umgebung ansaugen, ist der Raketenmotor völlig autonom. Er trägt nicht nur seinen Kraftstoff an Bord mit sich, sondern auch den zur Verbrennung nötigen Sauerstoff. Das kann in der Form geschehen, daß die Rakete reinen flüssigen Sauerstoff mitführt, wie das heute meistens der Fall ist – daß sie den Sauerstoff in chemisch gebundener Form, etwa als Wasserstoffsuperoxyd oder Salpetersäure, bei sich trägt – oder daß ihr Brennstoff »in sich« bereits genügend Sauerstoff enthält.

Bei der Flüssigkeitsrakete werden Sauerstoffträger – »Oxydator« – und Brennstoff in getrennten Behältern untergebracht. Durch Rohrleitungssysteme werden Brennstoff und Oxydator zu Turbopumpen geleitet, was auch dadurch unterstützt wird, daß in den Treibstoffbehältern ein gewisser Überdruck herrscht. Dieser Überdruck garantiert zugleich, daß der Zustrom in jeder Fluglage und in jedem Flugzustand gleichmäßig bleibt.

Die Turbopumpen, deren Drehzahl bei mehr als 20 000 Umdrehungen pro Minute liegt, pressen Oxydator- und Brennstoffflüssigkeit mit einem Druck von 50 Atmosphären und mehr zur Brennkammer. Auf diesem ganzen Weg werden Treibstoff und Oxydator sorgsam voneinander getrennt gehalten. Der Brennstoff muß auf seinem Weg zunächst die doppelwandige Brennkammer umströmen, wobei ein Wärmeaustausch zwischen der durch die Raketenabgase hocherhitzten Brennkammer und der Brennstoffflüssigkeit stattfindet: Die Brennkammer wird gekühlt, und der Brennstoff wird erhitzt, ja teilweise verdampft, was zu Kondensationserscheinungen an kühleren Stellen des Kreislaufes und damit zu einem erhöhten Kühleffekt führt. Ein vollkommenes Verdampfen des Brennstoffs wird durch hohe Strömungsgeschwindigkeiten, also hohen Förderdruck, vermindert oder ganz ausgeschlossen.

Doppelwandige Brennkammer haben wir eben gesagt – nun, auch hier ist man inzwischen einen gehörigen Schritt weitergekommen. Brennkammern mit doppelter Wandung – wobei im Zwischenraum der Brennstoff als Kühlmittel zirkuliert – sind Konstruktionen mit erheblichen Nachteilen. Deshalb ging man – nachdem bessere hochwarmfeste Metall-Legierungen zur Verfügung standen – dazu über, die Brennkammern und Schubdüsen aus Röhren zu fertigen, die wendelähnlich angeordnet und zur gewünschten Form zusammengeschweißt (oder gelötet) werden. Auf diese Weise entstanden Brennkammer-Schubdüsen-Einheiten, in denen das Kühlmedium besser umlaufen kann, und die zugleich günstigere Stabilitätsverhältnisse und leichtere Bauweise haben. Die Kühlung mit vorzirkulierendem Brennstoff nennt man übrigens »regenerative Kühlung«.

Der Oxydator – also zum Beispiel der flüssige Sauerstoff – wird bei der Flüssigkeitsrakete klassischer Bauart direkt in die Brennkammer eingespritzt. Nach Passage der Brennkammerwände gelangt der Brennstoff hinzu, und es kommt in der Brennkammer beim Zusammentreffen beider entweder zur Selbstentzündung, zur Zündung mittels einer Zündhilfe (Glühspirale oder Zündfackel), oder zur Zündung durch Einführung von Chemikalien, die den Verbrennungsvorgang anstoßen. Ist das Raketentriebwerk auf diese Weise erst einmal gezündet, so schreitet der Verbrennungsvorgang selbsttätig fort, gleichgültig ob viel oder wenig Treibstoffe in die Kammer gedrückt werden.

Die Chemie dieser Verbrennungsvorgänge in der Raketenbrennkammer ist außerordentlich kompliziert, und es ist nicht verwunderlich, daß sie ein eigenes Forschungsgebiet innerhalb der Raketentechnik und der Chemie und Technologie der Kraftstoffe darstellt. Für uns mag die Feststellung genügen, daß bei diesen Reaktionen Verbrennungsgase entstehen, die eine Temperatur von mehreren tausend Grad und einen Druck von einigen Dutzend Atmosphären haben.

Nun kommt es zu dem bereits beschriebenen Phänomen von Aktion und Reaktion. Den Verbrennungsgasen bleibt kein anderer Ausweg aus der Brennkammer als der Weg durch die Schubdüse. Denn die Verbrennungsgase expandieren mit außerordentlicher Kraft. Die Schubdüse, auch Expansionsdüse genannt, stellt – primitiv ausgedrückt – nichts weiter als einen Trichter dar: Zunächst verengt sich die zylinderförmige Brennkammer und bildet einen Engpaß, der druckerhöhend – also beschleunigend – wirkt. Das ist der Hals der Schubdüse. Dann erweitert sich die Düse und erlaubt den im Engpaß hochkomprimierten Gasen die freie Expansion. Die Strahlgeschwindigkeit ist abhängig von den chemischen Eigenschaften der Treibstoffe und von der Gestaltung der Brennkammer und der Schubdüse. Die Vortriebsleistung der Rakete wird, wie wir gesehen haben, wesentlich von der Strahlgeschwindigkeit mitbestimmt, mit der die Gase die Düse verlassen.

Grundsatz der Funktion eines solchen Raketentriebwerks: »Die in den Treibstoffen vorhandene chemische Energie wird im Verbrennungsvorgang unmittelbar in die kinetische Energie des Gasstrahls umgesetzt. Es kommt zum Phänomen Aktion-Reaktion, das Rückstoßgesetz tritt in Kraft und die Rakete erhält einen Vortrieb, dessen Kraft jener adäquat ist, mit der die Stützmasse, also die Gase, durch die Schubdüse austreten.«

Wir haben vorhin schon gesagt, daß die Förderung von Brennstoff und Oxydator mittels Turbopumpen nicht unbedingt nötig ist. Es können für diese Aufgabe auch in Druckbehältern mitgeführte Gase benützt werden. Alle großen Raketentriebwerke der Gegenwart sind jedoch mit Turbopumpen ausgerüstet, und deshalb müssen wir uns dieses Prinzip der Kraftstoff-Förderung näher ansehen: Die Turbopumpe muß natürlich zuerst in Betrieb gesetzt werden, denn sie muß ja dafür sorgen, daß Brennstoff und Oxydator überhaupt zur Brennkammer gelangen. Deshalb braucht die Turbopumpe einen eigenen Anlasser, einen eigenen Antrieb. Dabei handelt es sich gleichsam um ein kleines Strahltriebwerk im großen Triebwerk. Dafür gibt es zahlreiche verschiedene Konstruktionsprinzipien: Es kann eine kleine separate Brennkammer für die Turbopumpe geben, in der verhältnismäßig winzige Mengen der eigentlichen Raketenkraftstoffe verbrannt werden. Durch Wassereinspritzung in den dabei entstehenden Gasstrahl entsteht ein hochgespanntes Gemisch aus Verbrennungsgasen und Wasserdampf, das einen Turbinenläufer antreibt, der seine kinetische Energie dann an die Förderpumpen weitergibt. Es ist auch möglich, einen Turbopumpen-Antrieb durch chemische Zersetzung zu gewinnen. In der V-2 beispielsweise wurden – durch Preßluftförderung – in einem Gasdampferzeuger Wasserstoffsuperoxyd und Kaliumpermanganat zusammengebracht, was zu einer heftigen chemischen Reaktion führte, bei der hochgespannter Dampf entstand, der dann die Turbine antrieb.

Es ist in der Raketentechnik nicht anders als sonstwo im Maschinen- und Gerätebau: Je komplizierter ein System, desto anfälliger ist es für Versager, je mehr Einzelteile und Untersysteme, desto mehr Fehlerquellen. Deshalb ist es kein Wunder, daß die Raketentechniker heute schon bemüht sind, die Triebwerke möglichst zu vereinfachen. Ein treffendes Beispiel für diese allgemein zu beobachtende Tendenz bietet das Triebwerk »X-1« der Rocketdyne Division von North American Aviation. Es handelt sich hier um ein Flüssigkeitstriebwerk klassischer Konzeption. Unsere Zeichnung zeigt das Organisations-Schema des X-1, links die allzu kompliziert gewordene ursprüngliche

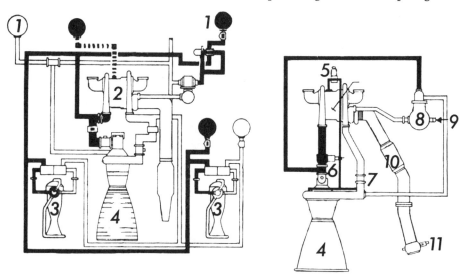

Vereinfachung von Flüssigkeitstriebwerken: North American-X-1 in ursprünglichem Aufbau (links) und nach der Vereinfachung (rechts)

Version, rechts der Vereinfachungsvorschlag. Die Ziffern bedeuten: 1 = Anlaß-System, 2 = Turbopumpe, 3 = Steuerraketen, 4 = Hauptbrennkammer mit Expansionsdüse, 5 = Schmiergerät, 6 = Sauerstoffventil, 7 = Brennstoffventil, 8 = Gasgenerator, 9 = Turbinenanlasser, 10 = Wärmetauscher, 11 = Turbinenauspuff (zur Schubdüse entwickelt, die der Rollsteuerung dient).

Auf den ersten Blick schon sieht man, daß die vereinfachte Version (rechts) wirklich so radikal wie nur möglich angelegt ist. Ob sich die dringend nötige »Rückkehr zur Bescheidenheit« wirklich in dieser entschiedenen Form bewähren und in der Praxis einführen läßt, steht noch dahin. Immerhin kennzeichnet dieses Beispiel einen in der gesamten Raketentechnik sehr ernsthaft verfolgten Trend.

Obwohl wir erst nachher von den Treibstoffen der Feststoff- und Flüssigkeitsraketen sprechen, wollen wir doch der Methodik halber einen Vorgriff machen, weil die Flüssigkeitstriebwerke hier als Gruppe beisammen bleiben sollen. Es handelt sich um das Flüssigkeitstriebwerk, das wohl die größte Zukunft haben dürfte, gewiß aber das interessanteste System darstellt – nämlich den Raketenmotor für Flüssigwasserstoff.

Die bedeutendste Pionierarbeit zur Entwicklung dieses Antriebes hat in der westlichen Welt die Pratt & Whitney Division von United Aircraft geleistet. Das erste größere Triebwerk dieser Art, das Pratt & Whitney systematisch erprobte, war der »XLR-115«. Die Erfahrungen, die mit diesem Motor gewonnen worden sind, haben schließlich ihren Niederschlag in dem für die Centaur und das »Projekt Apollo« unter anderen vorgesehene Triebwerk Pratt & Whitney »RL-10-A-3« – kurz A-3 genannt – für Flüssigsauerstoff und Flüssigwasserstoff gefunden. Deshalb wollen wir uns anhand von Erklärungen des Herstellers ein Bild vom »XLR-115« machen. Vorweg eine Schemaskizze der Funktion dieses Motors:

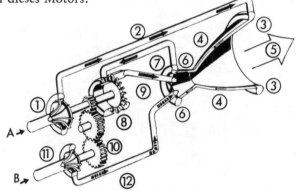

Schema des Brennstoffkreislaufes im Pratt & Whitney-»XLR-115«

Der Flüssigwasserstoff (als Brennstoff) – A – tritt mit einer Temperatur von –253 Grad C in die Brennstoffpumpe (1) ein, gelangt durch eine Rohrleitung (2) unter Druck in den Verteiler am unteren Rand der Schubdüse (3) und fließt durch die Doppelwand von Schubdüse und Brennkammer (4). Die ausströmenden Gase (5) haben eine Temperatur von rund 3038 Grad C. Ein Teil dieser Temperatur wird durch die Brennkammer- und Schubdüsenwand und das Rohrleitungssystem in ihren Doppelwänden hindurch an den darin zirkulierenden Flüssigwasserstoff abgegeben. Es findet also ein Wärmetausch statt, bei dem Brennkammer- und Schubdüsenwand gekühlt werden, der Flüssigwasserstoff aber verdampft. Der verdampfte Wasserstoff wird in einem

Sammelring (6) am Kopf der Brennkammer aufgefangen und über eine Rohrleitung (7) zur Turbine (8) geleitet. Der Wasserstoffdampf treibt die Turbine an, wird dabei entspannt und über die Rohrleitung (9) in die Brennkammer gefördert. Die Turbine (8) treibt direkt die Brennstoffpumpe und – über ein Getriebe (10) – zugleich die Sauerstoffpumpe (11) an. Der Flüssigsauerstoff – B – wird auf direktem Wege (12) zur Brennkammer geleitet.

Flüssigkeitsraketen werden noch auf sehr lange Zeit hinaus, gewiß für Jahrzehnte, eine große, wenn nicht die entscheidende Rolle im Raketenbau spielen. Dazu trägt vor allem die Tatsache bei, daß wir den Flüssigkeitsmotor technisch noch immer am besten beherrschen – vor allem, seit es gelungen ist, ihn regelbar zu machen. Das war lange Zeit ein Wunschtraum der Ingenieure. Jetzt ist er in Erfüllung gegangen. Nun sind wir in der Lage, einen einmal gezündeten Raketenmotor nach Wunsch zu drosseln oder auf »Vollgas« zu jagen, während man bisher der einmal entfesselten Kraft ihren Lauf lassen mußte (nur den Brennschluß konnte man, etwa durch Schließen der Ventile, zu vorbestimmtem Zeitpunkt oder auch im Notfall erzwingen).

Zweitstufe der Trägerrakete Saturn von Douglas mit Wasserstoff-Flüssigsauerstoff-Motoren »RL-10-A-3« von Pratt & Whitney

Das neue Verfahren, durch das die Beschleunigung oder Verlangsamung von Flüssigkeitsraketen genau dosiert werden kann, wurde von der United Technology Corporation in Sunnyvale (Kalifornien) entwickelt. Es ist eine Voraussetzung dafür, daß Änderungen der Flugbahn nach dem Abschuß, ein Rendezvous im Weltraum oder eine weiche Landung auf dem Mond überhaupt durchgeführt werden können.

Wie sieht es nun mit den Feststoff-Triebwerken aus? Sie sind ja die Veteranen der Raketengeschichte. Haben sie ausgedient? Keineswegs, sie sind – im Gegenteil – »ganz groß im Kommen«! Erinnern wir uns an die schon früher gemachte Feststellung, daß bei den Feststoffraketen – im Gegensatz zu den Flüssigkeitsraketen – der Treibstoff in fester Form in die Brennkammer eingebracht wird. Bei der Herstellung geschieht das durch Eingießen der zähflüssigen Treibstoffmasse in das Raketentreibsatzgehäuse und anschließendes sehr sorgfältiges Aushärten. Bei den Feststoffraketen sind also Treibstoffbehälter und Brennkammer identisch. Außerdem ist noch folgender wichtige Unterschied gegenüber den Flüssigkeitsraketen zu beachten: Brennstoff und Oxydator sind hier nicht voneinander getrennt untergebracht, sondern der Treibstoff stellt eine Mischung oder auch eine chemische Verbindung aus Sauerstoffträger und Brennstoff dar. Die Unabhängigkeit von einem außerhalb der Rakete befindlichen Medium, also die völlige Autonomie, ist demnach auch hier gegeben. Der Festtreibsatz muß so zusammengesetzt sein, daß es nicht etwa – wie bei der Explosion einer Pulverladung oder eines Sprengstoffes – zu einer unkontrollierten »schlagartigen« Verbrennung kommen kann, sondern daß ein regelmäßiger und kontinuierlicher Abbrand garantiert ist. Dabei entsteht in der Brennkammer ein hoher Druck (bis zu 100 und mehr atü), und das führt nach denselben physikalischen Gesetzen, wie wir sie bei der Flüssigkeitsrakete bereits beschrieben haben, zum Austritt des Gasstrahls aus der Schubdüse mit hoher Geschwindigkeit. Auch hier gilt, daß der Impuls von der Feuerstrahlgeschwindigkeit (also der Ausströmgeschwindigkeit), dem Brennkammerdruck, der Treibstoffmenge und den Verbrennungstemperaturen, also dem Heizwert des Brennstoffs, abhängig ist. Weil man außerdem möglichst viel Treibstoff auf möglichst kleinem Raum unterbringen will, wird auf ein hohes spezifisches Gewicht der Treibmasse Wert gelegt. Das spezifische Gewicht – und auch den Heizwert – kann man wesentlich erhöhen, wenn man dem Treibstoff bestimmte Metalle in feinster Verteilung beimischt. Besondere Bedeutung in dieser Hinsicht hat gegenwärtig das Aluminium. Weil der feste Treibsatz möglichst regelmäßig von der freien Oberfläche her abbrennen soll (also optimal gleichmäßig von hinten nach vorn, wobei »hinten« die Lage der Schubdüse bezeichnet), verhält sich im Idealfall die beim Abbrand entstehende Gasmenge der sich aus dem Durchmesser ergebenden Oberfläche des Treibsatzes und der Abbrandgeschwindigkeit proportional. Das Verhältnis der Treibsatzoberfläche zur engsten Stelle des Schubdüsenhalses heißt in der Raketentechnik »Klemmung«. Diesen Wert muß man kennen, wenn man den Brennkammerdruck ermitteln will. Man gewinnt ihn aus praktischen Experimenten mit dem jeweiligen Treibsatz noch immer am zuverlässigsten.

Die Zündung einer Feststoffrakete kann rein pyrotechnisch, also durch einen elektrisch zu betätigenden Zünder mit Pulverladung, oder durch andere chemische Reaktionen (Erwärmung) erfolgen. Die Zündung einer Feststoffrakete ist kein Problem – wohl aber die Aufgabe, den Schub in einem gewünschten Augenblick zu beenden. Doch ist man auch hier, wie wir gleich sehen werden, entscheidend weitergekommen. Geben wir in unserer Dokumentation wenigstens auszugsweise eine Verlautbarung der NASA wieder. Sie hat als Grundlage Ausführungen von Kurt R. Stehling. Der Verfasser versucht zunächst einen Vergleich der wesentlichsten Vor- und Nachteile der Feststoff- und Flüssigkeitstriebwerke anzustellen und meint, daß die Flüssigkeitsraketen gegenüber den Feststoffraketen gegenwärtig folgende Vorteile haben:

1. Längere Entwicklungserfahrungen, die sich über mehr als zwei Jahrzehnte erstrecken, wenn auch in den allerersten Raketen feste Treibstoffe verwendet wurden;
2. Höhere Verbrennungs-Wirkungsgrade oder spezifische Impulse;
3. Größere Brenndauer – bei Regenerationskühlung praktisch unbegrenzt;
4. Möglichkeit der Stillegung und erneuten Zündung;
5. Schubregelung und Drosselung;
6. Schubvektorkontrolle, gegenwärtig meist durch kardanische Aufhängung der Brennkammern;
7. Erzeugung von elektrischer oder hydraulischer Energie bei Verwendung

gasgetriebener Turbopumpen, Rollsteuerung durch kleine Hilfsdüsen (Vernier-Düsen), in denen Turboabgase entspannt werden, oder die ihre Energie sonstwie abhängig vom Haupttriebwerk erhalten;
8. Verhältnismäßig geringe Kosten pro Kilogramm Treibstoff;
9. Relativ günstiges Massenverhältnis (niedriges Baugewicht) bei großen Boostern.

»Diese entscheidenden Vorteile führten dazu«, sagt Stehling, »daß für Lenkwaffen und Raumfahrzeuge vornehmlich Flüssigkeitsraketenmotoren verwendet werden. Allerdings warf ihr Einsatz zahlreiche Probleme auf. Ernste Sorgen bereitete namentlich die Unzuverlässigkeit infolge der Anhäufung von Durchflußreglern, Leitungen, Druckbelüftungssystemen und Triebwerkkontrollgeräten. Verhältnismäßig wenig Mißerfolge gehen auf das Ausbrennen der Kammer zurück, um so mehr dagegen auf Störungen an einzelnen Bauelementen ...«

Das ist zweifellos sicher: Flüssigkeitsraketen sind störanfälliger als Feststoffraketen, sie brauchen wesentlich umfangreichere Vorstartprüfungen (das bedeutet Verlängerung und Komplikation des Count-down), und sie stecken auch dann noch voller unliebsamer Überraschungen, wenn die Vorstartprüfungen zu voller Zufriedenheit bis zum Startkommando gediehen sind. Die NASA hat einmal erklärt, daß während des Count-down für eine Fernwaffe Atlas D nicht weniger als 300 000 Einzelelemente zu prüfen sind. Diese Ziffer spricht für sich.

»Bei der Feststoffrakete mit ihrem einfachen Aufbau gibt es diese Fehlerquellen nicht«, sagt Stehling. »Andererseits ist sie gerade wegen ihrer Einfachheit weniger anpassungsfähig. Zur Zeit erscheint es noch unmöglich, Festtreibstoffe mit spezifischen Impulsen zu schaffen, die jenen von Flüssigtreibstoffen wie Fluor-Hydrazin, Wasserstoff-Sauerstoff oder auch nur Salpetersäure-Hydrazin entsprechen. Indessen sind Fortschritte zu verzeichnen, und in einigen Jahren dürften die besten Feststoffraketenmotoren die Leistungen der besten Flüssigkeitsraketen mittlerer Güte erreichen.

Inzwischen könnte man verschiedene mechanische und steuerungstechnische Einzelheiten der Feststoffraketen verbessern. Hier einige Forderungen, die erfüllt werden müssen, um die Feststoffrakete anpassungsfähiger zu machen und ihre Verwendung in der Raumfahrt vorzubereiten:
1. Zünden und Schubschluß auf Kommando;
2. Schubregelung;
3. Schubvektorkontrolle;
4. Erneutes Zünden auf Kommando;
5. Schubschluß auf Kommando und erneutes Zünden mit Schubumkehr für Bremszwecke.«

Stehling betont, daß für die Mehrzahl der Raumfahrtaufgaben keineswegs alle genannten Verbesserungen der Feststoffraketen erforderlich sind. Meistens dürften zwei davon genügen. Ganz gewiß aber gehören die Forderungen Nr. 1 und Nr. 3 zu den am meisten gewünschten. Und hier wurden bedeutende Fortschritte erzielt. Die Lockheed Propulsion Company etwa erprobt gegenwärtig Feststoffraketen, bei denen der Brennprozeß in weniger als einer tausendstel Sekunde gestoppt werden kann. Der Treibsatz dieser Raketen ist mit Aluminiumpulver versetzt, der Brennstoff ist chemisch auf Kunststoffbasis aufgebaut. Weitere Einzelheiten sind vorläufig geheim. Wie die Forderung Nr. 1 erfüllt werden kann, deutet Stehling jedoch folgendermaßen an: »Während es einfach ist, eine Feststoffrakete zu einem bestimmten Zeitpunkt zu zünden, erweist es sich weit schwieriger, den Schub im gewünschten Augenblick zu beenden. Meist wird ein genau bemessener Treibsatz verwendet, der den erforderlichen Gesamtimpuls oder die gewünschte Geschwindigkeitszunahme erteilt. Da sich nun die Gewichtstoleranzen für Gehäuse und Treibsatz bei größeren Feststoffraketen nicht immer genau einhalten lassen, muß das (von der Restmasse diktierte) Brennschlußkommando um so präziser befolgt werden. Daher muß der Verbrennungsvorgang nahezu augenblicks unterbrochen und der Schub beendet werden. Es gibt beispielsweise zwei Verfahren, um das zu erreichen. Bei beiden werden auf ein Signal der Bodenstation oder eines integrierenden Beschleunigungsmessers gewisse vorbestimmte Teile der Brennkammerwand herausgesprengt, so daß die Verbrennungsgase entweichen können. Wie Versuche ergaben, kann auf diese Weise der Schub ziemlich zuverlässig im Bruchteil einer Sekunde beendet werden. Allerdings bleiben weitere Probleme zu lösen, wie die Schubasymmetrie durch ungleichzeitiges Herausschleudern der Wandteile und die Verbrennungsinstabilität während des Ableitens der Gase, die Schubschwingungen zur Folge hat. Auch stellt die Installierung der für den Sollbruch vorgesehenen Wandteile dem Konstrukteur keine leichte Aufgabe. Der Schubschluß im gewünschten Augenblick dient namentlich der präzisen Geschwindigkeitsregelung bei gewissen ballistischen und Raumfahrt-Missionen, die eine genaue Einhaltung der Geschwindigkeit bis auf Meter pro Sekunde erfordern.«

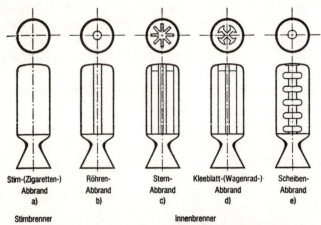

Formen von Fest-Treibstoffsätzen nach E. Elsner

Die Schubvektorkontrolle – Forderung Nr. 3 also – ist, nach Stehling, unter allen Methoden zur Regelung von Feststoffmotoren am weitesten fortge-

schritten. Bereits im zweiten Weltkrieg verwendeten deutsche Ingenieure mechanische Vorrichtungen zur Beeinflussung der Raketenflugbahn. Hier sind vor allem drei Methoden wichtig: »Bei der ältesten und am besten entwickelten werden Strahlruder verwendet, während der sogenannte Strahlablenkring (Jetevator) noch verhältnismäßig neu ist. Beide Vorrichtungen lassen sich an jedem Raketenmotor ohne Änderungen der Brennkammer oder der Schubdüse anbringen, wobei lediglich Betätigungsgestänge und Halterungen erforderlich sind. Soll hingegen eine schwenkbare oder elastische Schubdüse verwendet werden, so ist die gesamte hintere Partie des Raketenmotors zu ändern. Hierbei dürfte die Abdichtung der Düsengelenke gegen die heißen Gase Schwierigkeiten bereiten. Ferner müssen zum Verstellen der Schubdüse – um Winkel bis zu fünf Grad – erhebliche Kräfte aufgewendet werden. Diese Methode hat den Vorteil, daß in den Gasstrom keine Widerstandskörper hineinragen, und sie bietet pro Steuerausschlag die größte Ablenkwirkung. Überdies vermeidet sie die Ablagerung von Fremdkörpern an den Steuerflächen und deren Erosion, so daß ungewollte asymmetrische Steuerkräfte vermieden werden«.
Mit diesen Einzelheiten haben wir die Problematik der Feststoffmotoren wenigstens angedeutet.

Flüssige und feste Treibstoffe

Nachdem wir nun einen Überblick über die verschiedenen Antriebssysteme gewonnen haben, müssen wir noch einige Bemerkungen zu den Treibstoffen machen, die dabei Verwendung finden. Es gibt eine ungeheure Zahl möglicher Treibstoffe und Brennstoff-Oxydator-Paare, weil es im Grunde beim Strahlantrieb der Rakete nur darauf ankommt, einen Oxydator, also Sauerstoffträger, und einen Brennstoff mit genügend großer Wärmeausbeute und Druckentwicklung zu finden. Deshalb mag es hier genügen, wenigstens eine Klassifizierung der Treibstoffsysteme vorzunehmen und jeweils einige Beispiele dazu zu geben.
Unser Überblick soll (vor allem nach dem jeweiligen Zündverhalten der Stoffe) in vier Gruppen eingeteilt werden:
1. Monergole Treibstoffe. Das sind sogenannte »Einstoffsysteme«, die keinen Oxydator oder Aktivator nötig haben, um Energie zu liefern. Sie enthalten (als Mischungen) bereits den zur Verbrennung nötigen Sauerstoff, oder sie sind (als Verbindungen) chemisch so gebaut, daß sie den nötigen Sauerstoff in atomarer Form in ihren Molekülen tragen.

Beispiele:
Nitroglyzerin, auch Trinitrin (Salpetersäureglycerinester),

$$(O_2N \cdot O \cdot CH_2)_2 CH \cdot O \cdot NO_2.$$

Nitrocellulose (Salpetersäureester der Zellulose).
Hierher gehören in weitestem Sinne alle Feststoffe für den Raketenantrieb, denn sie alle erfüllen die oben genannte Bedingung, daß sie ihren Sauerstoff entweder im Molekül enthalten, oder daß er ihnen in Form von Oxydatoren oder Aktivatoren bereits von vornherein beigemischt ist. Solche Feststoffe sind etwa Nitroglyzerinpulver, Nitrozellulosepulver, Kordit mit Nitroglyzerin, Schwarzpulver, Diglykolpulver, Kaliumperchlorat/Asphalt (Galcit-53), Ammoniumperchlorat/Polyurethan, Polybutadienakrylsäure/Ammoniumperchlorat/Aluminium.
2. Katergole Treibstoffe. Das sind Treibstoffe, die nur unter Vermittlung eines Katalysators (meistens bestimmte Schwermetalle) Energie abgeben.
Beispiele dafür sind Isopropylnitrat, Nitromethan und Wasserstoffsuperoxyd, das sowohl als Sauerstoffträger in Zweistoffsystemen, als auch als katergoler Treibstoff eingesetzt werden kann. Unter der Wirkung des Katalysators zersetzt sich das Wasserstoffsuperoxyd und entwickelt Dampf. Diesen Dampf kann man zum Raketenantrieb (»Kaltes Triebwerk«) oder – und das ist besonders wichtig – zum Antrieb von Turbopumpen verwenden.
3. Hypergole Treibstoffe. Hierbei handelt es sich um die erste Untergruppe der sogenannten »Zweistoffsysteme«, die uns bereits vertraut sind. Es sind die Systeme, in denen zwei Stoffe – Brennstoff und Oxydator (oder Aktivator) – getrennt gehalten und erst in der Brennkammer zur Reaktion zusammengebracht werden. Unter hypergolen Paaren versteht man dabei jene Kombinationen, die bei Kontakt von selbst zünden, also ohne Nachhilfe durch irgendeinen fremden Zünder.
Beispiele: Salpetersäure (rot rauchend) als Oxydator/Anilin als Brennstoff. Salpetersäure (rot rauchend)/Hydrazin. Salpetersäure (weiß rauchend)/Anilin. Salpetersäure (weiß rauchend)/Furfurylalkohol. Salpetersäure (weiß rauchend)/Hydrazin. Fluor/Hydrazin. Fluor/Wasserstoff. Fluor/Methylalkohol. Wasserstoffsuperoxyd (als Oxydator)/Hydrazin. Stickstofftetroxyd/Anilin. Stickstofftetroxyd/Hydrazin. Stickstofftetroxyd/Xylidin. Stickstofftetroxyd/unsymmetrisches Dimethylhydrazin. Stickstofftetroxyd/Kerosin.
Die hypergolen Treibstoff-Kombinationen sind in der heutigen Raketentechnik von größter Bedeutung, weil mit ihnen ausgezeichnete spezifische Impulse bei vereinfachten Triebwerken erzielt werden können. Die weitaus größte Gruppe der Zweistoffsysteme bilden jedoch jene der nächsten Position:
4. Nicht-hypergole Treibstoffe. Das sind Treibstoffkombinationen, die bei Kontakt nicht von selbst zünden, sondern eines besonderen Anstoßes zur Einleitung der Reaktion bedürfen (Fremdzündung).
Beispiele: Salpetersäure (weiß rauchend)/Methylalkohol. Salpetersäure (weiß rauchend)/Wasserstoff. Salpetersäure (weiß rauchend)/Benzin. Salpetersäure (rot rauchend)/Nitromethan. Salpetersäure (rot rauchend)/Isopropylalkohol.

Salpetersäure (rot rauchend)/Äthylalkohol. Salpetersäure (rot rauchend)/Triaethylamin. Sauerstoff/Kerosene (auch Kerosin, eingedeutscht). Sauerstoff/Benzin. Sauerstoff/Äthylalkohol. Sauerstoff/Wasserstoff. Sauerstoff/Methylalkohol. Sauerstoff/Hydrazin. Sauerstoff/Ammoniak. Stickstofftetroxyd/Wasserstoff.

Das kann natürlich nur eine kleine Auswahl wichtiger Stoffkombinationen sein, aber sie genügt, um das Charakteristische zu erkennen. Ergänzend ist noch hinzuzufügen, daß der »Brennstoff« immer die Substanz ist, die in der Rakete vergast werden soll, der »Oxydator« ist dabei der für die Verbrennung und Vergasung nötige Sauerstofflieferant. Wenn die schubliefernde Reaktion, also die Freisetzung der in der Kombination vorhandenen Energien, von einem anderen Element als Sauerstoff (also etwa von Fluor) vermittelt wird, spricht man richtiger von einem »Aktivator« statt von einem »Oxydator«.

Sehr viele der hier angeführten Treibstoffkombinationen, wenn nicht alle, sind mindestens theoretisch schon seit langer Zeit bekannt. Allein die BMW-Werke haben während des zweiten Weltkrieges nicht weniger als 3000 Experimente mit den verschiedensten monergolen, katergolen, hypergolen und nicht-hypergolen Substanzen gemacht. Dabei wurden auch Mischungen von hypergolen und nicht-hypergolen Stoffen untersucht. Zum Beispiel bestand der BMW-Treibstoff »Tonka 505 C« aus 42 Gewichtsteilen hypergoler und 58 Gewichtsteilen nicht-hypergoler Substanzen (Gartmann meldete dazu, daß »Tonka 505 C« vor allem Benzin und Xylol enthalten habe).

Ein Wort noch zu den lagerfähigen Flüssigtreibstoffen. Sie spielen vor allem in der Waffentechnik – und später bei langdauernden Raumflügen als chemische Hilfsantriebe – eine Rolle. Vollbetankt lagerfähige Flüssigkeitsraketen sind als Gegenschlagwaffen unentbehrlich, weil nur sie sich (abgesehen von Feststoffraketen wie Minuteman und Polaris) in Abschußanlagen unter der Erde oder auf Schiffen dauernd einsatzbereit halten lassen.

Die theoretische Ausströmgeschwindigkeit läßt sich für jede beliebige Treibstoffkombination einfach berechnen, wenn man die Verbrennungstemperatur, die mittlere Treibstoffdichte und gegebenenfalls die Abmessungen der Schubdüse kennt. Nehmen wir die weithin gebräuchliche Kombination Flüssigsauerstoff (als Oxydator)/Kerosene (Petroleumderivat als Brennstoff) – in der Abkürzung LOX/RP – also ein nicht-hypergoles Stoffpaar, als Beispiel, dann erhalten wir folgende Werte: Bei einem Gewichtsverhältnis des Treibstoffgemisches (Oxydator/Brennstoff = Flüssigsauerstoff/Kerosene) von 2,28 und einer mittleren Treibstoffdichte von 1,02 beträgt die Verbrennungstemperatur 3423 Grad Kelvin, der spezifische Impuls 249, die Impulsdichte 255. Bei einem Triebwerk, das mit der Kombination Flüssigsauerstoff (als Oxydator) und Flüssigwasserstoff (als Brennstoff) – Abkürzung LOX/LH oder LOX/H_2 – arbeitet, stellen sich die Werte so: Gewichtsverhältnis 2,89, mittlere Treibstoffdichte 0,23, Verbrennungstemperatur 2414 Grad Kelvin, spezifischer Impuls 345, Impulsdichte 79. Diese Werte sind jedoch rein theoretisch, ohne Rücksicht auf die in der Brennkammer tatsächlich ständig schwankenden Verhältnisse.

Die Ausströmgeschwindigkeit, die aus den obigen Angaben errechnet werden kann, beträgt bei unserem ersten Beispiel LOX/RP rund 2500 m/sec, und bei unserem zweiten Beispiel LOX/LH oder LOX/H$_2$ rund 3500 m/sec.

Die Güte des Brennstoffs, also die Energieausbeute, die er erlaubt, ist von grundlegender Bedeutung für die Leistungsfähigkeit einer Rakete, denn von diesem Faktor hängt weitgehend das Massenverhältnis ab. Unter Massenverhältnis verstehen wir

$$\frac{\text{Nettogewicht der Rakete} + \text{Nutzlast} + \text{Gesamttreibstoffmenge}}{\text{Nettogewicht der Rakete} + \text{Nutzlast}}$$

Hat eine Rakete zum Beispiel ein Netto- oder richtiger Trockengewicht von 4200 kg (nur Zelle, Motoren, Tanks, Instrumente), beträgt die zu befördernde Nutzlast 800 kg und die Masse des gesamten zu verbrauchenden Treibstoffs 15 000 kg, dann können wir schreiben

$$\frac{4200 \text{ kg} + 800 \text{ kg} + 15000 \text{ kg}}{4200 \text{ kg} + 800 \text{ kg}}$$
$$= \frac{20000}{5000}$$
$$= \frac{4}{1}$$
$$= 4$$

Das Massenverhältnis der Rakete beträgt also 4. Nun wissen wir, und die folgende Tabelle erläutert das noch genauer, daß der Gesamtimpuls einer Rakete im leeren Raum gleich der Ausströmgeschwindigkeit der Gase aus der Schubdüse wird, wenn der Gewichtsanteil des Treibstoffes am Bruttogewicht (Startgewicht) der Rakete gerade 63% betragen hat. Ist dieses Massenverhältnis kleiner, dann ist auch der Impuls geringer. Ist es größer, dann übersteigt der Impuls schließlich die Ausströmgeschwindigkeit. Aus der Tabelle sehen wir, daß der Impuls schon das 1,2- bis 1,3fache der Ausströmgeschwindigkeit beträgt, wenn die Masse des Treibstoffs 70% Anteil an der Startmasse der Rakete hatte. Bei 90% liegt der Impulswert schon beim 2,3- bis 2,5fachen der Ausströmgeschwindigkeit usw. (Ordinate: Verhältnis Impuls/Ausströmgeschwindigkeit; Abszisse: Prozent des Treibstoffs von der Gesamtmasse.)

Die zweite Tabelle schließlich eignet sich noch besser zu schneller Information über die hier herrschenden Verhältnisse. Sie zeigt die Raketengrundgleichung für verschiedene Ausströmgeschwindigkeiten. Auf der Ordinate ist das Antriebsvermögen, auf der Abszisse das Massenverhältnis angegeben (c = Ausströmgeschwindigkeit in m/sec).

Das Antriebsvermögen nimmt mit dem Massenverhältnis und mit der Ausströmgeschwindigkeit zu.

Aus diesen Tatsachen geht eindeutig hervor, daß das erste Ziel einer Verbesserung der Raketenleistung – entweder größere Gewichte in niedrige Erdumlaufbahnen, oder größere Gewichte in den erdnahen interplanetaren Raum,

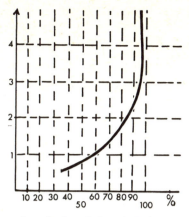

Gesamtimpuls einer Rakete in Relation zum Gewichtsanteil des Treibstoffes an der Gesamtmasse des Fahrzeugs

Rechts: Die Raketengrundgleichung für verschiedene Ausströmgeschwindigkeiten

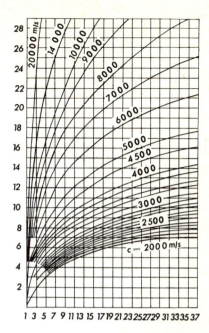

oder gegebene Gewichte über größere Entfernungen zu befördern – darin besteht, die Ausströmgeschwindigkeit zu erhöhen. Das aber liegt in erster Linie bei der Chemie der Treibstoffe. Und hier ist es eben das Flüssigwasserstoff/Flüssigsauerstoff-Triebwerk, das mit Ausströmgeschwindigkeiten um 3500 m/sec zur Zeit die besten Aussichten bietet. Es dürfte durchaus im Bereich der Möglichkeit liegen, die Ausströmgeschwindigkeit der Wasserstoff/Sauerstoff-Triebwerke bis auf 4000 m/sec zu erhöhen – wenn es nicht »in aller Stille« bereits gelungen ist ...

Elektrische und nukleare Antriebe

Elektrische Antriebe beschleunigen das ausströmende Medium nicht thermisch, sondern elektrodynamisch oder in elektrostatischen Feldern. Für den eigentlichen Antrieb setzen sie ein Energie-Versorgungssystem hoher Leistung voraus, das die notwendige Elektroenergie produziert. Allen untersuchten Systemen ist gemeinsam, daß sie nur kleine Schübe erzeugen, also nur geringe Beschleunigungen (10^{-3} bis 10^{-7} g) ermöglichen. Entsprechende Triebwerke müssen demnach für eine lange Lebensdauer ausgelegt sein. Der Vorteil elektrischer Antriebe liegt in der hohen Strahl- oder Ausströmgeschwindigkeit, die erreicht werden kann, so in Laborversuchen z. B. 90 km/s.

Die Strahlgeschwindigkeit c errechnet sich nach der Formel $c = 2L/F$, wobei L die elektrische Leistung und F der Schub ist. Hoher Schub und große Strahlgeschwindigkeit schließen sich daher gegenseitig aus. Auch für die Kleinheit der Schubleistung liefert die Theorie eine plausible Erklärung: Es liegt am außerordentlich geringen Massedurchsatz der elektrischen Antriebssysteme.

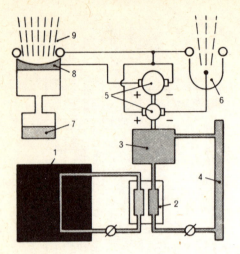

Typischer Aufbau eines Ionenstrahltriebwerkes im Schema. Es bedeuten: 1 Spaltungsreaktor; 2 Wärmeaustauscher; 3 Turbine; 4 Strahlungskühler; 5 Gleichstromgeneratoren; 6 Elektronengenerator; 7 Treibstoff; 8 Ionengenerator; 9 Ionenstrahl im elektrischen Feld

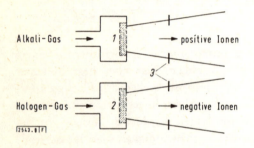

Schema eines Antriebs mit positiven und negativen Ionen. 1 Kontaktionisation von Alkali-Atomen; 2 Kontaktionisation von Halogen-Atomen; 3 Beschleunigungselektroden

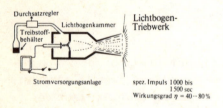

Aufbauschema eines Lichtbogen-Triebwerks

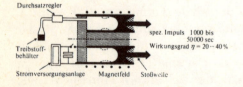

Aufbauschema eines elektromagnetischen Triebwerks

Daher scheiden sie grundsätzlich als Antriebsstufen für Trägerraketen aus. Hinzu kommt, daß fast alle elektrischen Systeme ihr Wirkungsmaximum erst im Vakuum erreichen.

Drei Gruppen von Antriebssystemen sind zu unterscheiden: Elektrostatische, elektrothermische oder magnetogasdynamische, wobei man die beiden letztgenannten unter dem Begriff Plasma-Triebwerke zusammenfaßt.

Elektrostatische oder Ionen-Triebwerke haben ihre Weltraum-Bewährung bereits bewiesen, allerdings nur zur »Feinschub«-Dosierung bei der Lageregelung von Satelliten und Raumsonden. Zu den gut untersuchten Systemen gehören die Ionen-Triebwerke nach Stuhlinger und nach Kaufman. Hier zeigen sich auch die Probleme der mitzuführenden Stützmasse, des Treibstoffes also. Sie soll leicht ionisierbar und von hoher Dichte sein. Man experimentiert mit Metallen wie Cäsium und Quecksilber. Beide sind nicht ideal. Sogenannte Kolloid-Ionentriebwerke liegen auf dem Wege, das Schub/Gewichtsverhältnis durch Erhöhung der Teilchenmasse zu verbessern. Unsere Darstellung eines Ionen-Triebwerks weist allerdings weit in die Zukunft, denn zur Energieerzeugung wird ein Reaktor verwendet. Wie funktioniert nun eigentlich ein Ionen-Triebwerk? Das Metall wird verdampft und entweder nach dem Prinzip der Kontakt- oder der Stoßionisation weitgehend in Ionen, in elektrisch geladene Teilchen also, verwandelt. Dieser Teilchenstrahl wird in einem elektrostatischen Feld beschleunigt. Damit sich das Raumfahrzeug nicht elektrisch auflädt, und um die Bildung von Raumladungen hinter dem Raumflugkörper zu vermeiden, wird der austretende Strahl durch die Zuführung von Elektronen wieder neutralisiert.

Der elektrothermische Antrieb, hier als Lichtbogentriebwerk dargestellt, könnte für Steuerungs- und Lageregelungsaufgaben an Bedeutung gewinnen. Hier wird die Stützmasse elektrisch aufgeheizt und erhält so eine hohe thermische Geschwindigkeit. Im Weltraum ist ein derartiger Antrieb erstmals am 16. 10. 1963 auf dem amerikanischen Kernexplosions-Überwachungssatelliten VELA zur Lageregelung erprobt worden. Als Raketen-Antriebssystem wird dieser Technologie keine große Chance eingeräumt, da die gesamte Anlage schwer und die erzielte Beschleunigung gering ist. Hinzu kommt der relativ ungünstige Wirkungsgrad.

Das elektromagnetische Triebwerk ist in seinen Grundprinzipien mit dem klassischen Elektromotor zu vergleichen: Auf den Leiter eines elektrischen Stromes wirkt in einem Magnetfeld eine beschleunigende Kraft senkrecht zur Magnetfeld- und zur Stromrichtung. Hier ist der Leiter der Plasmastrahl, in dem die Ladungsträger nicht getrennt sind, also keine elektrische Neutralisierung beim Strahlaustritt erforderlich ist. Den theoretisch zu erwartenden hohen spezifischen Impulsen stehen ungünstige Wirkungsgrade und noch wenig technologische Erfahrung gegenüber.

Weshalb interessiert man sich – über den Rahmen des Einsatzes für Lageregelungszwecke hinaus – dennoch für elektrische Antriebe? Wenn man die geringe Beschleunigung bei Ionen-Triebwerken für lange Zeit, über Wochen und Monate, aufrechthält, so können auch große Nutzlasten auf hohe Geschwindigkeiten gebracht werden. Damit ist auch schon der Anwendungsbereich abgesteckt: Interplanetare Raumflüge könnten in Zukunft die Domäne dieser Antriebe werden und Ideen Realität werden, die schon auf Oberth und Goddard zurückgehen. Mit ihrer Entscheidung, für eine geplante Kometenmission in den frühen 80er Jahren einen Ionen-Antrieb einzusetzen, dürfte die US-Raumfahrtbehörde NASA eine entscheidende Weichenstellung vorgenommen haben.

Ein entscheidendes Problem für die Realisierung dieser Konzepte haben wir bisher sorgfältig ausgeklammert: Die Energieversorgung. Sie soll uns in einem späteren Kapitel ausführlicher in größerem Zusammenhang interessieren.

Noch vor zehn Jahren hätte man mit Sicherheit erwartet, daß das Kapitel nukleare Antriebe heute einen umfangreichen Raum eingenommen haben würde. Das ist nicht der Fall. Nach einer Reihe von Jahren intensiver Forschungsarbeiten in den Vereinigten Staaten (Projekt Rover) mit dem Ziel ein Festkernreaktor-Triebwerk (NERVA) zu entwickeln, hat man diese Untersuchungen 1974 eingestellt. Der Gewinn, der gegenüber den chemischen Antrieben zu erwarten war, hätte den weiteren Aufwand nicht gerechtfertigt.

Das Prinzip eines Reaktor-Triebwerks ist beinahe klassisch einfach:

»Die Hauptbauteile einer Kernenergierakete, die aus dem Reaktor, der Düse und dem Treibstoffördersystem besteht, sind hier schematisch dargestellt. Die Turbopumpe fördert den Treibstoff zunächst in die Düse zur Regenerativkühlung, dann durch den Reflektor und den Reaktormantel in den Reaktorkern, wo er aufgeheizt wird, um durch die Düse auszuströmen. Der Treibstoff, der zum Betrieb der Turbine erforderlich ist, wird in dem gezeigten Kreislauf der Düsenkammer entnommen, durch die Turbine expandiert und strömt dann durch eine Zusatzdüse aus.

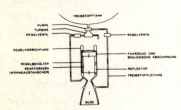

Aufbau einer Kernenergie-Rakete
(schematisch)

Durch die Anwendung von hohen Drücken im System wird der Druckabfall entlang des Reaktors vermindert und dadurch die mechanische Beanspruchung in den Reaktorteilen reduziert. Ferner ist der örtliche Wärmeübertragungskoeffizient von einem festen Reaktortreibstoffelement zu einem gasförmigen Kühlmittel weitgehend abhängig vom Arbeitsdruck. Hoher Druck erzeugt hohe Wärmeübertragungskoeffizienten und somit hohe Energiedichte im Reaktor. Dies führt zu leichteren Reaktorkernen und damit zu einer höheren Energieausbeute pro Gewichtseinheit des Systems. Nur angedeutet ist der Kernreaktor mit Wärmeaustauscher, der aus einem Reaktorkern mit dem spaltbaren Material, einem Moderator und den Treibstoffheizkanälen besteht, die von einem Reflektor umgeben sind, der eine Serie von drehbaren Zylindern zur Regelung des Reaktionsvorganges enthält.

Zur Erzielung hoher Wirkungsgrade ist maximale Schubleistung von jedem Kilogramm ausströmenden Gases notwendig. Dies wiederum erfordert, daß das Treibgas mit höchster Geschwindigkeit ausströmt, die der Wurzel aus

T/M proportional ist, also der Wurzel aus Temperatur zu Molekulargewicht des Treibstoffes. Das heißt, man erstrebt höchstmögliche Temperaturen bei niedrigstem Molekulargewicht ...«

Es ist klar, daß Reaktor-Triebwerke grundsätzlich nur für Oberstufen, für den Einsatz im freien Weltraum in Frage kommen. Technologisch aufwendige Konzepte werden noch immer diskutiert. Die Chance ihrer Verwirklichung scheint mehr denn je – auch aus psychologischen Gründen – in weite Ferne gerückt zu sein.

Mit dem Sonnensegel durch den interplanetaren Raum?

Zahlreiche unkonventionelle Antriebsformen sind für die Zukunft anvisiert: Fusion und Mikrofusion, Photonen- und Laser-Antriebe, um nur einige zu nennen. Sie fallen noch in die gebräuchliche Definition des Raketenbegriffes, da bei ihnen mehr oder weniger mitgeführte Massen ausgestoßen werden. Nach einem anderen Prinzip arbeitet das Sonnensegel. Hier wird der Strahlungsdruck der Sonnenstrahlung über große Auffangflächen (Segel) auf ein Raumfahrzeug übertragen, genauer gesagt, es findet eine Übertragung von Energie statt. Dieses Konzept ist in den letzten Jahren ausführlicher bei der NASA untersucht und als Antrieb für eine Mission zum Kometen Halley vorgeschlagen worden. Man hat sich allerdings aus Gründen der präziseren Feinschub-Steuerung bei der Kometenmission, welches Zielobjekt auch immer sie endgültig haben wird, für ein Ionen-Triebwerk entschieden. Dennoch soll das Sonnensegel in den nächsten Jahren eine Chance bekommen.

Verschiedene Systeme werden diskutiert, die sich durch diverse quadratkilometergroße Flächen auszeichnen, sich jedoch hinsichtlich Manövrierfähigkeit und Nutzlastkapazität unterscheiden. Natürlich ist auch hier der Schub sehr minimal, da er aber ständig wirkt, werden die erzielbaren Geschwindigkeiten recht beachtlich. Für den Transport der Segel – aluminisierte Mylarfolie – bietet sich der Space Shuttle geradezu an. Nicht nur die Photonen des Sonnenlichts, auch der Sonnenwind, der ständig vom Zentralgestirn abströmende Teilchenstrom, dürfte zum Segeln nutzbar gemacht werden können. Im »Miniformat« hat man diese Segeltechnik schon zur Lagestabilisierung einiger Mariner-Planetensonden der NASA erfolgreich verwendet.

Sonnensegel oder Ionenantrieb? Vor dieser Wahl standen amerikanische Wissenschaftler bei der Planung einer ungewöhnlichen Mission, die im November 1985 zu einem Rendezvous mit dem Halleyschen Kometen und dann anschließend zu einem »Gruppenflug« mit dem Kometen Tempel 2 führen soll. Da eine sehr sorgfältige Dosierung kleiner Schubimpulse notwendig sein wird, entschied sich die US-Raumfahrtbehörde NASA für den Ionenantrieb. Die Darstellung (MGP/JPL) zeigt, wie sich ein Zeichner des maßgeblich an diesem Projekt beteiligten amerikanischen Jet Propulsion Laboratory der NASA dieses außergewöhnliche Rendezvous vorstellt.

Trägerraketen in Ost und West

Sowjetische Trägerraketen

In der UdSSR hat man in den hinter uns liegenden zwei Raumfahrt-Jahrzehnten – wie in den Vereinigten Staaten auch – auf eine ganze Palette von Trägerraketen zurückgegriffen. Sie gehen auf fünf Grundtypen zurück. Vier von ihnen sind Weiterentwicklungen von militärischen Mittel- und Langstrecken-Raketen. Eine Vielfalt von Oberstufen erlaubt ein hohes Maß von Flexibilität und die genaue Anpassung an das geforderte Missionsprofil.
Die Standardrakete mit der westlichen Typenbezeichnung »A« ist aus der Interkontinentalrakete SS-6 (Nato-Codename SAPWOOD) hervorgegangen. Mit ihr ist bereits im Jahre 1957 der erste Sputnik gestartet worden, und noch heute ist sie das »Arbeitspferd« der sowjetischen Raumfahrt. In ihren einzelnen Varianten befördert sie bemannte Sojus-Raumschiffe ebenso in die Umlaufbahn wie Kommunikations- oder Aufklärungssatelliten. In dieser Rakete ist das Bündelungsprinzip vieler Einzeltriebwerke perfektioniert worden, hat die V 2-Technologie ihre deutlichsten Spuren hinterlassen.
Die Grundausführung ist zweistufig; manchmal findet man die Bezeichnung $1\frac{1}{2}$ stufig, die wohl kaum einen physikalischen Sinn ergibt. Die sogenannte A 1- oder Vostok-Version hat eine Höhe von 38 Metern und einen größten Durchmesser – über den Stabilisierungsflossen – von 10,3 m. Der Startschub im Vakuum liegt bei 6000 kN. Die Nutzlastkapazität für eine erdnahe (200 km) Bahn beträgt etwa 4800 kg, für eine 500-km-Bahn etwa 3000 kg und für die Fluchtgeschwindigkeit rund 1300 kg.
Den Kern des Systems stellt die Zentralstufe dar. Sie ist 27,5 m lang und mit dem vierdüsigen Triebwerk RD-108 ausgestattet, das mit den Treibstoffen Kerosin/Flüssiger Sauerstoff beschickt wird. Symmetrisch um die Zentralstufe sind vier Hilfsstufen (Booster) von je 19 m Länge angeordnet. In jedem Booster befinden sich ein Triebwerk mit vier Düsen, das die Bezeichnung RD 107 trägt sowie eine zentrale Turbopumpe und Steuertriebwerke. Auch hier wird die Treibstoffkombination Kerosin/LOX eingesetzt. Beim Start werden alle fünf Einheiten – insgesamt 20 Triebwerkdüsen und 12 Steuertriebwerke gleichzeitig gezündet. Die zweite Stufe der A 1-Ausführung ist 3,1 m lang und besitzt eine Leermasse von 1440 kg. Je nach Aufgabenstellung sitzt nun auf dieser zweiten Stufe die Nutzlast – so war es zum Beispiel bei den ersten bemannten Vostok-Flügen oder ist es zur Zeit bei einer Serie der militärischen Aufklärungssatelliten der Kosmosserie – oder eine dritte Stufe. Damit

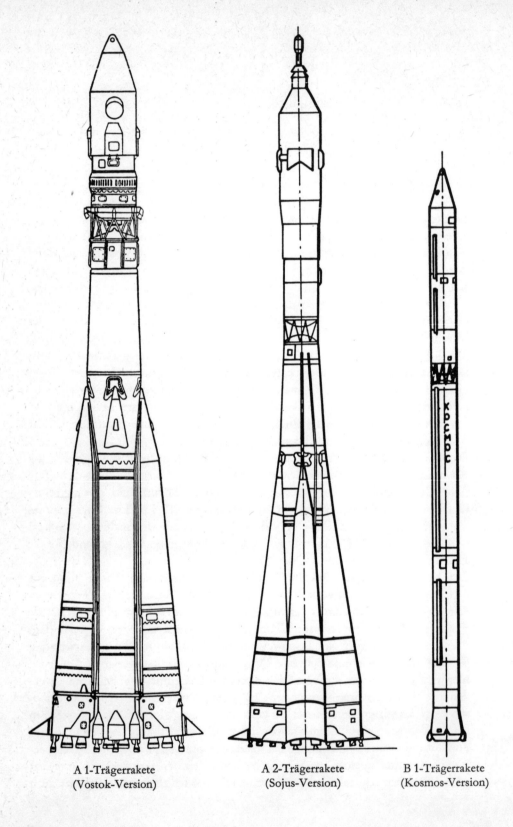

A 1-Trägerrakete (Vostok-Version)   A 2-Trägerrakete (Sojus-Version)   B 1-Trägerrakete (Kosmos-Version)

bringt man z. B. Molnija-Kommunikationssatelliten in exzentrische Erdumlaufbahnen. Auch für die ersten Mond- und Planetenflüge der UdSSR wurde die dreistufige A 1-Version, deren Startmasse zwischen 293 und 298 t schwankt, eingesetzt.

Die A 2-Sojus-Ausführung unterscheidet sich von der vorstehend beschriebenen Version primär durch die leistungsfähigere zweite Stufe. Sie ist 8 m lang, mit einem vierdüsigen Flüssigkeitstriebwerk ausgerüstet, dessen Vakuumschub 1370 kN beträgt, deutlich mehr also als die 880 kN der A 1-Zweitstufe. Damit ist der Start größerer Nutzlasten möglich: So können in den 200-km-Orbit etwa 7700 kg gebracht werden. Neben den Sojus-Raumschiffen werden mit der A 2-Version militärische Aufklärungssatelliten der 2. und 3. Generation und neuerdings Versorgungsschiffe vom Typ Progress gestartet.

Die weitgehende Standardisierung der Bau-Elemente ermöglichen eine »Fließband-Fertigung« der A-Versionen, die noch lange ihre dominierende Rolle in der Raumfahrt der UdSSR spielen werden.

Mit einem Start vom Kosmodrom Kapustin Yar, stellten die Sowjets eine neue Trägerrakete, bis heute die kleinste in ihrem Arsenal, in den Dienst ihres Raumfahrtprogrammes. Sie bekam die westliche Typenbezeichnung »B« und ist eine Weiterentwicklung der SS-4 Mittelstreckenrakete (NATO-Name SANDAL). Das zweistufige Trägerfahrzeug ist zwischen 1958 und 1962 im Gasdynamischen Laboratorium Leningrad, der wohl berühmtesten sowjetischen »Raketenwerkstatt« konzipiert und entwickelt worden.

Die Abmessungen: 32 m Länge und 1,65 m Durchmesser, bei einem Startgewicht von 57 t. Der Startschub liegt bei etwa 650 kN, die Nutzlastkapazität für eine 200-km-Umlaufbahn bei etwa 600 kg. Da diese Rakete jedoch nur einen Einschuß in relativ exzentrische Bahnen ermöglicht, liegen die normalen Satellitenmassen zwischen 280 und 420 kg.

Die erste Stufe, 20,3 m lang, ist flüssigkeitsgetrieben (Kerosin/Stickstofftetroxid) und mit dem vierdüsigen Triebwerk RD-214 ausgerüstet. Die 8,5 m lange zweite Stufe enthält das eindüsige Flüssigkeitstriebwerk RD-119 und die Treibstoff-Kombination Unsymmetrisches Dimethylhydrazin/Flüssiger Sauerstoff (UDMH/LOX).

Diese Trägerrakete ist überwiegend für kleinere wissenschaftliche Nutzlasten, meist spinstabilisiert und für fast alle Flüge der ersten Etappe des Interkosmos-Programmes eingesetzt worden. Von Zeit zu Zeit wird sie zum Start kleiner einfacher Satelliten mit militärischen Aufgabenstellungen von den Basen Plesetsk und Kapustin Yar verwendet. Die B-Rakete hat als einzige auch einen offiziellen sowjetischen Namen: KOSMOS ...

Ebenfalls für nicht zu große Satellitenmassen bestimmt, aber mit dem Vorzug recht genau Kreisbahnen zu ermöglichen, ist die C-Rakete. Über sie, die sich von der SS-5 Mittelstreckenrakete (NATO-Bezeichnung SKEAN) ableitet, liegen nur dürftige Informationen und wenig brauchbares Bildmaterial vor.

Die Rakete weist – einschließlich der Nutzlast-Verkleidung – eine Höhe von 31,2 m auf, wobei die Einzellängen der beiden Stufen fast identisch mit denen der B-Rakete sind. Der Durchmesser ist jedoch deutlich größer, nämlich 2,50 m.

Die zweite Stufe ist mehrfach startbar, so daß recht präzise Kreisbahnen im Höhenbereich zwischen 450 und 1600 km erreicht werden können. Die maximale Nutzlastkapazität der C-Flüssigkeitsrakete beträgt etwa 1100 kg. Seit seinem ersten Start im Jahre 1964 ist dieses Trägerfahrzeug auf allen drei Kosmodromen, im zivilen und militärischen Bereich gleichermaßen, eingesetzt worden und wird regelmäßig für den Einschuß mehrerer Satelliten gleichzeitig (maximal 8) benutzt. In jüngster Zeit stellt die UdSSR die flexible C-Rakete im Rahmen ihrer internationalen Programme zur Verfügung, so zum Start der Satelliten Aryabata (Indien 1975) und Signe III (Frankreich 1977).
Verlassen wir die korrekte alphabetische Reihenfolge und springen zum Buchstaben »F«, wobei angemerkt werden sollte, daß es eine Rakete mit der Kennzeichnung »E« nicht gibt. Die F-Trägerrakete ist bisher ausschließlich für militärische Spezialmissionen eingesetzt und nur von Tyuratam aus gestartet worden. Diese – meist dreistufige – Trägerrakete ist die Orbitalversion des Interkontinentalgeschosses SS-9 (NATO-Codename SCARP), verbunkerbar und mit lagerfähigen Treibstoffen betrieben. Ihre maximale Länge beträgt etwa 47,5 m, ihr Durchmesser 3,0 m. Das Triebwerk der ersten Stufe verfügt über 6 Düsen. Mit der F-Rakete können Satelliten von maximal 4600 kg in die Umlaufbahn gebracht werden. Erstmals trat sie ans Licht der Öffentlichkeit als Trägerfahrzeug für Suborbital-Bombentests (FOBS), die 1966 begannen. Seit 1967 bis zum gegenwärtigen Zeitpunkt spielt sie die Schlüsselrolle in den sogenannten »Killersatelliten«-Experimenten, wobei die Sowjets demonstrieren, daß die F-Rakete für derartige Einsätze sehr schnell zu aktivieren ist. Die bislang einzig echte »Nutzlast«-Anwendung dieses Trägers ist der Start der Ozean-Überwachungssatelliten, der seit 1967 regelmäßig erfolgte. Weltweit machte dieses Programm Schlagzeilen, als einer der Flugkörper – Kosmos 954 – im Januar 1978 mit seiner nuklearen Energiequelle an Bord, über Kanada in die dichteren Schichten der Erdatmosphäre eintrat und Radioaktivität – wenn auch in geringer Menge – freisetzte.
Anzumerken ist an dieser Stelle, daß die UdSSR bislang noch keine Feststoff-Trägerrakete für den Weltraum-Einsatz vorgeführt hat und offenbar auch nicht in einzelnen Stufen verwendet. Es ist allerdings kaum zu erwarten, daß man in Moskau nichts gegen den gewaltigen technologischen Vorsprung der USA auf diesem Gebiet unternehmen wird.
Für besonders große Nutzlasten hat die UdSSR eine Trägerrakete entwickelt, die nicht auf militärische Flugkörper zurückgeht. Eine enge Parallele zur Entstehung der amerikanischen Saturn-Mondrakete ist hier zu verzeichnen, die auch nur für rein zivile Zwecke gebaut und verwendet worden ist.
Diese zur Zeit schubstärkste Trägerrakete, die ausschließlich in Tyuratam gestartet werden kann, hat die westliche Bezeichnung D 1. Seit ihrem ersten Einsatz im Jahre 1965 hat man zumindest drei Versionen mit zunehmender Leistungsfähigkeit beobachten können. Noch fehlt authentisches Bildmaterial, und auch die sowjetischen Informationen sind fragmentarisch. Dennoch ist es möglich, eine halbwegs brauchbare Beschreibung zu geben. Die Standard-D 1-Version ist zweistufig mit einer Gesamthöhe von 47,0 m. Allen Versionen ist

D 1-Rakete
e-Version mit
Entweichstufe

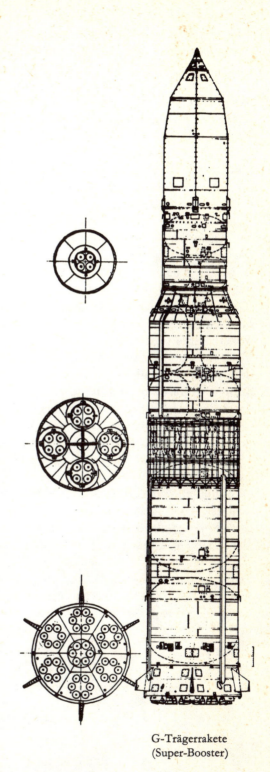

G-Trägerrakete
(Super-Booster)

gemeinsam, daß sie eine zentrale Stufe mit dem Triebwerk RD-253 haben, das mit dem Treibstoffgemisch UDMH/LOX arbeitet. Um die Zentralstufe sind wahrscheinlich sechs Booster angeordnet, denn bei den wenig scharfen Startaufnahmen sieht man sechs brennende Triebwerke. Die Zentralstufe wird nach Meinung westlicher Analytiker erst später gezündet. Die Oberstufen sind in ihrer Ausführung unterschiedlich: Die Gesamtlänge der Rakete kann maximal 66 m betragen: Immerhin dient sie als Träger für die Saljut-Orbitalstationen, die bereits eine Länge von etwa 22 Meter und eine Masse von 18,8 Tonnen aufweisen.

Unsere Abbildung zeigt die D 1-e-Version: Sie ist für interplanetare Flüge und Mondmissionen gedacht: Hier beträgt die Nutzlastkapazität zwischen 4,6 und 6,0 t. Auch für den Einschuß von Anwendungssatelliten in den geostationären Orbit wird die D 1-e-Ausführung eingesetzt. Es ist viel darüber diskutiert worden, ob hier vielleicht Wasserstoff/Sauerstoff-Triebwerke – zumindest in den Ober- bzw. Entweichstufen – verwendet werden. Doch dafür gibt es keinerlei Indiz.

Es ist also möglich, mit der D 1-Rakete einen sechs Tonnen schweren Raumflugkörper zum Mond zu schicken. Das allerdings reicht für eine bemannte Landung längst nicht aus. Bekanntlich haben die Vereinigten Staaten im Rahmen des Apollo-Programmes mit den Saturnraketen rund 46 t Menschen und Material zum Erdtrabanten befördert. Bereits seit 1965 gab es Spekulationen über eine sowjetische Großrakete, die nicht nur die Saturn V erreichen, sondern mit einer möglichen Mondfracht von 60 bis 70 t diese sogar übertreffen sollte. Die Gerüchte sind nie so ganz ernst genommen worden, bis 1970 der damalige NASA-Chef Webb in einer Anhörung vor einem Kongreßausschuß recht detailliert über ein derartiges sowjetisches Vorhaben berichtete. Wenn man der – sonst im allgemeinen stets gut informierten – amerikanischen Fachzeitschrift »Aviation Week & Space Technology« Glauben schenken will, sind zwischen 1969 und 1970 mehrere Startversuche der sowjetischen Großrakete – sie hat die Bezeichnung »G« bekommen – bereits in der Startphase katastrophal gescheitert. Daraufhin ist das ganze Projekt abgeblasen worden. Es gibt eine Reihe glaubwürdiger Indizien für diese Vermutungen. Die dreistufige Version, die Zeichnung zeigt eine Rekonstruktion durch westliche Analytiker, wäre demnach 103 Meter hoch gewesen, mit einem Durchmesser von 15,8 m und einer Startmasse von 3500 t. Der Gesamtschub im Vakuum müßte zwischen 46 300 und 50 000 kN gelegen haben. Spekulation? Seit 1971 ist es um den sowjetischen Raketengiganten still geworden. Für immer?

Amerikanische Trägerraketen

Die Trägerraketen-Technologie der Raumfahrt in den Vereinigten Staaten ist im Umbruch begriffen. Der Space Shuttle – der Wiederverwendbare Raumtransporter also – wird in den 80er Jahren den größten Teil der gebräuchlichen »Einweg-Raketen« ins Museum verbannt haben. Daß einer kritischen Kosten/Nutzen-Analyse selbst Spitzentechnik zum Opfer fallen kann, zeigt das Beispiel der Saturn-Raketen, die nach dem Apollo-Mondlandeprogramm, den Skylab-Missionen und Apollo-Sojus-Unternehmen unwiderruflich Geschichte geworden sind. Was fällt bei der ersten Betrachtung des amerikanischen Trägerraketen-Arsenals auf? Nach zwanzig Jahren Raumfahrt sind vier Gruppen übrig geblieben: Scout, Delta, Atlas und Titan, die in verschiedenen Varianten einen breiten Anwendungsbereich abstecken. Drei Oberstufen von höchster Flexibilität ergänzen diese Basis: Agena, Centaur und Burner. Daneben existieren für einige spezielle Aufgaben noch drei weitere Oberstufensysteme.

Ein anderes Charakteristikum der US-Trägerraketen-Entwicklung ist die umfangreiche Verwendung von Feststoff-Stufen. So ist die seit 1960 bewährte und immer wieder verbesserte Scout ausschließlich feststoffgetrieben. In der Titan-Familie kommen bei Start großer Nutzlasten – wie zum Beispiel des Big Bird-Aufklärungssatelliten – gigantische Feststoffbooster zum Einsatz, die nur noch von denen des Wiederverwendbaren Raumtransporters übertroffen werden.

Drei Startplätze werden gegenwärtig genutzt: Wallops Island an der Atlantikküste in Virginia ist die kleinste Basis und ausschließlich für den Abschuß der Scout-Trägerrakete und von Höhenforschungsraketen ausgelegt. Am Cape Canaveral, im J. F. Kennedy-Raumflugzentrum, werden Scout, Delta, Atlas und Titan gestartet. Grundsätzlich erfolgen vom »Mondbahnhof« alle Starts zu den Planeten und in den geostationären Orbit. Auch die derzeit leistungsfähigste Trägerrakete, die Titan III E-Centaur, geht von hier aus auf die Reise. Für eine besonders breite Palette ist auch die Western Test Range, in Vandenberg an der Kalifornischen Küste – zwischen Los Angeles und San Francisco gelegen – ausgebaut. Hier wird sowohl der militärische als auch der zivile Sektor abgefertigt, wenn es sich um Einschüsse in polare Bahnen handelt.

Die Flexibilität der Oberstufen wurde bereits angesprochen: Sie erreicht ein so hohes Maß, daß zum Beispiel die Agena-Oberstufe und in begrenzterem Maße auch die Burner, nicht mehr als reines Antriebsvehikel anzusehen sind: Häufig sind sie mit der Nutzlast als einheitliches System verbunden und ähneln so mehr einem »Satelliten mit Triebwerk«, der wichtige Grundfunktionen wahrnimmt, als einer »klassischen« Raketenstufe.

Die folgende Tabelle gibt eine Zusammenfassung der gegenwärtig eingesetzten amerikanischen Trägerraketen:

Amerikanische Trägerraketen:

Typ	Stufen	Treibstoffe	Start-schub (kN)	Nutzlast (kg) Erd-orbit	Syn-chron-bahn	Flucht-kurs
Scout	4	fest	482	185	—	39
Delta 3914	3	flüssig/fest	2058	2320	930	635
Atlas-Agena	2	flüssig	1793	2725	700	455
Atlas-Centaur	2	flüssig	1793	4675	1850	1135
Titan III B-Agena	3	flüssig	2314	3220p	—	680p
Titan III C	4	fest/flüssig	10600	12000	4500	3150
Titan III D	3	fest/flüssig	10600	12410	—	—
Titan III E-Centaur	4	fest/flüssig	10600	—	—	4675

Anmerkungen: Der kritische Leser wird beim Vergleich der Literatur häufig auf unterschiedliche Nutzlastangaben stoßen. Das liegt meist daran, daß sich die Angaben auf unterschiedliche Bahnhöhen beziehen. Wir haben in der Spalte »Erdorbit« die 550 Kilometer-Kreisbahn gewählt. Dann hängt die Nutzlastkapazität einer Trägerrakete natürlich noch von der Bahnneigung ab, deshalb ist in der Tabelle die entsprechende Angabe bei der Titan III B-Agena mit einem »p« markiert, um anzumerken, daß es der *polare* Orbit von 550 km Höhe ist. Auch die Bezeichnung »Synchronbahn« bedarf der Präzisierung: Gemeint ist jene Nutzlast, die in den Transferorbit mit dem 36000 Kilometer hohen Apogäum gelangt, wo dann entweder die Endstufe der Rakete noch einmal gezündet wird oder ein zusätzlicher Apogäumsmotor diese Aufgabe übernimmt. In etwa ist dann die tatsächliche Nutzlast auf der geostationären Umlaufbahn etwa halb so groß wie die tabellierten Werte. Die Titan III E-Centaur ist in Routine bislang noch nicht in Erdorbitflügen eingesetzt worden, sondern nur bei Planetenmissionen.

Nach der Ausmusterung der Saturn-Trägerrakete befindet sich im amerikanischen Arsenal nur noch ein Aggregat mit Wasserstoff-Sauerstoff-Antrieb: Die Centaur-Oberstufe, die – wie erwähnt – in der Kombination mit der Atlas und der Titan III D geflogen wird. Auch in der Ära des Wiederverwendbaren Raumtransporters, der ja auch einen erheblichen Teil seines Schubbedarfs mit flüssigem H_2/O_2 decken wird, dürfte die Centaur noch längere Zeit eine wichtige Rolle spielen. Mit dem Orbiter des Space Shuttle kann man die Nutzlasten nur in die »erste Etage«, in die erdnahe Umlaufbahn befördern, deshalb sind optimale Oberstufen notwendig. Am Beispiel der Centaur wollen wir etwas Raketentechnologie demonstrieren. Doch zuvor soll graphisch der Zusammenhang zwischen der Bahnhöhe und der Nutzlastkapazität gezeigt werden. Um einen Satelliten von einem Startgelände, das nicht direkt am Äquator liegt, in die geostationäre Bahn zu bringen, muß die Bahnneigung geändert werden. Das kostet Energie und geht auf Rechnung der Nutzlast. In der linken Abbildung ist die Bahnhöhe gegen die Nutzlastkapazität aufgetragen. Sie zeigt deutlich, welches Nutzlastpotential durch den direkten Aufstieg (Direct Ascent) verloren geht und weshalb der Hohmann-Übergang – er wird uns später noch beschäftigen – auch beim Anflug der Synchronbahn sinnvoll ist. Die rechte Abbildung zeigt, wie energiezehrend das Bahnmanöver ist. Aufgetragen ist der Betrag der Winkeländerung, der Änderung der Bahnneigung, gegen die effektive Nutzlast. Beide Beispiele beziehen sich auf die Atlas-Centaur-Kombination.

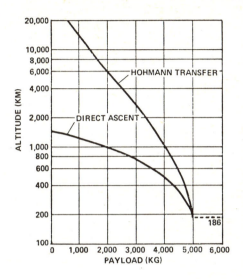
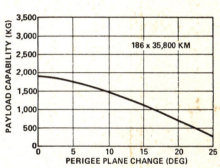

Sehen wir uns diese Trägerrakete am Beispiel der Centaur näher an:
Über dieses Trägerfahrzeug soll etwas ausführlicher gesprochen werden, weil es im amerikanischen Raumfahrtprogramm eine große Rolle spielt. Das Centaur-Projekt wurde im Herbst 1958 von der Advanced Research Projects Agency des amerikanischen Verteidigungsministeriums eingeleitet. Am 1. Juli 1959 wurde das gesamte Centaur-Projekt der NASA überwiesen, und ein Jahr später übergab die NASA die Gesamtleitung an das Marshall Space Flight Center. Zunächst beabsichtigte man, die Centaur als Transporter für einen stationären Nachrichtensatelliten zu benützen, einen aktiven Satelliten, der in etwa 35 800 km Entfernung von der Erdoberfläche in einer Äquatorialbahn synchron umlaufen sollte. Diese Auslegung forderte eine sehr sorgsame Entwicklungsarbeit des Trägerfahrzeuges und möglichst viele Testflüge. Ergebnis dieser besonders sorgfältigen Arbeit ist eine Trägerrakete, die sich im Erdorbit und bei interplanetaren Missionen glänzend bewährt hat.
Die Endstufe der Centaur ist so eingerichtet, daß ihre Motoren zweimal nach Belieben stillgelegt und wieder gestartet werden können, und das bedeutet, daß diese Endstufe in eine »Parkkreisbahn« über der Erde eingelenkt und später aus dieser Wartekreisbahn heraus auf Fluchtgeschwindigkeit beschleunigt werden kann, um dann ihr eigentliches kosmisches Ziel anzufliegen. Das gesamte Raketengespann hat ein Startgewicht von 136 050 kg, weitere Daten gehen aus unserer Tabelle der Trägerfahrzeuge hervor.

Die erste Stufe der Centaur bilden ein zweimotoriger Booster und die Hauptrakete, wie sie für die Standard-Atlas D benützt werden, also entsprechend den Trägerfahrzeugen Atlas-Agena und Atlas-Burner. Um die zweite Stufe aufsetzen zu können, wurde der obere Teil des Flüssigsauerstofftanks in der Hauptrakete so verändert, daß der Tank die Form eines Zylinders mit einem gleichmäßigen Durchmesser von 3 m erhielt. Entsprechend bekam die Hauptstufe einen neuen Adapter für die Zweitstufe von ebenfalls 3 m Durchmesser. Die beiden Booster und das Marschtriebwerk der Grundstufen sind Flüssigkeitstriebwerke wie bei der Atlas D. Desgleichen sind die beiden kleinen Strahlsteuerdüsen (Vernier) unverändert diejenigen der Atlas D. Die Grundstufe ist rund 18 m hoch. Hinzu kommt noch der zylindrische Adapter zur Zweitstufe, der aus Aluminium besteht und 3,9 m lang ist. Voll aufgetankt wiegt diese Grundstufe 117 910 kg.

Die zweite Stufe der Centaur ist etwa 12,7 m lang und hat einen Durchmesser von 3 m. Das Gewicht dieser Stufe beträgt, voll aufgetankt, 14 512 kg, wozu noch einige hundert Kilogramm für Isolationselemente kommen, die später während des Fluges abgeworfen werden. Die Zweitstufe der Centaur enthält rund 2175 kg Flüssigwasserstoff. Die grundsätzliche Konstruktion der Centaur-Zweitstufe entspricht jener der gesamten Atlas, mehr als 80 Prozent der Fertigungsvorrichtungen und Werkzeuge aus dem allgemeinen Atlas-Programm können bei ihrem Bau verwendet werden. Die meisten der neu hinzugefügten Bauelemente haben damit zu tun, daß diese Centaur-Zweitstufe mit Flüssigwasserstoff und Flüssigsauerstoff arbeitet.

Die Centaur-Zweitstufe trägt in ihrer Spitze die Nutzlast, geschützt durch zwei konische Halbschalen, die durch eine Kappe miteinander verbunden sind. Dieser Nutzlastraum hat eine Länge von 5,4 m und, an der Basis, 3 m Durchmesser. Das Gesamtgewicht des Nutzlastraums ohne Nutzlast beträgt 317,3 kg. Diese Verkleidungsschalen müssen sehr hohem Druck und Temperaturen bis zu 650 Grad Celsius widerstehen können. Drei Minuten nach dem Start wird über Funk das Signal zum Absprengen dieser Verkleidung gegeben. Das erfolgt durch Sprengbolzen, die die beiden Hälften und die Spitzenkappe voneinander lösen. Ist das geschehen, treten kleine Stickstoff-Strahldüsen in Tätigkeit, die die abgesprengten Teile von der Nutzlasteinheit entfernen. Man hat diese Einrichtung eingeführt, nachdem es bei früheren Satellitenstarts wiederholt zu Kollisionen der Nutzlast mit den abgesprengten Endstufen und Verkleidungsblechen gekommen war, wodurch die Nutzlasten beschädigt wurden und ihre Aufgaben nicht mehr erfüllen konnten.

Die Centaur wird im Flug durch ein inertiales, also völlig autonomes System kontrolliert. Es besteht vor allem aus einer kardanisch aufgehängten Plattform, die drei Kreisel trägt, und einem miniaturisierten elektronischen Hochleistungsrechner. Dieser Rechner hat die äußeren Abmessungen von 20 zu 33 cm und ein Gewicht von 28 kg. Auf seiner Speichertrommel, also in seinem »Gedächtnis«, können 2560 Worte und Begriffe festgehalten werden. Er leistet 3000 Additionen, 1600 Subtraktionen, 228 Divisionen (oder 236 Multiplikationen) in der Sekunde. Das System gibt seine Kommandos an einen Autopiloten, indem es Daten über Fluglage, Position, Geschwindigkeit und Beschleunigung ermittelt, diese Daten mit jenen des vor dem Flug eingegebenen Programms vergleicht und selbständig die nötigen Korrekturen ermittelt. Die endgültigen Fluglage- und Kurskorrekturen werden dann vom Autopiloten durch Schwenken der Raketenmotoren vollzogen. Der Autopilot steuert das Fahrzeug bis zum Brennschluß des Marschtriebwerks der Hauptstufe.

Nachdem die Grundstufe von dem verbleibenden Raumfahrzeug abgestoßen wurde, schaltet der Autopilot selbständig auf Flugkontrolle der zweiten Stufe um. Er empfängt seine Signale vom elektronischen Führungssystem und kann auch den Wiederstart der Motoren und die Abtrennung der Nutzlast veranlassen.

Unsere schematische Aufbauskizze des Centaur-Gespanns zeigt uns die hauptsächlichen Bauelemente dieser Rakete. Die Ziffern bedeuten: 1 Antenne, 2 Flüssigwasserstofftank der Zweitstufe, 3 Flüssigsauerstofftank der Zweitstufe, 4 Flüssigsauerstofftank der Grundstufe und der Booster, 5 Trennschott, 6 Kerosenetank, 7 Betankungs- und Entlüftungsrohr des Flüssigsauerstofftanks, 8 Marschtriebwerk der Grundstufe, 9 Triebwerke des Boosters.

Die 32 m lange Centaur ist in ihrer Zweitstufe mit dem schon wiederholt erwähnten Flüssigsauerstoff/Flüssigwasserstoff-Triebwerk RL-10-A-3 in doppelter Ausführung ausgerüstet.

Beinahe schon als »historische« Reminiszenz soll hier doch noch kurz auf die Saturn-Trägerraketen eingegangen werden, die – und hier wird die Phrase zur treffenden Aussage – Raumfahrtgeschichte gemacht haben. Im Marshall-Raumflugzentrum der NASA in Huntsville (Alabama) unter der Führung Wernher von Brauns speziell für das Apollo-Mondflugunternehmen entwickelt, stellt das Saturn-Konzept noch heute Spitzentechnologie dar. Es waren primär wirtschaftliche Überlegungen, die zur Aufgabe dieser Raketenserie führten. Man wird später sicher noch einmal darüber streiten, ob diese Entscheidung richtig war. Fest steht jedoch, daß die Evolutionsmöglichkeiten der Saturn-Linie sehr begrenzt waren.

Atlas-Centaur

Als das Konzept 1957 erstmals diskutiert wurde, waren insgesamt 5 verschiedene Typen im Gespräch. Nachdem der Weg zum Mond 1961 durch Präsident John F. Kennedy zum nationalen Ziel erhoben wurde, konzentrierte sich die Entwicklung auf drei Raketenserien: Saturn I, Saturn IB und Saturn V. Die Saturn I war als Vorerprobungssystem gedacht. In zehn erfolgreichen Starts bis 1965, dabei kamen unter anderem die drei Pegasus-Satelliten zur Bestimmung der Mikrometeoriten-Konzentration in die Erdumlaufbahn, wurden verschiedene Varianten erprobt: Bei den Flugversuchen SA 1 und SA 4 flog die Saturn ohne funktionsfähige Oberstufe (»Block 1«), wobei diese durch eine 90 Tonnen schwere Wasserattrappe ersetzt wurde. Bei den Testflügen SA 5 bis SA 10 gab es eine aktive Oberstufe (Block 2) und erstmals den Einsatz von Heckstabilisierungsflossen. Der Antrieb des mit Flüssig-Sauerstoff/Kerosin gespeisten Systems erfolgte mit 8 H-1-Raketentriebwerken, auf die wir gleich noch näher eingehen werden. Hier einige Zahlen zur Startstufe der Saturn I: Sie verfügte über 1700 elektrische und elektronische Komponenten, verbunden durch 85 Kilometer Kabel; 320 Ventile und Regelsysteme steuerten den Treibstoffdurchsatz.

1960 faßte die NASA den Entschluß, alle Saturn-Oberstufen mit Flüssigwasserstoff/Flüssigsauerstoff-Triebwerkssystemen auszurüsten. Es entstand die S IV-Stufe, die 6 RL-10A-3 Triebwerke mit je 68 Kilo-Newton Vakuumschub enthielt. Die Verwendung dieser Tieftemperatur-Treibstoffe brachte erhebliche konstruktive Probleme, so die Dämpfung der Flüssigkeitsschwingungen. Viele dieser Erfahrungen sind in das Antriebssystem des Wiederverwendbaren Raumtransporters eingeflossen. Letztlich ist dann die S IV B-Oberstufe zum Einsatz gekommen, die nur über ein einziges Triebwerk »J 2«, kardanisch aufgehängt, verfügte. Sein Vakuumschub betrug rund 890 Kilo-Newton, die Brennzeit lag bei etwa 500 Sekunden. Die verbesserte Kombination Startstufe+S IV B ist als Saturn I B vielseitig und erfolgreich eingesetzt worden: In der Apollo-Vorerprobung, als Zubringerfahrzeug zur Skylab-Orbitalstation und schließlich im Apollo-Sojus-Gemeinschaftsunternehmen.

Das »prominenteste« Trägerfahrzeug dieser Serie ist zweifellos die Saturn V-Rakete. Da wir alle wesentlichen Daten tabellarisch zusammengefaßt haben und bei der Behandlung des Mondlandeprogramms noch einmal auf die Trägertechnologie zurückkommen werden, wollen wir uns auf einige grundsätzliche Anmerkungen beschränken.

In der ersten Stufe, der »S-1C«, ist die Zellenkonstruktion, bestehend aus einer wärmebehandelten Aluminiumlegierung bemerkenswert. Die hohe Treibstoffmasse von etwa 2000 t forderte eine gut durchdachte Verstärkung der Tanks mit Stringer und Spanten sowie Bodeneinsätze zur Dämpfung der Treibstoffschwingungen. Einen Eindruck von den Anforderungen an das Treibstoff-Fördersystem gibt die hohe Durchsatzrate der Komponenten (Flüssigsauerstoff/Kerosin) von 13500 kg/s. Hingegen weist die zweite Stufe des Saturn V-Systems konstruktiv mehr konventionelle Züge auf. Auch hier besteht die Struktur aus Aluminium; neu war lediglich die besondere Mehrschichtdämmung an den Tankaußenwänden. Oberhalb der dritten Stufe, der »S-IV B«, befand sich die Instrumenteneinheit: Sie beinhaltet das Lenk- und Kontrollsystem, Bahnvermessungs- und Meßwertübertragungssysteme. Das Kontrollsystem zur Steuerung der kardanisch aufgehängten Triebwerke besteht aus einer kreiselstabilisierten Plattform, kombiniert mit Digital- bzw. Analogrechnern sowie der Hydraulikanlage. Als ausgewähltes Kapitel Raketentechnologie aus dem Bereich der Saturn-Träger eine schon beinahe klassisch gewordene Darstellung von Eberhard Rees über das H 1-Triebwerk der ersten Stufe, die insgesamt von 8 Motoren dieser Art angetrieben wurde:

»Eine Gasturbine treibt die Brennstoff- und die Sauerstoff-Pumpen, die den Treibstoff gegen den in der Brennkammer bestehenden Verbrennungsdruck von 40 bis 45 Atmosphären in die Brennkammer befördern. In der Raketendüse wird der Druck der Verbrennungsgase in eine Geschwindigkeit bis zu 2200 m/s durch das Treibstoffgemisch aus Kerosin und flüssigem Sauerstoff, durch seine

Verbrennung, umgewandelt. Die Masse des ausströmenden Gases pro Sekunde, multipliziert mit der Ausströmgeschwindigkeit, ergibt die Rückstoßkraft oder den Schub. Die Düse wird wie bei allen Flüssigkeitstriebwerken durch den Brennstoff gekühlt. Bei sehr großen Flüssigkeits-Raketenmotoren und bei Düsen für große Höhen mit hohen Erweiterungsgraden werden der Gasdruck und damit die Intensität der Wärmeübertragung so gering, daß der untere Teil der Düse überhaupt nicht mehr gekühlt werden muß. Unmittelbar anschließend seien in zwei Diagrammen der Startablauf und die Brennschlußfolge dieses Triebwerks dargestellt. Daraus ersieht man leicht alle Einzelheiten.

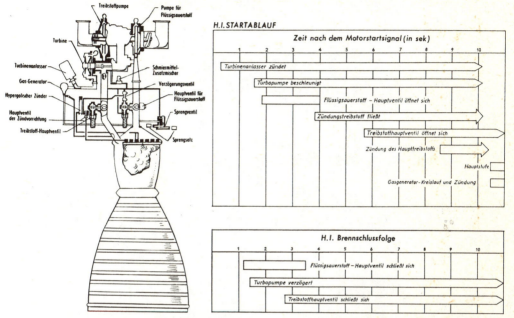

Flüssigkeitsmotor H-1: Aufbauschema (links) und Startablauf sowie Brennschlußfolge (rechts)

Das folgende Bild kennzeichnet den Vorgang, der sich im Prinzip in der Brennkammer abspielt. Oben sehen wir die schematische Darstellung einer Raketendüse mit Einschnürung und Erweiterung bis zum Düsenende. Der Pfeil zeigt die Richtung des durchströmenden Gases an. Auf dem Diagramm ist auf der Abszisse das Erweiterungsverhältnis der Düse über ihre ganze Länge aufgetragen. Das Erweiterungsverhältnis entspricht der Fläche des Düsenquerschnitts an jedem beliebigen Teil der Düse, geteilt durch den engsten Querschnitt. Auf der Ordinate ist der Druck in Pfund pro Quadratzoll aufgetragen, die Temperatur T in Grad Fahrenheit und die Geschwindigkeit des einströmenden Gases in Fuß/Sekunde. Es ist vielleicht nicht notwendig, diese Zahlen in das metrische System umzuwandeln, da ich nur den qualitativen Verlauf der Kurven zeigen möchte. Der Brennkammerdruck P nimmt sehr

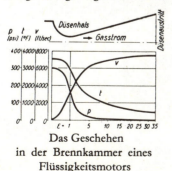

Das Geschehen in der Brennkammer eines Flüssigkeitsmotors

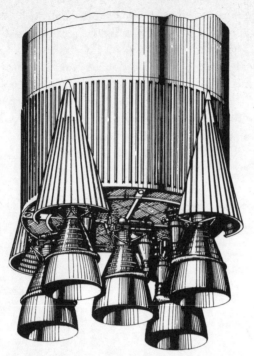

Erste Stufe »S-IC« (Hersteller Boeing) der Trägerrakete »Saturn V« mit fünf Triebwerken F 1 von je 680 Mp Schub

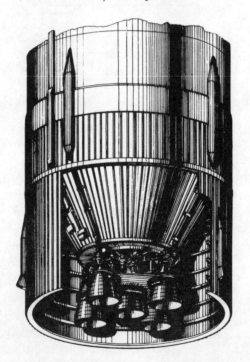

Zweite Stufe »S-II« (Hersteller North American Aviation) der Trägerrakete »Saturn V« mit fünf Triebwerken I 2 zu je 90 Mp Schub

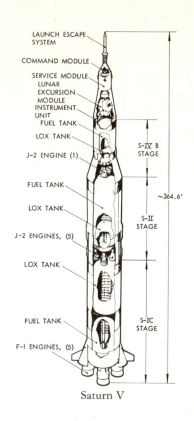
Saturn V

Vergleich Saturn IB/Saturn V		Saturn IB	Saturn V
Erste Stufe		S-IB	S-IC
Leergewicht	kg	38 500	136 000
Treibstoff und Sonstiges	kg	414 500	2 070 000
Gesamtgewicht	kg	453 000	2 206 000
Schub	kN	7 118	33 664
Länge	m	24,50	42,06
Durchmesser	m	6,53	10,06
Zweite Stufe		S-IVB	S-II
Leergewicht	kg	10 000	34 000
Treibstoff und Sonstiges	kg	104 000	431 000
Gesamtgewicht	kg	114 000	465 000
Schub	kN	890	4 450
Länge	m	18,00	24,88
Durchmesser	m	6,60	10,06
Dritte Stufe			S-IVB
Leergewicht	kg		10 000
Treibstoff und Sonstiges	kg	keine	104 000
Gesamtgewicht	kg	dritte	114 000
Schub	kN	Stufe	890
Länge	m		18,00
Durchmesser	m		6,60 oben
			10,06 unten
Instrumenten-Gehäuse			
Gewicht	kg	1 800	1 800
Länge	m	0,91	0,91
Durchmesser	m	6,60	6,60
Startgewicht	kg	568 800	2 786 800
Länge ohne Nutzlast	m	43,00	85,85

schnell ab und nähert sich Null bereits vor dem Düsenaustritt. Dies zeigt, daß die Umwandlung von Druck in Geschwindigkeit fast vollständig stattgefunden hat. Die Geschwindigkeit steigt daher von Null bis zur Ausströmgeschwindigkeit, die für die Leistung des Triebwerkes wichtig ist. Die höchste Geschwindigkeitszunahme wird in der Gegend des Düsenhalses erreicht. Die Temperatur nimmt in ähnlicher Weise ab wie der Druck, geht aber am Düsenende nicht bis auf Null.«

Der technologische Einsatz der Saturn-Raketen wird uns noch ausführlicher beschäftigen und bestätigen, daß es eines der perfektesten Konzepte in der Geschichte der Raumfahrt gewesen ist. Es war ein Konzept, auf dessen Basis sogar der bemannte Marsflug in den frühen 80er Jahren, in Verbindung mit einem elektrisch angetriebenen Oberstufensystem realisierbar gewesen wäre.

Was ist nun an »Hardware«, an Fluggerät, übriggeblieben? Mit dem letzten Einsatz einer Saturn-Rakete, der Saturn IB im Apollo-Sojus-Projekt 1975, erhielt die NASA vom Kongreß die Anweisung, die »Reste« mit einem Minimum an Kosten einzulagern oder anderweitig einzusetzen: So gelangten das Reserve-Skylab und das zweite Exemplar der Apollo-Sojus-Kopplungsmoduls in das Luft- und Raumfahrtmuseum der Smithsonian Institution nach Washington. Dieses Nationalmuseum enthält übrigens zahlreiche bedeutsame Meilensteine der amerikanischen Luft- und Raumfahrt, aber auch Exemplare der deutschen Entwicklungen aus dem zweiten Weltkrieg wie die V 1 und V 2... Doch zurück zu Saturn: 22 der H-1-Raketentriebwerke aus den Saturn IB-Stufen würden für die Thor-Delta-Trägerrakete, dem »Arbeitspferd« der NASA bis zum Einsatz des Shuttles, verwendet. Die amerikanische Raumfahrtbehörde verfügt noch immer über zwei komplette Saturn V-Mondraketen, einzelne Trägerstufen der Saturn IB sowie über ein komplettes Apollo-Raumschiff und ein teilweise montiertes Apollo-System. Korrosionssicher verpackt harrt dieses Material einer ungewissen Zukunft.

Die »Billigrakete« des Lutz Kayser

Die Vielfachbündelung und die Verwendung kommerzieller Bauteile sind Kennzeichen des Raketenkonzeptes, das Lutz Kayser Anfang der 70er Jahre im Auftrag des Bundesforschungsministeriums untersucht hatte. 4,3 Millionen Mark sind aus Bonn nach Stuttgart geflossen. Die positiven Berichte und Ergebnisse fanden kein offizielles Echo. Heute versucht die OTRAG, ein privatwirtschaftliches Unternehmen, den Transport in den Weltraum zu kommerzialisieren. Noch ist mehr das große Versuchsgelände in Zaire, das vorwiegend politische Wellen schlägt. Der Probeschuß in den Orbit läßt noch auf sich warten. Im Gegensatz zu den komplizierten Fördersystemen amerikanischer und sowjetischer Trägerraketen wird das Treibstoffgemisch mit Druckluft in die Brennkammern der OTRAG-Rakete transportiert. Sie sind aus demselben Stahl, aus dem auch Öl-Pipelines hergestellt werden. Statt der üblichen Treibstoffe setzt die OTRAG auf das Gemisch Dieselöl-Salpetersäure, das rund 600 DM pro Tonne kostet. Viele technische Details sind verblüffend, das schwere Gesamtkonzept ist jedoch umstritten. Mit dem Start einer kleinen Probeeinheit auf dem Pachtgelände in der zairischen Provinz Shaba am 17. Mai 1976 ist jedoch noch nicht das Zeitalter des kommerziellen Satellitenstarts angebrochen. Nur ein gelungener Start einer Nutzlasteinheit kann überzeugen.

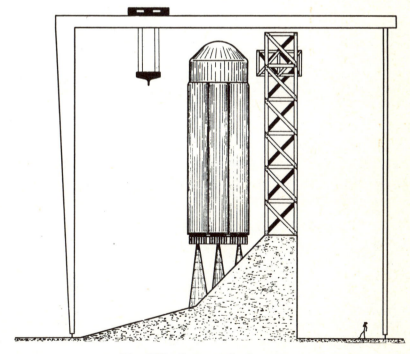

Die »Billigrakete« an der Startrampe.
Jedes der sieben Raketenbündel enthält 36 einzelne Triebwerke

Europas Trägersystem Ariane

Nach der 1977/78 erfolgten Qualifikation der drei einzelnen Stufen im Bodentest, erfolgt der erste Startschuß im Juni 1979 von Kourou (Französisch-Guayana) aus. Die drei folgenden Testflüge sollen bereits Nutzlasten in die Umlaufbahn bringen. Im Spätherbst 1980 beginnt das »offizielle« Startprogramm, das zunächst vier Satelliten-Missionen vorsieht. Das etwa sind die Meilensteine im europäischen Trägersystemprogramm, das mit der Ariane an die wenig glücklichen Europaraketen-Versuche anknüpft. Die Entwicklung der Ariane, die auf einen Beschluß der Westeuropäischen Staaten vom 31. Juli 1973 zurückgeht, steht unter dem Vorzeichen der anwendungsorientierten Nutzung, dem wirtschaftlichen Aspekt der Raumfahrttechnik.

Außerhalb Frankreichs, das die Hauptkostenlast trägt und mit der nationalen französischen Raumfahrtbehörde CNES (Centre Nationale d'Etudes Spatiale) die Federführung hat, wurde dem deutschen Unternehmen ERNO (Bremen) die interessanteste und umfangreichste Aufgabe am Projekt zuerkannt. In Bremen entwickelt man nicht nur die Strukturen und den Wassertank der zweiten Stufe, sondern ist auch für die Systemtechnik, die Integration und Tests der zweiten Stufe des dreistufigen, insgesamt 47 Meter hohen Trägerfahrzeugs verantwortlich. Die Ariane, mit einer geostationären Nutzlastkapazität von 950 Kilogramm, wird, so ehrgeizig das Projekt ist, mit weniger Aufwand als die »Europa«-Vorläuferinnen gebaut. Konventionelle Technik wie sie im Flugzeugbau angewendet wird, ersetzt dabei komplizierte und anfällige Neuentwicklungen. Um den Erfolg sicherzustellen, hat man Konsequenzen aus dem Europaraketen-Debakel gezogen: Die Verantwortlichen der rund 40 Industriefirmen aus zehn europäischen Nationen sind nun nicht mehr nach Proporz, sondern systemgerecht verteilt. Dennoch ist der Rückgriff auf bereits erprobte Techniken, so meinen jedenfalls die Konstrukteure, kein Rückschritt in die Vergangenheit, doch erst im Flug wird sich zeigen, wie deckungsgleich Anspruch und Wirklichkeit sind.

Das Ariane-Entwicklungsprogramm soll für 2,4 Milliarden Francs (Preisbasis 1973) realisiert werden. Schon vor dem ersten Start ist die Kostenüberziehung offensichtlich, doch ist das in der Raumfahrttechnologie nicht gerade selten. Die am Ariane-Programm beteiligten europäischen Länder tragen zu den Entwicklungskosten mit folgenden Anteilen bzw. Fixsummen bei:

Frankreich	62,5 %	Spanien	2 %
Deutschland	320 Millionen Mark	Italien	5 Milliarden Lire
Belgien	5 %	Schweiz	1,2 %
Großbritannien	2,47 %	Schweden	1,1 %
Niederlande	2 %	Dänemark	0,5 %

Das deutsche Auftragsvolumen bei der Firma ERNO beträgt etwa 80 Millionen Mark. Die europäische Raumfahrtbehörde ESA hat bereits einen relativ genauen Zeitplan für das Ariane-Programm festgelegt und auch die Nutzlasten ausgewählt:

ESA/CNES
Dreistufige europäische Trägerrakete ARIANE

- GESAMTMASSE: 202 t
- NUTZLASTVERKLEIDUNG

Masse:	0,31 t

- 3. STUFE H8

Masse, Treibstoff:	8 t
Treibstoff:	LH_2/LO_2
Triebwerk:	HM7
Schub:	~60 kN

- **2. STUFE L33**

Masse, Treibstoff:	**33 t**
Treibstoff:	**$UDMH/N_2O_4$**
Triebwerk:	**VIKING IV**
Schub:	**~710 kN**

- 1. STUFE L140

Masse, Treibstoff:	140 t
Treibstoff:	$UDMH/N_2O_4$
Triebwerke:	4 VIKING II
Schub, ges.:	~2720 kN

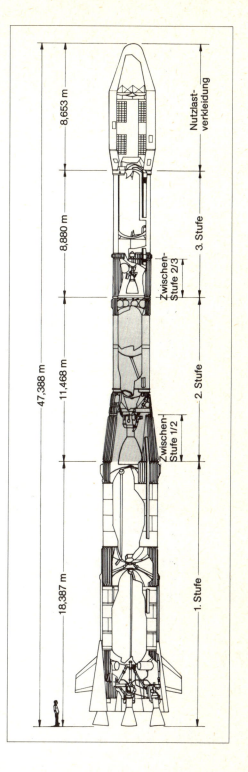

Zur Zeit (1978) sind insgesamt 9 Exemplare der Ariane in der Fertigung, 4 davon für die Flugerprobung und fünf Raketen für den Start europäischer Anwendungssatelliten, deren Reihenfolge auf der ESA-Ratssitzung vom 7. April 1978 festgelegt worden ist. Der erste Testflug L01 ist für den 15. Juni 1979 vorgesehen. An Bord wird sich noch keine Nutzlast befinden, sondern eine technologische Meßeinheit CAT. Am 3. Dezember 1979 folgt L02, wiederum mit CAT an Bord und zwei kleinen Nutzlasten: OSCAR-AMSAT, ein Satellit für die Amateurfunker, und Firewheel, ein Satellit aus der Bundesrepublik mit einem Bariumwolken-Experiment des Max-Planck-Institutes für Extraterrestrische Physik. Bei L03 am 2. Mai 1980 will die ESA einiges riskieren: Neben CAT soll das zweite Exemplar des so überaus erfolgreichen Wettersatelliten Meteosat in die geostationäre Umlaufbahn gebracht werden, gemeinsam mit einem indischen experimentellen Kommunikationssatelliten Apple. Die primäre Nutzlast des vierten und letzten Qualifikationsfluges der Ariane soll der erste europäische Kommunikationssatellit für die Schiffahrt Marots-A sein. Hat die europäische Trägerrakete dann die Erwartungen erfüllt, stehen bis Februar 1984 fünf Satellitenstarts auf der Liste, darunter auch der des französischen Erdbeobachtungssatelliten Spot. Optimisten erwarten, daß – wenn sich das Konzept bewährt – ein Ansturm auf die Ariane einsetzt und etwa alle drei Monate eine Nutzlast im »Lohnauftrag« gestartet werden kann. Doch das ist noch Zukunftsmusik ...

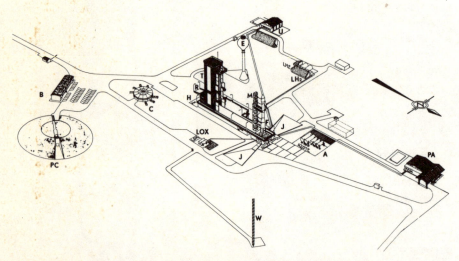

Das Startgelände der Ariane-Trägerrakete in Kourou (Französisch Guayana)

B Verwaltungsgebäude, *PC* Startkontrollzentrum, *C* Klimatisierungseinrichtungen, *R* Zugangsplattform, zur Startrampe, *PF* Startrampe für die Ariane, *T* Mobiler Turm zur Raketen-Integration, *M* Startturm, *F* Ariane in Startposition, *J* Abflammschächte, *U* Treibstofftanks für UDMH, *PA* Treibstofflager für Stickstofftetroxid, *LOX* Lager für flüssigen Sauerstoff, *LH* Lager für flüssigen Wasserstoff, *A* Stickstoffbehälter, *H* Heliumbehälter, *E* Wasserturm, *W* Meteorologische Meßstation

Eine als Waffen- wie als Raumfahrzeugträger bewährte Rakete der ersten Generation ist die Atlas, von der es zahlreiche Versionen gibt. Hier sehen wir Phase für Phase das Aufrichten einer solchen Flüssigkeitsrakete auf der Startrampe

Saturn 5 (auch Saturn V), der Apollo-Träger, insgesamt 111 m hoch und vollbetankt mehr als 2700 Tonnen wiegend, wird samt Versorgungsturm auf dem schwersten Raupenschlepper der Welt vom Montagegebäude zum Startplatz gefahren. Gesamtgewicht Rakete, Turm und Schlepper: mehr als 8 000 000 kg

Saturn-5-Erststufenmotor Rocketdyne F-1.
Länge 6,10 m,
Schubleistung 680 000 kp,
Brenndauer 2 min 30 sec

Saturn V wird aus dem Montagegebäude (Vehicle Assembly Building, VAB) in Kap Kennedy, dem geräumigsten Gebäude der Welt, samt Versorgungsturm und Plattform auf einem Spezialraupenschlepper (Gewicht 2700 t) zu dem 5,5 km entfernten Abschußplatz gefahren

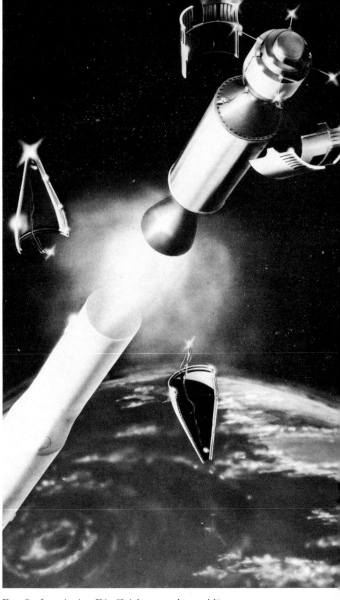

Das Stufenprinzip: Die Zeichnung oben erklärt,
wie sich eine Satellitenendstufe kurz vor Erreichen
der Kreisbahn vom Trägerfahrzeug (hier einer Scout)
löst. Die 2. Stufe ist abgestoßen, und die 3. Stufe
mit dem Satelliten an der Spitze fliegt nun allein weiter.
Zugleich werden die Schutzbleche abgesprengt,
die die Nutzlast während der Startphase
gegen die Reibungswärme geschützt haben

Eine Rakete photographierte sich selbst:
Eine Kamera, eingebaut in das Heck der Endstufe
einer Thor-Able, nahm genau den Augenblick auf,
in dem sich die Grundstufe von der Zweitstufe trennte.
Die Bildserie links zeigt (von oben nach unten),
wie sich die Zweitstufe immer weiter von der
zurückfallenden Grundstufe entfernt

Energieversorgung von Raumfahrzeugen mit Kernenergie: Hier der Reaktor Snap-10A (oben rechts auf dem Flugkörper), gekuppelt mit einer thermoelektrischen Einheit an einem Satelliten

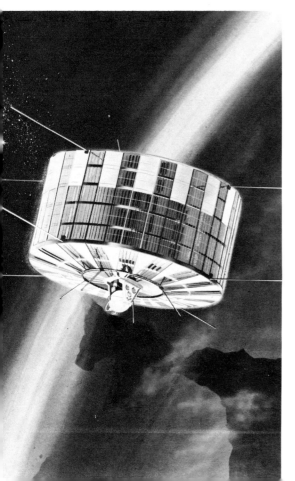

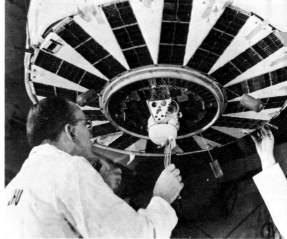

Die Transit-Satelliten, hier Transit IV A, sind bereits mit nuklearen Stromquellen ausgerüstet. Bild oben zeigt die Montage der Atombatterie (kleine weiße Kapsel) am Satelliten

Bild links: Zwei der vier Sender von Transit IV A werden durch Atomstrom aus der Batterie (unten am Satelliten), die beiden anderen durch Sonnenenergie betrieben

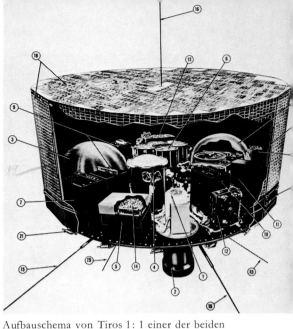

Aufbauschema von Tiros 1: 1 einer der beiden Vidicon-Bildwandler, 2 Objektiv der Weitwinkelkamera, 3 Magnetbänder, 4 elektronischer Zeitgeber für die Bildfolge, 5 Fernsehsender, 6 chemische Batterien, 7 Kamera-Elektronik, 8 Bandgerät-Elektronik, 9 Kontrollschaltungen, 10 Hilfskontrollschaltungen, 11 Stromwandler für Bandgerätmotor, 12 Spannungsregler, 13 Regler für Batterieaufladung, 14 Hilfssynchrongenerator für TV-Elektronik, 15 Sendeantennen, 16 Empfangsantenne, 17 Sensor für Positionsbestimmung des Satelliten zur Sonne, 18 Sonnenzellen, 19 Träger und Kontakte für Sonnenzellen, 20 Bremsmechanismus für Rotationsgeschwindigkeit, 21 Hilfsstrahldüsen zur Erhöhung der Rotationsgeschwindigkeit

Tiros 1 (1960 BETA 2) ist der erste ausgesprochene Wettersatellit der USA, der Beginn einer weltumspannenden Wetterbeobachtung via Weltraum

Das Innere von Tiros 1 mit allen Geräten (vgl. obige Zeichnung)

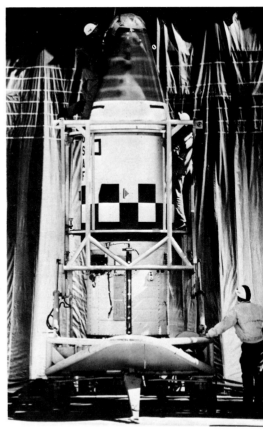

Links oben: Samos 2 (1961 ALPHA 1) war das erste Meßgerät in einer Versuchsserie zur Entwicklung von Überwachungssatelliten für Atmosphäre, Erdoberfläche und Weltraum. Er hat Kameras und andere Meßgeräte, vor allem Infrarotsensoren an Bord

Rechts oben: Midas 2 (1960 ZETA 1) war ein Experiment zur Entwicklung eines Systems von Satelliten, die Raketenstarts auf feindlichem Gebiet entdecken und melden sollen. Midas enthielt infrarotempfindliche Geräte, die auf die heißen Abgase von Raketen ansprechen.

Links: In diesem Käfig testeten Ingenieure der Radio Corporation of America das neue magnetische Verfahren zur Stabilisierung der Achsenrichtung des Satelliten Tiros 2 im Flug. Das Käfiggitter erzeugt ein Magnetfeld ähnlich dem, das im Weltraum auf Tiros 2 einwirkt. Die starken Lampen dienen zur Funktionsprüfung der 9260 Siliziumzellen, die den Betriebsstrom liefern

Geostationärer Nachrichtensatellit der ersten Generation vom Typ Syncom, 1963 von den Vereinigten Staaten gestartet

Dreifachsatellit Transit 4 A/Injun/ Greb (1961 Omikron 1-186). Gleich drei Erdsatelliten sollten mit einem Schuß in ihre Bahnen befördert werden. Aber das Experiment mißlang insofern, als sich Injun und Greb (die beiden kleineren Körper über Transit 4 A im Bild) wohl vom Hauptsatelliten, nicht aber voneinander lösten. Mit Injun und Greb muß dabei ein Unglück geschehen sein, denn mit dem Tripelsatelliten gelangten nicht weniger als 184 Metallobjekte auf Kreisbahnen

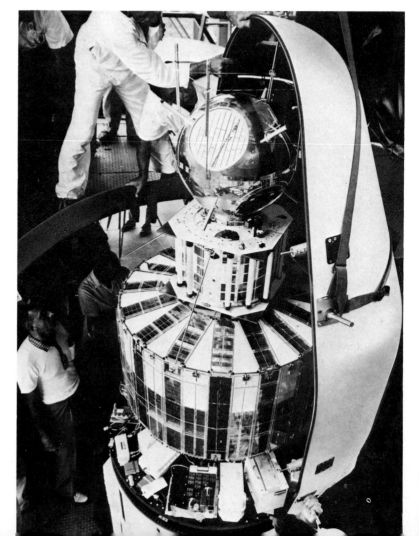

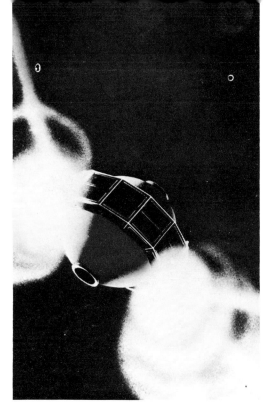

Oben links: Mariner 2 (1962 A RHO 1), Venus-Sonde der USA, in zusammengeklapptem Zustand. Mariner 2 befindet sich auf Sonnenumlaufbahn, nachdem die Sonde Mitte Dezember 1962 in 33 600 km Entfernung an der Venus vorbeizog und dabei erste entscheidende Aufschlüsse über den Planeten übermittelte

Oben rechts: Anna 1 B (1962 B MY 1), ein Leuchtfeuersatellit, der mit zwei starken Blitzleuchten ausgestattet war. Die Lichtblitze wurden gegen den Fixsternhimmel photographiert und erlaubten so genaue Bahnberechnungen

Diademe I (Satellit D-IC) von Frankreich, ausgerüstet für geodätische Forschungen mit Hilfe von Laserstrahl-Peilungen

Unten links: Explorer 14 (1962 B GAMMA 1) und Explorer 15 (1962 B LAMBDA 1) sind äußerlich gleich und in ihrer Instrumentierung nur leicht verschieden. Beide Geräte dienen der Geophysik

Relay 1 (1962 B YPSILON 1) in der Montage. Relay erhält seinen Betriebsstrom aus 600 Sonnenzellen. Empfangsfrequenz 1725 MHz, Sendefrequenz 4170 MHz (unten)

Explorer 16 (1962 B CHI 1) vor der Montage auf seine Trägerrakete. Auch dieses Gerät ist – wie die gesamte Explorer-Serie – für geophysikalische Forschungen bestimmt. Die Ergebnisse, die die Satelliten einbringen, werden aller Welt zugänglich gemacht

Ionosphären-Forschungssatellit S-51-Ariel (1962 OMIKRON 1), ein britischer Satellit, der von den Amerikanern gestartet wurde

Eine neuartige Konstruktion ist die SAFE-Antenne von AEG/Telefunken mit 22 m Spiegeldurchmesser und 24 m Gesamthöhe. Sie ist eine Kombination von Hornparabol- und Cassegrain-Form, vollsteuerbar und mit festem Einspeisepunkt. SAFE= »Satellitenfunk-Bodenstations-Antenne mit festem Einspeisepunkt«

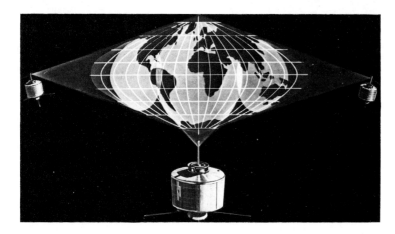

Graphische Darstellung eines globalen Nachrichtennetzes mit nur drei stationären Satelliten

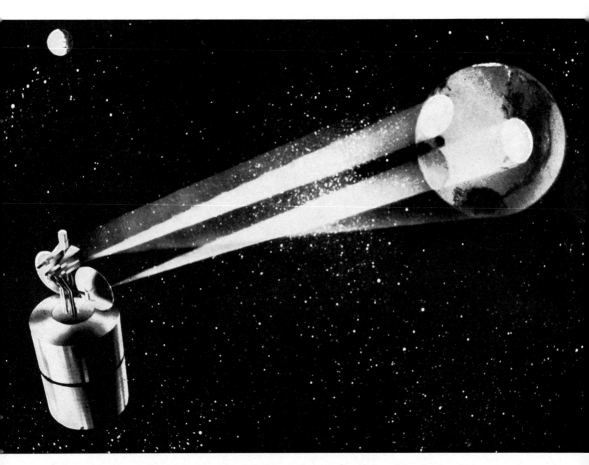

Kommunikationssatellit der Serie Intelsat IV, der mit der amerikanischen Atlas-Centaur Trägerrakete in die geostationäre Bahn gebracht. Die 1360 kg schweren Satelliten sind für eine Betriebsdauer von 7 Jahren ausgelegt und ermöglichen die gleichzeitige Übertragung von 6000 Telefongesprächen und zwei Fernsehprogrammen

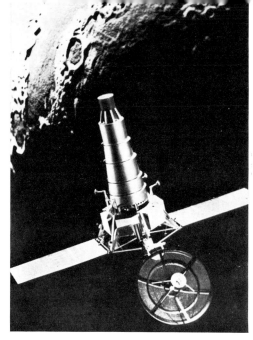

Der erste Schritt der USA zur Monderkundung und damit zur Vorbereitung der bemannten Landungen auf dem Erdtrabanten waren die Sonden vom Typ Ranger (hier Ranger VII, sendete bis zum Aufschlag auf die Mondoberfläche 4308 Aufnahmen)

Wettersatellit Tiros: Hier ist der Erfassungsbereich der Fernsehkameras gezeigt

Der deutsche Forschungssatellit Azur, Einsatzkonfiguration

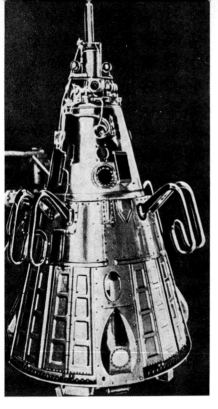 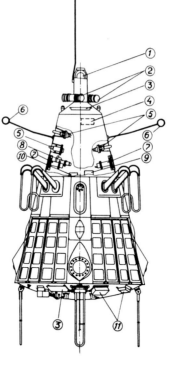

Am 15. Mai 1958 gelangte Sputnik 3 (1958 DELTA 2) auf seine Bahn. Er war mit 1327 kg Gewicht der bis dahin absolut schwerste Satellit und enthielt eine große Zahl von Meßinstrumenten. Das Schema erläutert den Aufbau des Flugkörpers: 1 Magnetometer, 2 Photo-Elektronenvervielfacher zur Registrierung der Korpuskularstrahlung der Sonne, 3 Sonnenbatterien, 4 Gerät zum Registrieren des Photonenanteils der Höhenstrahlung, 5 Ionisations-Manometer, 6 Ionenfalle, 7 elektrostatischer Ladungsmesser, 8 Massenspektrometer, 9 Gerät zum Registrieren der schweren Kerne in der Höhenstrahlung, 10 Meßgerät für die Intensität der schweren Höhenstrahlung, 11 Meßgeber für die Registrierung von Mikrometeoriten. Der Satellitenkörper enthielt eine Stickstoffüllung. In ihm waren Meßgeräte, Funkgeräte, Energiequellen und eine Programmsteueranlage im Gewicht von zusammen 968 kg untergebracht

Unten rechts: Die ersten Photographien von der erdabgewandten Seite des Mondes lieferte die sowjetische Raumsonde Lunik 3 (1959 THETA 1). Das Gerät war mit einer Spezialkamera ausgerüstet, die mit 35-mm-Film arbeitete und zwei Objektive (200 und 500 mm Brennweite) hatte

Unten links: Aufbauschema von Lunik 3: 1 Fenster für die Kameraobjektive, 2 Triebwerk für Orientierungssystem und Lagekontrolle im Raum, 3 Sonnenimpulsgeber, 4 Sonnenbatterien und Sonnenzellen, 5 Klappen des Temperaturregelsystems, 6 Wärmeschutzschirm, 7 Antennen, 8 Meßgeräte

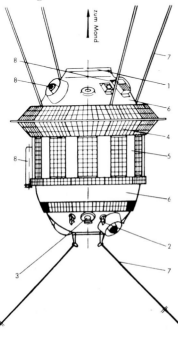 

Die erdzugewandte Seite des Mondes, ohne Fernrohrumkehrung, also seitenrichtig und aufrechtstehend abgebildet. Der kreisrunde dunkle Fleck am rechten Mondrand ist das Mare Crisium, das wir zur besseren Orientierung auf dem Bild unten benützen können

Die erdabgewandte Seite des Mondes, wie sie von Lunik 3 photographiert wurde. Der kreisrunde Fleck am linken Mondrand ist wiederum das Mare Crisium. Alles, was rechts davon liegt, gehört zur vordem unbekannten »Rückseite« des Mondes

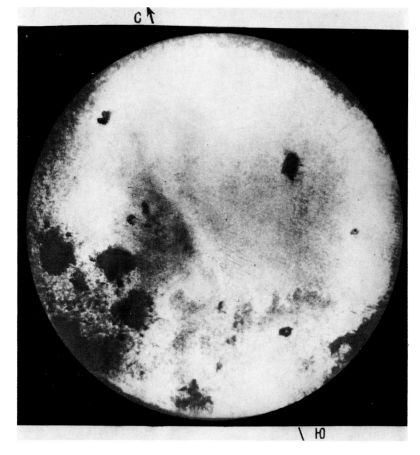

Lunik 1 (1959 MY 1) gelangte auf eine Planetoidenbahn um die Sonne. Unser Bild zeigt die Sondenbaugruppe mit Nasenkonus, wie sie auf ihrem Träger montiert war. Sie ist etwa 6 m hoch und hat einen Durchmesser von 3 m. Gewicht 1480 kg. Der Nasenkonus wurde in großer Höhe abgeworfen und gab die Sonde mit ihren Meßgeräten frei

Venus-Sonde (1961 GAMMA 1) der Sowjets. Zwar gelangte diese Raumsonde auf eine Sonnenumlaufbahn, doch ging der Funkkontakt mit ihr 15 Tage nach dem Start verloren

Sowjetischer Nachrichtensatellit der Serie Molnija 1, von dem der erste am 23. 4. 1965 gestartet wurde

Sowjetische Raumsonde Venus 3. Die Tiefenraumsonde erreichte am 1. März 1966 den Planeten Venus

Sowjetischer Satellit der Proton-Serie. Gewicht 12 200 kg

Unten:
Sowjetsatelliten Kosmos 186 und 188 beim Rendezvous (sowjetische Zeichnung):
1 Kuppelvorrichtung,
2 Antennen zum Erfassen und Ausrichten,
3 Sonnenzellenträger,
4 Antennen für Daten- und Kommandoübermittlung

Der europäische Forschungssatellit ESRO IV während der Montage auf die Scout-Trägerrakete

TD 1 – Europas astronomischer Forschungssatellit TD-1 bei der letzten Überprüfung bei ESTEC in Noordwijk

Sowjetischer Wettersatellit
vom Typ Meteor

Wostok-Trägerrakete
der UdSSR

Sowjetischer Forschungssatellit
Elektron 2
aus dem Jahre 1964

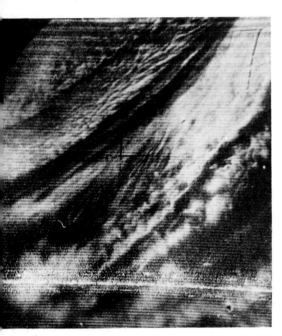 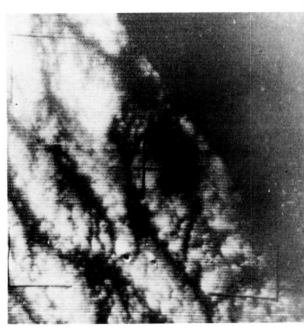

Wolkenaufnahmen von Tiros 1. Oben links: Riesige Wolkenspiralen über dem mittleren Pazifik, Anzeichen für ein großes Tiefdrucksystem. Oben rechts: Ein mit dem Teleobjektiv aufgenommener Ausschnitt aus demselben System, er umfaßt eine Fläche von etwa 160 mal 160 km, während man auf dem linken Bild eine Fläche mit der Seitenlänge von je 1300 km überblickt

Erdaufnahmen aus der bemannten Raumfahrt: Acklin Island, eine der Inseln der Bahama-Gruppe, photographiert von Gemini 4

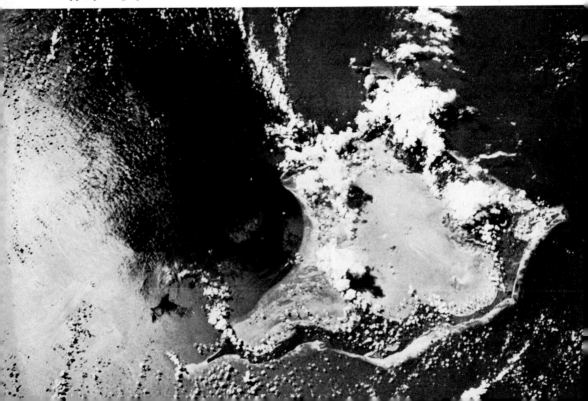

Von Gemini-11-Astronaut Richard Gordon wurde dieses einzigartige Photo des indischen Subkontinents mit der Insel Ceylon (rechts) aufgenommen. Handkamera Hasselblad SWC mit Zeiss-Biogon 1:4,5/f=38 mm

Besonders schöne Photos der Erde aus der Satellitenperspektive brachten die Gemini-Raumflüge ein. Hier ein beim Gemini-4-Flug gemachtes Bild vom Hadramaut-Hochland an der Südküste Arabiens. Handkamera Hasselblad 500 C mit Zeiss-Sonnar 1:5,6/f=250 mm

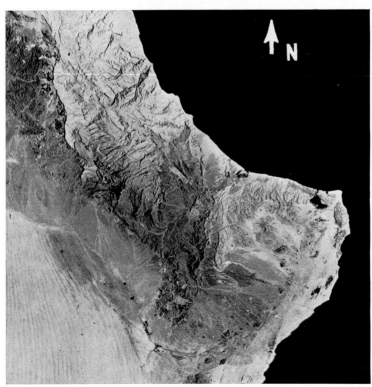

Die Ostspitze der Arabischen Halbinsel mit dem Golf von Oman im Norden. Links unten: Dünen der Sandwüste. Gleiche Photodaten wie oben

Amerikas Astronomie-Satellit OAO-2 vor dem Start im Dezember 1968

Surveyor-Mondsonde in der Weltraum-Simulationskammer

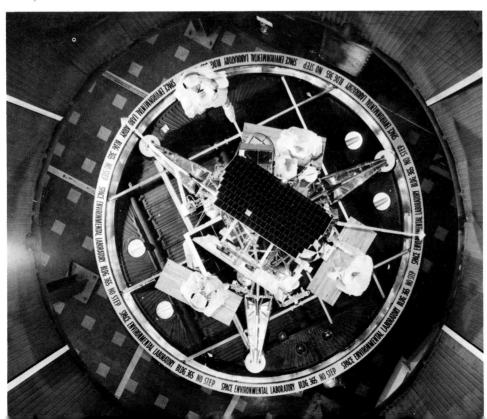

Großaufnahme vom Mond, aufgenommen von der Sonde Ranger VII aus einer Distanz von rund 750 km über der Mondoberfläche. Das Bild erfaßt ein Gebiet von rund 125 km Seitenlänge. Der große Krater oben rechts ist Guericke

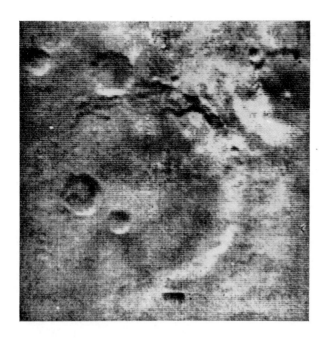

Großaufnahme vom Mars, aufgenommen von der Sonde Mariner IV. Photo Nr. 11 aus einer Distanz von rund 12 550 km über der Marsoberfläche. Gebiete von rund 270mal 240 km in Atlantis

Das erste Bild unserer Erde, vom Mond aus gesehen. Das Photo wurde am 23. August 1966 um 16.35 Uhr GMT von Lunar Orbiter 1 aufgenommen. Die Erde ist weitgehend von Wolkenfeldern verhüllt und nur knapp zur Hälfte von der Sonne beleuchtet

Ein Graben auf dem Mond, westlich des Kraters Landsberg, aufgenommen von Lunar Orbiter 1 mit Objektiv Schneider Kreuznach 1:5,6/f=80 mm. Die Sonne steht 12 Grad über dem Mondhorizont (unten links)

Kleinerer regelmäßiger Krater im Oceanus Procellarum, unweit des Kraters Kepler. Auch dieses Bild wurde von Lunar Orbiter 1 aufgenommen (Objektiv Schneider Kreuznach 1:5,6/f=80 mm, Sonne 14 Grad über Mondhorizont)

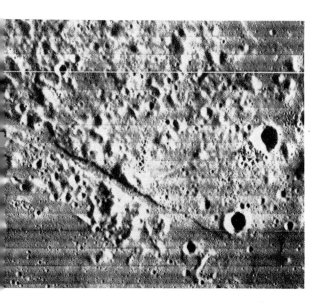

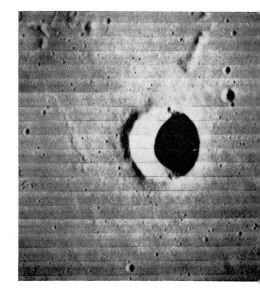

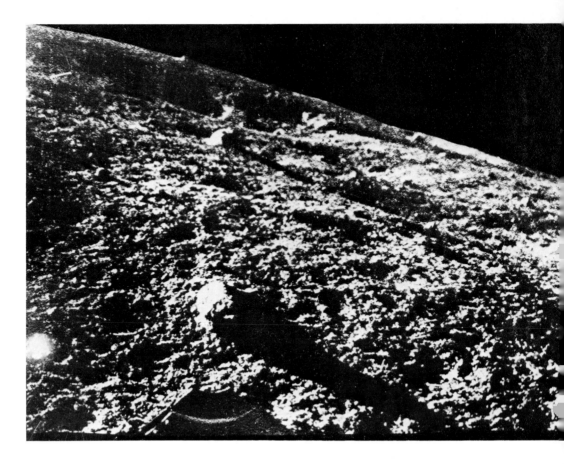

Oben: Am 3. Februar 1966 photographierte erstmals eine weichgelandete Sonde, Luna 9 (UdSSR), die Mondoberfläche

Unten: Surveyor 3 auf dem Mond. Die Aufnahme vom 26. April 1967 zeigt eines der Landebeine, bedeckt mit Mondmaterial

Rechts: Bei den Sowjets vollzog sich die Entwicklung zum bemannten Raketenflug ebenfalls über die Etappen Raketenflugzeug, Tierversuch mit ballistischen Raketen, bemannter Raumvorstoß, bemannter Satellitenflug. Hier Sputnik 2 (1957 BETA 1). Eine Hälfte des Nasenkonus ist entfernt

Mit Sputnik 2 brachten die Sowjets die Hündin Laika als erstes Lebewesen auf eine Erdsatellitenbahn. Das Bild zeigt das (bei dem Flug umgekommene) Tier in seinem Biopack

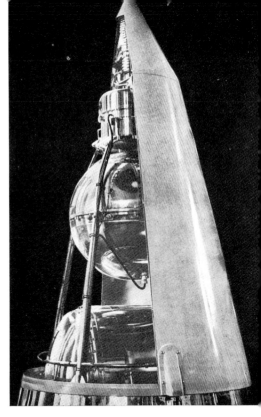

Unten rechts: Jurij Gagarin in der offenen Tür des Fahrstuhls, der ihn zu seinem Raumschiff Wostok 1 auf die oberste Plattform des Startturms brachte

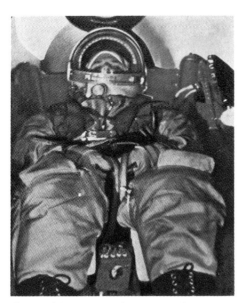

German Titow an Bord von Wostok 2 (1961 TAU 1)

Valentina Tereschkowa, die erste und bisher einzige Astronautin, flog mit Wostok 6 vom 16. bis zum 19. Juni 1963 insgesamt 48 Erdumläufe

Jurij Gagarin während seines Fluges mit Wostok 1 (1961 MY 1)

Sowjetisches Raumschiff der Wostok-Serie. Man erkennt deutlich die kugelförmige Landeeinheit

Die Atlas-Mercury-Friendship 7 beim Abheben von der Startplattform. Die Trägerrakete ist über und über mit Rauhreif bedeckt (von dem Flüssigsauerstoff verursacht), und auch die »Dampffahne«, die seitlich abströmt, rührt daher

John Glenn beim Einsteigen in die Kapsel Mercury-Friendship 7. Glenn umrundete die Erde als erster Amerikaner insgesamt dreimal. Flugdauer 4 Stunden 56 Minuten. Bahndaten 261/159 km

Das Geminifahrzeug (Vordergrund) im Vergleich zu einer Mercurykapsel. Mehr als doppelt so groß und dreimal so schwer wie die Mercurykapsel, war das Geminifahrzeug auch vielseitiger instrumentiert und viel besser als »echtes« Raumschiff zu freier Navigation im Raum ausgestattet

Die Versuchsanordnung für das Gemini-Rendezvous-Manöver (unten): Ganz links die Ausrüstungseinheit, daneben die Einheit mit den Bremsraketen, dann das eigentliche Gemini-Rückkehrfahrzeug mit seiner Raste am Bug, und ganz rechts die unbemannte Agena-Rakete, mit der das bemannte Geminifahrzeug in der Umlaufbahn Rendezvous machte und sich durch Docken zu einer größeren Einheit verbunden hat

Bevor sich der »Gemini«-Träger Titan II beim Start über seine Abschußplattform erhebt, wird der Wartungsturm niedergelegt. Dieses instruktive Bild kam durch Zehnfachbelichtung zustande

Rendezvous Gemini-6 mit Gemini-7: Tom Stafford (Gemini-6) nahm dieses Bild von Gemini-7 (Borman/Lovell) in der gemeinsamen Kreisbahn auf. Kommandant von Gemini-6 war Schirra

Unten: EVA, Extravehicular Activity = Außenbordaktivität, das war das sensationelle Ereignis des Jahres 1965. Heute gehört sie zum Handwerk der bemannten Raumfahrt. Beim Flug von Gemini 4 war Edward White der erste amerikanische Weltraum-»Spaziergänger«

Japanische Trägerraketen

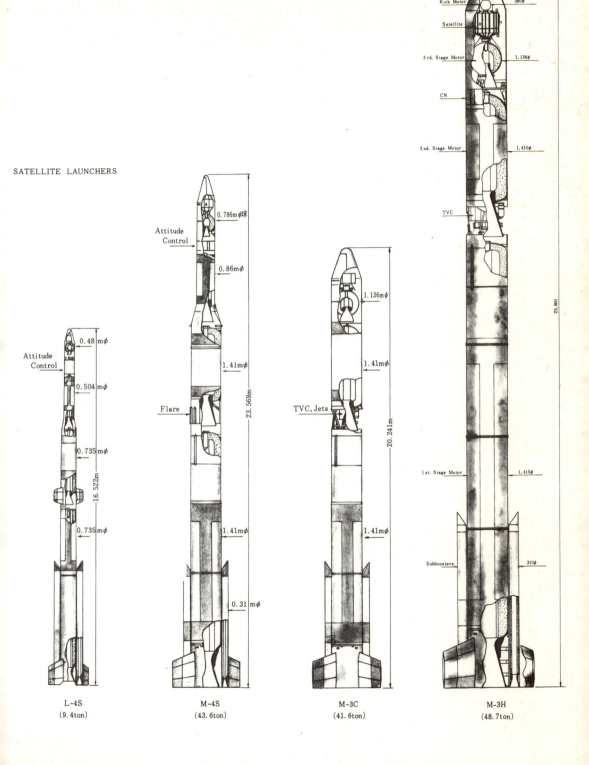

SATELLITE LAUNCHERS

Der Wiederverwendbare Raumtransporter

Der Wiederverwendbare Raumtransporter

Gerade in der Astronautik hat es sich gezeigt, wie gewagt Prognosen zum Tempo wissenschaftlich-technischer Zukunftsentwicklungen sein können. Man geht gewiß nicht fehl in der Annahme, daß der entscheidende Fortschritt des dritten Raumfahrt-Jahrzehnts die Einführung des Wiederverwendbaren Raumtransporters (Space Shuttle) durch die Vereinigten Staaten sein wird. Noch sieht es zunächst so aus, als ob die Amerikaner diesen technologischen Sprung allein vollziehen werden, denn die UdSSR wird auch in den kommenden Jahren ihr bewährtes, aber kaum noch evolutionsfähiges Konzept ORBITALSTATION mit zwei Kosmonauten (Saljut) – ZUBRINGER-RAUMSCHIFF (Sojus) – UNBEMANNTES VERSORGUNGSRAUMSCHIFF (Progress) nicht aufgeben.

Wie es der Name bereits erkennen läßt, steht im Vordergrund die Wiederverwendbarkeit des Fluggerätes und damit die Abkehr von der klassischen Einwegrakete. Noch immer kostet – je nach Raketentyp – der Transport von 1 Kilogramm in die erdnahe Umlaufbahn zwischen 5000 und 30 000 DM. Erfüllen sich die Erwartungen der Amerikaner hinsichtlich ihres Raumtransporterkonzeptes, so könnten Anfang der 80er Jahre diese Kosten auf rund 1000 DM/kg gesenkt werden. Die Einführung eines wiederverwendbaren Raumfluggerätes macht nicht nur den Transport in den Raum billiger: Auch die hohen Kosten für die Nutzlast selbst, könnten deutlich gesenkt werden. Die Zuverlässigkeitsanforderungen müssen dann nämlich nicht mehr so hoch wie bisher angesetzt werden. Die Möglichkeit, einen defekten Satelliten an Ort und Stelle – im Erdorbit – zu reparieren oder ihn in die irdischen Laboratorien zur Inspektion und Fehlerbehebung zurückzubringen, wird zu einer spürbaren Reduzierung der Nutzlastkosten führen. In Zukunft muß man auch nicht mehr mit dem Kilogramm geizen: auch das dürfte finanziell durchschlagen.

Die Idee des Wiederverwendbaren Raumtransporters – so wie er in den Vereinigten Staaten Wirklichkeit wird – läßt sich bis in das Jahr 1933, bis auf Eugen Sänger mit seinem Buch RAKETENFLUGTECHNIK zurückverfolgen. Auch in Peenemünde diskutierte man einen »Raumgleiter«, der die Verbindung zwischen einer Raumstation und der Erde im »Pendelverkehr« herstellen sollte. Walter Dornberger und Wernher von Braun verfolgten in den USA diese Gedanken weiter, 1957 sollte im Projekt »Dyna-Soar« die angestrebte »Kreuzung« zwischen Luft- und Raumfahrzeug – übrigens von der Firma Boeing – entwickelt werden.

Offensichtlich hatten jedoch die Flugzeugbauer in Seattle die technischen Probleme unterschätzt. Obwohl der Raumgleiter das Interesse des Verteidigungsministeriums fand, versagten die entsprechenden Kongreß-Ausschüsse dem »Dyna-Soar« die Unterstützung, so daß das Projekt schließlich eingestellt wurde. Auch in Europa diskutierte und untersuchte man in den frühen 60er Jahren verschiedene Konzepte des Raumtransporters. Mit insgesamt 1,5 Milliarden Dollar – verteilt über 15 Jahre – glaubte man, ein derartiges Transportsystem realisieren zu können. Zum Glück blieb jedoch diese Studie Papier: Spätere amerikanische Erfahrungen zeigten, daß 14 bis 16 Milliarden Dollar die richtige Größenordnung gewesen wäre.

Bereits kurz vor der ersten bemannten Mondlandung, 1968/69, hatte die US-Raumfahrtbehörde NASA mit eingehenden Untersuchungen zu wiederverwendbaren Systemen begonnen. Das zweistufige Fluggerät sollte doppelt bemannt sein: Eine Besatzung sollte das Startgerät zur Erde zurückführen, die andere das Transportaggregat in die Umlaufbahn bringen und damit die eigentliche Mission fliegen. Kontroversen entstanden hinsichtlich der Frage des Einsatzes von Elementen der Saturn-Raketentechnologie. Die auf der Hand liegende Kostenverminderung würde – so die NASA – bei mehrfachem Einsatz des Transporters wieder verlorengehen, denn keines der Saturn-Elemente sei für einen hundertfachen Einsatz ausgelegt oder anzupassen. Daher war ein neuer Entwurf unumgänglich: Erste Kostenabschätzungen lagen bei 10 bis 12 Milliarden Dollar. Nur eine wesentlich billigere Version hatte in den kritischen Jahren der US-Raumfahrt eine Chance zur Verwirklichung. 1972 gab es dann grünes Licht für ein nur teilweise wiederverwendbares System, dessen Entwicklungskosten bei etwa 5,5 Milliarden Dollar liegen sollten. Die vergleichsweise geringen Entwicklungskosten gehen allerdings zu Lasten der Betriebskosten.

Das neue Konzept besteht ebenfalls aus einem zweistufigen Fluggerät, dessen Antriebsstufe, der Booster, unbemannt ist. Die Einheit, die mit der Besatzung die erdnahe Umlaufbahn erreicht, ist der Orbiter. Er ist in den ersten Flugphasen mit einem relativ großen Treibstofftank verbunden, der – im Gegensatz zu den Feststofftriebwerken einschließlich des Raketenkörpers – nicht geborgen werden kann. Dieser Tank geht also verloren, zumindest bei den ersten Flügen. Bei der NASA diskutiert man eine andere Verwendung dieses Tanks, doch darüber später mehr.

Am Start hat das gesamte Fluggerät eine Höhe von 56,1 m und ein Startgewicht von 1990 Tonnen. Die folgende Abbildung vermittelt einen Eindruck des imposanten Space Shuttles, wobei allerdings die Zahlenangaben – sie stammen aus der Entwurfsphase – sich nicht immer genau mit den im Text verwendeten decken.

Die gesamte Starteinheit, Orbiter und Booster, ist in ihren Abmessungen etwa mit dem europäischen AIRBUS A 300 vergleichbar. Der Orbiter allein hat bereits etwa die Größe des Verkehrsflugzeuges DC-9.

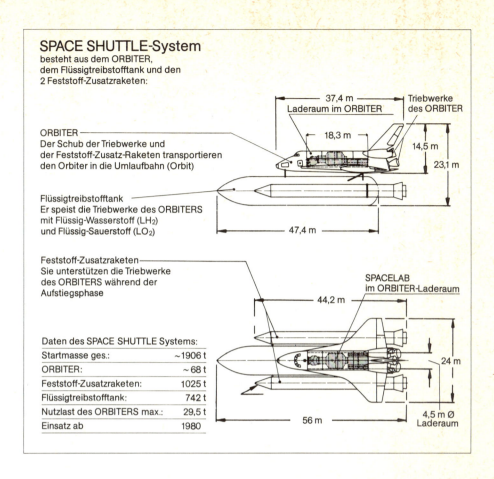

Die erste Stufe des Space Shuttle besteht aus zwei Feststoff-Raketen. Jede von ihnen beinhaltet ein Triebwerk, den Feststofftank, einen Nasenkonus, das Lenksystem für den Raketenmotor sowie natürlich Trennungs- und Bergungsvorrichtungen. Auch hier sind die Zahlen beeindruckend:

- Gesamtgewicht der Feststoffrakete 583 t
- Treibstoffgewicht 502 t
- Raketenlänge: 45,4 m
- Raketendurchmesser 3,7 m
- Schub 11 800 000 N

Hier noch einmal alle Komponenten des wiederverwendbaren Raumtransporters, des Space Shuttle, mit den Namen der entsprechenden amerikanischen Kontraktfirmen, die für die einzelnen Systeme verantwortlich zeichnen.

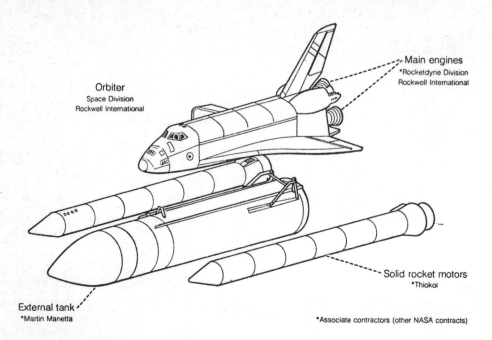

Die Feststoff-Raketen sind nur als Starthilfe gedacht. Parallel dazu wird bereits beim Start auch das Antriebssystem der zweiten Stufe, des Orbiters also, gezündet. Diese Triebwerke werden mit flüssigen Treibstoffen – Wasserstoff und Sauerstoff – gespeist, die sich in jenem großen Tank befinden, der als Verlustgerät konzipiert ist. Die einzelnen Tankbehälter bestehen aus Blechen einer Aluminium-Legierung, die von Versteifungsrahmen getragen werden. Um das Schwappern der Tieftemperatur-Flüssigkeit zu reduzieren, hat man im Sauerstofftank entsprechende Dämpfer angebracht. Zur Wärmeisolierung ist die Außenseite der Tankbehälter mit einem Kunststoffschaum besprüht. Alle wesentlichen Kontroll- und Überwachungseinrichtungen befinden sich, schon aus Kostengründen, im Orbiter, zu dem fünf Treibstoffleitungen führen.

Hier der Shuttle-Tank in Zahlen:

- Länge des Tanks   47   m
- Durchmesser   9,7   m
- Startgewicht   738   t
- Treibstoffgewicht   705   t
- Tankvolumen H_2 1 523 m^3
- Tankvolumen O_2 552 m^3
- Tankdruck H_2 22 500 kg/m^3
- Tankdruck O_2 15 500 kg/m^3

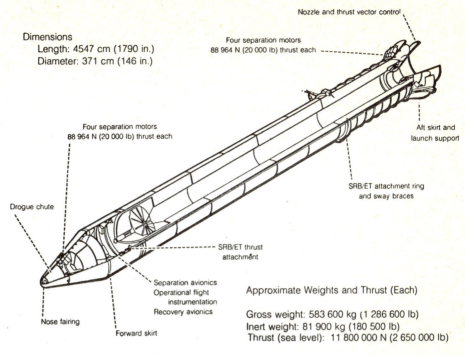

Schnittzeichnung der Feststoffrakete

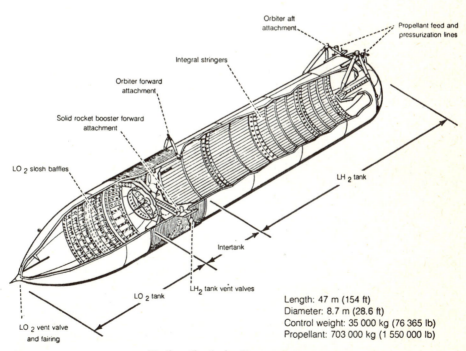

Treibstofftank des Raumtransporters

153

Auf lange Sicht plant die NASA, dieses einzige »Wegwerf«-Element des Raumtransporters einer sinnvollen Verwendung zuzuführen. Wenn man diesen in die Umlaufbahn bringt, wäre er – technisch entsprechend vorbereitet – als kleine Raumstation zu verwenden. Bekanntlich gab es ähnliche Pläne bereits zur Zeit des Apollo-Programmes der USA für die Saturn-Oberstufen. Es ist zu erwarten, daß die NASA erste Versuche dieser Art mit den Shuttle-Tanks 1982/83 unternehmen wird. Da aber die Startfrequenz des wiederverwendbaren Raumtransporters recht hoch sein dürfte, könnte aus Kostengründen nur ein Bruchteil der Shuttle-Tanks einer Verwendung als »Raumstation im Kleinformat« zugeführt werden. »Klein« ist hier nur relativ, denn die äußeren Abmessungen und die Masse sind – verglichen zum Beispiel mit denen der sowjetischen Orbitalstation SALJUT – beeindruckend. Die mögliche Shuttle-Tank-Raumstation übertrifft das UdSSR-Paradestück in allen Parametern nahezu um den Faktor 2. »Klein« ist also nur in Hinsicht auf zukünftige Konzepte für Orbitalstationen zu verstehen. Vielleicht besteht die Zukunft des Shuttle-Tanks in der Verwendung als Bau-Element bei der Realisierung großer Orbitalstrukturen, zunächst jedoch wird er auf der Verlustseite des Raumtransports zu verbuchen sein.

Der Orbiter stellt ohne Zweifel das Kernstück des neuen amerikanischen Transportsystems in den Erdorbit dar. Er ist die perfekte Synthese von Raumschiff und Flugzeug und stellt die einzige bemannte und voll rückführbare Stufe des Space Shuttles dar. Vorweg auch hier eine kleine Übersicht in Zahlen:

- Gesamtlänge des Orbiters   37,19 m
- Spannweite   23,77 m
- Maximale Höhe   17,37 m
- Länge des Nutzlastraums   18 m
- Breite des Nutzlastraums   4,5 m
- Leergewicht des Orbiters   68,04 t
- Maximale Nutzlast   29,50 t
- Maximale Rückführmasse   14,50 t

Auch hinsichtlich der bemannten Raumfahrt setzt der Orbiter neue Maßstäbe: Die normale Besatzungsstärke besteht aus 4 Personen, Pilot und Co-Pilot sowie zwei Missionsspezialisten. Bei Raumflügen mit speziellen Aufgabenstellungen können sieben Besatzungsmitglieder auf die Reise gehen. In Notsituationen bietet der Orbiter sogar 10 Personen Platz. Die durchschnittliche Dauer eines Orbitereinsatzes liegt bei 7 Tagen. Die Lebenserhaltungssysteme sind jedoch so ausgelegt, daß ohne Probleme bemannte Missionen bis zu 30 Tagen Dauer möglich sind. Bevor wir uns ausführlicher mit dem Orbiter als Raumfahrzeug befassen, sei eine kurze Beschreibung des Antriebssystems vorangestellt. 8 Minuten lang brennt der Raketenmotor, davon 2 Minuten parallel zu den Feststofftriebwerken. Damit ist die niedrige Erdumlaufbahn beinahe erreicht, den endgültigen Einschuß besorgt dann das Orbit-Manöver-System des Orbiters. Der große Raketenmotor besteht aus drei Triebwerken, jedes 4,3 m lang,

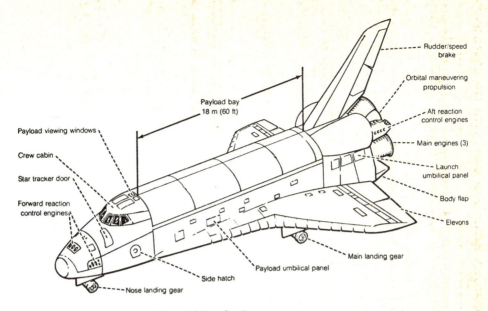

Der Orbiter des Raumtransporters

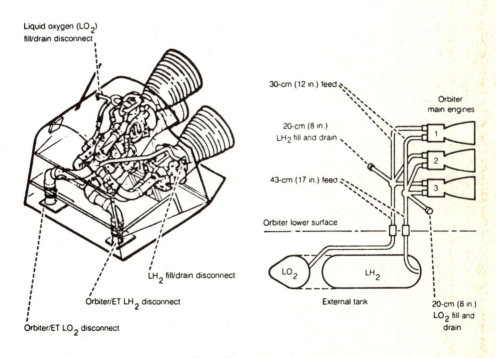

Die Orbitertriebwerke

mit einem Brennkammer-Durchmesser von 2,4 m. Jedes Triebwerk erzeugt einen Schub von 1 668 100 Newton (171 000 kp) in Meereshöhe. Der Vakuumschub aller drei Triebwerke beträgt 6 300 000 Newton (642 450 kp). Der Schub dieser Hochdrucktriebwerke ist im Bereich von 50 bis 109% regelbar, so daß die maximale Beschleunigungs-Belastung auf 3 g reduziert werden kann. Interessant ist die Feststellung, daß entscheidende Beiträge zu dieser Triebwerkstechnologie aus Deutschland, aus den Entwicklungslaboratorien von Messerschmidt-Bölkow-Blohm (MMB), München, gekommen sind. Während die herkömmlichen Triebwerke für nur kurze Lebenszeiten ausgelegt waren, denn nur bei einigen Oberstufen-Motoren verlangte man Mehrfachzündung, ist das Orbitertriebwerk für eine »Gesamtlebenszeit« von mindestens 7$^{1}/_{2}$ Stunden konzipiert, kann also wenigstens bei 55 Flügen eingesetzt werden. Natürlich – muß wie in der Luftfahrt auch – die Technik und Elektronik zwischen den Flügen gewartet werden. Entsprechend ist die Brennkammer gefertigt: Sie besteht aus einer Kupfer-Zirkonium-Silber-Legierung.

Da die Verbrennungstemperatur in der Kammer rund 3300 °C beträgt, ist eine gute Kühlung notwendig, und zwar die Regenerativ-Kühlung mit einem Teil des Wasserstoffs, so daß die Temperaturen an den Kammerwänden unter 600 °C bleiben. Sauerstoff und Wasserstoff werden im Verhältnis von 6 : 1 eingespritzt mit Drücken von 580 bzw. 475 Atmosphären. Zu diesem Zeitpunkt arbeiten die Hochleistungs-Turbinenpumpen mit 37 000 Umdrehungen pro Minute. Wie wird nun der Schub gesteuert? Fünf Treibstoffventile je Triebwerk, die hydraulisch betätigt werden und entsprechend aufwendige Elektronik, verbunden mit einem Bordrechner, ermöglichen die kontrollierte Schubvariation. Das hydraulische System ist doppelt angelegt, um die Zuverlässigkeit zu erhöhen.

Nach der Abtrennung des großen Treibstofftanks wird das Orbit-Manöver-System OMS aktiviert, um das Einschwenken in die Umlaufbahn durchzuführen. Mit dem OMS werden alle Bahnmanöver, Kurskorrekturen, Rendezvous und schließlich das Bremsmanöver zur Rückkehr zur Erde durchgeführt. Der OMS-Doppeltank befindet sich im Orbiter und enthält 10 820 kg effektiv verfügbaren Treibstoff + Oxydator. Insgesamt ist bei voller Beladung des Orbiters eine Geschwindigkeitsänderung von 305 m/s möglich, wobei allerdings nicht übersehen werden darf, daß immer ein bestimmter Teil dieses Potentials für die Rückkehr zur Erde reserviert bleibt. Hier einige wichtige Kenngrößen des OMS, das aus zwei Triebwerken besteht:

- Vakuumschub   26 700 N je Triebwerk
- Spezifischer Impuls 313 s
- Kammerdruck   861 850 N/m²
- Treibstoff   4 300 kg Monomethylhydrazin
- Oxydator   7 100 kg Distickstofftetroxid

Für die präzise Stabilisierung in der Bahn und für die Lageregelung des Orbiters ist das sogenannte Rückstoß-Kontrollsystem RCS verantwortlich. Eine

Teileinheit mit 14 kleinen Triebwerken befindet sich an der Nase, zwei andere Subsysteme mit je 12 Triebwerken liegen am hinteren Ende des Orbiters. Zusätzlich enthält das RCS Vernier-Triebwerke zur Feinsteuerung, zwei davon vorn angebracht, zweimal zwei liegen am Heck. Alle drei Systeme sorgen beispielsweise für die Abtrennung des Treibstofftanks kurz vor Erreichen der Umlaufbahn. Für die exakte Fluglage beim Wiedereintritt in die Erdatmosphäre werden die beiden RCS-Hecksysteme eingesetzt.

- RCS-Primärtriebwerke Vakuumschub 2870 N
- Spezifischer Impuls 289 s
- RCS-Verniertriebwerke Vakuumschub 111 N
- Spezifischer Impuls 228 s
- Treibstoff (Monomethylhydrazin) 1214 kg
- Oxydator (Distickstofftetroxid) 1943 kg

Sehr viel Zeit verwendete man auf die Untersuchungen über die optimale Form des Orbiters: Windkanal-Untersuchungen und umfangreiche Computer-Analysen waren die Basis. Verfeinerte Test- und Simulationsmethoden führten dann schließlich zu jener Struktur, die schon jetzt klassisch anmutet. Drei Sektionen kann man unterscheiden: Die vordere Sektion stellt die Passagierzone dar, mit den Aufenthaltsräumen der Astronauten, der Missionsspezialisten und eventueller Passagiere. Auch der größte Teil der Elektronik ist hier zu finden. Im »Untergeschoß« dieser Sektion befindet sich zur Landephase das eingezogene Fahrwerk. Der Mittelabschnitt umfaßt den Laderaum und die Tragflächen: 33 gleichmäßig verteilte Unterstützungsringe sorgen für die notwendige Stabilität, denn die mittlere Sektion trägt immerhin den Außenmantel der Zelle und die Schwenktüren des Nutzlastraumes. Der hintere Abschnitt beinhaltet das Seitenruder und die Träger der Haupttriebwerke. Deckel und Türen ermöglichen den direkten Zugang zum Triebwerksraum.

Für die Auslegung der Tragflächen waren die speziellen Gegebenheiten der aerodynamischen Flugphase maßgebend, die bei Geschwindigkeitswerten von unter 5 Mach beginnt. Der Orbiter setzt mit rund 345 km/h auf, also der Landegeschwindigkeit eines modernen Strahltrieb-Flugzeuges entsprechend.

Die Wärmebelastung, die sonst bei der Landung eines bemannten Raumschiffes durch ein entsprechendes Hitzeschild abgefangen wird, bedingte bei der Orbiter-Entwicklung spezielle Lösungen. Zum Zeitpunkt maximaler aerodynamischer Belastung treten an der Orbiter-Nase und den Tragflächen-Kanten Temperaturen von maximal 1650 °C auf. An den mehr leewärtsgelegenen Außenhautpartien muß man noch mit Werten um 315 °C rechnen.

Diesem Umstand hat man durch eine entsprechende Beschichtung der Außenhaut des Orbiter Rechnung getragen: Etwa 29 % der Orbiter-Außenfläche werden bis auf 370 °C aufgeheizt, 68 % müssen thermische Belastungen zwischen 370 und 1260 °C verkraften. Nur 3 % der Fläche – der Nasenkonus und die Flügelvorderkanten – müssen für Temperaturen über 1260 °C ausgelegt sein.

Die Verteilung der einzelnen Beschichtungen macht die folgende Abbildung deutlich:

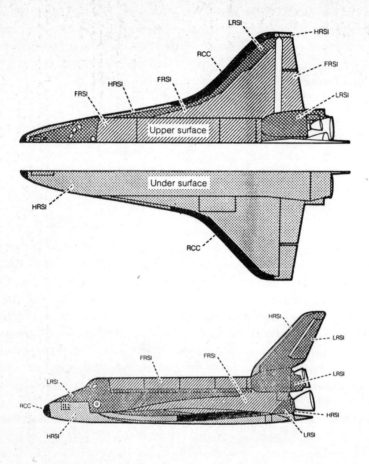

Vier verschiedene Isolierungsschichten sind deutlich erkennbar:
1. HRSI:Temperaturbereich 650–1225 °C. Sie besteht aus Quarzfaser-Fliesen in quadratischer Form von 15 cm Kantenlänge, aber unterschiedlicher Stärke, die zwischen 1,75 und 6,25 cm variiert. Rund 20000 davon sind vorwiegend an der Unterseite und – wie es die Abbildung zeigt – an einem Teil der Flügelvorderkanten angebracht.
2. LRSI: Temperaturbereich 370–650 °C. Diese quadratischen Quarzfaserfliesen von 20 cm Kantenlänge sind nur zwischen 0,5 und 2,5 cm stark und unterscheiden sich von der HRSI durch die Oberflächenbeschichtung und die Pigmentbeimischung.
Ungefähr 7000 dieser Fliesen vom Typ LRSI sind vorwiegend auf der Oberfläche des Rumpfes und den Tragflächen des Orbiters angebracht.
3. RCC für Temperaturen über 1225 °C. Diese Beschichtung, die das Maximum der thermischen Belastung neutralisieren muß, besteht im wesentlichen aus imprägniertem Graphit, der einen Borsilikat-Überzug trägt. Das RCC-

Material wird in Form von Segmenten und Dichtungsstreifen von 2,5 bis 7,5 cm Stärke am Nasenkonus und den Tragflächenkanten aufgebracht.
4. FRSI für Temperaturen unter 370 °C. Das sind 0,90×1,20 m große, flexible Kunststofftafeln aus beschichtetem Nomex-Filz. Sie stellen den Rest der Orbiterverkleidung, zum Beispiel an den Türen des Nutzlastraumes.
Jene Regionen, die in unseren Orbiterzeichnungen weiß erscheinen, bestehen aus Metall oder Glas.
Die wärmeisolierende Orbiterverkleidung in Form von verschieden großen und starken Platten hat hinsichtlich der Wiederverwendbarkeit des Fahrzeuges viele Vorteile. Sie ermöglicht ein leichtes Auswechseln beschädigter Elemente und den stufenweisen Austausch »abgebrannter« Platten ohne tiefere Eingriffe in die Struktur des Orbiters.

Der Orbiter als bemanntes Raumfahrzeug

Die Passagierzone des Orbiters hat ein Volumen von 71,5 m³ und gliedert sich in drei Ebenen. Sie stehen unter normalem Luftdruck, wobei die Zusammensetzung der Atmosphäre – 21,77 % Sauerstoff und 78,23 % Stickstoff – den natürlichen Verhältnissen angepaßt ist. In der obersten »Etage« befindet sich das Cockpit und damit der Arbeitsplatz der je zwei Piloten und Missionsspezialisten. Hier sind die Kontrollkonsolen für die Flugführung sowie für die Systemüberwachung von Orbiter und Nutzlast untergebracht.
Die Aufenthalts- und Wohnräume – auch für eventuelle Passagiere – liegen in der mittleren Ebene. Dort befindet sich auch die Luftschleuse, die den Astronauten im Raumanzug den Durchgang zur Nutzlastbucht gestattet. Außerdem sind in diesem Abschnitt einige Elektronik-Komplexe untergebracht, die leicht zugänglich sein müssen.
Das unterste Geschoß beinhaltet die Versorgungs- und Umwelterhaltungssysteme und ist durch abnehmbare Deckplatten schnell zugänglich.
Interessant ist die Aufteilung der Technik im Cockpit: Da sind die Flugführungssysteme, denen eines modernen Verkehrsflugzeuges nicht unähnlich. Hinzu kommen die Steuerungs- und Kontrollelemente für den orbitalen Teil der Mission. Im Abschnitt der Nutzlastspezialisten ist eine gewisse Flexibilität erforderlich, da bestimmte Gerätegruppen je nach Beladung mitgeführt und eingesetzt werden müssen. Die ferngesteuerte Bewegung der Nutzlast, das Öffnen und Schließen der Laderaumtüren, die Bedienung von Tele-Manipulatoren, von Fernsehkameras und Lampen, alles das geschieht in diesem Kabinenbereich. Aber auch die Überwachungseinheiten für Kopplungsmanöver befinden sich in dieser Sektion. Monitorsysteme vermitteln hier ständig Informationen von an Bord befindlichen aktiven Nutzlasten, aber auch entsprechende Warnsignale über kritische, ja gefährliche Situationen im Frachtraum. Ferner sind die Missionsspezialisten auch für den Kontakt mit den ausgestoßenen Satelliten oder Forschungseinheiten verantwortlich.

Die neue Raumfahrergeneration wird auf zahlreiche Elemente im persönlichen Bereich stoßen, die das neue Transportfahrzeug deutlich von den »klassischen« Raumschiffen unterscheiden. So sind zum Beispiel die Sitze verstellbar konstruiert worden, da für die einzelnen Flugabschnitte bestimmte Sitzpositionen optimal sind.

Da auch der Einsatz weiblicher Missionsspezialisten und Passagiere vorgesehen ist, sind auch im hygienischen Bereich Abänderungen notwendig geworden: Es wurde eine neue Toilette entwickelt, die von männlichen und weiblichen Besatzungsmitgliedern in der Schwerelosigkeit und bei normaler Schwerebeschleunigung benutzt werden kann.

Außenbordaktivitäten (EVA) werden auch im Shuttle-Programm eine wichtige Rolle spielen. Über die Luftschleuse zum Frachtraum ist der Ausstieg möglich. Ein Adapterstutzen kann sowohl für den Ausstieg als auch für die Kopplung eingesetzt werden.

Energieversorgung und Datenübertragung

Der Orbiter verfügt über Einrichtungen zur Erzeugung von elektrischer und mechanischer Energie. Drei Sauerstoff/Wasserstoff-Brennstoffzellen, jede mit einem separaten Verteiler verbunden, liefern im Dauerbetrieb 7 Kilowatt. Die Spitzenleistung liegt bei 12 Kilowatt für 15 Minuten, in dreistündigem Abstand. Bei mittlerer Leistungsentnahme und bei Spitzenlast sind alle drei Brennstoffzellen in Betrieb. Während der Phasen minimalen Leistungsbedarfs ist eine der Zellen auf Reserve geschaltet. Die Wärmeenergie, die bei der Stromerzeugung in den Brennstoffzellen entsteht, wird durch einen Freon-Kühlkreislauf über Wärmeaustauscher abgeführt.

Die hydraulische Energie, die unter anderem für das Ausfahren des Fahrwerks, für die Bremsen, für das Schwenken des Haupttriebwerks usw. benötigt wird, erzeugt man mit drei voneinander unabhängigen Pumpen.

Die Datenübertragung zu den Bodenstationen erfolgt im S-Band (2300 MHz) mittels Phasenmodulation (PM) für die Sprachverbindung mit 64 Kilobit/s und über die Telemetrie (PCM) mit 192 Kilobit/s. Außerdem kann über die S-Bandfrequenz auch Breitband-FM in Form von Digital- oder Analogdaten übermittelt werden. Eine wichtige Rolle werden in diesem Zusammenhang die neuen kombinierten Datenaufnahme-, Ortungs- und Relaissatelliten der NASA mit der Bezeichnung TDRS spielen. Sie sollen in den frühen achtziger Jahren die Mehrzahl der aufwendigen Bodenstationen ablösen und werden dann den Strom der Meßwerte vom Orbiter aufnehmen und an das Kontrollzentrum weiterleiten.

Fünf Orbiter wird die amerikanische Shuttle-Flotte umfassen, die sowohl für die NASA als auch für das Verteidigungsministerium in die Umlaufbahn gebracht werden. Wie bei den normalen Raketenstarts der ersten beiden Raumfahrt-Dekaden werden das John F. Kennedy-Raumflugzentrum am Cape

Canaveral an der amerikanischen Ostküste und das Abschußgelände Vandenberg AFB an der kalifornischen Pazifikküste auch der Ausgangspunkt der Raumtransporter-Mission sein. Am Cape Canaveral ist der ehemalige »Mondbahnhof« auf Merrit Island längst umgerüstet. Im berühmten Vertical Assembly Building (VAB) in dem einst die Saturn-Mondraketen montiert wurden, erfolgt jetzt die Integration des Raumtransporters. Etwa 3 Kilometer nordwestlich davon ist eine betonierte Landebahn entstanden: 4572 Meter lang und 91,5 Meter breit zieht sie sich von Nordwesten nach Südosten. Aus Sicherheitsgründen befindet sich an beiden Enden der Piste eine je 305-Meter-Auslauf-

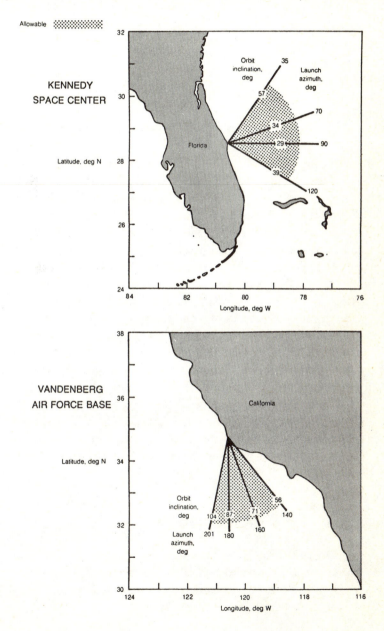

bahn. Neue Gebäude sind entstanden, so ein Wartungs- und Überholungszentrum für die Orbiter, das über einen 3,2 Kilometer langen Schleppweg mit der Landebahn verbunden ist. Die schon fast legendären Rampen 39 A und 39 B, einst Startplätze für die Apollo-Mondmissionen, das SKYLAB und den amerikanischen Teil des Apollo-Sojus-Unternehmens, sind nun für den Raumtransporter-Start umgebaut.

Die entsprechenden Arbeiten in Vandenberg werden noch längere Zeit in Anspruch nehmen, denn der Startplatz der US-Luftwaffe bringt keine der idealen Voraussetzungen, wie sie in Cape Canaveral so reichlich vorhanden waren, mit. Dennoch sind beide Startzentren auch in Zukunft von gleichrangiger Bedeutung: Sie ermöglichen die Wahl praktisch jeder Bahnneigung zum Erdäquator, wie die Abbildung zeigt, die außerdem auch das Startazimut angibt. Inklination = Bahnneigung.

Es ist unschwer zu erkennen, daß die maximale Bahnneigung von Cape Canaveral aus etwa 57° beträgt. Da ein großer Teil der Satelliten in polare oder sonnensynchrone Bahnen gebracht werden muß, werden auch mit dem Raumtransporter diese Nutzlasten – wie bisher mit den Einweg-Raketen – von Vandenberg AFB gestartet werden.

Von der Bahnneigung oder Inklination hängt natürlich die effektive Nutzlastkapazität ab, ebenso von der Bahnhöhe. Der mehrfach erwähnte Maximalwert von 29,5 t bezieht sich auf eine 185 Kilometer hohe Kreisbahn bei einem Start von Cape Canaveral mit einer Bahnneigung von 28,5°, also auf einen Abschuß genau in Richtung Osten. Jede höhere oder niedrigere Inklination kostet mehr Energie, geht also zu Lasten der Nutzlastmasse. Bleiben wir zum Vergleich bei 185 Kilometer Bahnhöhe, dann kann man beim Start von Vandenberg AFB etwa 18 t in die polare 90°-Bahn bringen, in eine z. B. sonnensynchrone Bahn von 140° Neigung nur noch 14,5 Tonnen. Der so wichtige Bereich der Anwendungssatelliten auf der geostationären Bahn in 35 800 km Höhe ist nur mit einem Hilfstriebwerk, das mit der Nutzlast verbunden im Laderaum des Orbiters untergebracht ist, zu erreichen. Hier werden gegenwärtig verschiedene Wege für sogenannte Interim Upper Stage IUS geprüft, wobei man sich an bewährten Oberstufen orientiert. Die NASA hat zunächst einen Auftrag für sechs Feststoff-Oberstufen ausgeschrieben, mit denen ab 1980 die neue Generation der Kommunikationssatelliten vom Typ INTELSAT V in die geostationäre Bahn gebracht werden sollen. Auch die US Air Force entwickelt eigene Ideen; angestrebt wird jedoch auf lange Sicht ein einheitliches und universelles Gerät.

Der typische Ablauf einer Raumtransporter-Mission

24 Stunden vor dem Abschuß läuft der endgültige Countdown an. Beim Start, der zweifellos ein optisches und akustisches Spektakel sein dürfte – die Umweltschützer sind schon mißtrauisch geworden – werden die Feststoffraketen und das Orbiter-Haupttriebwerk gleichzeitig gezündet.

125 Sekunden brennen die beiden Feststoffbooster und tragen das System auf eine Höhe von 45 Kilometern, wobei eine Geschwindigkeit von 1390 m/s erreicht wird. Dann werden die ausgebrannten Stufen abgesprengt. Sie steigen jedoch zunächst weiter auf 67 Kilometer Höhe, dann erst beginnt der freie Fall. Ist die Höhenmarke von 5800 Metern erreicht, wird der Nasenkegel abgetrennt und der Fallschirmbehälter freigelegt. Die drei Hauptfallschirme beginnen in 2700 Meter Höhe sich zu entfalten und sind in 1000 Meter Höhe voll ausgefaltet. Der Aufprall auf dem Wasser erfolgt rund 280 Kilometer vom Startplatz entfernt mit 94 km/h. Die leeren Raketen werden sofort mit Schiffen geborgen und können nach einer gründlichen Überholung wieder mit Festtreibstoff beladen und einem neuen Start zugeführt werden. Die Feststoffbooster haben eine Steuerungsmöglichkeit im Schubvektor von 7°.
Inzwischen hat der Orbiter weiter an Höhe gewonnen. Kurz vor dem Einschwenken in die Umlaufbahn – 9 Minuten und 11 Sekunden nach dem Start – wird der nun leere Tank abgetrennt und fällt auf einer ballistischen Bahn der Erdoberfläche entgegen, genauer gesagt, in den Ozean. Interessant ist ein Blick auf die Andruck-Belastung, die in der Start- und Beschleunigungsphase auf die Orbiterbesatzung wirkt: 3 g werden nicht überschritten, ein bedeutsamer Fortschritt gegenüber den 6 g bei einem bemannten Flug mit herkömmlichen Raketen. Noch besser sieht die Situation bei der Rückkehr aus dem Orbit aus. Hier wird der Organismus nur noch mit dem anderthalbfachen seines Körpergewichtes für kurze Zeit belastet.

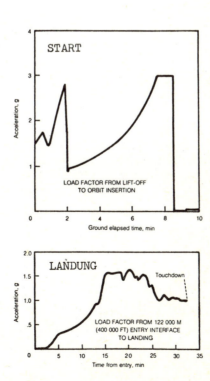

Die letzte Beschleunigung zum Erreichen der Umlaufbahn erhält der Orbiter mit dem Triebwerk des OMS, mit dem ebenfalls die Manöver für die Einstellung der Kreisbahn vorgenommen werden. Eine typische Arbeits- und Flughöhe ist 278 km, bei einer Missionsdauer von 7 Tagen. Grundsätzlich sind jedoch Operationen im Höhenbereich zwischen 185 und 1110 km und erweiterte Missionszeiten bis zu 30 Tagen möglich.

Hat der Orbiter seine Flugaufgabe erfüllt, so wird mit dem OMS die Geschwindigkeit durch Abbremsung vermindert. Die Anziehung der Erde wird stärker als die Fliehkraft, der Orbiter verliert an Höhe. Beim Eintritt in die dichteren Schichten der Atmosphäre bestimmen die Flugzeug-Eigenschaften das Verhalten. Im antriebslosen Gleitflug wird die Piste angesteuert, wo der Orbiter zur Landung aufsetzt. In der letzten Flugphase kann der Abstieg und die Landung manuell durch die Piloten oder durch ein automatisches System gesteuert werden.

Über die Aufgabenstellungen, die das neue Transportsystem erwarten, z.B. SPACELAB, wird in einem anderen Kapitel zu berichten sein.

Der Flugkörper in der Bahn

Von der Orientierung im Raum

Ganz ähnlich wie Flugzeuge haben auch Raketen und Raumfahrzeuge drei Achsen, nach denen ihre Lage im Raum bestimmt wird, und die durch Steuerimpulse beeinflußt werden. Unsere Skizzen machen das deutlich. Bewegungen um die Querachse nennt man – nach der seemännischen Tradition – »stampfen«, Bewegungen um die Hochachse heißen »gieren« und Bewegungen um die Längsachse nennen Steuerleute und Piloten »rollen«.

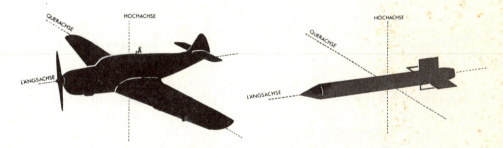

Wie das Flugzeug (links) hat auch die Rakete (rechts) Längs-, Hoch- und Querachse, um die ihre Lage im Raum bestimmt wird

Diese drei Achsen sind für die Orientierung der Rakete um ihren Schwerpunkt entscheidend. Wollen wir jedoch eine Orientierung auf der Flugbahn, so müssen wir noch zwei weitere Größen in unser Bezugssystem einführen, den Höhenwinkel und den Azimutwinkel.
Der Höhenwinkel wird ermittelt, indem man die Rakete anpeilt und ihre Höhe über Horizont in Grad ausdrückt. Der Azimutwinkel, der in der Seefahrt die Abweichung des Kurses von Nord in Grad angibt, wird in der Raketentechnik etwas anders verstanden: Hier drückt der Azimutwinkel die seitliche Abweichung der Rakete vom vorher bestimmten Sollkurs aus.
Ohne hochgezüchtete Automatik kann es keine Astronautik geben, weder bemannte noch unbemannte. Und das wiederum heißt, daß die Elektronik und die Feinmechanik hier wahre Triumphe feiern. Sie sind es, die für Lenkung von Raketen, für die Kursbestimmung und Kontrolle von Raumfahrzeugen verantwortlich sind – gleichgültig, ob es sich dabei um Überwachung und Kommandogebung von Bodenstationen aus oder (und) Steuerung, Bahnkontrolle, Stillegen

und Wiederzünden der Motoren, Schwenkmanöver, Datenermittlung, Datenverarbeitung und Datenübermittlung von Bord aus handelt. Jedes, auch das kleinste Raketenfahrzeug, jede Raumsonde, jede Waffe ist ein Wunderwerk der Informations- und Regeltechnik.

Die mechanischen Steuerorgane sind dabei als die lediglich Ausführenden am einfachsten zu verstehen. Unsere linke Abbildung zeigt eine V 2 mit ihren Steuerwerkzeugen:

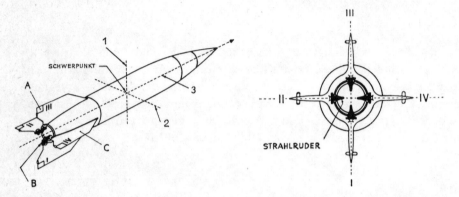

Die Steuerorgane der A-4 (V 2) Steuerorgane der A-4,v om Heck her gesehen

Mit den Ziffern sind die drei Achsen bezeichnet, um die das Geschoß gesteuert werden muß (1 = Hoch-[oder Gier-]Achse; 2 = Quer-[oder Stampf-]Achse; 3 = Längs-[oder Roll-]Achse). Ebenso ist der Schwerpunkt des Fahrzeugs, in dem sich alle drei Achsen schneiden, eingezeichnet. Für die erste Startphase, in der das Geschoß durch dichte Luftschichten nach oben durchstoßen muß, dienen als Stabilisatoren aerodynamische Flossen (C I, II, III und IV), die verhältnismäßig kleine aerodynamische Ruder tragen (A I, II, III und IV). Zur Steuerung im praktisch luftleeren Raum taugen solche aerodynamischen Mittel nicht mehr, deshalb wird dort die Strahlsteuerung mit Hilfe von Strahlrudern (B I, II, III und IV) bewerkstelligt. Diese Strahlruder aus hochwarmfesten Legierungen (bei der V 2 aus Graphit) zeigt die rechte Abbildung in der Aufsicht vom Heck her.

Deutlich sieht man, wie sie in die Ausstoßöffnung hineinragen, um den ausströmenden Gasstrahl ablenken zu können. Das nächste Bild erläutert die Anordnung der gesamten Steueranlage der V 2 mit den Führungsgestängen. Die Kraftübertragung erfolgte teilweise mit Kettenantrieb von Hilfsmotoren her, wie eine der nächsten Abbildungen noch genauer zeigen wird.

Es ist heute kaum mehr gebräuchlich, Strahlruder zu verwenden, weil sich wirkungsvollerere und technisch bessere Methoden zur Raketensteuerung mit Hilfe der Beeinflussung des Schubvektors gefunden haben. Man schwenkt heute das ganze Triebwerk. Die nächsten Abbildungen zeigen links das Prinzip der Strahlruder, in der Mitte die heute allgemein gebräuchliche Kardanaufhängung eines Schwenkmotors und rechts eine Zentralaufhängung in der

Raketenlängsachse, wobei die Motorschwenkung durch Schwenkarme geschieht, in die Servomotoren eingebaut sind.

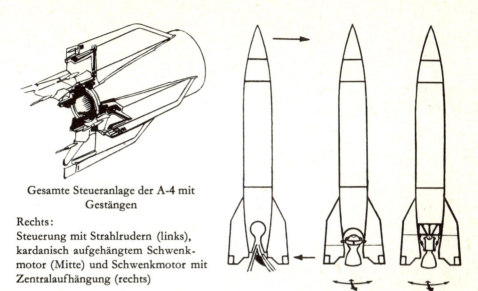

Gesamte Steueranlage der A-4 mit Gestängen

Rechts:
Steuerung mit Strahlrudern (links), kardanisch aufgehängtem Schwenkmotor (Mitte) und Schwenkmotor mit Zentralaufhängung (rechts)

Eines der wichtigsten Steuerelemente ist nach wie vor der Kreisel. Er wird zur Stabilisierung der Rakete um ihre Achsen und als Meßgeber (also Informationsgeber über die Fluglage) verwendet. Nehmen wir auch hier wieder die V 2 (A 4) als Beispiel. Die nächste Abbildung zeigt einen solchen Kreisel im prinzipiellen Schema.

Das Funktionsprinzip des Kreisels (oder Gyroskops) ist allgemein bekannt: In jeder Position seiner Unterlage behält der rotierende Kreisel seine ursprüngliche Lage bei und bildet damit eine unverrückbare Bezugsgröße für Lagebestimmungen und Lagekorrekturen.

Das Gehäuse, in dem der Kreisel kardanisch aufgehängt ist, wird fest mit der Rakete verbunden, und zwar genau in einer der drei Achsen, über die der Kreisel Auskunft geben soll.

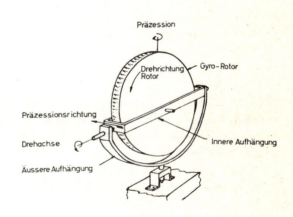

Schematische Darstellung eines Steuerkreisels

Wenn sich die Achse aus ihrer Normallage verschiebt, behält der rotierende Kreisel seine ursprüngliche Lage (in Trägheit) bei.

169

Der entscheidende Schritt besteht darin, daß Lageänderungen in Änderungen elektrischer Größen umgesetzt werden, was mit hoher Präzision geschehen kann. Wenn sich die Rakete oder die Raketenstufe in der betreffenden Achse neigt, wird diese Bewegung in eine Spannungsänderung übertragen.

Das elektrische Signal aber wird an den Autopiloten weitergegeben, der es mit dem ihm vor dem Start eingegebenen Programm vergleicht und bei Abweichungen vom Sollwert Gegensteuerung zur Lage- und Kurskorrektur veranlaßt.

Die nächste Abbildung zeigt das anhand der A 4 und ihrer Steuerung um die Quer-(oder Stampf-)Achse:

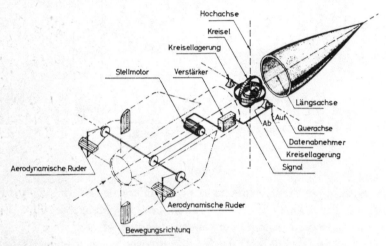

Kreiselsteueranlage der A-4

»Dieses Trägheitslenksystem der A 4«, erklärt dazu Dipl.-Ing. Oscar Scholze von Bölkow, »wurde zum Vorbild und der Grundlage der heutigen Trägheitslenksysteme für ballistische Flugkörper. Die Hauptelemente der Steuerung der A 4 waren zwei Meßgeber (Kreisel: Vertikant und Horizont), Programm (Zeitschaltwerk), Rechner (Mischgerät), Verstärker (früher: Kraftschalter, Servomechanismus) und Stellmotor (früher: Rudermaschine). Der Horizont dient zur Feststellung von Ablagen in der D-Ebene (Längsstreuung), der Vertikant in der E-Ebene (Seitenstreuung). Die Ablagen von den geforderten Bahnebenen als Vergleich des augenblicklichen Ist-Wertes und des Soll-Wertes (Führungsgröße) ergeben sich durch kreiselbedingte Abgriffe an Doppelpotentiometern in Form eines proportionalen Gleichstromes, der dem Mischgerät zugeführt wird (Regelgröße). Diese Regelabweichungen bzw. Signale werden mit entsprechenden Korrektur- und Stabilisierungsgrößen (Aufschaltgrößen) vermischt, sodann die kombinierten Größen verstärkt und dem Stellmotor (Rudermaschine) zugeführt, wo das Auslaufen der entsprechenden Luft- oder Strahlruder eingeleitet wird, die endlich die gewünschte Richtungsänderung hervorrufen. Um die Seitenstreuung, die größer als die Längsstreuung war, einzudämmen, wurde in besonderen Fällen ein zusätzliches Leitstrahllenksystem verwendet. Die Brennschlußgabe erfolgte anfangs durch Funk vom Boden aus mit Hilfe des Dopplereffektes (Frequenzdifferenz diente als Maß der Geschwindigkeit) und später mit Hilfe eines Integrationsgerätes im Flugkörper funkfrei (unabhängig vom Boden). Das Integrationsgerät hatte Beschleunigungsmeßköpfe; die im Flugkörper gemessenen Beschleunigungswerte wurden mit Hilfe einer Spezialbatterie »integriert«. Bei dem für eine bestimmte Reichweite erforderlichen Geschwindigkeitswert ergab ein Spannungssprung in der Spezialbatterie das Kommando für die 2stufige Abschaltung des Raketentriebwerkes. Die Spezialbatterie wurde am Boden auf den erforderlichen Geschwindigkeitswert aufgeladen. Mit der funkfreien A 4, die sich selbsttätig lenkte

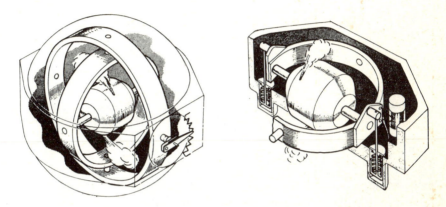

Zwei moderne Steuerkreisel: Links ein freier Kreisel für die Rollstabilisierung, rechts ein Geschwindigkeitskreisel für Drehgeschwindigkeitsmessungen um Nick- (Stampf-) und Gierachse. Beide Kreisel gehören zum Steuersystem der britischen Flab-Rakete Short-Seacat und werden in den USA bei Giannini Controls gebaut. Jeder der etwa 200 g schweren Kreisel enthält eine Treibladung, deren Abgase durch Tangentialdüsen abströmt und damit den Kreiselrotor antreibt. In rund einer Zehntel Sekunde wird der Kreisel damit auf seine Betriebsgeschwindigkeit gebracht. Der Abgriff der Anzeigewerte erfolgt über Drahtpotentiometer

(Trägheitslenkung, Programm) wurden komplizierte Bodenanlagen sowie feindliche Störmöglichkeiten vermieden. Für die letzten Geräte waren kreiselstabilisierte Plattformen (3 Kreisel) mit mehreren auf der Plattform montierten Beschleunigungsmeßköpfen (Brennschlußgabe mit doppelter Integration, Feststellen von Seitenbeschleunigern usw.) vorgesehen. Die gleichen Methoden werden auch heute noch angewendet. Allerdings wurden die einzelnen Komponenten verfeinert, genauer, leichter und kleiner. Damit ist auch die heutige Lenktechnik charakterisiert.«

Folgen wir Oscar Scholze noch ein wenig weiter. In der zitierten Arbeit hat er auch einen bemerkenswerten Beitrag zur Klärung der Terminologie gegeben. Wir geben hier seine tabellarische Übersicht der Lenksysteme wieder, die zwar nicht allgemein verbindlich ist, aber die Verhältnisse halbwegs wiedergibt.

Fremd-Lenkung Fern-		Selbst-Lenkung	
	Sonderfälle	*reine Selbstlenkung* (selfcontained guidance system)	
Ortung u. Kommando außerhalb des Flugkörpers	Ortung außerhalb, selbsttätige Kommandobildung im Flugkörper	Ortung und selbsttätige Kommandogabe im Flugkörper	
(von außen abhängig)	(teilweise von außen abhängig)	(von außen unabhängig)	
Kommandolenkung	*Leitstrahl-Lenkung*	*Zielsuch-Lenkung*	
Kommandoübertragung: Draht Funk Licht Wärme usw.	*halbaktiv* Ziel-Beleuchter außerhalb, Ortung und Kommandogabe im Flugkörper	*aktiv* *Trägheitslenkung* zusätzlich: Programm-L. Stern-N. Schuler-N.	*passiv* Hyperbel-N. Boden-N.
	kombinierte Lenksysteme		

Dazu erklärt Scholze: »Hier sind die Lenksysteme und die Lenkverfahren (Flugbahnkinematik) zusammengefaßt. Vom Ausschuß Flugregelung VDI/VDE, Fachgruppe Regelungstechnik, wurde unter anderem festgelegt: Lenken ist die gewollte Beeinflussung der Bahn eines Körpers im Raum, während

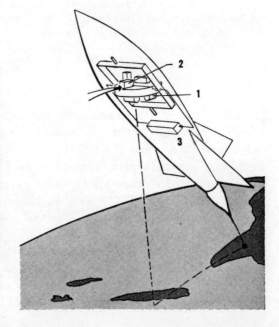

Schematische Darstellung eines autonomen Trägheitsnavigationssystems von North American Aviation: Kreiselstabilisierte Plattform (1) in Äquatorialaufhängung, also immer senkrecht zur örtlichen Vertikalen, drei Beschleunigungsmesser (2) mit einander senkrecht kreuzenden Achsen, und Rechengerät (3), das durch Integration der Beschleunigungen über der Zeit die Geschwindigkeitskomponenten parallel zu den drei Achsen ermittelt. Durch anschließende Integration dieser Geschwindigkeitskomponenten errechnet das Gerät schließlich die Entfernungen über Grund und die Flughöhe

Steuern die Beeinflussung der Ausgangsgröße (Ausgangssignal) eines Gliedes (oder Verbindung mehrerer Glieder im Regelkreis) durch die Eingangsgröße (Eingangssignal) bedeutet. Flugregler greifen in die Bewegung eines fliegenden Körpers ein und werden verwendet, um vorgeschriebene Richtungen, Geschwindigkeiten, Fluglagen, Drehgeschwindigkeiten oder andere Größen des Flugkörpers selbsttätig einzuhalten. Zum Flugregler (früher selbsttätige Steuerung) gehören: Meßgeber (z. B. Kreisel), Rechner (z. B. Mischgerät, Differenziergerät), Verstärker (früher Kraftschalter bzw. Servomechanismus), Stellmotor (früher Rudermaschine). Der Regelkreis entsteht einerseits durch die Erfassung des Ist-Wertes der Regelgröße durch den Regler und andererseits durch seinen Eingriff in die zu regelnde Anlage (Regelstrecke: Zum Beispiel das Verhalten des Flugkörpers um die zu regelnde Achse). Zur Bildung der Regelabweichung (Unterschied zwischen Regel- und Führungsgröße) muß der Regler mindestens einen Vergleicher haben. Man spricht von einer Regelung, wenn die Regelgröße auf den Wert der vorgegebenen Größe (Führungsgröße, Sollwert) gebracht wird; das heißt, wenn bei Abweichungen in die Anlage eingegriffen wird.«

Eine weitere Methode zur Lenkung und Navigation von Flugkörpern vor allem sehr großer Reichweite ist die Sternnavigation. Von ihr sollten wir drei Verfahren kennen: Es werden – erstens – der stabilisierten Trägheitsplattform (Kreiselsystem) periodisch durch automatische Anpeilung von Sternen Korrekturwerte zugeordnet. Unsere Skizzen (nach Scholz) zeigen das System (links) und die dabei benützten Regelkreise und Bauelemente (unten).

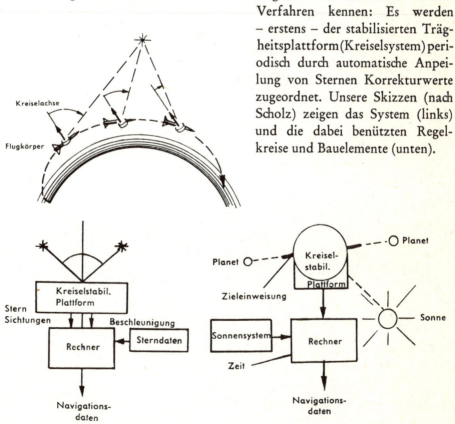

Drei Schemata der Astronavigation (nach Scholze)

Die Navigation im Raum nach den Sternen können wir – im Prinzip – am besten an folgendem Beispiel aus der »großen Raumfahrt« verstehen: Mit einem Sextanten wird – in unserem Exempel – zunächst der Winkel (1) zwischen Sonne und Mars gemessen. Dann wird der Winkel zwischen Venus und Sonne (2) ermittelt. So entsteht ein Koordinatensystem, das es erlaubt, den genauen Standort festzulegen. Die genauen Positionen der Planeten zu jeder Zeit sind ebenso astronomischen und astronautischen Tabellen zu entnehmen wie die Orte der Fixsterne. Unsere nebenstehende Zeichnung macht diese Art der Astronavigation deutlich.

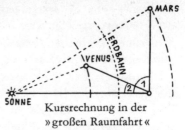

Kursrechnung in der »großen Raumfahrt«

Aus den Raumfahrtunternehmen in Ost und West ist die Astronavigation heute nicht mehr wegzudenken. Bei den Planetflügen, sowohl in die inneren als auch in die äußeren Bereiche des Sonnensystems, spielen Sternsensoren eine entscheidende Rolle. Im Prinzip handelt es sich hierbei um kleine Fernrohre, bei denen man mit photoelektrischen Detektoren die Abweichung der Richtung zu einem Referenzstern von der optischen Fernrohrachse messen kann. Dem im rechten Winkel zur Ekliptik – zur Ebene des Planetensystems – stehenden hellen Stern des Südhimmels, Canopus, kommt hierbei eine besondere Bedeutung zu: Er ist der Referenzstern während der Raumreise. Im Zusammenspiel mit der modernen Elektronik und den Bordcomputern liefert der Sternsensor auch Informationen über die Helligkeit des Referenzobjektes, kann also selbst erkennen, ob er bei einer gezielten oder bei einer unbeabsichtigten Änderung der Raumlage der Planetensonde tatsächlich auf Canopus oder einen falschen Wegweiser blickt.

Bei Satelliten im Erdorbit haben sich die Infrarot-Horizontsensoren zur Lagekontrolle weitgehend durchgesetzt. Diese Sensoren zeigen an, wann die Blickrichtung des Gerätes die Grenzlinie zwischen der Wärme abstrahlenden Erdoberfläche und dem kalten Himmelshintergrund überschreitet. Die Wellenlänge im Infrarotbereich wird so gewählt, daß die Einflüsse atmosphärischer Fehlerquellen möglichst klein werden. Natürliche Fehlerquellen sind die Randverdunklung der Atmosphäre und kalte Wolken. Allerdings zeigt sich hier auch eine Schwachstelle dieses Systems: Durch Laserbeschuß sind solche Sensoren von der Erde aus wirkungsvoll zu stören. Daher sind im militärischen Bereich Entwicklungen angelaufen, die eine von außen mögliche Beeinflussung der Lageregelung – durch gezielte oder zufällige Fremdeinwirkung – völlig ausschließen sollen.

Immerhin hat man in den letzten Jahren extrem hohe Anforderungen an die räumliche Orientierung von Satelliten für astronomische und erdorientierte Aufgabenstellungen mit teilweise erheblichem technischen Aufwand erfüllen können: So sind Kurzzeitgenauigkeiten von besser als 0,5 Bogensekunden erreichbar.

Soviel über Steuerung und Lenkung von Raumflugkörpern und Raketen. Wie aber sehen Raumflugbahnen nun im einzelnen aus?

Wenn wir rein ballistische Bahnen betrachten, dann können wir von hier aus Schritt für Schritt bis zum Mondflug vorgehen, mit anderen Worten: Erinnern wir uns noch einmal an das Satellitenprinzip, diesmal jedoch anhand des Bei-

spiels vom Schuß aus einer Kanone, gehen wir dann zum gesteuerten Raketenflug über, um uns schließlich die Fahrt zu Mond, Mars und Venus im Rahmen der himmelsmechanischen Gesetze anzusehen.
Die folgende Zeichnung erläutert den einfachen ballistischen Flug, etwa einer aus einer Kanone abgefeuerten Granate. Nehmen wir an, der Abschuß erfolgte im schwerefreien Raum, es wirkte also keinerlei Gravitation auf die Granate ein, sobald sie das Kanonenrohr verläßt. Ihre Flugbahn führte dann unter dem alleinigen Einfluß des Beharrungsvermögens (der Trägheit) immer geradeaus, die Flugbahn führte also in gerader Linie von A nach B.

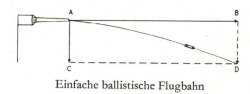

Einfache ballistische Flugbahn

Andererseits: Fehlte nach dem Abschuß jede vorwärts gerichtete Kraft (in Richtung B), wäre jedoch Gravitation vorhanden (in Richtung C) – dann müßte die Granate unmittelbar vor der Mündung des Kanonenrohrs nach unten fallen, und die Flugbahn führte in gerader Linie von A nach C.
In Wirklichkeit aber ist keiner dieser beiden Fälle gegeben. Es sind sowohl Vortrieb (durch die Treibladung in der Kartusche der Granate), als auch Richtungsstabilisierung (durch die Führung und den Drall der Granate im Kanonenrohr), als auch Schwerkraft (durch die Erdanziehung) vorhanden. Allerdings ist der Antrieb des Geschosses, nur ein einmaliges Ausschleudern, der Vortrieb läßt also mit der Zeit nach (auch durch den Luftwiderstand), und die Gravitation bekommt die Überhand: Die Granate fliegt tatsächlich auf der Bahn AD, die ein Kompromiß zwischen den verschieden wirkenden Kräften darstellt. Damit haben wir die einfachste ballistische Flugkurve erhalten, wie wir sie auch vom fortgeschleuderten Stein her kennen.
Stellen wir uns nun einen solchen ballistischen Flug über ungeheure Distanzen vor, eine Riesenkanone, die einige tausend Kilometer weit zu schießen vermag. Dann tritt noch ein neuer Faktor ins Spiel, nämlich die Erdkrümmung. Steht unsere Kanone auf einem Berg, und ist das Rohr waagerecht gerichtet, so beobachten wir die Erscheinungen, die unsere nächste Skizze erläutert.
Wieder kommt der Kompromiß der Kräfte zustande, den die vorige Zeichnung zeigt, aber diesmal sind die Schußentfernungen wesentlich größer. Erhöhen wir die Abschußgeschwindigkeit, also den Anfangsimpuls der Granate, dann fliegt sie weiter und weiter, ihre Auftreffpunkte lägen bei völlig ebener Erdoberfläche bei H 1, H 2 und H 3. Aber die Erdoberfläche ist gekrümmt, und daraus folgt, daß die tatsächlichen Auftreffpunkte (T 1, T 2 und T 3) noch einen weiteren Entfernungs-, also Reichweitengewinn bedeuten: T 1 ist weiter vom Abschußpunkt entfernt als H 1, und dasselbe gilt von T 2 im Vergleich zu H 2 und T 3 im Vergleich zu H 3.

Vergrößern wir die Bewegungsenergie unseres hypothetischen Flugkörpers nun noch mehr, dann erreichen wir schließlich eine ballistische Flugbahn, die parallel zur Erdoberfläche, also in einer Satellitenkreisbahn verläuft. Erinnern wir uns an die Zeichnung von Newton in dem Kapitel »Der Kampf gegen die Schwerkraft«: Dieser Schuß aus der Superkanone ist nichts anderes als eine moderne Formulierung des Newtonschen Steinwurfs von einem hohen Berg aus.

Wollen wir einen solchen Flug mit Hilfe einer Rakete wirklich unternehmen, dann haben wir zwei entscheidende Vorteile: Erstens hat die Rakete einen

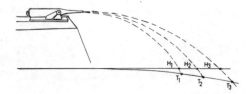

Ballistische Flugbahnen unter Berücksichtigung der Erdkrümmung

besseren Antriebsimpuls, der auch längere Zeit wirksam bleibt, und zweitens haben wir das Stufenprinzip, das es uns erlaubt, wenigstens innerhalb gewisser Grenzen, unsere Nutzlast gleichsam »auf Teilstrecken« in den Raum zu befördern.

Die Nachteile des Mehrstufenprinzips sollen nicht verschwiegen werden: Wenn wir etwa eine Dreistufenrakete plus Nutzlast haben, dann sind Stufe 2, Stufe 3 und Nutzlast zusammen die »Nutzlast« der Erststufe. Die Zweitstufe hat es besser: Für sie bedeuten nur noch Drittstufe und Nutzlast die »Nutzlast«. Und die Drittstufe schließlich findet die besten Bedingungen vor, weil sie nur noch die Nutzlast beschleunigen muß. Das bedeutet, daß die Grundstufen bei einem Mehrstufengespann außerordentliche Abmessungen und wahrhaft gigantische Schubleistungen haben müssen, was der Stufenzahl von vornherein Grenzen setzt. Die oberen Stufen dagegen können leichter arbeiten, weil sie ja bereits die von den Grundstufen erzielten Beschleunigungen »erben«, und außerdem geringere Gewichte zu tragen haben. Denn mit jeder ausgebrannten und abgeworfenen Stufe wird das Restfahrzeug ja leichter. Man kann also nicht beliebig viele Stufen aufeinandersetzen, um auf diese Weise »ganz einfach« zu den erforderlichen Beschleunigungswerten zu kommen.

Die Erfahrung hat gezeigt, daß zwei- oder dreistufige Systeme einen brauchbaren Kompromiß darstellen. Nicht selten stößt man auch auf vierstufige Trägerraketen, wie zum Beispiel bei der amerikanischen Scout. Vielfach ist man zur Addition zusätzlicher Starthilfen bei der ersten Stufe übergegangen, so auch bei der Scout, der Delta und einigen Varianten der Titan-Raketenfamilie.

Die nächste Zeichnung zeigt den Flug einer zweistufigen Rakete in eine Satellitenbahn. Man sieht, daß die Aufstiegsbahn zunächst bis fast in Satellitenhöhe unter Antrieb erfolgt. Unmittelbar nach Brennschluß und Abwurf der Erststufe zündet die Zweitstufe und trägt die Nutzlast bis knapp unter Bahnhöhe.

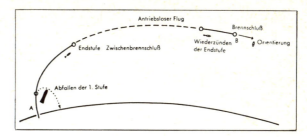

Typische ballistische Flugbahn einer Zweistufenrakete

Dann wird die Zweitstufe zu einem Zwischenbrennschluß veranlaßt und fliegt – nun bereits ohne nennenswerten Widerstand durch die Atmosphäre und beinahe im schwerefreien Zustand – in antriebslosem Flug mit ihrer einmal gewonnenen Beschleunigung weiter. Unmittelbar hinter dem Scheitelpunkt der ballistischen Flugkurve wird die Zweitstufe wiedergezündet und erhält auf diese Weise ihre Injektion in die Satellitenbahn. Diese zweite Antriebsphase ist jedoch nur ein kurzer, sehr genau dosierter Impuls, denn nun müssen die endgültigen Bahnkoordinaten erzielt werden – genaue Kreisbahn, mehr oder weniger exzentrische Ellipse, Parabel oder Hyperbel. Das folgende Diagramm zeigt, wie sich in allen diesen Fällen die Antriebsphasen (fett ausgezogene Linien) zu den antriebslosen Phasen (gestrichelt) verhalten:

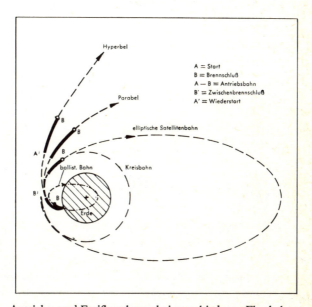

Antriebs- und Freiflugphasen bei verschiedenen Flugbahnen

Das nächste Diagramm erläutert die Injektion eines Flugkörpers in eine parabolische Bahn:

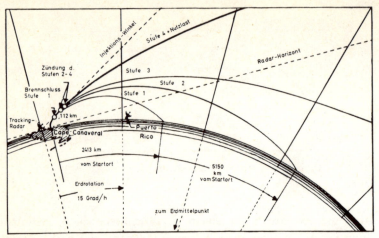

Injektion eines Flugkörpers in eine parabolische Flugbahn

Hier handelt es sich um eine Vierstufenrakete, bei der die Erststufe ihren Brennschluß rund 180 sec nach dem Start in etwa 110 000 m Höhe hatte. Die Stufen 2, 3 und 4 brannten je 6 sec, sie zündeten schnell hintereinander und gingen (im Verhältnis zu Erdsatellitenstarts) in sehr steilen Winkeln ab. Zugleich sind in diese Skizze die wichtigsten Parameter der Bahnvermessung eingetragen.

Zur Ergänzung unseres Bildes müssen wir nun noch eine typische Flugbahn für eine Interkontinentalrakete mit etwa 8000 km Reichweite betrachten. Das ist also eine »klassische« ballistische Wurfbahn:

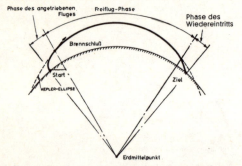

Typische Flugbahn einer Interkontinentalrakete

Wie nun, wenn der Raketenflug zum Mond, oder gar zu anderen Planeten, zu Mars oder Venus führen soll? Dann müssen weit kompliziertere Rechnungen angestellt werden, denn dann treten die verwickelten Gesetze der Himmelsmechanik in ihrer ganzen Schwierigkeit auf. Es geht dabei vor allem um das Drei- und Vierkörperproblem, eine mathematische Fragestellung, die bis heute noch nicht befriedigend und vollständig gelöst ist.

Flugbahnen zu den Planeten

Üblicherweise beginnen Betrachtungen zum interplanetaren Flug mit der Diskussion der Reiserouten zum Mond. Alle wesentlichen Probleme – sowohl die theoretisch-himmelsmechanischen Überlegungen als auch die praktische Ausführung – sind bis zur ersten bemannten Mondlandung im Juli 1969 – gelöst worden. Die harte Mondlandung, die Umrundung des Erdtrabanten, die Schaffung des künstlichen Mondsatelliten und die direkte Rückkehr von der Mondoberfläche sind bereits Geschichte. Sie soll bei der Behandlung der Eroberung des Erdbegleiters zu ihrem Recht kommen. Planeten, Kometen und Asteroiden sind in den Brennpunkt der Erforschung des Sonnensystems gerückt, daher soll die Auswahl optimaler Flugbahnen zu diesen Objekten im Mittelpunkt unserer Beschreibung stehen.

Geben wir zum besseren Verständnis der folgenden Ausführungen zuerst einige unerläßliche astronomische Voraussetzungen. Am sinnfälligsten geschieht das anhand einiger Skizzen. Die Bilder erklären die Begriffe der Konjunktion und der Opposition:

Konjunktion Erde-Mars (links) und Opposition Erde-Mars (rechts)

Links sehen wir eine Konjunktion der Erde (E) und eines äußeren Planeten (in der Mitte die Sonne). Das ist also die Stellung, die sich ergibt, wenn einer der äußeren Planeten, z. B. Mars, von der Erde aus gesehen jenseits der Sonne steht, also eine gerade Verbindungslinie Erde–Sonne–Mars entsteht.

Die Skizze rechts erläutert den gegenteiligen Fall: Die Erde und ein äußerer Planet (Mars) bilden wieder eine Reihe mit der Sonne zusammen, diesmal aber steht nicht die Sonne, sondern die Erde in der Mitte (gerade Verbindungslinie Mars–Erde–Sonne). Beide Planeten befinden sich also auf derselben Seite, von der Sonne aus betrachtet. Diese Konstellation nennt der Astronom eine Opposition. In unserem Beispiel: Erde und Mars befinden sich in Opposition.

Bleiben wir bei Mars als Beispiel für einen äußeren Planeten: Im Falle einer Konjunktion Erde–Mars befinden sich die beiden Himmelskörper am weitesten voneinander entfernt – Mars ist in Erdferne. Im Falle einer Opposition Erde–Mars befinden sich die beiden Planeten am nächsten beieinander – Mars ist in Erdnähe.

Im Falle der Konjunktion kann die Entfernung der beiden Planeten voneinander 400 Millionen km betragen, im Falle einer Opposition kommen sie sich günstigstenfalls bis auf rund 56 Millionen km nahe.

Die größte Entfernung des Mars von der Sonne beträgt 250 Millionen km, die geringste 206 Millionen km – die mittlere Distanz Mars–Sonne ist also 227,7 Millionen km. Die Erde ist zwischen 152 Millionen km und 147 Millionen km von der Sonne entfernt – mittlere Distanz Erde–Sonne also 149,5 Millionen km. Diese elliptischen Bahndaten sagen aus, daß es günstige und ungünstige Oppositionen gibt, daß sich etwa Erde und Mars einmal besonders nahe kommen, ein anderes Mal weniger. Eine günstige Opposition versetzte früher alle Astronomen auf der Erde in Hochspannung, und auch die Laienwelt horchte dann auf. Die Zeit, die zwischen zwei Oppositionen (oder zwei Konjunktionen) verstreicht, heißt in der Astronomie »synodische Periode«. Beim Mars beträgt sie rund 779,9 Erdentage – Erde und Mars kommen also alle 2,137 Jahre in Opposition.

Wie aber ist es mit den inneren Planeten, also unseren Nachbarn sonnenwärts, zum Beispiel Venus? Da gibt es keine Opposition, weil die Erde ja nie zwischen dem Planeten und der Sonne stehen kann. Es gibt nur Konjunktionen, und zwar obere und untere Konjunktionen. Bildet sich eine gerade Reihe Erde–Sonne–Venus, steht demnach die Sonne in der Mitte, so ist das eine obere Konjunktion der beiden Planeten. Bildet sich dagegen eine gerade Reihe Erde–Venus–Sonne, steht also die Venus in der Mitte, handelt es sich um eine untere Konjunktion. Unsere folgenden Skizzen erläutern das:

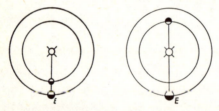

Untere Konjunktion Erde-Venus (links) und obere Konjunktion Erde-Venus (rechts)

Links sehen wir eine untere Konjunktion Erde–Venus, rechts eine obere Konjunktion der beiden Planeten. Es ist leicht zu erkennen, daß die Entfernung der beiden Planeten bei der unteren Konjunktion am geringsten, und bei der oberen Konjunktion am größten sein muß. Bei oberer Konjunktion Erde–Venus kann die Entfernung 255 Millionen km betragen – Venus ist in größter Erdferne. Bei unterer Konjunktion Erde–Venus kann die Entfernung bis auf 41 Millionen km schrumpfen – Venus ist in größter Erdnähe. Mittlere Entfernung Venus–Sonne: 108 Millionen km. Synodische Periode der Venus = 583,9 Erdentage, das heißt, daß innerhalb von acht Erdjahren fünf untere Konjunktionen zu erwarten sind. Selbstverständlich gilt hier dasselbe, was wir bereits beim Beispiel der Opposition Erde–Mars sagten: Auch untere Konjunktionen mit inneren Planeten können einmal mehr, einmal weniger günstig sein. Denn auch hier gelten die Gesetze der Keplerschen Ellipsenbahnen.

Wenn wir nun unsere Beispiele weiterführen und (nach Cleator) mehrere Planetenkonstellationen zusammen in unsere Diagramme eintragen, dann erhalten wir für Erde und Mars das folgende linke Bild:

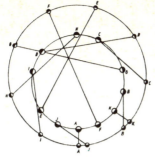
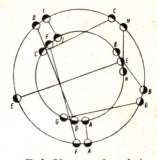

Relationen Erde-Mars während einer synodischen Periode des Mars (schematisch)

Relationen Erde-Venus während einer synodischen Periode der Venus (schematisch)

Hier sind, ausgehend von der vorhin gezeigten Opposition Erde–Mars (A), zehn weitere Stellungen der beiden Planeten zueinander eingezeichnet (B bis K), und zwar jeweils in Abstand von 78 Tagen. Zehn solcher Konstellationen ergeben den Planetenlauf während einer synodischen Periode des Mars, also während eines Marsjahres von 779,9 Erdentagen.

Das obere rechte Bild unternimmt dasselbe mit den Konstellationen von Erde und Venus.

Dabei wurde von der vorhin erläuterten unteren Konjunktion (A) ausgegangen, und es sind weitere acht Stellungen der beiden Planeten zueinander eingezeichnet (B bis I), und zwar jeweils im Abstand von 73 Tagen. 80 solcher Abstände ergeben den Planetenlauf während einer synodischen Periode der Venus, also während eines Venusjahres von 583,9 Erdentagen.

Mit diesen wenigen Voraussetzungen können wir nun an die Betrachtung von Raumfahrtkursen zu Mars und Venus herangehen. Unsere nächste Zeichnung zeigt eine von dem Essener Stadtbaumeister Dr. Walter Hohmann bereits in den zwanziger Jahren errechnete Bahn, eine sogenannte Hohmann-Bahn von der Erde zum Mars:

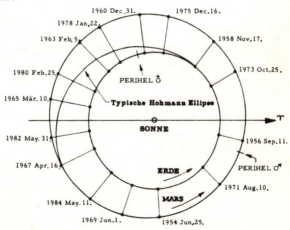

Typische Hohmann-Ellipse Erde-Mars

Eingezeichnet sind die Daten der Oppositionen Erde–Mars in den Jahren von 1954 (25. Juni) bis 1984 (11. Mai) und eine typische Hohmann-Bahn, die den Kurs eines Raumschiffes zeigt, das am 16. April 1967 den Mars erreicht. Die günstigsten Injektionsdaten in solche Hohmann-Bahnen Erde–Mars bis 1984 sind: 9. November 1964, 25. Dezember 1966, 23. Februar 1969, 21. Mai 1971, 7. August 1973, 12. September 1975, 7. Oktober 1977, 29. Oktober 1979, 4. Dezember 1981 und 28. Januar 1984. Fehlergrenze bis 1971 rund drei Tage, bis 1984 rund fünf Tage.

Die nächste Zeichnung gibt dieselben Daten für Hohmann-Bahnen Erde–Venus:

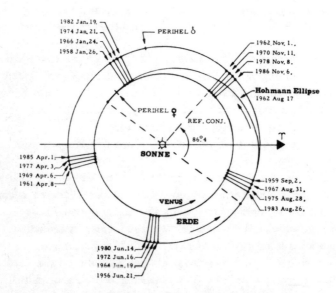

Typische Hohmann-Ellipse Erde-Venus

Eingezeichnet sind die Daten der unteren Konjunktionen in den Jahren von 1956 (21. Juni) bis 1986 (6. November) und eine typische Hohmann-Bahn. Die günstigsten Injektionsdaten in solche Hohmann-Bahnen Erde–Venus bis 1986 sind: 23. März 1964, 28. Oktober 1965, 4. Juni 1967, 8. Januar 1969, 15. August 1970, 21. März 1972, 26. Oktober 1973, 2. Juni 1975, 6. Januar 1977, 13. August 1978, 18. März 1980, 23. Oktober 1981, 30. Mai 1983, 3. Januar 1985 und 10. August 1986. Fehlergrenze eines Konjunktions- oder Injektionsdatums: Höchstens vier Tage.

Bevor wir die besonderen Charakteristiken der Hohmann-Bahnen behandeln, soll noch die dritte Möglichkeit gezeigt werden, die sich für den Flug zu Venus und Mars bietet. Es ist der Hohmannsche Rundflug, wie ihn die nächste Skizze zeigt:

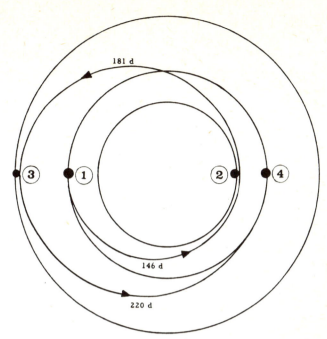

Der Hohmannsche Rundflug Erde-Venus-Mars-Erde

Die Ziffern bedeuten: 1 = Erde beim Start, 2 = Venus, 3 = Mars, 4 = Erde bei der Rückkehr. Die Reisedauer jeweils in Tagen (d) ist eingezeichnet. Hier werden also in einem einzigen Rundflug beide Planeten, Venus und Mars, auf einer geschlossenen Hohmannbahn angeflogen. Gesamte Flugzeit: 547 Tage. Einen ganz ähnlichen Rundflugkurs, aber nicht auf einer Hohmannschen Spiralbahn, sondern auf einer in sich geschlossenen Ellipse, hat auch der Mathematiker Crocco errechnet. Bei ihm dauert der ganze Flug 12,5 bis 13,5 Monate.

Was ist nun das Besondere an den Hohmannbahnen? Man sollte beim ersten Hinsehen denken, der direkte Kurs bei einer besonders günstigen Opposition oder unteren Konjunktion sei der kürzeste und daher astronautisch optimale »Sprung« von dem einen zum anderen Planeten. Nun, so einfach liegen die Dinge nicht. Die kürzeren Bahnen – das sind alle Bahnen, die die Bahn des Zielplaneten schneiden – bedeuten in Wahrheit einen gewaltigen Aufwand an Treibstoff, den man mit den zur Zeit möglichen Mitteln kaum bewältigen kann. Die Hohmannbahnen dagegen nützen die Vorteile der Kreisbahn-Beschleunigung um die Sonne aus, denn sie sind tangential, streifen die Bahn des Zielplaneten also nur, ohne sie zu schneiden. So entsteht das scheinbare Paradoxon, daß die längeren Flugstrecken den geringeren Antriebsbedarf aufweisen. Setzen wir als kürzeste Entfernung Erde–Venus die Entfernung der günstigsten unteren Konjunktion von rund 41 Millionen km in die Rechnung, so wäre die Hohmannbahn im Vergleich dazu volle 400 Millionen km lang – und berechnen wir als kürzeste Entfernung Erde–Mars jene der günstigsten Opposition von rund 56 Millionen km, so betrüge die Länge der Hohmannbahn 555 Millionen km. Der Preis für eine Reiseroute mit minimalem Antriebsbedarf ist also eine wesentlich längere Reisedauer. Mit den uns heute theoretisch und praktisch bekannten Mitteln läßt sich nun einmal nicht alles erreichen. Wir sehen das in den nächsten beiden Skizzen:

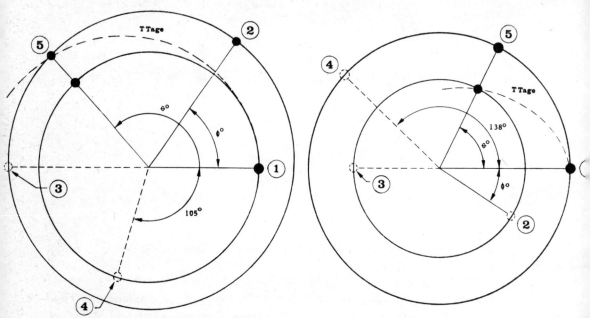

Sondenbahnen Erde–Mars (links) und Erde–Venus (rechts)

Links ist der Weg einer Marssonde, rechts der einer Venussonde gezeigt. Wir wünschen uns ein Kompromiß zwischen der außerordentlich langen Reisedauer auf Hohmannkurs einerseits und dem allzu großen Antriebsbedarf auf einer kürzeren Strecke andererseits. In beiden Zeichnungen sind (gestrichelt) solche »Kompromiß-Routen« eingetragen. Man erkennt, daß es sich hier um Bahnen handelt, die die Bahnen der Zielplaneten schneiden, nicht tangieren (wenngleich das unter einem recht kleinen Winkel geschieht).

Die Ziffern zur Zeichnung links bedeuten: 1 = Standort Erde beim Start der Sonde (Injektion in die Bahn), 2 = Standort Mars beim Start, 3 = Standort Mars beim Treffen Sonde–Zielplanet, falls eine echte Hohmannbahn eingehalten würde, 4 = Standort Erde beim Treffen Sonde–Mars, falls eine echte Hohmannbahn eingehalten würde, 5 = Opposition Erde–Mars, die auf der »Kompromiß-Route« ausgenützt würde (T = Reisedauer in Tagen).

Die Ziffern zur Zeichnung rechts bedeuten: 1 = Erde beim Start (Injektion), 2 = Venus beim Start, 3 = Standort Venus beim Treffen Sonde–Venus, falls eine echte Hohmannbahn eingehalten würde, 4 = Standort Erde beim Treffen Sonde–Venus, falls eine echte Hohmannbahn eingehalten würde, 5 = Untere Konjunktion Erde–Venus, die auf der »Kompromiß-Route« ausgenützt würde (T = Reisedauer in Tagen).

Fassen wir die Reisezeiten von der Erde zu den anderen Planeten, auf Hohmann-Ellipsen, kurz tabellarisch zusammen. Ihre Berechnung ist relativ einfach und basiert letztlich auf der sinngemäßen Anwendung der Keplerschen Gesetze.

Planet	Flugdauer (in Jahren)
Merkur	0,29
Venus	0,40
Mars	0,71
Jupiter	2,73
Saturn	6,05
Uranus	16,1
Neptun	30,6
Pluto	45,5

Längst sind die Hohmann-Ellipsen kein Dogma mehr. Die Leistungsreserven moderner Trägerraketen haben hier Spielraum geschaffen. Der grundsätzliche Schritt zu schnelleren, koplanaren Übergangsbahnen wird natürlich doch der näheren Zukunft vorbehalten bleiben. Bei diesen Reiserouten zu den Planeten wird man die Halbellipse der Hohmannbahn durch Teile einer Ellipse, Parabel oder Hyperbel, die dem Gravitationszentrum näherliegen, ersetzen.
Auch die praktische Nutzung der lange diskutierten Bahnen geringen Schubs, bei denen die Beschleunigung nicht durch einen kurzen starken Schubimpuls erfolgt, ist in greifbare Nähe gerückt. Die für 1985 vorgesehene NASA-Mission zu den Kometen Halley und Tempel II mit einem Ionen-Triebwerk fällt in diese Kategorie. Allerdings ist zur Zeit (1978) noch nicht abzusehen, ob diese Technologie, die ein präzises Heranmanövrieren an den Kometenkern ermöglicht, tatsächlich zum erforderlichen Zeitpunkt zur Verfügung steht.
Von besonderem Interesse ist die sogenannte Flyby-Flugtechnik, das »planetare Billard«, für die im deutschen Sprachgebrauch die Bezeichnung Schwerkraftumlenkung verwendet wird. Hierbei handelt es sich um die Bahnveränderung eines Raumflugkörpers durch Ausnutzung des Schwerefeldes natürlicher Himmelskörper, wodurch Energie gewonnen oder abgegeben werden kann. Hierdurch können Flugbahnen und Flugzeiten realisiert werden, die sonst an hohem Antriebsbedarf scheitern würden. Versuchen wir, ohne mathematischen Aufwand, die wesentlichen Grundlagen dieser Flugtechnik zu verstehen, die zum Beispiel die Basis der amerikanischen Voyager-Mission zu den äußeren Planeten ist und ihre erste Bewährungsprobe bei der Mariner Venus/Merkur-Mission der NASA im Jahre 1974 bestanden hat.
Passiert eine Raumsonde in geringem Abstand einen Himmelskörper, so ist dieser Vorgang dem elastischen Stoß, man denke an die Analogie mit den Billardkugeln, vergleichbar.
Dabei kommt es zu einer Umlenkung der Raumsondenbahn. Der Himmelskörper überträgt einen Teil seiner Energie auf das Raumfahrzeug. Im Vergleich zur Raumsonde ist natürlich die Masse des Himmelskörpers sehr groß, daher ist

seine Geschwindigkeitsänderung vernachlässigbar klein. Der Umlenkwinkel wird um so größer, je kleiner bei der Passage am Himmelskörper der Abstand und je geringer die Geschwindigkeit der Raumsonde ist. Außerdem wächst der Umlenkwinkel mit der Anziehung.

Die erste Anwendung dieser Technik auf planetare Missionen erfolgte anläßlich des NASA-Venus/Merkur-Unternehmens mit der Raumsonde Mariner 10 im Jahre 1974. Historisch interessant ist die Tatsache, daß die exakte Theorie für eine derartige Mission bereits 1963 durch den Studenten Michael A. Minovitch von der Universität von Kalifornien anläßlich einer Sommerarbeit im Jet Propulsion Laboratory (JPL) in Pasadena erarbeitet worden ist. Die Abbildung zeigt die Stellung der Planeten für die Bahnverhältnisse, die sich aus der Wahl des Starttermins – 4. November 1973 – ergaben. Versuchen wir nun das Prinzip des »kosmischen Billard« am Beispiel der Venus/Merkur-Mission zu verstehen. Bei der Annäherung von Mariner 10 an die Venus ist das Bahnstück annähernd eine Hyperbel. Die heliozentrische Geschwindigkeit der Raumsonde, bezogen also auf die Sonne, ist die Vektorsumme der Bahngeschwindigkeit der Venus $V_♀$ und der Geschwindigkeit der Marinersonde auf der Hyperbel in bezug auf die Venus. Mariner 10 erreichte die Venus auf der Asymptote der Vorbeihyperbel (Asymptote = Gerade, der sich eine Kurve ständig nähert, die sie aber nie bzw. erst im Unendlichen erreicht) aus einer Richtung entgegengesetzt zur Sonne. Mit der asymptotischen Geschwindigkeit V_{h_1} errechnet sich die heliozentrische Ankunftsgeschwindigkeit V_1 zu

$$V_1 = V_♀ + V_{h_1}$$

und ist durch die Vektoren in der entsprechenden Abbildung dargestellt.

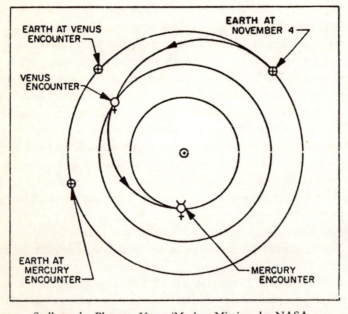

Stellung der Planeten Venus/Merkur-Mission der NASA

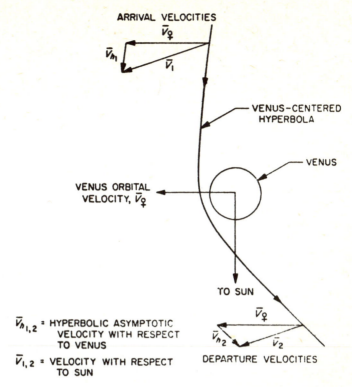

Geschwindigkeitsänderung von Mariner 10 während des Venusvorbeifluges

Die weitere Flugrichtung der Mariner-10-Sonde wurde dann durch den Umlenkwinkel bestimmt, also durch die Massenanziehung der Venus. Die asymptotische Geschwindigkeit nach dem Venus-Vorbeiflug ist gleich der Annäherungsgeschwindigkeit. Die heliozentrische Geschwindigkeit ist dann

$$V_2 = V_\varphi + V_{h_2}$$

Auch diese Vektorsumme ist in der graphischen Darstellung der Situation unschwer zu erkennen genau so wie die Änderung der heliozentrischen Geschwindigkeit. Dieser Energieverlust bewirkt eine kleinere Periheldistanz und somit das Erreichen der Merkurbahn. Am 5. Februar 1974 war die Annäherungsphase erreicht. Hier drei Zeiten und die jeweilige heliozentrische Geschwindigkeit von Mariner 10:

16^h GMT = 37,008 km/s
17^h GMT = 34,841 km/s
20^h GMT = 32,283 km/s

Das ist eine Geschwindigkeitsänderung von 17010 Kilometer pro Stunde im Zeitintervall von nur vier Stunden! Bei einem Flug in Richtung Sonne muß Energie abgebaut werden, doch dieser Punkt ist nur ein Aspekt, wenn auch ein wichtiger. Mit dem Vorbeiflugmanöver möchte man natürlich auch navigieren, um ohne größere Kurskorrekturen in die unmittelbare Nähe des nächsten Pla-

neten zu gelangen. Bei der Mariner-10-Mission betrug die Korrekturkapazität nach dem Venusvorbeiflug rund 100 m/s an Geschwindigkeit. Bei einer Abweichung von nur 3 Kilometern vom idealen Kurs, wäre zum Erreichen des primären Reiseziels, der Merkur, eine Geschwindigkeitskorrektur von 1 m/s notwendig geworden. Also hätte der Vorbeiflug-Fehler maximal 300 Kilometer betragen können, dann aber wäre die Kapazität des Triebwerkes von Mariner 10 bis zur Neige genutzt worden. Ein noch größerer Fehler bei der Venus-Passage hätte schließlich das Merkur-Experiment gefährdet. Eine Flugführung dieser Art stellt unwahrscheinlich hohe Anforderungen an die Möglichkeiten der Bahnbestimmung des Raumflugkörpers und aufwendige Daten-Aufbereitungstechniken. Bei Mariner 10 betrug die Abweichung vom idealen Kurs nur 20 Kilometer in Venus-Nähe. Das entspricht bei einer Flugstrecke von 215 Millionen Kilometern einem Fehler, der kleiner als 1 : 100 Millionen ist. Im Kontrollzentrum pflegte man diese Präzision mit einem Vergleich plastischer zu machen: Das Mariner-10-Unternehmen hatte 98 Millionen Dollar gekostet. Der Fluggenauigkeit würde eine Kontrolle der Projektkosten auf einen Dollar entsprechen!
Inzwischen ist nicht nur bei den Pioneer-Jupitermissionen 1973 und 1974 die Möglichkeit der Vorbeiflugtechnik sinnfällig demonstriert worden, beide Raumsonden sind so stark beschleunigt worden, daß sie das Sonnensystem verlassen werden. Auch bei dem Voyager-Zwillingsflug ist das »planetare Billard« eingeplant: Es ist die Voraussetzung für das Gelingen dieses Programms, doch darüber später mehr.
Die NASA und die ESA bereiten für 1983 eine Mission vor, in deren Rahmen die Polargebiete der Sonne, die bisher noch nicht beobachtet werden konnten, mit zwei Raumfahrzeugen simultan untersucht werden sollen. Diese Sonden sind nur durch den Vorbeiflug an Jupiter auf diesen ungewöhnlichen Sonnenkurs zu bringen. Und noch eine geplante Anwendung, vergleichsweise die Mobilisierung der letzten Reserven: Die nächste Mission in das äußere Sonnensystem wird der polare Jupiterorbiter sein: Hier wird man einen nahen Mars-Vorbeiflug einplanen, um noch ein bißchen »Gratisenergie« mitnehmen zu können. Wir werden bei der Besprechung dieser Vorhaben noch auf Details eingehen, doch schon hier ist zu erkennen, welche Rolle die Nutzung der Vorbeiflugtechnik bietet, allerdings nur dem, der die Kunst der astronautischen Flugführung, der hochpräzisen Ortung beherrscht und über die entsprechende Bodenausstattung verfügt.

Die Rückkehr zur Erde

Seit dem Beginn der Raumfahrtaktivitäten stand das Problem der kontrollierten Rückführung von Flugkörpern aus der Erdumlaufbahn im Mittelpunkt technischer Bemühungen. Das Prinzip war klar: Verminderung der Geschwindigkeit durch Zündung eines Bremstriebwerks und Eintritt in die dichteren Schichten der Erdatmosphäre auf einer ballistischen Bahn mit sehr flachem Anstellwinkel. Die Vereinigten Staaten hatten bereits im März 1959 mit dem Satelliten Discoverer 1 versucht, eine Instrumentenkapsel weich zur Erde zurückzubringen. Jedoch erst im August 1960 gelang dieses Vorhaben mit Discoverer 13, wobei die dazwischen liegende Kette von Fehlschlägen mehr den Problemen der Flugführung und der Elektronik anzulasten war.
Die eigentliche Schwierigkeit liegt in der Abführung der beim Atmosphärendurchflug auftretenden Wärme. Vor dem Flugkörper staut sich die Atmosphäre auf, bewirkt eine Kompression und damit eine Erwärmung der Luft. Hinzu kommt Reibungshitze, die, wie wir es bei Meteoren beobachten können, zum Verglühen führen kann. Zwei Wege zur Lösung des Problems bieten sich an: Entweder man wählt einen hitzebeständigen Werkstoff für die besonders kritischen Elemente des Raumflugkörpers oder man sieht einen Wärmeschutz (Hitzeschild) vor.
Bei Rückkehrmodulen unbemannter Satelliten sowie bei der bemannten Raumfahrt im Erdorbit hat sich die sogenannte ablative Kühlung bewährt. Darunter versteht man Hitzeschilde, die bei geringem Materialaufwand starker Aufheizung widerstehen, indem zum Beispiel ihre oberen Schichten verkohlen. Eine derartige Oberfläche kann nicht nur erheblichen Temperaturen standhalten: sie strahlt auch eine erhebliche Wärmemenge wieder ab. Die durch die Zersetzung des Hitzeschildmaterials entstehenden Gase strömen kühlend nach außen ab und bilden so einen Film vor der glühenden Oberschicht. Diese Hitzeschilde bestehen meist aus speziellen Kunststoffen, die durch Glas oder Nylonfasern verstärkt sind. Hier gibt es mehrere Varianten, die sich erfolgreich bewährt haben.
Verschärft stellt sich das Rückkehrproblem bei den sehr hohen Geschwindigkeiten, die beim Anflug aus dem interplanetaren Raum, z. B. bei der Rückführung von Mensch und Material vom Mond, auftreten. Hier stürzt der Raumflugkörper im freien Fall auf die Erde zu, wobei die Endgeschwindigkeit 11,2 km/s beträgt. Die Lösungen orientieren sich hier an der spezifischen Aufgabenstellung: Da ist die Rückführung von relativ großräumigem, bemanntem Fluggerät, wie z. B. die Apollo-Einheiten vom Mond, wo die Anwesenheit einer Besatzung der maximalen G-Belastung bei der Abbremsung von vornherein bestimmte Grenzen setzte. Unter diesem Aspekt sind auch die unbemannten Mondumrundungen

mit Erdrückkehr zu sehen, die die UdSSR mit den Raumschiffen Zond 5 bis 8 durchführte. Die andere Lösungsvariante, bislang nur von den Sowjets erprobt, ist die direkte Rückführung einer relativ kleinen, kompakten Kapsel, die für extrem hohe thermische und mechanische Belastungen ausgelegt ist. Diese Prozedur entspricht z. B. dem ballistischen Schuß von der Mondoberfläche zur Erde, wobei sich dann die Flugführung lediglich auf das Erreichen eines großzügig bemessenen Landeareals konzentrieren muß.

Eine Voraussetzung gilt jedoch für beide Fälle: Die hohe Geschwindigkeit muß vor dem Eintritt in die dichteren Schichten der Erdatmosphäre abgebaut werden. Warum benutzt man dazu kein Bremstriebwerk? Theoretisch wäre eine derartige Möglichkeit denkbar, immerhin gilt es jedoch, rund 4 km/s zu »vernichten«, und das ist beim gegenwärtigen Stand der Technologie kaum sinnvoll zu realisieren. Als natürliche und kostenlose Bremse für die Raumflugeinheit bietet sich unsere Atmosphäre an. Bleiben wir zunächst beim ballistischen Einflug, bei der Rückführung einer Kapsel mit Gesteinsproben vom Erdtrabanten, wie sie von der UdSSR mit Luna 16 und 20 1970 und 1972 durchgeführt worden ist. Bei Luna 16 erfolgte die Abtrennung der Kapsel von der Rückführeinheit in 50 000 Kilometer Erddistanz. Bei der aerodynamischen Abbremsung traten maximal 350 G und 10 000° an der Kapsel auf, die dann am Fallschirm in dem 80 × 100 Kilometer großen Zielgebiet in Kasachstan niederging. Luna 20 tauchte hingegen steiler in die Atmosphäre ein, unter einem Winkel von 60°. Damit reduzierte sich die G-Belastung zwar deutlich, dafür stieg die Temperatur kurzzeitig auf 12 000°. Von der ablativen Hitzeschildverkleidung der Luna 20-Kapsel waren rund 5 mm abgebrannt. Diese Technik ist erprobt und bewährt nicht nur bei der Rückkehr zur Erde, sondern auch bei der Erkundung der Venus.

Vielschichtiger wird das Problem bei der Rückführung eines bemannten Raumschiffes oder einer größeren Flugeinheit. Hier müssen zwei Faktoren berücksichtigt werden: Eine nur geringe G-Belastung – etwa 3 bis 4 G bei bemannten, 6 bis 8 G bei unbemannten Flügen – und das Erreichen des Zielgebietes. Allerdings kann man hier ein Regulativ einsetzen: Zwei aerodynamisch wichtige Kräfte bestimmen das Eintrittsverhalten in die Erdatmosphäre: der Luftwiderstand und der Auftrieb des Raumflugkörpers. Das Verhältnis Auftrieb/Luftwiderstand hat entscheidenden Einfluß auf den Eintrittskorridor und den möglichen Landebereich.

Die Lande-Einheiten der Apollo- und Zond-Serie waren so geformt, daß durch die Lageregelung auf der Eintrittsbahn der aerodynamische Auftrieb etwas variiert werden konnte. Damit ist es grundsätzlich möglich, die Bremsphase mit halbwegs konstanter Verzögerung zu fliegen oder die Länge der Eintritts-Trasse zu erhöhen, was zum Beispiel beim Erreichen eines bestimmten Zielgebietes (UdSSR) oder zum Zweck des Ausweichens auf andere Landegebiete wegen schlechten Wetters genutzt worden ist.

Das Beispiel der Rückkehr einer Apollo-Landeeinheit vom Erdtrabanten soll die Situation verdeutlichen: Der sogenannte Wiedereintritts-Korridor, ein schmaler Schlauch in der oberen Atmosphäre (zwischen 50 und 60 km Höhe), muß sehr genau getroffen werden. Bei Apollo war es ein Auftreffwinkel von 6,5 ± 1°, der eingehalten werden mußte, wobei ein zu steiler Eintritt durch die hohe Wärmebelastung zum Verglühen des Raumschiffs hätte führen können. Ein zu flaches Auftreffen auf die Atmosphäre hingegen würde das Raumfahrzeug aus dem Korridor herausheben, vergleichbar dem flachen Stein, den man mit geschicktem Wurf über eine Wasseroberfläche springen läßt. Es gibt eine – gleich noch zu schildernde – Eintrittstechnik, die diesen Effekt ausnutzt.

Das Apollo-Raumschiff besaß die Kapazität, die Länge des Eintrittskorridors zwischen 2220 und 4630 Kilometer variieren zu können. Prinzipiell hat man sich für den kurzen Weg entschieden: die normale Länge des Wiedereintrittskorridors lag etwa bei 2380 Kilometer. In rund 130 Kilometer Höhe begann dann die Bremsperiode, wobei die Raumschiff-Geschwindigkeit bei etwa 11000 m/s lag. Die eigentliche »Bremse« war die rund 1800 km lange Flugstrecke in 61 km Höhe. Bei keinem der Apollo-Flüge gab es in dieser Phase Probleme. Die Bordelektronik, die die Flugführung in jenem kritischen Abschnitt übernommen, funktionierte genau so zuverlässig wie der Hitzeschild, ein auf Phenolharz-Epoxidharzbasis aufgebautes System, maximal 63,5 mm stark, das die zeitweise auftretenden 2800° Temperatur mühelos verkraftete.

Werfen wir noch einen Blick auf die sowjetischen Zond-Flüge: Wenn es tatsächlich in den nächsten Jahren einmal ein bemanntes Mond-Unternehmen der UdSSR geben sollte, werden die Zond-Erfahrungen eine wichtige Rolle spielen. Dieses Fluggerät besteht im wesentlichen aus einer Versorgungseinheit und einem Rückkehrmodul, das große Ähnlichkeit mit der Lande-Einheit der Sojus-Raumschiffe hat. Die Serie begann mit Zond 5, gestartet am 14. 9. 1968. Nach vollendeter Mondumfliegung trat das Landegerät am 21. 9. auf einer aerodynamischen Bahn in die Atmosphäre und ging im Indischen Ozean nieder. Hierbei traten Bremsbelastungen zwischen 10 und 16 G auf. Am 10. November 1968 folgte Zond 6. Hier erfolgten auf der Rückkehrbahn zwei Kurskorrekturen zur Präzisierung des Anflugkorridors. Dann tauchte Zond 6 absichtlich unter zu flachem Winkel in die Erdatmosphäre ein, wurde nur gering abgebremst und – es sei an das Beispiel mit dem Stein und der Wasseroberfläche erinnert – wieder aus dem Eintrittskorridor getragen. Dann trat Zond 6 ein zweites Mal in die Atmosphäre ein und ging schließlich in die eigentliche aerodynamische Abstiegsbahn über, die auf das Landegebiet in Kasachstan führte. Durch dieses Verfahren konnte die Bremsbelastung auf etwa 4 bis 7 G reduziert und der Eintrittskorridor auf 9000 km Länge gestreckt werden. Erwähnt sei, daß der Anflug bei Zond 5 und 6, aber auch bei Zond 7 – dieser Flug war eine Wiederholung des vorangegangenen – von Süden erfolgte. Am 21. 10. 1970 startete dann Zond 8 zu einer Mondumrundung. Hier testeten die Sowjets ein neues Missionsprofil bei der Rückkehr, nämlich den Anflug über den Nordpol. Hier führt dann der größte Teil der Abstiegsbahn über sowjetisches Territorium, so daß diese Flugphase genau verfolgt werden kann. Die Landung erfolgte dann mit einer ziemlich hohen G-Belastung im Indischen Ozean, 725 km südöstlich des Chagos-Archipel. Die erhöhte Genauigkeit in der Kontrolle der Abstiegsbahn durch diese Missionsvariante fand ihren Niederschlag in der erstaunlich raschen Nachtbergung des Rückkehr-Körpers.

Alle grundsätzlichen Probleme der Rückkehr aus dem Erdorbit oder dem interplanetaren Raum scheinen gelöst, beinahe alle: Sollte es in den 80er Jahren eine automatische Gesteins-Rückführmission von der Marsoberfläche von seiten der NASA geben, dann erscheint es beim vorherrschenden Meinungsbild fraglich, daß die Biologen einer direkten Landung von Marsproben durch aerodynamischen Eintritt der Rückkehrkapsel zustimmen. Trotz der Befunde der Viking-Mission haben sie schon heute Bedenken angemeldet. Danach sollte die Rückkehr eines Mars-Fahrzeuges zunächst einmal im Erdorbit, in der Quarantänestation eines Space-Shuttles oder einer Orbitalstation ihre Endstation finden, ein technologisch reizvolles Problem ...

Erdsatelliten und Raumsonden: Etwas zur Technik

Die Energieversorgung von Raumflugkörpern

Die weitaus überwiegende Zahl der Erdsatelliten und alle Raumsonden sind aktiver Natur. Deshalb benötigen sie zur Erfüllung ihrer Aufgaben und Experimente elektrische Energie, wobei die Palette der Anforderungen mehrere Größenordnungen umspannt. Als Primärenergie-Quellen kommen für die Raumflugkörper fast ausschließlich die Sonnenstrahlung, chemische Prozesse oder nukleare Mechanismen in Betracht. Die chemische und die nukleare Energie muß – im Gegensatz zur Sonnenenergie – im Satelliten oder der Raumsonde mitgeführt werden, hat aber dennoch ihren Platz behauptet und wird in Zukunft noch weiter an Bedeutung gewinnen.
Aus der Primärenergie kann die elektrische Energie durch ein- oder mehrstufige Energiewandler gewonnen werden: solarelektrisch durch Solarzellen, elektrochemisch durch Batterien oder Brennstoffzellen, thermisch-elektrisch durch Thermoelemente oder Thermionik-Systeme und schließlich thermisch-kinetisch-elektrisch durch Turbo- oder MHD-Generatoren.
Batterien begleiten die Raumfahrt bereits seit dem Start von Sputnik 1 im Jahre 1957. Zwei Typen sind zu unterscheiden:

- Primärbatterien: nicht wieder aufladbar. Sind entweder für die Energieversorgung bei sehr kurzen Satelliten-Missionen gedacht oder für die Speisung von wichtigen Untersystemen, die nur kurzzeitig aktiviert werden.

- Sekundärbatterien: (Akkumulatoren) wieder aufladbar. Sie werden aus anderen Primärenergiequellen gespeist.

Drei Batterie-Arten haben in der Raumfahrt besondere Bedeutung erlangt, wobei ein entscheidendes Kriterium die Energiedichte pro Kilogramm Batteriemasse ist.
Die *Nickel-Cadmium*-Batterien sind sehr robust und zeichnen sich durch eine lange Lebensdauer aus. Sie sind daher besonders als Sekundärbatterien geeignet, da sie auch in kurzer Zeit wieder aufladbar sind. Die erzielten Energiedichten liegen zwischen 25 und 35 Wattstunden je Kilogramm (Wh/kg).
Auch meist als Sekundäraggregat wird die *Silber-Cadmium*-Batterie eingesetzt. Gegenüber der Ni/Cd-Batterie weist sie den Vorteil der etwa doppelt so hohen Energiedichte auf. Jedoch ist die Zellenspannung niedrig und deshalb die Spannungsregelung problematisch.
Weit verbreitet sind die *Silber-Zink*-Batterien. Sie werden häufig als Primärenergie-Quelle eingesetzt. Sie ermöglichen Energiedichten bis zu 160 Wh/kg. Die zuverlässigen Silber-Zink-Batterien liefern bis zur Erschöpfung eine nahezu konstante Entladespannung, jedoch verbunden mit innerer Erwärmung.

Trotz erstaunlicher Fortschritte in der Batterie-Technologie sind einige grundsätzliche Nachteile bei der Anwendung in der Raumfahrt nicht zu übersehen. Da ist einmal das relativ enge Intervall der Arbeitstemperatur und die Anfälligkeit gegen Störungen beim Überladen von Sekundärbatterien.

Besonders intensive Anwendung finden Batterien als Primärenergie-Quelle noch immer in der Raumfahrt der UdSSR: So werden beispielsweise die rückführbaren Aufklärungssatelliten der Kosmos-Serie oder die Sojus-Zubringerraumschiffe oder Progress-Versorgungsfahrzeuge aus Batterien mit Strom versorgt.

Bleiben wir gleich bei den chemischen Energiequellen: Die *Brennstoffzellen* sind nicht etwa mit dem Ende des Apollo-Programms in der Versenkung verschwunden. Sie werden auch die Energieversorgung des Space-Shuttles übernehmen. Ihr Arbeitsprinzip ist die Umkehrung der Wasserelektrolyse, also die Wassersynthese aus Wasserstoff und Sauerstoff. Der entscheidende Faktor ist hierbei, daß die chemische Energie gleich in elektrische Energie umgewandelt wird, mit Wirkungsgraden je System und Arbeitsbedingungen zwischen 40 und 70 %. Das anfallende Wasser kann für den Wasserhaushalt des Raumschiffsystems verwendet werden. Es versteht sich von selbst, daß die Wasserstoff/Sauerstoff-Brennstoffzelle nur eine von zahlreichen Möglichkeiten ist. Sie findet hier Erwähnung, weil sie ihre Bewährung in der Raumfahrt in zahlreichen Flügen bestanden hat. Die beiden Gase werden in der Zelle den porösen Diffusionselektroden zugeführt, die zur Gastrennung noch ein Diaphragma enthält. Der Brennstoff – Wasserstoff – wird an der Anode ionisiert. Im Elektrolyten gelangen die Ionen an die Kathode, wo der Oxydator – Sauerstoff – zugeführt wird. Er reagiert mit den Ionen des Elektrolyten und den Ionen des Stromkreises. Dabei entsteht Wasserdampf und zwischen den beiden Elektroden eine Spannung. Wir kennen heute eine größere Zahl von Brennstoffzellen-Typen, die sich durch die Art des Elektrolyten, der Elektroden, der Brennstoffe oder durch ihre Arbeitstemperatur unterscheiden. In der Raumfahrt fanden bisher die sogenannten Nieder- oder Mitteltemperaturzellen (Arbeitsbereich zwischen 0 und 150° C bzw. 150 und 250° C) Anwendung. In diesen Zellen werden als Elektrolyte meist Laugen, Säuren oder Ionenaustauscher verwendet. Im Rahmen des US-Gemini-Programmes kamen erstmals Ionenaustauscher-Brennstoffzellen von 1 kW Gesamtleistung zum Einsatz, während im Apollo-Programm zwei Mitteltemperatur-Aggregate mit Kalilauge als Elektrolyt von je 2 kW Leistung sich hervorragend bewährten. Im Shuttle werden drei 7 kW-Brennstoffzellen 1530 kWh elektrischer Energie liefern.

Für die meisten Langzeit-Raumflugmissionen wird die Sonnenstrahlung als Primärenergie-Quelle über *Solarzellen* als Wandler benutzt. Dotierte Halbleiter – heute technisch in Dünnschichten von 10–50 µm Stärke ausgeführt – wie Silizium oder Gallium- und Cadmium-Verbindungen, können auf Grund des Photoeffekts Strahlungsenergie in Elektroenergie umwandeln. Solarzellensysteme können nur in Verbindung mit Sekundärbatterien verwendet werden. Im Orbit ist im Erdschatten keine Aufnahme von Strahlungsenergie möglich, bei der interplanetaren Mission ist häufig der Sonnenabstand und damit der Strahlungsfluß nicht konstant oder die Orientierung der Solarzellen ist in bestimmten Flugphasen nicht optimal. Die folgende Abbildung zeigt das Schema des Solargenerators in seiner allgemeinsten Struktur nach E. Schmidt (AEG-Telefunken).

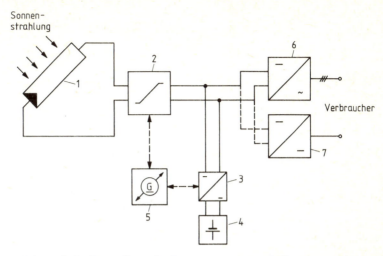

Schematische Darstellung der Stromversorgung mit Sonnenenergie

1 Solargenerator, 2 Spannungsregler, 3 Batterie-Lade-Entladeregler, 4 Batterie, 5 Überwachungseinheit, 6 Wechselrichter, 7 Gleichspannungswandler

Die Auswahl des Halbleitermaterials richtet sich nach verschiedenen Kriterien: Da ist zunächst der Wirkungsgrad, das Verhältnis von gewonnener Elektroenergie im Verhältnis zur eingestrahlten Sonnenenergie. Er beträgt bei Silizium oder Galliumarsenid rund 11%. Es sind höhere Energieausbeuten erreichbar, doch hier setzt der Preis gewisse Grenzen. Solarzellen sind empfindliche physikalische Systeme: So wird die Betriebskennlinie – die Strom-Spannungs-Kennlinie – sowohl von der Einstrahlungsdichte als auch von der Betriebstemperatur stark verändert.

Daher sind Solarzellen gegen Überhitzung empfindlich. Anfällig sind derartige Halbleitersysteme natürlich auch gegen die Teilchen- und die harte Wellenstrahlung, was sich in einem kontinuierlichen Verlust an Leistung der Solarzellen äußert, etwa 5 bis 6% pro Jahr. Zur Verminderung dieser Leistungsverluste durch Strahlungsschäden und durch Mikrometeoriten werden die Solarzellen an der Oberfläche mit einer transparenten Schutzschicht bedampft. Strahlungsunempfindlichere Halbleiter sind bereits im Weltraum getestet worden, jedoch läßt hier noch immer die Ausbeute an Elektroenergie zu wünschen übrig.

Große Fortschritte hat die Technologie der Solarzellen-*Flächen* gemacht. Von der Solarzellen-Außenhautverkleidung eines Satelliten über starre oder ausklappbare Panele bis hin zu ausrollbaren Flächen, mit denen einige Kilowatt elektrischer Leistung gewonnen werden, ist die Entwicklung gegangen. Lange Zeit war dieses Gebiet eine reine Domäne der Amerikaner: Europa, speziell die Bundesrepublik, hat nun beinahe gleichgezogen.

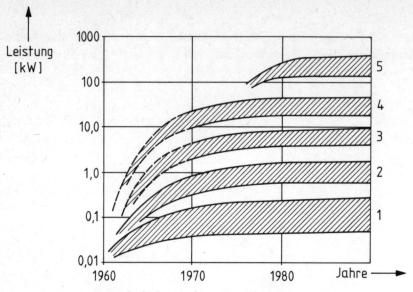

Leistungsbedarf zukünftiger Raumfahrtprogramme

1 Forschungs- und Technologie-Satelliten; 2 Relais-Nachrichtensatelliten; 3 Direkt-Nachrichtensatelliten, Weltraumteleskop; 4 Weltraumstation, Freifliegende Raumlabors; 5 Modul eines Weltraumkraftwerks

Wohin wird die Entwicklung in den nächsten Jahren zielen? E. Schmidt, von AEG-Telefunken, das inzwischen eine bedeutende Position auf dem Gebiet der Solargeneratoren für die Weltraumanwendung erlangt hat, meint: »Die Raumfahrtprojekte der kommenden Jahrzehnte lassen sich durch eine sehr stark steigende Anforderung an den Leistungsbedarf von einigen Kilowatt für leistungsstarke Nachrichtensatelliten bis zu einigen 10 kW für unabhängige Raumstationen charakterisieren (siehe vorstehende Abbildung). In Projektstudien wurden darüber hinaus neuartige Lösungen zur Energieerzeugung im Weltraum mit dem Ziel untersucht, die Realisierbarkeit von ökonomisch betriebenen Raumkraftwerken im Gigawatt-Bereich zu überprüfen. Hierzu dürften in den 80er Jahren zusammen mit zukünftigen Raumstationen Testmodule mit einigen 100 kW Leistung im Weltraum installiert werden.

Der steigende Leistungsbedarf zukünftiger Raumfahrtprojekte erfordert, die Kosten zu reduzieren sowie die Zeit und das Risiko der Entwicklung zu verringern, was zum Einsatz standardisierter Stromversorgungssysteme führt. Solarzellen als typische Baukomponenten mit kleinen Leistungen müssen durch Serien-Parallelschaltung zu geeigneten Modulgrößen verbunden werden, so daß sich höhere Leistungsbereiche aus vielen Moduln zusammensetzen. In ähnlicher Weise verhält es sich mit den für die Raumfahrt qualifizierten Baukomponenten der Leistungselektronik. Daher ist die Modularisierung und die Standardisierung der Raumfahrt-Stromversorgungssysteme das Ziel intensiver Entwicklungsarbeiten.

Die Oberfläche eines Satelliten begrenzt Solargeneratoren auf eine Leistung von rund 0,5 kW, so daß höhere Leistungen zusätzliche Strukturen erfordern. Im Weltraum entfaltbare Solargeneratoren mit einer starren Trägerstruktur bestehen aus Aluminium-Leichtbaustruktur in Honigwabenbauweise, die mit dünnen Schichten aus glasfaserverstärkten (beim Satelliten IUE) oder aus karbonfaserverstärkten Kunststofflaminaten (Satelliten OTS und MARECS) beschichtet sind. Für die Erzeugung einiger kW werden semi-flexible Solargeneratoren vorgeschlagen, die auf einem karbonfaserverstärkten Kunststoffrahmen, in dem eine flexible, verstärkte Kaptonfolie als Supportstruktur für die Solarzellenmodule dient, aufgebaut sind. Zwei unterschiedliche Konfigurationen von Generatorkonzepten befinden sich in der Entwicklung, darunter das sogenannte ULP, die extrem leichte Solarfläche.

Der gesamte Multi-kW-Bereich ist technisch und wirtschaftlich durch flexible Generatoren abzudecken, mit denen beispielsweise der kanadische Kommunikationssatellit Hermes erfolgreich seit 1976 im Weltraum arbeitet. Bei diesem Projekt führte erstmals AEG-Telefunken den modularen Generatoraufbau ein, durch die Unterteilung in acht Modul-Einheiten pro Flügel, die mechanisch und elektrisch separate Baueinheiten bilden. Dieses Konzept wurde auch bei dem flexiblen, doppelseitig ausrollbaren Generator Dora verwendet, der je nach Konfiguration für den gesamten Leistungsbereich von 4 kW bis 18 kW ausgelegt ist. Dieses Konzept bietet eine Reihe von Vorteilen:

- Ökonomische Serienfertigung ermöglicht reduzierte Kosten und erhöht die Zuverlässigkeit
- Einheitliche Auslegung der Modul-Einheiten für den gesamten Leistungsbereich für sämtliche Generatorkonfigurationen
- Materialien und Technologien sind grundsätzlich unabhängig vom jeweils gewählten Generatorkonzept
- Mechanischer Anschluß und Verkabelung der Modul-Einheiten sind sehr einfach.

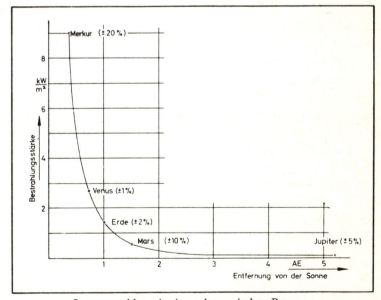

Sonnenstrahlung im interplanetarischen Raum

Der modulare Aufbau der Solargeneratoren stellt außerdem sicher, daß die Weiterentwicklungen der einzelnen Komponenten und Untersysteme ohne Schwierigkeiten eingesetzt werden können. Entsprechendes gilt für die Modularisierung der elektronischen Energieaufbereitung durch die Aufteilung in funktionsabhängige und leistungsabhängige Baugruppen.

Die dritte wichtige Säule der Raumfahrt-Energieversorgung sind nukleare Systeme. Durch den Absturz des sowjetischen Satelliten Kosmos 954 am 24. Januar 1978 über Kanada ist diese Technologie in das Kreuzfeuer der öffentlichen Diskussion geraten, da der Satellit einen kleinen Reaktor mit 45 kg angereichertem Uran-235 und entsprechenden Spaltprodukten an Bord hatte. Ein Blick auf die solare Bestrahlung in Abhängigkeit von der Sonne zeigt, daß zum Beispiel eine Jupitersonde kaum sinnvoll Sonnenenergie für die Bord-Stromerzeugung nutzen kann.

Zwei Typen nuklearer Energiequellen haben in die Raumfahrt Eingang gefunden:

- *Radionuklidbatterien:* Durch den Alpha-Zerfall radioaktiver Isotope, z. B. Polonium 210, Plutonium 238, Curium 242 oder Americium 241, wird Wärme frei. Sie wird mittels Thermo- oder Thermionik-Elementen zu rund 5 % in elektrischen Strom umgewandelt. Als gasförmiges Zerfallsprodukt entsteht Helium, so daß sich im Laufe der Zeit in der Batterie ein Druck aufbaut. Dieser Umstand und die hohen Arbeitstemperaturen (zwischen 500 und 1000° C) stellen erhebliche Anforderungen an die Werkstofftechnik.

- *Festkernreaktoren:* Wie in den konventionellen Kernkraftwerken wird die bei der Kernspaltung freigesetzte Wärme mit einem Heizkreislauf abgenommen und auf die thermoelektrischen Moduln übertragen.

Unter der Bezeichnung SNAP (Systems for Nuclear Auxiliary Power, Hilfsstromaggregate auf nuklearer Basis) ist in den Vereinigten Staaten eine ganze Serie von Radionuklidbatterien entwickelt worden. Der Einsatz in der *Erdumlaufbahn* erfolgte bisher unter zwei Aspekten. 1) Als zusätzliche Energiequelle in einigen Navigations- und Wettersatelliten. 2) Als Primärquelle in Testsatelliten, die durch äußere Einflüsse nicht zu stören sein sollten. Aus Sicherheitsgründen dürfen in den Vereinigten Staaten Radionuklidbatterien nur in Satelliten integriert werden, deren Bahnhöhe mindestens 900 Kilometer beträgt, so daß die Lebensdauer im Orbit groß ist gegen die Halbwertszeit des radioaktiven Isotops. So beträgt die Halbwertszeit des sehr häufig verwendeten Plutonium 238 86,4 Jahre, die Lebensdauer im 1000 Kilometer-Orbit ist nach Jahrhunderten zu bemessen. Außerdem sind die amerikanischen SNAP-Aggregate so verkapselt, daß sie einen Eintritt in die Erdatmosphäre ohne Beschädigung überstehen: Zwei derartige Fälle sind bei Fehlstarts tatsächlich eingetreten: Einmal konnten die Batterien unbeschädigt aus dem kalifornischen Küstengewässer geborgen werden, und in dem weiter zurückliegenden Fall ist von radioaktiver Freisetzung nichts bekanntgeworden.

Der erste Weltraumeinsatz einer SNAP-Einheit fand bereits 1961 statt. Das 2 kg schwere Gerät – SNAP 3 A – brachte 2,7 Watt elektrische Leistung. Schon zwei Jahre später, 1963, wurde die verbesserte Version – SNAP 9 A mit 25 Watt Leistung auf zwei Navigationssatelliten geflogen. Das System SNAP 19 mit 30 W Leistung ist beinahe schon eine Standardausführung geworden.

Der vorläufige Höhepunkt in der Entwicklung von SNAP-Generatoren für den Satelliteneinsatz ist in jenen Systemen zu suchen, die am 14. März 1976 mit den militärischen amerikanischen Experimentalsatelliten LES 8 und 9 gestartet wurden. Die Hauptaufgabe dieser Satelliten ist die Erprobung neuer Methoden gegen die Störung und Beschädigung zukünftiger Kommunikationssatelliten im geostationären Orbit. LES 8 und 9 verfügen über je zwei Radionuklidbatterien mit 150 W Anfangsleistung. Die Generatoren wurden von GENERAL ELECTRIC entwickelt und verwenden als Energiewandler Silizium-Germanium-Elemente von RCA. Jeder Generator enthält als Wärmequelle ca. 6 kg Plutonium und weist gegenüber den bisherigen SNAP-Aggregaten eine höhere spezifische Leistung auf.

Von noch größerer Bedeutung ist die Anwendung von SNAP-Systemen im *interplanetaren* Raum. Von den SNAP 27-Einheiten mit 70 Watt Leistung, die mit den Apollo-Alsep-Meßstationen auf dem Mond stehen, über die Radionuklidbatterien in den beiden Viking-Marslandern bis hin zu den Pioneer- und Voyager-Sonden, die über Jupiter hinaus in das äußere Sonnensystem vorstoßen: Die nuklearen Energiequellen sind unentbehrlich geworden. Die Sicherheitskonzeption der Amerikaner hat sich auch hier bewährt: Bei der mißglückten Mondlandung von Apollo 13 im Jahre 1970 sind die SNAP-Generatoren mit 11,2 km/s in die Erdatmosphäre eingetreten und im Pazifik versunken. Freie Radioaktivität konnte nicht nachgewiesen werden.

Weniger umfangreich sind die Erfahrungen mit *Kernreaktoren* im Weltraum. Die Vereinigten Staaten haben 1965 unter der Bezeichnung SNAP 10A einen Reaktor auf eine Kreisbahn von rund 1120 Kilometer gebracht. Das Gerät wog 440 kg, von denen je 113 kg auf den Reaktor und die Abschirmung entfielen. Der Komplex hatte die Form eines Kegels von 3 m Höhe und einem Basisdurchmesser von 1,5 m, an dessen Spitze sich der Reaktor befand. Im zweiten Umlauf wurde der Reaktor aktiviert und produzierte 630 W, knapp 8 % mehr als erwartet. Nach 43 Tagen stellte SNAP 10 A jedoch seinen Betrieb ein, was nicht am Reaktor selbst lag, sondern an elektronischen Untersystemen.

Die UdSSR hat seit dem 27. Dezember 1967 regelmäßig Kernreaktoren zur Energieversorgung ihrer See-Überwachungssatelliten, genauer gesagt zur Deckung des relativ großen Energiebedarfs des Satelliten-Radars, in niedrige Erdumlaufbahnen gebracht. Ging die elektronische Lebensdauer zu Ende oder traten andere Störungen im Satellitsystem auf, wurde der Reaktor abgetrennt und mit der Zündung eines Raketentriebwerks aus der 250-km-Bahn auf eine sichere 950-km-Bahn befördert. 16 Satelliten dieser Art hatte die UdSSR – ohne Hinweise auf die Energiequelle – gestartet und betrieben. Nur aus dem Ablauf des Flugprogramms schlossen westliche Beobachter auf die nukleare Energiebasis, tippten aber überwiegend auf eine Radionuklidbatterie. Beim Flug von

Kosmos 954 schlug das Manöver, nach einem Defekt in der Bordelektronik den Satelliten auf die Sicherheitsbahn zu bringen, schließlich fehl. Der Raumflugkörper wurde durch die Reibung in der Hochatmosphäre langsam abgebremst und trat am 24. Januar 1978 in die dichteren Schichten der irdischen Lufthülle ein, wo er dann über Nordkanada teilweise verglühte. Erst in dieser kritischen Phase ließen die Sowjets wissen, daß die Energiequelle ein Kleinreaktor sei, der beim Wiedereintritt völlig verbrenne, die Radioaktivität also in der Atmosphäre bleibe. In einer aufwendigen Bergungsaktion wurden dennoch radioaktive Satellitenfragmente gefunden, die eine heftige Debatte auslösten. War die Sicherheitsphilosophie der Sowjets, über die nur wenig bekannt wurde, tatsächlich optimal? Sollten Raumflugsysteme mit Reaktoren an Bord völkerrechtlich verboten oder eine Meldepflicht für derartige Starts eingeführt werden? Es dürfte schwierig sein, hier einen Konsens zu erreichen, ohne technologische Fortschritte zu blockieren ...

Satelliten und Spacelab:
Von der Grundlagenforschung zur Anwendung

Dieses Kapitel über Satelliten soll und muß notgedrungen selektiv sein. Wir haben uns auf eine Auswahl – im Bereich von Forschung und Technologie – beschränkt, denn leicht geht die große Perspektive bei der zu ausführlichen Beschreibung von einzelnen Projekten verloren. Ungleich ist auch der Raum, den wir den einzelnen Themenkomplexen eingeräumt haben: Wer etwa Satellitenprogramme wie OSO, OGO HEAO oder Pegasus vermißt oder ausführlicher über die drei Säulen der militärischen Raumfahrt – Aufklärung, Frühwarnung, Kommunikation und Navigation – informiert werden möchte, wird vergeblich suchen. Das soll nicht etwa eine Wertung sein. Wir haben nur Beispiele für spezifische Entwicklungstendenzen in den Mittelpunkt unserer Betrachtungen gestellt. Welchen Autor hätte es nicht gereizt, ausführlicher über SEASAT oder über den Heath Capacity Mapping Satellite ausführlicher zu berichten?
Doch viele Aspekte klingen auf den folgenden Seiten durchaus an. Spacelab haben wir nicht ohne Grund mit in diese Kategorie einbezogen. Das europäische Raumlabor ist sicher kein Satellit in klassischem Sinne; es wird jedoch in Zukunft viele Funktionen herkömmlicher Raumflugkörper übernehmen. Sehen wir uns zunächst den Bereich der Forschung an:

Die Umgebung der Erde – Forschungsalltag der Satelliten

Seit dem Start des ersten Satelliten steht der erdnahe Weltraum im Mittelpunkt umfangreicher und kontinuierlicher Forschungsaktivitäten. Breit ist das Spektrum: Es beginnt mit der Untersuchung der Struktur der Hochatmosphäre und der Ionosphäre und den dort ablaufenden Prozessen und reicht über das Magnetfeld unseres Planeten, die Strahlungsgürtel, die kosmische Strahlung, die komplexen Wechselwirkungen zwischen dem Geschehen auf der Sonne und auf der Erde bis hin zum ständigen Einfall von Mikrometeoriten. Alle diese Phänomene sind ja nicht etwa statischer Natur, sondern variabel. Um die Gesetzmäßigkeiten der räumlichen und zeitlichen Abhängigkeiten zu erkennen, so Variationen mit dem Aktivitätszyklus der Sonne, sind tatsächlich Meßreihen über Jahrzehnte erforderlich.
Die folgende Abbildung gibt einen Eindruck von der Vielfältigkeit des Geschehens in der unmittelbaren Umgebung, der die Ausrüstung und die Bahnform der Satelliten angepaßt sein muß.
Als Beispiel für eines der erwähnten Gebiete zitieren wir die sowjetischen Wissenschaftler K. Gringaus und B. Twerskoi zum Thema Satelliten erforschen das Magnetfeld der Erde: »Forschungen haben ergeben, daß die Erde von einer

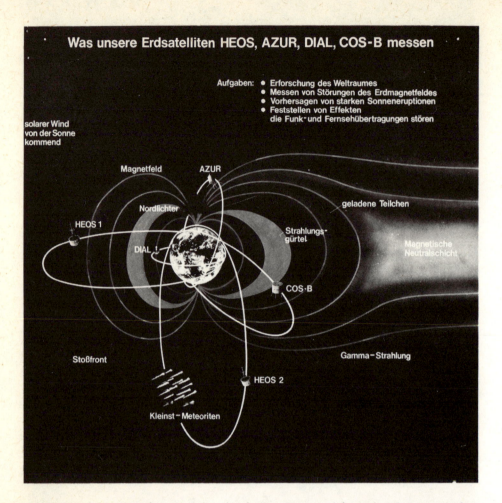

Magnetosphäre umgeben ist, die durch Zusammenwirken des Sonnenwindes und des Magnetfeldes der Erde entsteht. Seine Kraftlinien dringen teilweise in den Sonnenwind ein, werden von ihm Millionen Kilometer fortbewegt und bilden dabei eine Art Schweif. Das elektrische Feld, das bei dieser Wechselwirkung entsteht, drückt das Plasma aus dem Schweif in die Magnetosphäre. Dadurch bildet sich nahe der Äquatorialebene der Erde in 20 000 bis 30 000 Kilometer Höhe ein gigantischer »Plasma-Kringel«, durch den ein Ringstrom mit einer Stärke von Dutzenden Millionen Ampere fließt. Ein gewisser Teil dieses Stromes tritt aus den magnetischen Kraftlinien aus und erreicht die elektrisch leitende Ionosphäre. Die Gebiete, in die diese Ströme gelangen, bilden in der nördlichen und südlichen Hemisphäre in Breiten von 65 bis 70 Grad ovale Zonen, in denen dann das Polarlicht-Leuchten zu beobachten ist. Die Ströme lösen stärkere Störungen im Erdmagnetismus aus. In der Magnetosphäre erzeugt also ein elektrischer Generator unmittelbar über der Erdoberfläche gigantische Ströme. Zum Unterschied vom Dynamo werden sie aber infolge der Unterschiede in der Bewegung der Protonen und der Elektronen im Magnetfeld gebildet. Die Ströme entlang der Kraftlinien werden von Elektronen erzeugt. In etwa 10 000 Kilometer Höhe existiert ein Feld, das die Elektronen rapide beschleunigt, so daß ihre Energie nahe der Erde erheblich zunimmt. Wenn die Elektronen in die Atmosphäre eindringen, rufen sie das Polarlicht hervor, beeinflussen die Eigenschaften der Ionosphäre und das Magnetfeld der Erde. Stärke und Lage dieser Ströme ändern sich während der sogenannten magnetischen Substürme, die die Funkverbindung in hohen Breiten empfindlich stören, häufig.

Das Polarlicht ist somit eine der markantesten Erscheinungsformen des Zusammenwirkens von elektromagnetischen und Plasmaprozessen in der Magnetosphäre. Heute wissen wir, daß derartige Prozesse in weit größerem Maße auch in der Umgebung des Jupiter ablaufen und bei der Entwicklung der Sonneneruptionen eine große Rolle spielen.

Damit die Wissenschaftler ein besseres Bild von diesen Prozessen erhalten, müssen Satelliten sozusagen in drei Etagen eingesetzt werden. Die Satelliten der Prognoz-Serie – auf hochexzentrischen Ellipsen – halten sich über einen bedeutenden Zeitraum hinweg im Sonnenwind auf und ermöglichen es so, seine Wechselwirkung mit dem Magnetfeld der Erde zu untersuchen. Mit den Geräten der Molnija-Serie – hier liegt die maximale Bahnhöhe bei 40 000 Kilometer – werden die Eigenschaften des Ringstroms erforscht. Die in geringer Höhe kreisenden Satelliten mit polarer Umlaufbahn sind schließlich dazu bestimmt, die Wechselwirkungen von Magnetosphäre und Ionosphäre zu untersuchen. Diese Forschungen nimmt unter anderem auch der Raumflugkörper Kosmos 900 vor, der am 30. März 1977 gestartet wurde. Auf der Grundlage der Meßergebnisse vermag man es, die Charakteristika des kalten Ionosphärenplasmas der Elektronen- und der Protonenströme des Polarlichts und der Strahlungsgürtel zu bestimmen und einige charakteristische Spektralbänder des Polarlichts im ultravioletten und im sichtbaren Spektralbereich zu fixieren. Die Experimente sind das Werk von Wissenschaftlern aus der UdSSR, der DDR und CSSR. Sie tragen dazu bei, die Entstehung wichtiger Erscheinungen im Weltraum zu klären, die das Leben auf der Erde beeinflussen.«

Die Erforschung der Magnetosphäre ist ein internationales Anliegen. Seit dem 2. Januar 1976 läuft ein weltweites Forschungsprogramm: Die Internationale Magnetosphären-Studie IMS, an der Satelliten der ESA, der NASA, aus Japan und aus der UdSSR beteiligt sind. Zwar haben die Forschungssatelliten seit 1957 alle Schichten und Zonen der irdischen Magnetosphäre – so etwa ihre äußere Grenze, die Magnetopause, ihren Plasmamantel oder die Van-Allen-Strahlungsgürtel – entdeckt. Dennoch birgt die Magnetosphäre noch viele Rätsel, weil sie kein starres Gebilde ist, sondern sich praktisch von Stunde zu Stunde ändert. Einzelne Satelliten können zum Beispiel nicht unterscheiden, ob etwa eine Plasma-Ansammlung vorbeiströmt oder ob sich lediglich das Meßgerät hindurchbewegt.

Werfen wir einen Blick auf die Sonne: In jeder Sekunde verliert sie etwa eine Million Tonnen Materie. Sie wird vom rotierenden Tagesgestirn wie von einem Rasensprenger in Form von ionisiertem Gas – dem Sonnenwind – weit in den interplanetaren Raum hinausgeschleudert und schleppt dabei Magnetfeldlinien der Sonne mit sich. Diese Strömung elektrisch geladener Teilchen – das Plasma –

umfließt mit Überschallgeschwindigkeit auch die Erde. Ihr Magnetfeld wirkt jedoch als Schutzschild: Der Sonnenwind drückt jedoch auf der sonnenzugewandten Seite die irdische Magnetosphäre ein, bildet eine Bugstoßwelle und biegt die Magnetfeldlinien der Erde zu ihrer Nachtseite hin um; der mit durchschnittlich 500 km/s anströmende Sonnenwind bewegt den weit in den interplanetaren Raum reichenden Schweif unserer Magnetosphäre wie eine Wetterfahne.

Zur ausführlicheren simultanen Untersuchung dieser Phänomene beschlossen daher die amerikanische Raumfahrtbehörde NASA und die europäische ESA, im Rahmen des sogenannten Projektes ISEE zwei Plattformen zu bauen, die mit gleichartigen Meßgeräten ausgerüstet sind und deren Abstand zueinander mit Hilfe eines Antriebssystems kontrolliert verändert werden kann. Durch gleichzeitige Messungen sollen »Mutter«- und »Tochter«-Satellit zum Beispiel die Frage lösen helfen, ob sich ein vom Sonnenwind verursachtes Ereignis an verschiedenen Orten im Weltraum gleichzeitig oder jeweils nur an einem Punkt, aber zeitlich nacheinander, abspielt. Am 22. Oktober 1977 wurden »Mutter« und »Tochter« – ISEE I und ISEE II – mit einer Thor-Delta-Rakete gleichzeitig gestartet und auf eine stark exzentrische Bahn mit 280 Kilometer Erdnähe und 130 000 Kilometer Erdferne gebracht. Beide Satelliten sind jetzt auseinander gedriftet und haben in der Bahn einige 1000 Kilometer Abstand.

Komplett ist das ISEE-Projekt erst mit einem dritten Satelliten, den die NASA auf eine Bahn um die Sonne schießen will und zwar so, daß er sich genau an jenem Punkt bewegt, wo sich die Anziehungskräfte zwischen Erde und Sonne aufheben. Dort kann der Satellit mit geringem Treibstoffaufwand immer zwischen Sonne und Erde gehalten werden. Dieser Punkt ist ungefähr 1,5 Millionen Kilometer von der Erde entfernt. Hier, ungestört von der Magnetosphäre der Erde, soll der »heliozentrische« ISEE-Raumflugkörper als Monitor für den Sonnenwind dienen: ISEE III registriert also den Zustand des interplanetaren Mediums, insbesondere aber seine dynamischen Veränderungen wie zum Beispiel Stoßwellen, mißt das interplanetare Magnetfeld, das Plasma des solaren Windes, elektrische Felder, Plasmawellen, aber auch in der Sonnenatmosphäre angeregte spezielle Radiowellen und liefert damit – jeweils etwa eine Stunde voraus – Bezugswerte für die Mutter-Tochtersatelliten; Bezugswerte aber auch für den am 14. Juli 1978 gestarteten Forschungssatelliten Geos II, der auf eine geostationäre Bahn gebracht worden ist. Mit ihm will die ESA einen weiteren Beitrag zum Magnetosphärenprogramm liefern.

Die praktische Anwendung dieser aufwendigen Anstrengungen liegt auf der Hand: Starke Sonneneruptionen wie sie jetzt mit steigender Aktivität des Zentralgestirns beobachtet worden sind, gefährden nicht nur bemannte Raumflugexperimente. Auch die Passagiere von Flugzeugen mit großen Reisehöhen wie die Concorde oder die Besatzungen von Düsenjägern können einer erhöhten Strahlenbelastung ausgesetzt sein. In der Magnetosphäre und noch weiter draußen ist eine Frühwarnung möglich. Allerdings ist das nur einer der vielen Aspekte der solarterrestrischen Beziehungen, der uns jedoch deutlich erkennen läßt, wie sehr wir in das dynamische Geschehen im interplanetaren Raum eingebettet sind.

Sternwarten in der Umlaufbahn

Die Erdatmosphäre ist – so paradox es klingt – das größte Hindernis für eine umfassende Sammlung astronomischer Information. Vor allem der ultraviolette Bereich des Spektrums wird von der Atmosphäre absorbiert, dessen genaue Kenntnis besonders für das Verständnis heißer Objekte – Sterne, Gasnebel, bestimmte Galaxien sowie »exotische« Objekte – um nur einige Beispiele zu nennen – von besonderer Bedeutung ist. Die Vereinigten Staaten haben bisher drei Observatorien dieser Art in die Erdumlaufbahn gebracht, wobei neben den optischen Systemen vor allem das Problem der Lagestabilisierung besondere Anforderungen stellt. Immerhin muß ja für den Beobachtungszeitraum des ausgewählten Objektes der astronomische Satellit so genau und stabil ausgerichtet werden können wie ein feststehendes Teleskop auf der Erde. Direkte Bilder

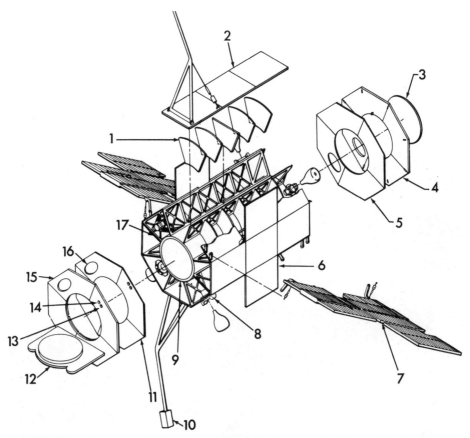

OAO-Orbiting Astronomy Observatory (Kreisbahn-Astronomic-Observatorium), Typ A, für allgemeine astronomische Studien außerhalb der Erdatmosphäre. Die Aufbauskizze zeigt dieses Gerät in zerlegtem Zustand.
1 Geräte-Abteilung, 2 Außenverkleidung, 3 Achterverschlußkappe, 4 Heckverkleidung, 5 Hecksection, 6 Drehbare Klappen (4), 7 Sonnenzellenträger (4), 8 Sternpeiler (6), 9 Zentralrohrkörper, 10 Balance-Ausleger (2), 11 Bug-Sektion, 12 Sonnenblende, 13 Richt-Fernsehkamera, 14 Sternsucher, 15 Bugverkleidung, 16 Sternführung, 17 Hauptträger

werden nicht übertragen sondern Meßwerte, die teilweise direkt im Computer verarbeitet werden.

Die erste Orbitalsternwarte OAO 1 gelangte am 8. April 1966 in die Umlaufbahn. Durch einen banalen Defekt in der Energieversorgung konnte der 1775 kg schwere Satellit seinen Beobachtungsbetrieb gar nicht erst aufnehmen. Er zählt übrigens zu den ersten Kandidaten für eine Bergung mit dem wiederverwendbaren Raumtransporter in den 80er Jahren. Vielleicht kann er nach einer Generalüberholung erneut eingesetzt werden, aber selbst wenn man ihn nur »ausschlachtet«, lohnt sich die Rückführung.

OAO 2, am 7. Dezember 1968 gestartet, erfüllte dann endlich alle Erwartungen der Astronomen. Der 1993 kg schwere Satellit, rund 450 kg davon entfallen auf die optischen Systeme und ihre Hilfseinrichtungen, ist mit 11 Teleskopen bestückt; sieben davon sind mit UV-Photometern verbunden, während die restlichen vier Teleskope mit 20 cm Öffnung – kombiniert mit Fernsehkamerasystemen – für spezielle UV-Untersuchungen gedacht waren. Der Satellit hat seine ursprünglich angesetzte aktive Lebensdauer weit überschritten. Er wurde erst nach dem Einsatz des vorläufig größten Satelliten-Observatoriums OAO 3 stillgelegt. OAO 3 – offiziell »Copernicus« genannt, wurde von der NASA am 21. August 1972 gestartet. Dieser Satellit, 2150 kg schwer und damit zu diesem Zeitpunkt eine Rekordmarke für wissenschaftliche Satelliten der Vereinigten Staaten brechend, hat zwei bedeutsame Experimente an Bord: das Spiegel-

Der Astronomie-Satellit OAO3 »Copernicus« in der Umlaufbahn

teleskop mit 80 cm Öffnung der Universität Princeton und drei kleinere Röntgenstrahlen-Teleskope des University College London für den Bereich von 3 bis 60 Angström. Anläßlich des fünfjährigen »Jubiläums« in der Umlaufbahn im August 1977 konnte der Hauptauftragnehmer – die Grumman Corporation – melden, daß die wissenschaftlichen Systeme in 98,25 % des Zeitraumes genutzt werden konnten. Rund 25 000 Sterne wurden in den ersten fünf Betriebsjahren, Daten über den Ozon- und Sauerstoffgehalt der oberen Erdatmosphäre geliefert. »Copernicus« hat Mars, Jupiter, den Jupitermond Io, Saturn und den Saturntrabanten Titan ebenso beobachtet wie diverse Kometen, darunter das Objekt Kohoutek. Hervorzuheben ist die Tatsache, daß der Satellit – nach einer Prioritätszeit für die verantwortlichen Experimentatoren – interessierten Astronomen aus aller Welt für die Abwicklung entsprechender Forschungsprogramme – also primär für die Gewinnung von UV-Spektrogrammen hoher Auflösung – zur Verfügung steht.

Zu den Beobachtungssatelliten dieser Art ist auch der 1978 gestartete »International Ultraviolett Explorer« – IUE – zu rechnen. Dieser Gemeinschaftssatellit der NASA, der ESA und des Forschungs- und Wissenschaftsrats Großbritanniens beobachtet seit dem 26. 1. 1978 mit einem 45-cm-Teleskop kosmische Objekte und Phänomene im ultravioletten Bereich des elektromagnetischen Wellenspektrums. IUE bewegt sich auf einer exzentrischen Synchronbahn mit einem erdnächsten Punkt von 25 000 km und einem erdfernsten Abstand von 46 000 km. Damit bleibt der Satellit konstant in Verbindung mit der Bodenstation der NASA im Goddard Raumflugzentrum in Greenbelt, Maryland und mit der ESA-Station Villafranca bei Madrid für mindestens zehn Stunden täglich. Bis Ende März 1978 liefen zunächst wissenschaftliche und technische Programme hoher Priorität, dann wurde der über 71° West positionierte Satellit, dessen Lebensdauer auf drei Jahre angesetzt ist, für die astronomische Detailforschung eingesetzt.

Unter dem Begriff »astronomische Satelliten« finden sich zahlreiche Raumflugkörper, die sich primär mit der Untersuchung jener Spektralbereiche befassen, die der Beobachtung von der Erdoberfläche aus nicht zugänglich sind. Das müssen durchaus nicht aufwendige Satelliten sein. So hat die NASA eine

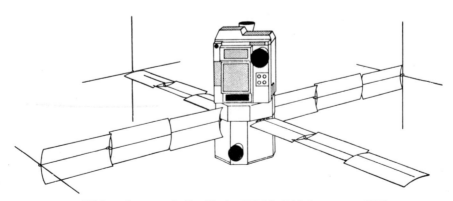

Kleiner Astronomie-Satellit der NASA, SAS 3, gestartet 1975

Serie von drei Raumflugkörpern mit der Bezeichnung »Small Astronomy Satellite« – SAS – zwischen 1970 und 1975 gestartet, die den Himmel primär auf Röntgen- und Gammastrahlenquellen untersuchen sollen. Der Erfolg war sensationell und hat Maßstäbe für alle Folgeprogramme in Ost und West gesetzt.

Der Start dieser Satellitenserie erfolgte mit Amerikas kleinster Trägerrakete, der Scout, in Zusammenarbeit mit Italien, das vor der Küste Kenias – also praktisch in der Äquatorebene eine im Ozean verankerte Plattform errichtet hat, die sich bislang hervorragend bewährte.

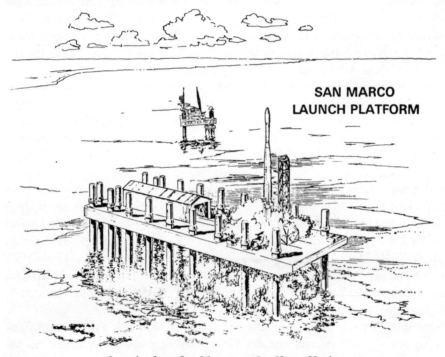

Startplattform San Marco vor der Küste Kenias

Als Ausblick in die Zukunft soll ein Projekt kurz behandelt werden das den landläufigen Vorstellungen einer Sternwarte näher kommt als die bisher beschriebenen astronomischen Satelliten. Das sogenannte Space Telescope (Weltraumteleskop) der US-Raumfahrtbehörde ist das derzeit wohl ehrgeizigste Vorhaben auf dem Gebiet der Erkundung des Kosmos. Es wird voraussichtlich Ende 1983 mit dem Shuttle gestartet und bei erfolgreicher Mission die Astronomen bis zum Ende dieses Jahrhunderts mit der Auswertung der Resultate auslasten.

Die Ausschreibung des Projekts in Höhe von 450 Millionen Dollar erfolgte im Januar 1977 – ein Jahr später als ursprünglich geplant – durch das Marshall Space Flight Center der NASA. Um diesen Großauftrag bewarben sich mehrere Großunternehmen. Die Entscheidung der NASA fiel schließlich im Sommer 1977 zugunsten der Firma Lockheed Missiles and Space Co. Das zehn Tonnen schwere Teleskop hat eine Länge von 14,3 m und einen Durchmesser von 4,7 m. Nach jeweils 30monatigem Betrieb in einer 500 km hohen Kreisbahn mit 28,8° Bahnneigung soll das Teleskop zur Überholung zur Erde zurückgeholt werden. Als Gesamtfunktionsdauer sind 10 bis 15 Jahre veranschlagt. Der Aufbau des Space Telescope unterscheidet sich insofern von demjenigen anderer Satelliten, als erstmals Wartung und eventuelle Reparatur im Orbit möglich ist.

Diese Zeichnung der NASA zeigt das große Weltraumteleskop in der Erdumlaufbahn.

Das Herzstück ist ein Ritchey-Chrétien-Teleskop mit einer Öffnung von 2,38 m, wobei das Spiegelmaterial (ULE-7971) einen extrem geringen thermischen Ausdehnungskoeffizienten besitzt. Infolge des Wegfalls der störenden Luftunruhe ist die Winkelauflösung des Teleskops etwa zehnmal so hoch wie diejenige der besten irdischen Teleskope. Mit dem Space Telescope können im breiten Spektral von 0,120 bis 1,000 Mikrometer noch Objekte beobachtet werden, die fünfzigmal lichtschwächer sind, wie die mit den erdgebundenen Teleskopen zu erfassenden. Nach der Umwandlung der optischen Signale in elektronische Signale erfolgt deren Übertragung zu den Bodenstationen mit einer Datenrate von 1 Megabit/s, wobei der Anteil der Echtzeitübertragungen etwa 85 % betragen wird.

Entscheidend für volle Ausnutzung der optischen Möglichkeiten ist das Ausrichtungs- und Lageregelungssystem. Damit soll das Space Telescope mit einer Genauigkeit von 0,1 Bogensekunden auf das zu beobachtende Objekt orientiert werden; die Lageregelungsgenauigkeit für einen Beobachtungszeitraum von 30 bis 40 Stunden beträgt 0,007 Bogensekunden.

Ein Blick in den Aufgaben-Katalog des kosmischen Großobservatoriums sagt mehr als eine detaillierte technische Beschreibung:

- Genaue Bestimmung der Entfernung zu Galaxien mit Expansionsgeschwindigkeiten von über 10 000 km.
- Bestimmung der Hubble-Konstanten hinsichtlich ihrer Isotropie und zeitlichen Konstanz.
- Überprüfung der Theorie von der Expansion des Universums durch die Bestimmung des Verhältnisses der Oberflächenhelligkeit zur Rotverschiebung für entfernte Galaxien.
- Untersuchungen zur Entstehung und Entwicklung von Sternen in unserem Milchstraßensystem und benachbarten Galaxien.
- Untersuchung der Sternpopulationen in einer frühen Evolutionsphase durch die »rückblickende« Beobachtung entfernter Galaxien.
- Ermittlung des Helium/Wasserstoff-Verhältnisses in Quasaren durch die Beobachtung von He I- und He II-Resonanzlinien.
- Detaillierte Spektralanalyse der Quasare mit geringer und großer Rotverschiebung.
- Analyse der Zentralregionen von galaktischen Kugelsternhaufen hinsichtlich der Existenz Schwarzer Löcher.
- Optische Identifizierung schwacher Röntgenquellen und Radiopulsare und Flußmessungen im Bereich von 0,12–1,00 Mikrometer.
- Auflösung der komplexen Innenstruktur von Herbig-Haro-Objekten.
- Astrometrische Suche und direkte Abbildung von Planeten nahegelegener Sterne.
- Bestimmung der bolometrischen Leuchtkraft schwacher, heißer Sterne zum Studium der Sternentwicklung.
- Bestimmung der Zusammensetzung, Temperatur, Dichte und Ionisationszustand des interstellaren Gases im galaktischen Halo, in Wolken hoher Geschwindigkeit und im intergalaktischen Medium.
- Bestimmung der Zusammensetzung von Wolken in der Atmosphäre von Jupiter, Saturn, Uranus und Neptun.
- Oberflächenkartographie der Jupitermonde.
- Intensitätsmessungen der atomaren und molekularen UV-Emissionslinien, die für die Kometenchemie von Bedeutung sind.

Im Oktober 1977 wählte die NASA vier wissenschaftliche Instrumente für das Space Telescope aus: Eine Weitwinkelkamera, Spektrograph für lichtschwache

Objekte, ein Spektrograph mit hoher Auflösung und ein Hochgeschwindigkeitsphotometer. Die ESA steuert für Europa die Sonnenenergieversorgung sowie eine Kamera für extrem schwache Objekte bei und übernimmt somit rund 15 % der Kosten. Europäische Wissenschaftler werden dafür etwa 15 % der Beobachtungszeit erhalten. Später dann soll das Space Telescope allen Astronomen zur Verfügung stehen.

Wetter-Satelliten – Revolution der Meteorologie

Kaum eine andere Anwendungsform der Weltraumtechnologie ist so schnell zur Routine geworden, wie die Wetterbeobachtung aus der Umlaufbahn, und das spricht für ihre Wichtigkeit. Sicher, wir in Mitteleuropa meinen noch wenig von jenem Fortschritt zu spüren, den der Einsatz dieser Satelliten gebracht hat. Denken wir aber an jene Regionen unseres Planeten, die beispielsweise im Einzugsgebiet der großen Wirbelstürme liegen, dann wird die wahrhaft »lebensrettende« Frühwarnung vor dem heranziehenden Naturereignis schlagartig klar.
Seit dem Start des ersten amerikanischen Wettersatelliten TIROS 1 am 1. April 1960 haben die Vereinigten Staaten rasch ein globales Netz zur Wetterbeobachtung installiert, das in den meisten Fällen Benutzern in jedem Land der Erde direkt zugänglich ist. Während die erste Generation von meteorologischen Satelliten primär der Wolkenphotographie diente, können die modernen Raumflugkörper Informationen über andere – für die Wettervorhersage wichtige – Parameter der Atmosphäre liefern. Mit Hilfe von Infrarot-Systemen können nun auch Nachtaufnahmen gewonnen werden, und mit der Verbesserung der Sensortechnik ist die Bildauflösung bereits in den Bereich unter zehn Kilometer gerückt. Daher sind Erdaufnahmen von Wettersatelliten zum Teil auch mit Erfolg für Umweltstudien verschiedener Art herangezogen worden.
Bei der Entwicklung der Satelliten und der Experimente hat sich eine Arbeitsteilung herauskristallisiert: Die Prototypen werden bei der NASA konzipiert, von ihr in die Umlaufbahn gebracht und getestet. Satelliten, die dann in den operationellen Betrieb gehen, werden von entsprechenden Behörden genutzt und »verwaltet«, in den Vereinigten Staaten ist es NESS, das National Environmental Satellite Service in Suitland bei Washington. Ähnlich sieht die Situation in der UdSSR aus, die erst spät – im Juni 1966 – mit dem Start von Wettersatelliten begann. Hier ist der Hydrometeorologische Dienst für den Routinebetrieb der »Meteor«-Wettersatelliten verantwortlich. Wir wollen hier nicht näher auf die entsprechenden Programme wie Tiros, Itos und Nimbus sowie Goes und SMS der Vereinigten Staaten oder auf die Serien Meteor 1 und 2 eingehen. Erwähnt werden soll jedoch, daß die Militärs in beiden Nationen über eigene Wettersatellitensysteme verfügen, von denen lediglich in den USA Informationen in die zivilen Netze fließen.
Sehen wir uns als Beispiel der modernen Technologie den europäischen Wettersatelliten Meteosat etwas näher an. Eine Bemerkung vorweg: Zur Wetterbeob-

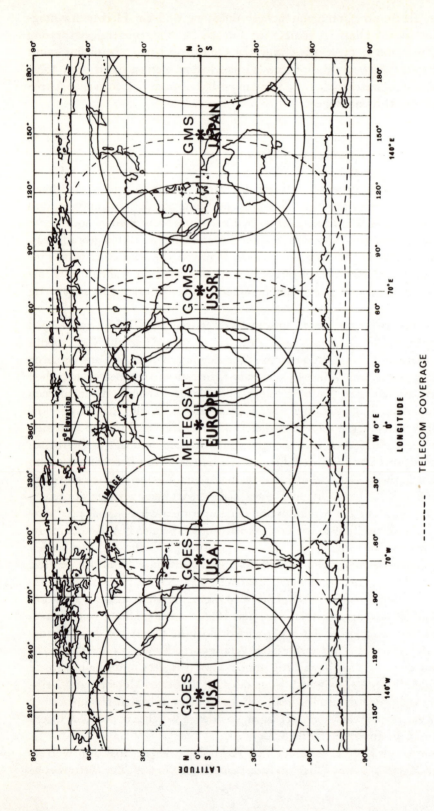

Position der fünf geostationären Wettersatelliten über dem Erdäquator. Die durchgezogenen Linien beschreiben den Bildaufnahmebereich, während die gestrichelten Linien den Kommunikationsbereich kennzeichnen.

achtung haben sich zwei Bahnentypen eingebürgert: die polare sonnensynchrone Bahn in rund 800 bis 1500 km Höhe und die geostationäre Bahn in 36 400 km Höhe, wo der Blickwinkel entsprechend groß ist.

Mit dem 220-Millionen-Mark-Unternehmen Meteosat hat die ESA – vier Jahre nach Projektbeginn – 1977 ihren Beitrag zu den beiden großen, von den UN geförderten Programmen, der Meteorologischen Welt-Organisation abgeliefert. Insgesamt sind fünf Wettersatelliten über dem Erdäquator in symmetrischen Abständen positioniert worden. Ihre Informationen sind sowohl für die kontinuierliche Welt-Wetterbeobachtung als auch für das »Globale Atmosphären-Forschungsprogramm« (GARP) bestimmt, dessen erster Durchgang von Ende 1978 bis Ende 1979 laufen soll.

Zwei der Satelliten stellte die USA zur Verfügung, je einer sollte von Japan, der UdSSR und der ESA kommen. Die Sowjets ließen jedoch wissen, daß sie ihren Beitrag GOMS abgekürzt, nicht pünktlich bereitstellen können. Inzwischen sind die Amerikaner in die Bresche gesprungen. Man kann allerdings gespannt sein, wann sich die Sowjetunion hier dem internationalen Vergleich stellen wird. Auch Japans Satellit – über 150° östlicher Länge stationiert – erfüllt wie Meteosat auch alle Erwartungen.

Meteosat hat, wie die anderen Mitglieder des Netzes, drei Hauptaufgaben: Die Erde und die Wolkendecke aus einer Höhe von 36 000 km über der Position von 0° westlicher Länge – über dem Atlantik vor der Westküste Afrikas – zu photographieren und diese Bilder an eine Zentralstation zu übermitteln. Dann soll Meteosat aufbereitete Bilder, komplette Wetterkarten und Wetterinfor-

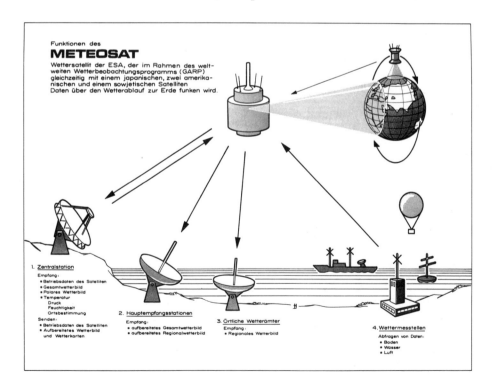

mationen an die einzelnen Wetterämter übertragen. Und schließlich hat Meteosat meteorologische Daten von halb- oder vollautomatischen Stationen, von Meßplattenformen und Satelliten auf niedrigen polaren Bahnen aufzunehmen. Hier hat man den Satelliten für eine Kapazität ausgelegt, die am Boden auch nicht größenordnungsmäßig erreicht wird, denn dort sind die automatischen Stationen dünn gesät. Das Herzstück des Satelliten ist ein Teleskop von 40 cm Öffnung, gekoppelt mit einem empfindlichen Radiometer, mit dem Meteosat bei Tage im sichtbaren und bei Nacht im infraroten Bereich die Erde photographiert. Es dauert rund 30 Minuten, bis ein Bild entstanden ist: Durch die Rotation des Satelliten – rund 100mal je Minute dreht sich Meteosat um sich selbst – wird das Bildobjekt Zeile für Zeile abgetastet. Der Zeilensprung erfolgt dann durch das Schwenken des Teleskops. Im sichtbaren Bereich besteht ein Bild aus 5000 Zeilen, das Infrarotbild aus 2500 Zeilen.

Die Erdaufnahme kann sowohl in analoger als auch in digitaler Form an die Bodenstation abgegeben werden. Hier wird das Bild zur Weiterverteilung – und sie erfolgt ebenfalls über Meteosat – auf ein Standardsystem, zum Beispiel WEFAX oder APT, umgesetzt. Der Informationsgehalt der Aufnahmen ist entsprechend hoch. Aus den Infrarotbildern kann beispielsweise die Temperatur der Erdoberfläche auf 1 °C genau bestimmt und mit dieser Technik die Wolkenhöhe festgelegt werden. Auch eine Ermittlung der Windgeschwindigkeiten ist mit einer Genauigkeit von ± 3 m/s in einzelnen Fällen durchaus möglich.

Damit ist das Spektrum der meteorologischen Informationsbreite des Satelliten auch nicht annähernd abgesteckt. Entscheidend ist jedoch das Zusammenspiel des globalen Netzes, der simultanen Beobachtung des Wettergeschehens. Hier erwartet man nicht nur ein tiefergreifendes Verständnis der wohl kompliziertesten Meteorologie des Sonnensystems, sondern auch eine wirksame kurzfristige Wettervorhersage und Wetterwarnung. Der Datenfluß von Meteosat geht über die Bodenstation Michelstadt im Odenwald zum ESOC-Kontrollzentrum nach Darmstadt, wo er in speziellen Computer-Einheiten aufbereitet wird. Als Knotenpunkt der Weltwetter-Organisation dient die Zentrale in Offenbach.

Meteosat als Beitrag einer globalen Integration von Wissenschaft und Forschung weltweit in einem kleinen, aber wichtigen Teilbereich des Systems Mensch–Umwelt. Auch dieser Aspekt sollte bei einer kritischen Kosten-Nutzen-Diskussion nicht übersehen werden.

Kommunikationssatelliten – Ein kurzer Überblick

Kommunikationssatelliten sind heute aus dem Alltag nicht mehr wegzudenken. Diese geostationären Satelliten sind zu einem nicht unerheblichen Teil Gegenstand kommerzieller Nutzung. 102 Nationen sind Mitglied der Organisation Intelsat, in der zur Zeit die Vereinigten Staaten einen Stimmenanteil von 33 % haben. Der größte Teil des Weltnachrichtenverkehrs spielt sich über Intelsat ab. Die von der UdSSR schon vor Jahren ins Leben gerufene Konkurrenz-Organisation Intersputnik hat außer den »Pflichtmitgliedern« – den RGW-

Staaten – kaum Staaten für sich gewinnen können, da Intelsat einfach durch seine Leistung überzeugt. Diese Institution hat einen Teil ihrer Monopolstellung eingebüßt, da zunehmend Regionalsysteme entstehen, das heißt, Satellitensysteme, die nur zur Versorgung eines nationalen Territoriums dienen und somit nicht unter die Jurisdiktion von Intelsat fallen. Kanada, die USA und Indonesien haben den Reigen eröffnet. Andere Regionalsysteme sind in Planung, wobei der Begriff »Region« mitunter stark strapaziert wird.

Drei Tabellen über die Entwicklung von Intelsat sagen wohl mehr über die Entwicklung der Nachrichtensatelliten-Aktivitäten aus, als eine umfangreiche Schilderung der gegenwärtigen Aktivitäten:

Jahresende	Atlantik	Pazifik	Indischer Ozean	Gesamt
1975	11 186	2 924	3 721	17 831
1976	12 938	3 404	4 724	21 066
1977	15 720	3 872	5 694	25 286
1978	18 904	4 454	6 802	30 160
1979	22 307	5 211	8 026	35 544
1980	26 322	6 097	9 471	41 890
1985	58 195	13 368	20 939	92 502
1990	122 228	29 308	43 979	195 515
1995	256 721	64 255	92 371	413 347

Tab. 1: INTELSAT-Kanalkapazität 1975 - 1995

Jahr	Kanalgebühr/Jahr ($)
28.6.65	32 000
1.1.66	20 000
1.1.67	20 000
1.1.68	20 000
1.1.69	20 000
1.1.70	20 000
1.1.71	15 000
1.1.72	12 960
1.1.73	11 160
1.1.74	9 000
1.1.75	8 460
1.1.76	8 280
1.1.77	7 380

Tab. 2: Jahres-Mietgebühr für INTELSAT-Telefonkanäle 1965-1977

Jahr	Anzahl der Mitgliedsländer	COMSAT - Stimmenanteil (%)
20. 8.64	14	61
31.12.65	49	55
1969	65	53
31.12.70	74	53
30. 6.71	79	51,8
30.11.77	102	33,6

Tab. 3: Beeinflussung des COMSAT-Stimmenanteils durch wachsende Zahl der Mitgliedsländer

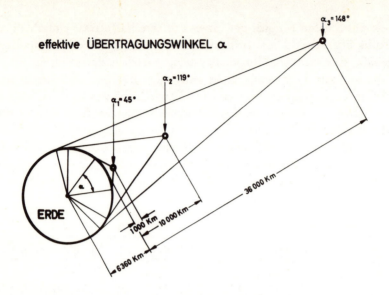

Erfassungsbereich eines Nachrichtensatelliten in Abhängigkeit von seiner Stationierungshöhe (oben). Die Skizze unten zeigt, wie drei Synchron-Satelliten simultan die ganze Erde versorgen könnten.

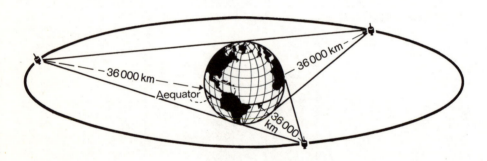

Nicht immer so schnell einsichtig ist die Notwendigkeit regionaler Satellitensysteme, also nicht solche, die die Kontinente überspannen. Solche Systeme bieten sich überall dort an, wo die bodengebundene Infrastruktur an ihre Grenzen stößt oder deren Ausbau einfach zu unwirtschaftlich ist. So werden in Amerika, Kanada und Europa über Satelliten zusätzliche Kommunikationskapazitäten geschaffen, in dünnbesiedelten, weitflächigen Gebieten Übertragungswege geschaffen wie zum Beispiel in Indonesien, im Iran, im Bereich der Arabischen Liga und in Brasilien. Noch steht und fällt die Satelliten-Kommunikation mit leistungsfähigen Bodenstationen. Daher konzentriert sich das Bemühen der Satellitenkonstrukteure auf die Entwicklung von Raumflugsystemen, die einen direkten Empfang des Kommunikationsflusses aus dem geostationären Orbit zum Adressaten ermöglicht. Uns alle würde dieser Aspekt in Form des Direktempfanges ausländischer Fernsehprogramme berühren. Ein für gewisse Staaten heißes politisches Eisen.

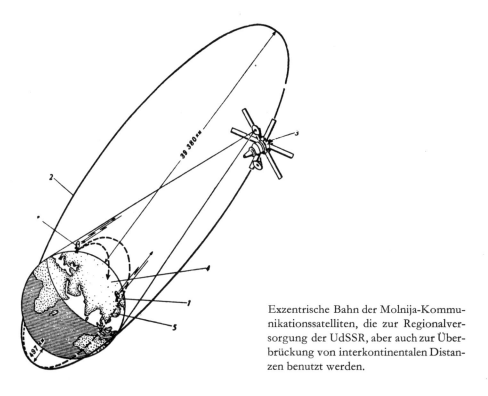

Exzentrische Bahn der Molnija-Kommunikationssatelliten, die zur Regionalversorgung der UdSSR, aber auch zur Überbrückung von interkontinentalen Distanzen benutzt werden.

In Westeuropa hat man jedoch vordringlichere Sorgen: Allein im Bereich des Telefonverkehrs wird der Bedarf an Kommunikationskapazität jährlich um etwa 10 bis 15 % steigen. Die Bedarfsdeckung dürfte – und darin sind sich die Europäische Rundfunk Union EBU und die Konferenz für das Post- und Fernmeldewesen CEPT einig – nur durch ein Satellitensystem möglich sein. Im Auftrag der Europäischen Raumfahrtbehörde ESA hat ein Firmenkonsortium, abgekürzt MESH, seit 1977 mit der Entwicklung eines entsprechenden Satellitensystems begonnen. MESH faßt die Luft- und Raumfahrtunternehmen MATRA, ERNO, SAAB, Aeritalia, Fokker-VFW und INTA unter Federführung von British Aerospace zusammen. Ab 1981 soll dann der europäische Kommunikationssatellit ECS etwa die Hälfte des europäischen Fernsprechverkehrs bewältigen.

ECS wird die Übertragung über größere Entfernungen – ab 800 Kilometer etwa – übernehmen sowie für die Verteilung von Eurovisionssendungen in den in der EBU zusammengeschlossenen Ländern Sorge tragen.

Werfen wir nun einen Blick auf OTS 2 – Europas experimentellen Nachrichtensatelliten, gestartet am 11. Mai 1978. Was hat er mit den künftigen Nachrichtensatelliten-Programmen der ESA zu tun? Die Frage beantwortet sich fast von selbst: OTS ist ein Raumflugkörper, mit dem Westeuropa technologisches Neuland betritt und der Prototyp für das gerade erwähnte ECS-System. OTS 2 muß den Nachweis der Leistungsfähigkeit und Zuverlässigkeit sämtlicher Bordsysteme erbringen.

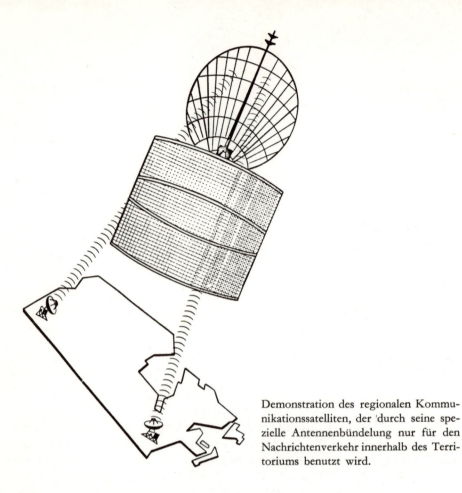

Demonstration des regionalen Kommunikationssatelliten, der durch seine spezielle Antennenbündelung nur für den Nachrichtenverkehr innerhalb des Territoriums benutzt wird.

Dabei werden Experimente zur Nachrichtenübertragung im Bereich hoher Frequenzen und zu deren Mehrfachausnutzung eine wichtige Rolle spielen. Außerdem: Immerhin verfügt ja OTS 2 über die hohe Übertragungskapazität von 6000 Telefonkanälen, deren Nutzung bereits zu einer spürbaren Entlastung der westeuropäischen Nachrichtennetze führen kann.

OTS 2 gehört zu jener noch kleinen Gruppe von Nachrichtensatelliten, die aus dem üblichen 4- und 6-Gigahertzband zur Kommunikationsübermittlung in den hohen 11- und 14-Gigahertzbereich »umgezogen« sind. Diese nachrichtentechnisch so nüchtern und abstrakt klingende Feststellung verdient eine kurze Erläuterung: Die Äquatorebene der Erde mit der geostationären Höhe von 35 900 Kilometer, in der sich der Satellit genau so schnell bewegt wie die Erde sich dreht und damit stillzustehen scheint, ist geradezu mit Raumflugkörpern besetzt. Nicht alle davon sind noch aktiv; doch die noch zu Kommunikationszwecken dienen, arbeiten zum größten Teil im 4- und 6-Gigahertzbereich, in dem zwar – verglichen mit den Rundfunkbändern – sehr viel Platz ist, die Gefahr von Störungen und Interferenzen ständig wächst. Auch die irdischen Funkstörungen im Übertragungsband der Satelliten sind in den letzten Jahren angewachsen. Das Ausweichen auf höhere Frequenzen, also auf kleinere Wellenlängen, schafft nicht nur mehr Bandbreite, sondern ermöglicht mit relativ kleinen Antennen eine gezieltere Bündelung des Kommunikationsflusses. Mit den sechs Antennen des OTS 2 ist also auch eine gezieltere »Ausleuchtung« der einzelnen Sende- und Empfangsregionen möglich. Satelliten-Kommunikation im 11- und 14-Gigahertzband setzt ein hohes technologisches Niveau in der Entwicklung und im Bau von weltraumqualifizierten Sende- und Empfangssystemen voraus: Hierfür zeichnet bei OTS AEG-Telefunken verantwortlich.

Für den experimentellen Einsatz des Satelliten werden die Europäische Raumfahrtbehörde ESA und Interim Eutelsat – eine Organisation, die Europas Rundfunk- und Fernmeldebehörden vertritt – verantwortlich zeichnen. Das Programm, es soll im September anlaufen, ist auf zwei Typen von Bodenstationen zugeschnitten: Da sind einmal die großen Erdefunkstellen mit Antennen zwischen 15 und 19 Meter Durchmesser, darunter vier, die speziell für den OTS-Empfang ausgerüstet sind. Das bereits erwähnte Fucino bei Rom, Bercenay-en-Othe bei Troyes in Frankreich, gebaut von der französischen Post- und Fernmeldeverwaltung, der Kommunikationsveteran Goonhilly Downs in Cornwall und Usingen bei Frankfurt als Zugriff der Deutschen Bundespost.

Mehr als 30 kleinere Erdefunkstellen mit Antennen, die meist nicht größer als 3 Meter sind sowie 50 europäische Institute, Universitäten und Fernmeldebehörden werden an den OTS-Experimenten teilnehmen. Man wird jedoch nicht nur im westeuropäischen Raum mit dem Satelliten arbeiten: Auch der Vordere Orient und Nordafrika sind sowohl in die Versuche als auch in die spätere Nutzung einbezogen.

Der sechseckige Satellit, 865 kg beim Start schwer, mit einer Masse von 444 kg im geostationären Orbit, hat mit entfalteten Solarzellen einen Längsdurchmesser von 9,26 m. Er zeichnet sich, und hier liegt ein anderer technologischer Fortschritt, durch seine Modulbauweise aus. Es ist also relativ leicht möglich, gewisse Nutzlasteinheiten schnell auszutauschen und so den Satelliten auf die spezifischen Bedürfnisse des Auftraggebers zuzuschneidern. Bereits für den maritimen Kommunikationssatellit Marecs, den Europa in absehbarer Zeit in die Umlaufbahn bringen wird, ist der OTS-Standard-Flugkörper übernommen worden.

Man kann beinahe sicher sein, daß – wenn die potentiellen Nachrichtensatelliten-Kunden, die an Projektnamen wie Brasilsat, Iransat oder Arabsat nur unschwer zu identifizieren sind, in Europa ordern – die OTS-Technologie ein wichtiger Pluspunkt für die hiesige Raumfahrtindustrie sein dürfte.

In diesem Zusammenhang sollte nicht unerwähnt bleiben, daß bundesdeutsche Firmen 26 % aller anfallenden Teil- und Untersysteme einschließlich der nachrichtentechnischen Einrichtungen für OTS und 29 % für ECS entwickeln und liefern.

ECS – der operationelle europäische Nachrichtensatellit, in dessen Konstruktion schon jetzt Erfahrungen der OTS-Entwicklung eingeflossen sind – soll 1981 in die Umlaufbahn gehen.

Erderkundung aus der Satellitenperspektive

Die Beobachtung der Erdoberfläche mit den Hilfsmitteln der Satellitentechnologie gehörte schon sehr früh zum Repertoire der Militärs in West und Ost. Als Anfang der sechziger Jahre im Rahmen der bemannten Raumflugprogramme Aufnahmen der Erdoberfläche mit hoher Qualität einer breiteren Öffentlichkeit zugänglich wurden, erkannte man sehr schnell, welche ungeahnten Möglichkeiten hier auf ihre Nutzung warteten. Informationen über die Rohstoffquellen der Erde, über den Zustand landwirtschaftlicher Nutzflächen und über die Umweltbelastungen, alles das ließ sich aus geeignet angelegten Satellitenaufnahmen gewinnen. Bereits im Jahre 1965 begann die NASA mit dem Eros-Programm, wobei Eros als Abkürzung für »Earth Resources Observation System« steht. Zunächst wurden die Aufklärungsflugzeuge WB-57 und U-2 eingesetzt, die Flughöhen um 18 km erreichen. Am 23. Juli 1972 startete dann der erste Satellit, der ausschließlich für Erderkundungszwecke konzipiert worden war: Earth Resources Technology Satellite (ERTS 1), der die Erde in einer Höhe von 915 km umkreist und bis zum 6. Januar 1978 arbeitete. Am 22. Januar 1975

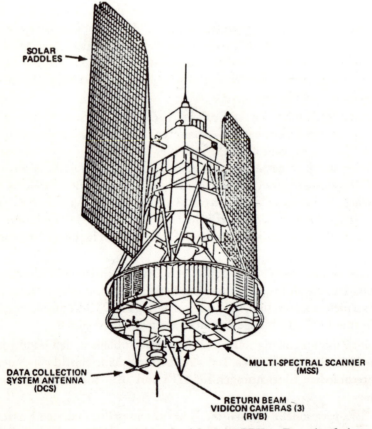

Satellit der Landsat-Serie: MMS = Multispektral-Scanner, RBV = Fernsehaufnahmesystem, DCS = Daten-Sammelsystem

folgte der zweite Satellit dieser Serie, der zur Zeit (Juli 1978) noch immer mit fast voller Kapazität genutzt wird. Inzwischen ist das Programm in Landsat umbenannt worden. Landsat 3 ist am 5. März 1978 in die Erdumlaufbahn gebracht worden. Er stellt eine wesentlich verbesserte Version seiner Vorgänger dar, worauf später noch eingegangen wird. Fassen wir zunächst die wesentlichen Charakteristika der Landsat-Raumflugkörper zusammen. Die etwa 900 kg schweren Satelliten ähneln in ihrer äußeren Struktur den Wettersatelliten der Nimbus-Serie.

Die Landsat-Objekte bewegen sich auf einer nahezu kreisförmigen Bahn von 915 km Höhe, die um 99° gegen den Erdäquator geneigt ist. Diese sogenannte *sonnensynchrone* Bahn spielt bei Erdbeobachtungen aller Art eine wichtige Rolle. Mit ihr wird erreicht, daß die Satellitenpassagen über jedem Ort immer zur gleichen Tageszeit erfolgen, bei der das Sonnenlicht praktisch im gleichen Winkel einfällt.

So können mögliche Fehlinterpretationen der Aufnahmen durch Schatteneffekte auf ein Minimum begrenzt werden. Voraussetzung für die sonnensynchrone

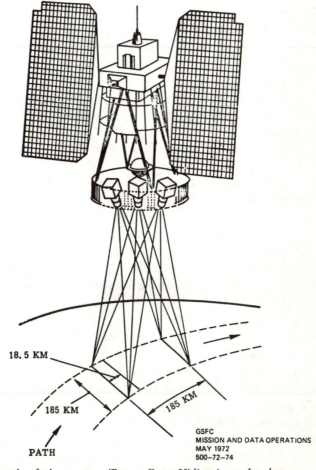

Fernsehaufnahmesystem (Return Beam Vidicon) von Landsat

Bahn ist eine rückläufige Bewegung der Bahnebene des betreffenden Satelliten um 0,986° pro Tag. Hier kommt uns ein glücklicher Umstand entgegen. Durch die Abplattung der Erde werden die Satellitenbahnen so gestört, daß tatsächlich eine Drehung der Bahnebene auftritt. Um jedoch den genauen Betrag – eben jene 0,986° täglich – zu erreichen, muß man bei der gewählten Flughöhe des Satelliten die *Neigung* der Bahn zum Äquator entsprechend vorgeben. Die Bahnneigung oder Inklination ist also die Variable zur Einjustierung einer sonnensynchronen Bahn. So ist zum Beispiel die Bahn von Landsat so gewählt, daß der Überflug an jedem Erdort gegen 9^h30^m Lokalzeit erfolgt.

Ein Landsat-Umlauf, bei dem jeweils ein 185 km breiter Erdstreifen abgetastet wird, dauert 103 Minuten; das sind rund 14 Umläufe pro Tag. Infolge der Erddrehung erfaßt der Satellit bei jedem Umlauf ein anderes Aufnahmegebiet. Er überstreicht somit innerhalb von 18 Tagen die gesamte Erdoberfläche, mit Ausnahme einiger kleiner Gebiete in Polarnähe. Sehen wir uns nun die beiden Abtasteinrichtungen des Landsat-Systems näher an:

Das Fernsehaufnahmesystem (Return Beam Vidicon) arbeitet mit drei Kameras, die jeweils einen gleichen Flächenausschnitt von 185×185 km in verschiedenen Spektralbereichen zwischen 0,475 bis 0,83 Mikrometer aufnehmen.

Der Multispektral-Scanner (MSS) ist mit einem schwingenden Spiegel ausgerüstet, der einen 185 km breiten Teil der Erdoberfläche zeilenweise abtastet (siehe Abbildung). Die vier Spektralbänder (Landsat 1 und 2) umfassen die folgenden Bereiche:

Band 4 (0,5–0,6 Mikrometer): Hier werden besonders gut Ablagerungen und Rückstände im Wasser sichtbar. Gebiete mit seichtem Wasser – Sandbänke, Riffe usw. – treten deutlich hervor.

Band 5 (0,6–0,7 Mikrometer) eignet sich besonders zur Erkennung von Bauwerken, Straßen und Besiedlungsstrukturen.

Band 6 (0,6–0,7 Mikrometer) hebt die Vegetation, die Grenzen zwischen Land- und Wasserflächen sowie die Küstenformen besonders hervor.

Band 7 (0,8–1,1 Mikrometer) im nahen Infrarot, ermöglicht die Durchdringung von Dunstschichten, läßt aber ebenso wie Band 6 Vegetationsgebiete, Land-Wasser-Grenzen und Küstenkonturen, gut abgehoben, erkennen.

Offensichtlich hat sich der Multispektral-Scanner als wichtigere der beiden Abtastsysteme erwiesen, da seine Informationen besser im Computer zu verarbeiten sind als photographische Bilder. Außerdem ist der Spektralbereich des MSS leicht zu erweitern, wie es bereits teilweise bei Landsat 3 geschehen ist. Der Informationsgehalt eines der 185×185 km umfassenden MSS-Bilder beträgt 7,5 Millionen Meßwerte; das sind für die vier Bereiche rund dreißig Millionen Meßwerte oder 30 Megabytes. In jedem Meßwert – 6 bits – sind Strahlungsintensitäten von Null (keine Strahlung aufgenommen) bis 63 verschlüsselt. Die Meßwerte vom RBV oder MSS können über eine Länge von 210 Minuten auf Magnetband im Satelliten gespeichert und von den amerikanischen Bodenstationen abgerufen werden. Der direkte Empfang der Daten ist außerdem von Stationen in Kanada, Brasilien und Italien möglich. Die Bilder, die vom mitteleuropäischen Raum in Fucino bei Rom aufgenommen werden, gelangen für die deutschen Interessenten

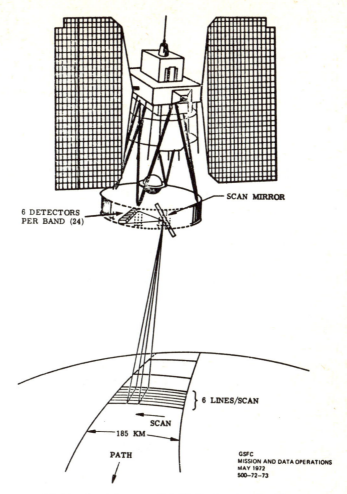

Multispektral-Scanner (MMS) der Landsat-Satelliten

zur DFVLR nach Oberpfaffenhofen, wo sie in Photographien und computerkompatible Magnetbänder umgesetzt werden. Für viele Anwendungen werden die Bildinformationen mit dem Computer noch einer »Spezialbehandlung« unterworfen, so um Verzerrungen zu eliminieren oder Kontraste zu korrigieren bzw. zu verändern. Die Auflösung der Landsat 1 und 2-Bilder, die jedermann zugänglich sind, bisher haben 110 Staaten – auch die Sowjetunion und China – Aufnahmen erworben, beträgt offiziell 80 Meter. Sie ist aber deutlich besser. Aufnahmen von Berlin beispielsweise, lassen die Avus oder die Grenzbefestigungsanlagen der DDR im Süden der Stadt ganz deutlich erkennen. Mit Hilfe der Landsat-Bilder sah die Weltöffentlichkeit erstmals die streng geheimen sowjetischen Kosmodrome Tyuratam, das offiziell aber falsch als Baikonur deklariert wird, Wolgograd und Plesetsk. Beim Vergleich der Bilder aus verschiedenen Jahren konnten sogar bauliche Veränderungen auf den Raketen-Startkomplexen verfolgt werden. Hier wird bereits der politische Konfliktstoff sichtbar, der mit den Erderkundungsbildern entstanden ist. Da jede interessierte Institution oder

Einzelperson gegen entsprechende Bezahlung Bilder praktisch von jedem Territorium unseres Planeten erwerben kann, fühlen sich verschiedene Nationen durch diese Möglichkeit nicht nur in ihrer Souveränität verletzt, sondern auch in ihrer Sicherheit gefährdet. Die Sowjetunion möchte gerne eine völkerrechtliche Regelung dahingehend erreichen, daß die Erderkundung eines Staates nur mit dessen Genehmigung erfolgen darf und die Aufnahmen nicht an Dritte weitergegeben werden dürfen. Das ist natürlich eine politische Fallgrube, die jede freie »grenzüberschreitende« Forschung blockiert und andererseits den beiden Raumfahrtgroßmächten eine Monopolstellung einräumt, denn es dürfte schwerfallen zu kontrollieren, ob sie sich selbst an die Spielregeln halten. Auch die Amerikaner denken intensiv über dieses Problem nach, sind aber zur Zeit noch zu keiner verbindlichen Regelung gekommen. Die Tendenz geht jedoch dahin, eine definitive Politik bis zum Einsatz eines operationellen Erderkundungssystem zu gewinnen, denn bis jetzt gilt Landsat als experimentelles System. Vermutlich wird man weiterhin den freien Fluß der Informationen anstreben, den Sicherheitsbedenken dann durch eine Begrenzung der Auflösung bei den frei zirkulierenden Bildern Rechnung tragen.

Bereits bei Landsat zeichnen sich die Konturen der nächsten Satelliten-Generation ab: Das RBV-System besteht nur noch aus zwei Kameras mit gleicher spektraler Empfindlichkeit (0,505 bis 0,75 Mikrometer), die nun nicht mehr überlappende, sondern nebeneinander liegende Bilder von 93 $\times$ 93 Kilometer Fläche liefern. Damit steigt auch die Auflösung um den Faktor 2, nämlich auf 40 Meter. Jede Kamera ist separat aktivierbar, kann also unabhängig von der anderen arbeiten.

Der Multispektral-Scanner ist durch ein neues Band erweitert worden. Hinzu gekommen ist der Bereich von 10,4 bis 12,6 Mikrometer, mit dem die thermische Emission der überflogenen Gebiete gemessen werden kann. Die Auflösung der »Bilder« in diesem Infrarot-Temperaturband beträgt 237 Meter.

Die Daten-Sammelplattform (DCS) kann die Informationen von 1000 Sensor-Plattformen zweimal täglich abfragen und sie an das Goddard Raumflugzentrum der NASA in Greenbelt, Maryland, direkt übertragen. So können autonome Wetterstationen oder Meßbojen im Küstenbereich abgefragt werden, wobei die Übermittlung der Daten von acht verschiedenen Meßgrößen möglich ist.

Mit Landsat 2 und 3, die um 180° in der Bahn versetzt sind, ist eine komplette Bestandsaufnahme der Erdoberfläche bereits in 9 Tagen möglich.

Um das Spektrum der Anwendungen der Landsat-Informationen auch nur annähernd auszuleuchten fehlt hier der Raum. Allein die NASA faßt bereits in ihren Beschreibungen 10 Schwerpunktsbereiche zusammen: Landwirtschaft, das großräumige Erntevorhersage-Experiment (LACIE), Weideland-Untersuchungen, Forstwirtschaft, Wasser-Resourcen, Meeres- und Binnengewässer-Verunreinigungen, Kartographie, Landnutzung, Demographie sowie Geologische Erkundung und Erz- sowie Rohstoff- und Erdölexploration.

Greifen wir zwei Beispiele heraus: Die Kartographie ist sicherlich eine der sinnfälligsten Anwendungsmöglichkeiten derartiger Satellitenbilder. Natürlich sind für detaillierte Karten noch immer Luftbilder vorzuziehen, es sei denn die Militärs geben einmal ihre Satellitenphotos aus niedrigen Bahnhöhen frei. Bereits bei einem Maßstab von 1 : 250 000 haben sich Landsat-Aufnahmen als geeignet erwiesen. So ist ein Mosaik der Vereinigten Staaten aus nur 600 Landsat-Bildern erstellt worden, während für den gleichen Zweck etwa 100 000 Luftbilder erforderlich gewesen waren. Wichtig ist hier der Nutzen dieser Aufnahmen zur Korrektur der Ungenauigkeiten der gebräuchlichen Landkarten. In Südamerika wurden mit Hilfe von Landsat-Bildern mehr als 30 bisher unbekannte Seen entdeckt sowie etwa 500 bis dahin nicht bekannte Vulkane in den Anden festgestellt. Mehr als die Hälfte des Territoriums von Asien, Afrika und Lateinamerika ist nicht besser als im Maßstab von 1 : 1 000 000 kartographiert und das nicht selten mehr schlecht als recht. Auch hier soll Landsat Abhilfe schaffen. Einer der Staaten, die nachdrücklich hier auf Landsat hoffen, ist Bolivien. Hier haben umfangreiche kartographische Projekte begonnen. Andere Staaten sind an der Feststellung des genauen Küstenverlaufes oder an einer präziseren Definition der Land-Wasser-Grenzen im Bereich großer Deltas (Ägypten, Bangladesh, Iran) interessiert.

Das andere Beispiel bezieht sich auf die Vorausschätzung von Ernteerträgen. Hierzu ist die Identifikation der angebauten Feldfrüchte sowie die Bestimmung des Ertrags pro Fläche erforderlich. Andere Parameter, die in die Vorausschätzung eingehen, sind die verschiedenen Bodenarten, Wetterbedingungen und Anbaupraktiken. Dazu stellt man beispielsweise die Aufnahmen mit dem MSS in den einzelnen Spektralbereichen zu Falschfarben-Bildern zusammen, die zwar dem normalen Auge ungewohnt erscheinen, aber einen hohen und spezifischen Aussagewert besitzen.

Auch Pflanzenkrankheiten oder der Reifegrad beispielsweise von Getreide läßt sich diesen Bildern entnehmen, da beides bestimmte Verschiebungen in den Spektralmustern bewirkt. In Versuchsauswertungen haben Wissenschaftler eine Trefferquote von bis zu 98 % bei der Identifizierung verschiedener Feldfruchtarten erzielt. Bis zu 13 Anbauklassen konnten aus einem Landsat-Bild des Central Valley in Kalifornien herausgefunden werden. Inzwischen hat sich bereits eine private Organisation mit Erfolg der Ernteprognosen angenommen, die auf kommerzieller Basis – zunächst im amerikanisch-kanadischen Raum – vier bis sechs Wochen vor dem Erntetermin die zu erwartenden Ausbeuten mit 96 %iger Treffsicherheit vorhersagen kann. Verschiedene amerikanische Behörden haben sich im LACIE-Experiment – Large Area Crop Inventory Experiment – bemüht, auf einer überregionalen Basis Ernteprognosen zu erstellen, mit dem Ziel einer globalen Bestandsaufnahme mit 90 % Genauigkeit. Hier hat man auch mit der UdSSR zusammengearbeitet, wobei als Testbeispiel Weizen gewählt wurde. Nach den ersten drei Jahren ist man dem Ziel schon recht nahe gekommen, allerdings können eben nur Anbauflächen erfaßt werden, die über der Auflösung der Landsat-Daten liegen. Ein viertes Beobachtungsjahr ist jetzt angelaufen, wobei man dem Kardinalproblem, korrekte Informationen über die tatsächlich eingebrachte Ausbeute in den ausgesuchten Testgebieten zu erhalten, durch verbesserte internationale Kooperation besondere Aufmerksamkeit widmen wird.

Erderkundungsaktivitäten sind auch in der Sowjetunion ein Schwerpunkt der Anwendungs-Satellitentechnologie, doch ist man bis heute außerordentlich zurückhaltend mit der Freigabe entsprechender Informationen und Bilder. Zweifellos ist die Technologie der elektronischen Bildaufnahme und Übertragung mit hohen Datenraten noch weit hinter der Entwicklung in den Vereinigten Staaten zurück. Warum scheut sich die UdSSR sonst, derartige Bilder zu veröffentlichen? Der primäre Akzent liegt offensichtlich auf der »klassischen« Photographie, wo der Film entweder mit rückführbaren Satelliten zur Erde gelangt oder – wenn die Aufnahmen von Bord der Orbitalstationen aus gemacht werden – von den Kosmonauten zur Erde transportiert wird. Auch hier ist bisher nur wenig zu sehen gewesen, mit einer Ausnahme: Einige Aufnahmen der von DDR gebauten Multispektralkamera MKF-6, die erstmals im September 1976 mit dem Raumschiff Sojus 26 erprobt worden ist und sich auch an Bord der Station Saljut 6 befindet, lassen die hohe optische Qualität dieses Systems erkennen. Bislang ist diese Kamera nur im niedrigen Erdorbit eingesetzt worden und liefert aus der Bahnhöhe der Saljut-Station Bilder mit einer Fläche von 220×165 km. Die Kassetten enthalten soviel Film, daß rund 10 Millionen Quadratkilometer photographiert werden können. Wenig hingegen ist bis jetzt über die ersten Erderkundungsflüge der Volksrepublik China bekannt. Konkrete Pläne für entsprechende Satelliten haben Indien und Frankreich vorgelegt ...

Spacelab

Westeuropa hat längst den Beweis dafür angetreten, daß es auf einzelnen Gebieten der Raumfahrttechnologie einen hohen Leistungsstandard erreicht hat, der durchaus mit dem der Vereinigten Staaten vergleichbar ist. Der Beitrag der Europäischen Raumfahrtbehörde ESA zum amerikanischen Programm des Wiederverwendbaren Raumtransporters wird das experimentelle Raumlabor Spacelab sein. Für die Bundesrepublik Deutschland ist dieses Vorhaben von besonderer Bedeutung, da sie den größten Kostenanteil übernommen hat und deshalb ein deutsches Raumfahrtunternehmen – ERNO in Bremen – der Hauptauftragnehmer geworden ist. Spacelab wird also in Zukunft ein deutsches »Markenzeichen« sein. Ausführlicher haben W. Büdeler und S. Karamanolis das Thema in dem bei W. Goldmann, München, 1976 erschienenen Werk »Spacelab – Europas Labor im Weltraum« behandelt. Wir stützen unsere knappe Darstellung weitgehend auf entsprechende Veröffentlichungen von ERNO, die komprimiert die wesentlichen Fakten liefern. Am 24. September 1973 vereinbarten die USA und Europa die Zusammenarbeit bei der Entwicklung wiederverwendbarer Systeme zur Fortsetzung der bemannten Raumfahrt. Die US Raumfahrtbehörde NASA beauftragte Rockwell International mit der Entwicklung des Space Shuttle. Der damalige europäische Vertragspartner ESRO (European Space

Research Organization), jetzt ESA, vergab den Auftrag, Spacelab als Shuttle-Nutzlast zu bauen, am 5. Juni 1974 an ein Firmenkonsortium unter Federführung von VFW-Fokker/ERNO. Der Bremer Hauptauftragnehmer hat die Gesamtverantwortung für das System, d.h. für Entwicklung, Integration und Test. Der erste Start des Spacelab an Bord des Shuttle ist für Dezember 1980 vorgesehen. Die Flugeinheiten I (langes Modul und eine Palette) und II (Iglu) und drei Paletten werden im Oktober 1979 sowie im Januar 1980 an die NASA ausgeliefert.

Die Gesamtprogrammkosten betragen auf den Zeitraum bis 1979 verteilt, rund 1,1 Milliarden Mark. Der Industrie steht ein Budget von rund 900 Millionen Mark (Preisbasis 1977) zur Verfügung. Weitere Reserven zur Anpassung an die sich ändernden geltenden wirtschaftlichen Bedingungen und Änderungen am Konzept sind im Finanzplan der ESA ausgewiesen. Die Vorbereitungen für die ersten Spacelab-Missionen sind weit fortgeschritten: ESA und NASA haben 77 Experimente für den Start im Dezember 1980 ausgewählt. Dabei geht es in erster Linie um den Nachweis des einwandfreien Zusammenspiels zwischen dem Shuttle und Spacelab. Gleichzeitig werden erste wissenschaftliche Daten gesammelt.

Die Anforderungen, die an das Weltraumlabor gestellt werden, heißen Wirtschaftlichkeit, optimale Nutzungsmöglichkeit und größtmögliche Flexibilität. Es müssen ebenso kleine Geräte wie auch großflächige Vorrichtungen für die Experimente untergebracht werden, und zwar sowohl in einer druckbeaufschlagten Kabine (Modul) wie auch auf Plattformen (Paletten) auf denen Experimentier- und Beobachtungsgeräte direkt dem Weltraum ausgesetzt werden können.

ERNO wählte deshalb für das Spacelab-Systemkonzept die Modulbauweise. Die einzelnen Segmente werden dabei nach dem Baukastenprinzip zu verschiedenen Flugkonfigurationen zusammengesetzt. Diese Elemente bestehen aus einem sogenannten Kern- und einem Experimentsegment, die zu einem kurzen (2,7 Meter) oder einem langen Modul (5,4 Meter) zusammengebaut werden. Beide Einheiten sind mit einem Lebenserhaltungs- und Umweltkontrollsystem ausgerüstet, so daß die Wissenschaftler wie auf der Erde in Hemdsärmeln darin arbeiten können. Weiter gehören dazu die offenen Paletten und Versorgungsbrücken. Ein Tunnel bildet den Verbindungsweg für die Nutzlastspezialisten zwischen dem Labor (Arbeitsbereich) und dem Shuttle Orbiter (Aufenthaltsbereich). Das Spacelab-Konzept sieht 13 verschiedene Kombinationsmöglichkeiten vor, geht vom Einsatz eines kurzen Moduls über das lange Modul zur Zusammensetzung mit einer oder mehreren Paletten bis zur Nur-Paletten-Version (maximal fünf Segmente).

Die allgemein technischen Möglichkeiten für den Spacelab-Einsatz und die praktische Anwendung durch Industrie und Wissenschaft für Technologie und Grundlagenforschung lassen sich in drei Hauptaufgaben unterteilen:

1. Spacelab als Entwicklungs- und Testlabor beispielsweise für die Entwicklung neuer Verfahrenstechniken und die Erprobung neuer Werkstoffe. Dabei sollen die besonderen operationellen und physikalischen Bedingungen des Weltraums genutzt werden, wie die Schwerelosigkeit und das Hochvakuum. Ideale Voraus-

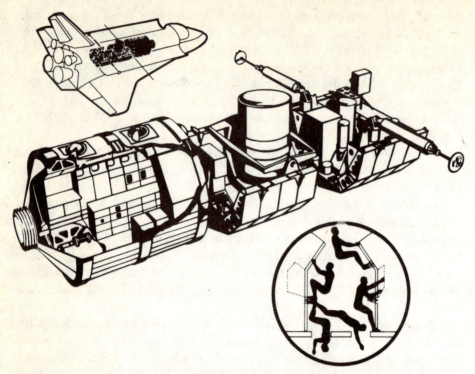

Spacelab, die bislang wesentlichste Nutzlast für den Space Shuttle. Das aus verschiedenen Segmenten zusammengesetzte Labor wird in den Laderaum des Shuttle Orbiters integriert (oben links). Eine der 13 möglichen Flugkonfigurationen (Bildmitte) sieht zwei Module und zwei Paletten vor. Daneben die Bewegungsabläufe der Nutzlastexperten.

setzungen sind damit besonders für die Werkstoffverarbeitung bei Schweiß-, Löt- und Schmelzprozessen wie auch bei der Züchtung von Kristallen, dem Trennen bestimmter Stoffe und der Herstellung von Gläsern gegeben. Neue Erkenntnisse erwarten dabei besonders die Bereiche der Chemie und Pharmazeutik, der Elektronik und Elektrotechnik, Maschinenbau und Optik, Medizin und Biologie. Ein Beispiel für Arbeiten dieser Arbeit an Bord von Orbitalstationen werden wir später noch sehen.
2. Spacelab als operationelle Plattform für erdbezogene, anwendungsorientierte Aufgaben mit den Schwerpunkten Fernerkundung der Erde, Meteorologie, Kommunikation und Navigation. Die hohe Nutzlastkapazität ermöglicht dabei besonders den Einbau schwerer und großer wie auch einfacher Geräte, die von Operateuren bedient werden, um damit eine noch bessere Erdbeobachtung zu gewährleisten. Gleichzeitig können neue Sensoren, Lasersysteme und Kontrollgeräte erprobt werden.
3. Spacelab als Erprobungs- und Meßplattform für die Erforschung des Weltraums. Gedacht ist an die Fortführung der extraterrestrischen Forschung, der Astronomie, Atmosphären- und Astrophysik wie auch Sonnenphysik mit schwerem oder manuell zu bedienendem Gerät.

Spacelab ist für 50 Missionen oder den Einsatz über einen Zeitraum bis zu 10 Jahren konzipiert. Zunächst sind Flüge an Bord des Raumtransporters von sieben Tagen Dauer vorgesehen, die bis auf 30 Tage ausgedehnt werden sollen. Je nach Missionsaufgabe und den dafür notwendigen Experimentanordnungen können zwei bis vier Nutzlastspezialisten im Labor arbeiten.

Die erste Spacelab-Mission ist für Ende 1980 geplant, unter der optimistischen Voraussetzung, daß die mechanischen Probleme am Shuttle-Triebwerk – es wurden bei den Testläufen feine Haarrisse entdeckt – nicht schwerwiegender Natur sind. Ein zweiter Flug soll Anfang 1981 stattfinden und damit die sogenannte Verifikationsphase abschließen, die mit der Auslieferung des Ingenieurmodells an die NASA im Juni 1979 beginnt. Primäres Ziel dieser Verifikationsphase ist der Nachweis der Funktionstüchtigkeit der beiden wiederverwendbaren Raumfahrtsysteme. Gleichzeitig werden auch die ersten Experimente eingesetzt. Ab 1981 beginnt dann die operationelle Phase mit einer sich ständig steigernden Zahl von Shuttle-Flügen. Dafür hat die NASA ein Missionsmodell, einen vorläufigen Fahrplan für den Shuttle-Einsatz zwischen 1980 und 1991 erarbeitet. Danach sind ab 1984 jährlich 60 Shuttle-Flüge vorgesehen, insgesamt 572 Starts geplant. 226mal soll das Weltraumlabor Spacelab als Nutzlast mitfliegen.

Im Auftrag der europäischen Weltraumbehörde ESA untersucht ERNO gemeinsam mit den Unterauftragnehmern am Spacelab-Projekt zur Zeit mögliche Wege einer Weiterentwicklung. Die Studie soll Aufschluß über die Definition eines

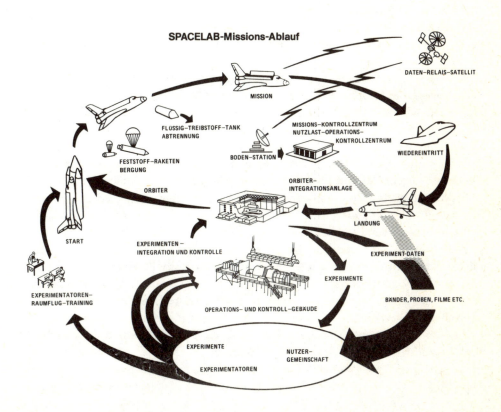

erweiterten Spacelab-Programms für eine Missionsdauer bis zu 90 Tagen bringen. Dafür sind zusätzliche Energieversorgungseinrichtungen notwendig. Untersucht wird ebenfalls die Definition für ergänzende technologische Konzepte, die für Spacelab den Einsatz als freifliegendes System oder Element einer zukünftigen Raumstation ermöglichen.

Da im Raumtransporter nicht genügend Platz für die Unterbringung von größeren Besatzungen gegeben ist, sollen im Spacelab-Modul die erforderlichen Einrichtungen geschaffen werden.

Die Bundesrepublik hat bei den Vorarbeiten für die Nutzung von Spacelab in Europa eine führende Stellung erreicht. Frühzeitig wurden die Weichen gestellt, Industrie und Forschung über die Anwendungsmöglichkeiten informiert. Das Bundesministerium für Forschung und Technologie hat Förderungsrichtlinien für die Planung und Vorbereitung der Experimente herausgegeben. Schließlich hat die NASA mit der Veröffentlichung der Transport- und Missionskosten (19–22,5 Millionen Dollar pro Flug auf die Preisbasis von 1975 bezogen) weitere Voraussetzungen für entsprechende Nutzungsplanungen geschaffen. Während die Industrie und die mehr technologisch orientierten Forschungsdisziplinen ihr Interesse haben erkennen lassen, ist in den mit astro- und geophysikalischen Grundlagenstudien befaßten Instituten das Echo noch zurückhaltend. In der Bundesrepublik haben sich die führenden Raumfahrtunternehmen und die DFVLR – die Deutsche Forschungs- und Versuchsanstalt für Luft- und Raumfahrt – zu einer Arbeitsgemeinschaft Spacelab-Nutzung ASN zusammengeschlossen.

Wesentliche Erkenntnisse für die Auslegung von Experimenten sind in einem Raketenprogramm mit technologischen Versuchen unter Schwerelosigkeit gewonnen worden, kurz Texus genannt. Beim ersten Texus-Start mit einer Skylark-Rakete im Dezember 1977 arbeiteten Experimentiereinrichtungen aus dem Bereich der Materialwissenschaft bis zu sechs Minuten Dauer unter Schwerelosigkeit. Während dieser Phase arbeitete ein kleines, aus fünf Modulen bestehendes ERNO-Labor zufriedenstellend. Die in der Nutzlastspitze der Skylark-Rakete untergebrachten Apparaturen waren für Schmelz- und Flüssigkeitsexperimente mit verschiedenen Materialien eingerichtet. Auch Schweden hatte sich mit einem eigenen Modul an dem Programm beteiligt. Im Rahmen der Texus 2-Mission soll auch wieder anwendungsorientierte Grundlagenforschung betrieben werden. Unter anderem interessiert man sich für die Mechanismen der Korrosion. Hintergrund ist die Gewinnung von Erkenntnissen, zum Beispiel, wie das Rosten des Schiffsstahls im Salzwasser verhindert werden kann. Ferner soll in der Schwerelosigkeit herausgefunden werden, wie sich Flüssigkeiten in Kapillaren mit unterschiedlichem Querschnitt verhalten. Diese im Weltraum zu erforschende Technologie soll wiederum der Weltraumfahrt zugute kommen, zum Beispiel bei Satelliten. Die gewonnenen Erfahrungen sollen in die Entwicklung von Kapillartanks einfließen, die mit Treibstoff für kleine Raketenmotoren beschickt werden.

Deutsche Experimentatoren werden bereits bei den ersten Shuttle-Testflügen im Herbst 1979 mit weiteren Vorprogrammen für die Spacelabnutzung dabei sein. So investierte ERNO in dieses Experimentalprogramm zunächst 40 000 Dollar. Der Gegenwert: Flugoptionen für rund 400 kg Nutzlastkapazität in Form von versiegelten, selbständig, also unabhängig vom Orbiter arbeitenden Experimentbehältern, sogenannten »self contained package« SCP. Diese Behälter können verschiedene Formen und Größen bis zu einer maximalen Nutzlastkapazität von 91 Kilogramm oder 140 Liter Volumen haben. Damit sind Versuche möglich, die keine Wartung durch Astronauten und nur geringe Energie benötigen.

Für das Bundesministerium für Forschung und Technologie, das sich ebenfalls 25 Optionen für Containerexperimente bei der NASA sicherte, wird in Bremen die Auslegung dieser neuen Versuchseinrichtungen bearbeitet. Dieses Studienprogramm läuft unter dem Kurzzeichen MAUS und umfaßt materialwissenschaftliche autonome Experimente unter Schwerelosigkeit. Bei optimistischer Bedarfsschätzung ist ab 1983 mit mindestens zwei Spacelabmissionen allein für die deutschen Nutzer zu rechnen. Zusätzlich dürfte Bedarf für eine wissenschaftliche Mission jährlich bestehen.

Im Bereich der medizinischen Experimente an Bord von Spacelab wird die Erforschung der »Raumkrankheiten« neben der Untersuchung von Herz- und Kreislaufproblemen höchste Priorität haben. In Zusammenarbeit mit einer Forschergruppe von Professor von Baumgarten (Universität Mainz) wurde der sogenannte Raumschlitten (Space Sled) entwickelt, der von der ESA in Auftrag gegeben wurde und den verschiedenen Wissenschaftlerteams als Standardausrüstung für das Spacelab zur Verfügung stehen wird. Spacelab wird auch in Europa den Beruf des Raumfahrers populär machen. Die drei ersten Spacelab-Kandidaten, Ulf Merbold (Bundesrepublik Deutschland), Claude Nicollier (Schweiz) und Wubbo Ockels (Niederlande), die gemeinsam mit ihren amerikanischen Kollegen Michel L. Lampton und Byron K. Lichtenberg zur Auswahl beim Spacelab 1-Flug stehen, sind gewissermaßen die Pioniere, die die Maßstäbe für eine ständig sich erneuernde europäische Stamm-Mannschaft setzen werden.

Der Weg zum Mond

Der Erdtrabant als erste Etappe irdischer Raumfahrtaktivitäten auf dem Wege in das Sonnensystem: Dieser logische Schritt ist schon von den »Vätern« des Weltraumfluges durchdacht und beschrieben worden. Es wäre nicht uninteressant, auch einmal darüber zu reflektieren, wie sich eine Raumfahrttechnologie auf einem Himmelskörper entwickeln würde, der kein so nahes und relativ »ungefährliches« Ziel ständig vor Augen hat, also auf einem mondlosen Planeten.

Bereits 15 Monate nach dem Start von Sputnik 1 sah die Welt die erste Mondmission: Am 2. Januar 1959 wurde die sowjetische Sonde Lunik 1 gestartet, der Auftakt intensiven Mondprogramms der UdSSR, das seine Höhepunkte in der

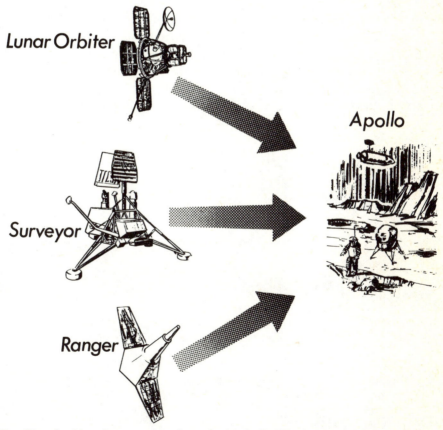

Der Weg des Menschen zum Mond wurde durch die US-Raumsonden Ranger, Surveyor und Lunar Orbiter vorbereitet. Alle drei Sonden verkörperten jeweils eine spezifische Forschungs- und Erkundungstechnik mit genau definiertem Ziel.

weichen Landung von Luna 9 am 3. Februar 1966, dem Einschuß eines Mondsatelliten, Luna 10, am 3. April 1966 hatte. Rückblickend kann heute gesagt werden, daß das sowjetische Mondforschungsprogramm kaum auf ein bemanntes Folgeunternehmen orientiert gewesen ist. Es waren Pioniertaten, gewiß, aber an wissenschaftlicher und technologischer Ausbeute vergleichsweise wenig ergiebig. Erst in der zweiten Phase hat sich für die UdSSR diese Situation geändert, doch darüber später mehr. Das amerikanische Monderkundungsprogramm ist seit 1961 immer unter dem Aspekt einer späteren Landung von Menschen angelegt gewesen. Es hat die breite Basis unseres Wissens über den Erdtrabanten geschaffen, deshalb sollen jene drei Projekte vorangestellt werden, die den Weg für das Apollo-Programm ebneten.

Das Ranger-Programm brachte die erste erfolgreiche Mondsondierung der USA. Während des Gesamtunternehmens sandten Ranger-Raumfahrzeuge 17 255 Bilder von der Mondoberfläche zur Erde, wobei Objekte bis zu einem Durchmesser von rund 30 cm sichtbar wurden. Diese Bilder verbesserten einerseits unser Wissen vom Mond und revidierten es andererseits auch wieder. Die Wissenschaftler werden damit noch jahrelang zu tun haben, denn diese Photos umfassen so große Gebiete unseres Trabanten, wie sie von einer menschlichen Expedition nicht so bald durchstreift und untersucht werden können. Von Ranger VII (Start am 30. Juli 1964, lieferte 4308 Bilder) über Ranger VIII (Start am 17. Februar 1965, lieferte 7137 Bilder) bis zu Ranger IX (Start am 21. März 1965, lieferte 5814 Bilder) – letztes Fahrzeug der Serie – begannen alle Sonden planmäßig in 20 Minuten Flugzeit Entfernung vom Mond ihre Bilder zur Erde zu übermitteln und setzten diese Tätigkeit fort, bis sie auf dem Mond zerschellten.

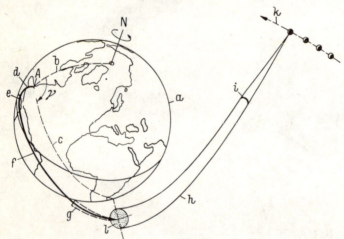

Einschußkanal der Ranger-Mondsonden. a Erde, b Großkreis vom Nordpol N zum Abschußplatz A, c Abschußrichtung (Abschußwinkel γ), d Abschuß der Atlas-Trägerrakete, e erste Zündung der Atlas-Agena-Stufe, f kreisförmige Parkbahn der Agena in 185 km Höhe mit 28 200 km/h Geschwindigkeit, g zweite Zündung der Agena, h Einschußkanal (Mondkorridor), i Bahnkorrektur-Manöver zum Berichtigen von Einschußfehlern, k Mondbahn, l Eintrittsöffnung des Mondkorridors von rd. 16 km Durchmesser (trifft Ranger in diesen Kreis mit weniger als 26 km/h Abweichung von der vorgeschriebenen Einschußgeschwindigkeit, so kann das Mondziel mit Hilfe des späteren Bahnkorrektur-Manövers erreicht werden; die Einschußgeschwindigkeit beträgt etwa 39 400 km/h)

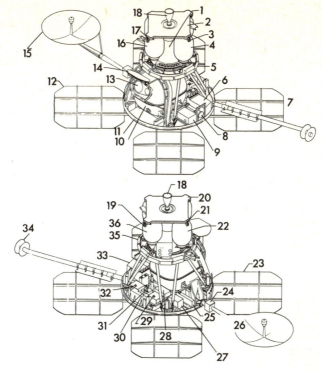

Lunar Orbiter Spacecraft, Aufbauschema.

1 Obere Trägerstruktur, 2 Hitzeschild, 3 Sonnensensor, 4 Oxydator-Tank, 5 Mikrometeoriten-Detektor, 6 Flug-Programm, 7 Antenne, 8 Fixstern-»Canopus«-Sucher, 9 Lagekontrolle, 10 Photosystem, 11 Instrumentenraum, 12 Sonnenzellen, 13 Kamera-Objektive, 14 Hitzeblende für Kameras, 15 Antenne, 16 Treibstoff-Tank, 17 Lage-Kontrolle, 18 Geschwindigkeits-Kontroll-Rakete, 19 Sonnensensor, 20 Hitzeschild, 21 Lagekontrolle, 22 Oxydator-Tank, 23 Sonnenzellen, 24 Antennen-Antrieb, 25 Wanderfeld-Röhre, 26 Antenne, 27 Kommando-Decoder, 28 Multiplexer-Anlage, 29 Batterie, 30 Transponder, 31 Lade-Kontrolle, 32 Batterie, 33 Flug-Programm, 34 Antenne, 35 Mikrometeoriten-Detektor, 36 Treibstoff-Tank

Die Raumfahrzeuge vom Typ »Lunar Orbiter« stellten eine bedeutende Verbesserung dar. Sie gelangten in Umlaufbahnen um den Mond, die zwischen einem Apolunäum (höchster Bahnpunkt über dem Mond) von mehreren hundert bis eineinhalbtausend Kilometer und einem Perilunäum (niedrigster Bahnpunkt über dem Mond) von nur rund 50 km liegen. Vom Perilunäum aus erfaßten die Hochauflösungskameras noch Objekte mit einem Durchmesser von rund einem Meter. Die kleinsten Mondobjekte, die mit den besten Teleskopen von der Erde aus noch sichtbar werden, haben Durchmesser in der Größenordnung von etwa 800 m.

Im Gegensatz zu Ranger und Surveyor, wo die Bildaufnahme direkt mit einer Fernsehkamera erfolgte, arbeitete man in der Lunar-Orbiter-Serie mit Zwischenfilm, um die Auflösung zu erhöhen. Wie die Abbildung auf Seite 243 zeigt, nahmen die Kameras die Bilder auf, die dann an Bord entwickelt, fixiert und im Negativ elektrisch abgetastet wurden. Mit der Tele- und Weitwinkeloptik

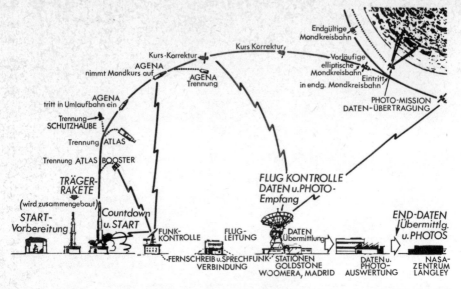

Wie der Mond durch Raumfahrzeuge aus einer Mond-Kreisbahn photographiert wird: Aufnahme-, Empfangs- und Verarbeitungstechnik der Mondoberflächen-Bilder sind schematisch dargestellt

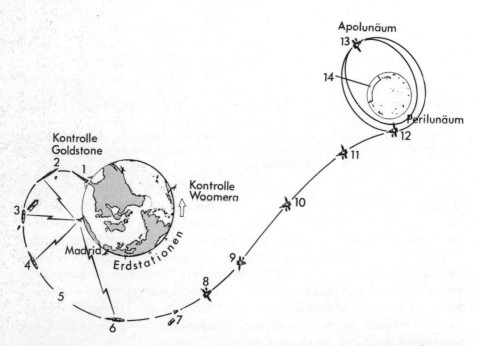

Typisches Flugprofil für Lunar Orbiter. Trägerfahrzeug ist dabei ein Atlas-Agena-Gespann.

1 Start, 2 Trennung Atlas-Grundstufe, 3 Trennung Atlas-Marschstufe und Verkleidung, 4 1. Zündung Agena Eintritt in Erd-Park-Kreisbahn, 5 Flug in Park-Kreisbahn, 6 Zweite Zündung Agena, Eintritt in Mondkurs, 7 Trennung Agena, 8 Entfaltung Sonnenzellenträger und Antennen, 9 Orientierung nach Fixstern Canopus, 10 1. Kurskorrektur, 11 2. Kurskorrektur, 12 Eintritt in 1. Mondkreisbahn, 13 Eintritt in operationelle Mond-Kreisbahn, 14 Photographisches Zielgebiet

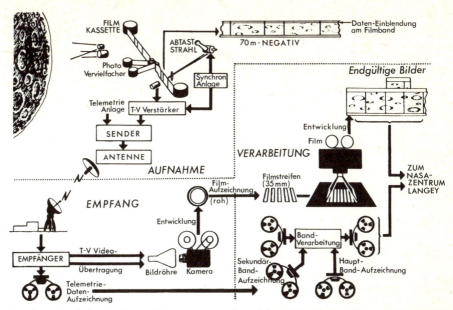

Wie der Mond durch Raumfahrzeuge aus einer Mond-Kreisbahn photographiert wird (Beispiel Lunar Orbiter): Aufnahme-, Empfangs- und Verarbeitungstechnik der Mondoberflächen-Bilder sind schematisch dargestellt

konnten simultan Bilder von verschieden hoher Auflösung mit Hilfe eines Doppelobjektives gewonnen werden.

Ein entscheidendes technisches Problem war der Nachführmechanismus des Kamerasystems, denn was durch den Zwischenfilm an Oberflächendetail gewonnen wurde, sollte nicht durch Bewegungs-Unschärfe wieder verloren gehen. Beim Lunar Orbiter 1, gestartet am 10. 8. 1966, gab es dann auch offensichtlich Schwierigkeiten dieser Art, denn die Qualität der ersten Nahaufnahmen war enttäuschend. Allerdings in den vier folgenden Flügen kamen dann jene Bilder, deren Schärfe und Güte nur noch von den Apollo-Kameras im Mondorbit erreicht bzw. übertroffen wurde.

Die ersten drei Lunar Orbiter wurden in Mondbahnen von geringer Neigung gegen den Trabantenäquator (11,8°–21°) eingeschossen, weil sie primär Informationen über mögliche Apollo-Landeplätze liefern sollten. Das sogenannte Periselenum (der mondnächste Punkt der Bahn) wurde bei den Orbitern 2 und 3 sehr niedrig gewählt, 39 bzw. 45 Kilometer. Die wissenschaftliche Aussagekraft dieser Bilder, insbesondere einiger Schrägaufnahmen war hoch und vermittelte zum ersten Mal einen realistischen Eindruck vom tatsächlichen Anblick der Mondoberfläche, mit den etwas weicheren Konturen, die dann durch die bemannten Exkursionen so vertraut wurden.

Lunar Orbiter 4, am 4. Mai 1967 gestartet, wurde auf eine beinahe polare Bahn von 86° Neigung gegen den Mondäquator gebracht. Die 326 Aufnahmen dieser Mission – aus Höhen zwischen 2600 und 6175 km gewonnen – zeigten 99 % der Vorderseite und 75 % der Rückseite des Mondes. Das Programm wurde mit dem 2. August 1967 gestarteten Lunar Orbiter 5 abgeschlossen. Auch bei diesem

Flug wurde die fast polare Bahnneigung gewählt, der Höhenbereich – zwischen 96 und 1510 km – aber gesenkt, um spezielle Gebiete aufzunehmen.

Die Bilanz des so überaus erfolgreichen Programms: Im Zeitraum von rund einem Jahr wurden während 6034 Mondumläufen rund 99% der gesamten Mondoberfläche aufgenommen, allerdings mit unterschiedlicher Güte hinsichtlich einer kartographischen Nutzung. Aus dem Bildmaterial wurden acht mögliche Apollo-Landeplätze ausgewählt. Technologisch hatten sich alle Erwartungen erfüllt: Es gab keinen Fehlstart und trotz des komplexen photographischen Systems keine ernsthaften Störungen. Auch von der Kostenseite her erwies sich das Konzept als sinnvoll und richtig.

Lunar Orbiter wurde außerdem noch als Peilobjekt für das Unternehmen Apollo benützt, derart, daß die Bahnüberwachungs- und Vermessungs-Mannschaften anhand von aktiven Raumfahrzeugen in einer Mondkreisbahn schon Erfahrungen für den bemannten Apollo-Flug sammeln konnten.

Wichtige Ereignisse während der Lunar-Orbiter-Flüge waren die erste Aufnahme der Erde aus der Mondperspektive am 23. August 1966 durch Lunar Orbiter I (gestartet am 10. August 1966) und die photographische Entdeckung der gelandeten Sonde Surveyor I im Oceanus Procellarum durch Lunar Orbiter III am 22. Februar 1967 (Lunar Orbiter III wurde am 5. Februar 1967 gestartet).

Der dritte Schritt der USA auf dem Wege zum Mond ist Surveyor. Diese Raumfahrzeuge landeten auf der Mondoberfläche und berichteten aus dem Ozean der Stürme, aus der Zentralbucht, aus dem Mare Tranquilitatis und dem Gebiet nördlich des Kraters Tycho. Sie lieferten Oberflächenbilder vom Mond, Bodenphotographien und Bilder von Teilen ihrer eigenen Struktur im »Mondklima«. Alle Surveyor – fünf Fahrzeuge zusammen – lieferten 80000 Bilder an die Erde.

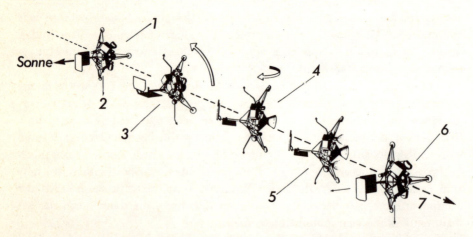

Bahnkorrektur-Manöver der Mondsonde Surveyor. Die Sonde navigiert selbständig nach den Bezugspunkten Sonne und Fixstern Canopus. Nachdem das Bahnkorrekturmanöver ausgeführt ist, muß die Sonde diese Bezugspunkte wiederfinden und festhalten.

1 Normal-Bahnlage, 2 Fixstern Canopus, 3 Rollen, 4 Gieren oder Nicken, 5 Lagekontroll- und Steuermotoren in Betrieb, 6 Wiederausrichtung nach Sonne und Canopus, 7 Flugrichtung

Am wichtigsten jedoch war dies: Surveyor landete auf seinen drei Spinnenbeinen, und kaum war er zur Ruhe gekommen, da fuhr er auf Erdkommando hin eine Grabschaufel aus und begann, kleine Gräben in die Mondoberfläche zu schürfen. Er sandte Alphastrahlen aus einer Radioisotopenquelle in den Mondboden und analysierte ihre Reflektionen, um so zu chemischen Angaben über die Zusammensetzung des Mondbodens zu gelangen. Ein kameraüberwachter Elektromagnet suchte parallel dazu nach Eisenspuren. Zugleich wurde durch Orange-, Grün- und Blaufilter photographiert, um ein möglichst realistisches Bild von den wahren Farben auf dem Mond zu gewinnen. Diese Farben wurden in entsprechende Grauwerte übersetzt und zur Erde gefunkt. Welches Gewicht kann der Mondboden tragen. Und: Wie war es um die vielfach noch angenommene Staubschicht bestellt. Das Projekt Surveyor konnte hinsichtlich der Bodenstruktur alle notwendigen Informationen für die bemannte Mondlandung liefern.

Spätestens hier wurde dann der Unterschied im technologischen Niveau der beiden Raumfahrtgiganten auf dem Feld der Monderkundung deutlich, denn die Landung von Surveyor 1 erfolgte rund vier Monate nach der weichen Landung von Luna 9. Gewiß: Luna 9 hatte gezeigt, daß man überhaupt landen kann, sonst aber nur ein bescheidenes Panorama geliefert und nach dem Versiegen seiner Batterien den Betrieb eingestellt. Mit Surveyor 1 hingegen war eine Forschungsstation auf dem Mond gelandet, die nicht nur während des ersten Mondtages 10 338 Bilder der Umgebung und des Bodens zur Erde abstrahlte. Die Sonde überstand auch die harte 14tägige Mondnacht, konnte erneut aktiviert werden und weitere Aufnahmen übermitteln. Es waren aber nicht die Bilder allein, die Surveyor speziell auszeichneten: Die vielfältigen Meßdaten beim Aufsetzen über das Verhalten der Landebeine, über das Eintauchen der tellerförmigen Füße in den Mondboden; Informationen dieser Art lieferten entscheidende Hinweise für die Konstruktion der Apollo-Landefähre.

Surveyor 5, 6 und 7 führten, wie erwähnt, Systeme mit, die eine erste chemische Analyse des Mondbodens in verschiedenen Regionen der Oberfläche ermöglichten. Interessante technologische Experimente wurden durchgeführt. So wurden z. B. die kleinen Korrekturtriebwerke von Surveyor 6 auf der Mondoberfläche für etwa 8 Sekunden eingeschaltet, wodurch sich die Sonde um etwa 4 Meter hob und rund 2,5 Meter gegen ihre ursprüngliche Ausgangsposition versetzt niederging. 15 000 Bilder aus der neuen Position, verglichen mit den ursprünglichen Aufnahmen ermöglichten eine exakte stereoskopische Erfassung der Details der Landestelle. Zwei Surveyor-Flüge, Nummer 2 und 4, scheiterten. Hier waren elektronische Probleme die Quelle des Defektes und nicht, wie in der Planung des Unternehmens als wahrscheinlichster Risikofaktor angesehen, die Rauhheit des Geländes in bestimmten Mondgebieten. Daher entschloß man sich, die letzte der Surveyor-Sonden, Nummer 7, im lunaren Hochland niedergehen zu lassen. Am 9. Januar 1968 setzte Surveyor 7 25 Kilometer nördlich des Randes des Strahlenkraters Tycho auf und lieferte eine Flut von Informationen. Mit der Kamera dieser Sonde wurden erstmals Laser-Signale von der Erde aufgenommen und somit eine Abstandsbestimmung auf ±15 cm Genauigkeit realisiert. Bei der Planung der Viking-Marsmission hat man immer wieder auf die Resultate des Surveyor-Projektes zurückgegriffen: Es hat Maßstäbe für die Landung auf atmosphärelosen Himmelskörpern gesetzt.

Die zweite und wissenschaftlich fruchtbare Phase der sowjetischen Monderkundung begann – allerdings erfolglos – während der Apollo 11 Mondlandung im Juli 1969. Damals machte die geheimnisvolle Luna 15 Sonde Schlagzeilen. Heute wissen wir, daß die UdSSR mit Luna 15 ein Mondmobil, einen Lunochod absetzen wollte, was durch eine harte Landung scheiterte.

Bevor jedoch ein Lunochod mit Erfolg über die Mondoberfläche rollte, gelang den Sowjets mit Luna 16, am 12. September 1970, ein technologisch höchst bedeutsames Experiment. Mit der schubstarken D 1-e Trägerrakete wurde eine etwa 5500 kg schwere Flugeinheit auf den Weg zum Erdtrabanten gebracht. Die Landemasse betrug 1880 kg. Auf der Landeplattform, die später als Rückstarteinheit diente, stand ein kleines Raketensystem mit einem kugelförmigen Container an der Spitze. Hier konnten automatisch entnommene Bodenproben eingefüllt werden. Von fünf Versuchen gelangen drei, Luna 20 im Februar 1972 und Luna 24 im August 1976, während Luna 18 im September 1971 so hart aufsetzte, daß der Funkkontakt sofort abbrach. Luna 23, im Oktober 1974 gestartet, landete zwar halbwegs sicher, jedoch wurde das Bohrgerät beim Aufsetzen beschädigt, so daß die Mission abgebrochen wurde. Einzelheiten dieser automatischen Rückführtechnik und ihre Einordnung in das Mondforschungsprogramm erläutern die sowjetischen Wissenschaftler S. Sokolow,

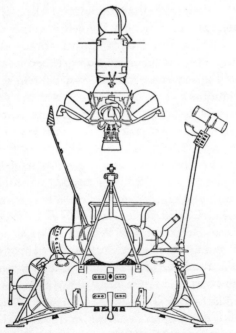

Mondsonde der UdSSR mit automatischer Gesteinsrückführung. Start- und Landeplattform und das Rückführsystem sind getrennt gezeichnet

W. Brasukow und B. Wladimirow am Beispiel des Fluges von Luna 24 ausführlich:

»Luna 24 gehört zu der Generation der Mondsonden, die bereits zweimal Proben von der Mondoberfläche auf die Erde gebracht und auf dem Mond zweimal ein Mondfahrzeug, einen Lunochod, abgesetzt haben. Grundlage der Konstruktion dieses Raumflugkörpers ist die Landestufe, die auf der Flugbahn Erde-Mond als raumflugtechnische Einheit genutzt wurde. Mit Hilfe dieser Stufe erfolgt die Korrektur der Umlaufbahn sowie die weiche Landung auf der Mondoberfläche. Diese Einheit ist mit einem Gerät zur Sicherung des Fluges der Station zum Mond ausgestattet und verfügt außerdem über die Geräte zur Fluglageregelung, über das Steuerungssystem, den ganzen Komplex der Funkgeräte, die Systeme zur Temperaturregulierung und zur Steuerung der weichen Mondlandung sowie über das Energieversorgungssystem. Auf dem Landetisch befindet sich auch die Rakete »Mond-Erde« mit dem Rückkehrgerät und eine Vorrichtung zur Entnahme der Bodenproben. Beim Start der Rakete »Mond-Erde« fungiert die Landestufe als Startrampe.

Zur Rakete »Mond-Erde« gehören ein Rückkehrgerät, ein Antriebsblock und eine Gerätesektion mit den Systemen, die die Energieversorgung, das Einschwenken der Rakete in die vorgesehene Flugbahn und die Vornahme von Messungen zur Präzisierung der Koordinaten des Raumflugkörpers bei seiner Annäherung an die Erde gewährleisten.

Das kugelförmige Rückkehrgerät ist im oberen Teil der Rakete untergebracht. Seine Außenfläche ist mit einer Schutzschicht gegen die Wärme versehen, die durch die aerodynamische Abbremsung gegen die hohen Temperaturen beim Eintritt in die Erdatmosphäre hervorgerufen wird. In dem Gerät befinden sich in einem zylindrischen Behälter die Bodenproben, die Stromquellen, die Elemente der Automatik, die Programmvorrichtung, ein Fallschirm, die Funkpeilanlagen mit elastischen Ballons, die mit Gas gefüllt werden können, sowie die Antennen der Funkpeilanlagen. Diese Anlagen tragen dazu bei, daß der Flugkörper beim Heruntergleiten am Fallschirm und nach der Landung auf der Erde geortet werden kann.

Die Trägerrakete mit der Sonde Luna 24 startete am 9. August 1976 um 18 h 04 m Moskauer Zeit vom Kosmodrom Baikonur aus.

Am 18. August um 9 h 36 m Uhr landete Luna 24 weich auf der Mondoberfläche. Die Sonde setzte im südöstlichen Teil des Meeres der Krisen auf, an einem Punkt mit dem Koordinaten 12 Grad 45 Minuten nordöstlicher Breite und 62 Grad 12 Minuten östlicher Länge. Nach 15 Minuten, nachdem die Bordsysteme überprüft und die Koordinaten sowie die Lage der Station auf der Oberfläche festgelegt waren, wurde das Gerät auf Befehl der Bodenstation zur Entnahme von Bodenproben eingeschaltet.

Diese Bodenentnahmevorrichtung an Bord von Luna 24 ist eine qualitativ neue Art der Weltraumbohrtechnik und unterscheidet sich wesentlich von den entsprechenden Vorrichtungen an Bord von Luna 16 und Luna 20. Damit sollten Bohrungen verschiedener Variationen im Mondboden vorgenommen werden. Diese Vorrichtungen vermögen es, hartes Felsengestein bis zu losen staubartigen Gesteinsarten, in denen einzelne Steine verschiedener Größe eingelagert sind, zu durchdringen.

Die Bohrvorrichtung zur Bodenentnahme besteht aus folgenden Hauptteilen: dem Bohrkopf, dem Bohrgestänge mit Krone und einem Mechanismus zur Aufnahme des Bodens, einem Zufuhrmechanismus für den Bohrkopf, einem Mechanismus zum Auswechseln des Bohrkerns, einem Container für den Bohrkern, einer automatischen Steueranlage und einem Kontrollsystem.

Mit Beginn der Bohrung gelangte der Boden in den inneren Hohlraum des Gestänges. Dort befanden sich ein schlankes Rohr, in dem der Boden aufgefangen wurde, und ein Mechanismus, der den Boden ergreift und ihn während des gesamten Bohrprozesses in Form einer Stange hält.

Das Drehbohrverfahren erfolgte bis in eine Tiefe von 1200 mm, dann wurde im Wechsel das Dreh- und das Dreh- und Stoßbohren angewendet. Die gesamte Bohrtiefe betrug 2250 Millimeter. Da schräg gebohrt wurde, zog sich die gesamte Fläche, auf der die Mondoberfläche angebohrt wurde, über zwei Meter hin. Dann wurde der Bodenbehälter mit dem Boden aus dem inneren Hohlraum des Gestänges entfernt und in einem elastischen Schlauch aufgerollt. Dieser befand sich in einem Spezialbehälter, der später in einer hermetisch verschlossenen Kapsel des Rückkehrgerätes der Rakete »Mond-Erde« untergebracht wurde.

Am 19. August um 8 h 25 m Uhr Moskauer Zeit startete die Rakete in Richtung Erde. Beim Start und bei der Arbeit des Antriebsmotors sorgte das Steuersystem der Rakete für die vorgesehene räumliche Lage und zündete im vorgesehenen Erdabstand das Bremstriebwerk.

Nach der Rückkehr auf die Erde wurde der Container mit dem elastischen Bodenbehälter und dem auf dem Mond eingesetzten Bohrkern an das W. I.-Wernadski-Institut für Geochemie und analytische Chemie der Akademie der Wissenschaften der UdSSR weitergeleitet und in einer Spezialkammer gelagert, wo auch die Mondbodenproben aufbewahrt werden.

Der Bodenbehälter in Form einer zylindrischen Spirale befand sich in dem hermetisch abgeschlossenen Container und wurde dann zu einer festen schneckenförmigen Spirale gewickelt, um Röntgenaufnahmen zu ermöglichen. Der Boden wurde fotografiert, und über die gesamte Länge des Bohrkerns konnten photometrische Kennziffern in den verschiedenen Strahlungsarten des sichtbaren und infraroten Spektrums ermittelt werden. Auch die magnetischen Eigenschaften des Bodens wurden erforscht. Auf der Grundlage des Gehalts von metallischem Eisen, das unter Einwirkung von Sonnenwind gebildet wird, vermochte man es, annähernd zu schätzen, wann die verschiedenen Bereiche des Bohrkerns an der Mondoberfläche »belichtet« wurden. Nach einem Vergleich dieser Werte mit den Diagrammen über den Energieaufwand beim Bohren und die Vortriebsleistung wurden die Teile des Bohrkerns zu Untersuchungen nach petrographischen, chemischen und physikalischen Methoden weitergegeben. Insgesamt erhielt man 170 Gramm Boden. Diese Menge reicht aus, um detaillierte Untersuchungen vorzunehmen. Im Bohrkern des mit Luna 24 zur Erde gebrachten Mondbodens lassen sich in der Farbe des Regoliths sechs Grundschichten unterscheiden. Alle stammen aus Gebieten, in denen dunkles vulkanisches Basaltgestein verbreitet ist, und füllen das Becken des Meeres der Krisen. In einigen Bereichen wurden aber auch große Fragmente von Eruptivgestein (das in der Tiefe erstarrt ist) sowie eine Beimischung von uraltem Festlandsmaterial festgestellt.

Nun wurde unerwartet entdeckt, daß die uralte Festlandkruste des Mondes ebenso alt ist wie unser Begleiter, nämlich 4,5 Milliarden Jahre. So alte Steine wurden auf der Erde noch nicht gefunden. Doch ist es nicht ausgeschlossen, daß die primäre Erdkruste ihre Existenz ebenfalls einem derartigen Prozeß verdankt. Sind die grundlegenden Unterschiede in der Erdhülle denn nicht bereits bei der Entstehung unseres Planeten aus einer Staubwolke gelegt worden?

Diese Frage läßt sich auf der Erde bis jetzt nur schwer beantworten, jedoch kann der Mond Aufschluß geben. So entstand der Gedanke, den Mond mit einer Serie automatischer Stationen zu erforschen, die Mondboden aus verschiedenen Gebieten des Mondes auf die Erde bringen sollten, um ihn dann detailliert zu untersuchen. Das Experiment wurde mit der Serie Luna 16, Luna 20 und Luna 24 ausgeführt.

Für die Landung der Geräte wurden zwei Mondmeere und eine relativ schmale Festlandsenge ausgewählt, die diese teilt. Die geologische Geschichte dieses Gebietes sieht wie folgt aus: Das gewaltige und tiefe Becken des Meeres der Krisen ist entstanden, nachdem ein gigantischer Meteorit auf die uralte Mondrinde vom Festlandstyp gefallen war. Dadurch kam es zu einem Ring von Eruptionen. Ein Teil davon überdeckt die Festlandsenge zwischen dem Meer der Krisen und dem Meer der Fruchtbarkeit.

Somit hat Luna 16 Basaltregolith aus dem uralten Meer der Fruchtbarkeit mit Beimengen entnommen, die vom Festland herangetragen wurden. Luna 20 landete auf der Enge zwischen den Meeren und brachte erstmals kompaktes Material auf die Erde. Für Luna 24 wurde ein Landepunkt im Meer der Krisen rund 40 Kilometer vom nördlichen Teil der Landenge gewählt, die ältestes Gestein aufwies. Außerdem befindet sich 18 Kilometer von der Landestelle entfernt ein relativ kleiner Meteoritenkrater, Fahrenheit (Piccard X), mit einem Durchmesser von rund 6,5 Kilometer und einer Tiefe von ungefähr 1,5 Kilometer, dessen Alter auf 0,5 bis 1 Milliarde Jahre geschätzt wird. Berechnungen zufolge muß der Auswurf aus dem Krater im oberen Teil des Regoliths am Landepunkt von Luna 24 eine Schicht bilden.

Es besteht Hoffnung, daß es gelingt, in dem von Luna 24 zur Erde beförderten Bohrkern sowohl Basalt aus dem Mondmeer als auch altes Festlandgestein und Auswurfstoffe aus dem Krater zu identifizieren, die das Regolith bis zu einer großen Tiefe bedecken. Außerdem unterscheidet sich das Meer der Krisen vom Meer der Fruchtbarkeit nicht nur durch sein jüngeres Alter, sondern auch durch seinen Tiefenaufbau und das Vorhandensein eines sogenannten Mascons, das heißt einer Anomalie des Mondgravitationsfeldes, die durch die tiefliegenden dichten Massen geschaffen wird.«

Soweit das sowjetische Wissenschaftlerteam. Nicht selten ist diese automatische Rückführungstechnik mit dem amerikanischen Apollo-Unternehmen verglichen und als billigere und gefahrlosere Methodik zur Erkundung des Mondes dargestellt worden. Das ist sicher eine sehr oberflächliche Meinung. In den Vereinigten Staaten hat man versucht, einen Kostenvergleich beider Techniken, der bemannten und der automatischen, durchzuführen. Die wesentlichen Erkenntnise, in einem Regierungsdokument veröffentlicht, lassen sich wie folgt zusammenfassen:

- Weder die amerikanischen noch die sowjetischen Monderkundungsprogramme sind aus rein wissenschaftlichen Fragestellungen entstanden. Sie müssen eingebettet in die gesamten Raumfahrtaktivitäten gesehen werden. Deshalb muß der nackte Vergleich von wissenschaftlicher Ausbeute und den Kosten allein ein verzerrtes, wenn nicht falsches Bild der Situation liefern.
- Macht man einmal die – anfechtbare – Annahme, das Ziel beider Mondprogramme sei tatsächlich nur die Erkundung des Erdtrabanten: auch dann noch wirft der Vergleich Probleme auf: Wenn es sich nur darum handelt, Mondmaterial zur Erde zurückzubringen, ist die Luna-16-Technik tatsächlich billiger. Geht der Vergleich einen Schritt weiter und stellt die 100 g UdSSR Mondgestein – willkürlich und ohne nennenswerten Einfluß auf geologisch-morphologische Relevanz entnommen – gegen die mehrere zehn Kilogramm Mondgestein des einzelnen Apollo-Fluges, sorgfältig ausgewählt, genau dokumentiert und über ein größeres Areal verteilt, dann sind die Kosten pro Kilogramm bei Apollo wesentlich niedriger als bei Luna 16.
- Ein direkter numerischer Kostenvergleich ist nicht möglich, da die Sowjets bisher noch nie entsprechende Zahlen veröffentlicht haben, auch der Anteil des Aufwandes für Forschung und Entwicklung an den gesamten Projektkosten ist nicht bekannt. Man kann aber von der Überlegung ausgehen, was eine automatische Rückführung von Mondgestein im gleichen Zuschnitt wie bei Luna 16 in den Vereinigten Staaten kosten würde. Ausgehend vom Rückgriff auf klassische Trägerraketen wie Saturn IB oder Titan-Centaur 3E und der Neuentwicklung von Mond-Start- und Landestufen sowie von etwa 6 bis 8 Flügen, kommt man auf Kosten von 100 bis 120 Millionen Dollar pro Mission. Ein Apollo-Flug kostete 450 Millionen Dollar – also rund das Vierfache. Die wissenschaftliche Ausbeute eines Apollo-Fluges ist unbestreitbar größer als der von vier Luna-16-Missionen, so eindrucksvoll diese automatische Rückführtechnologie auch ist.
- Ein letzter Gesichtspunkt: Die UdSSR ist den Weg mit Luna 16 und den Folgemissionen nicht etwa gegangen, um die kostspielige Entwicklung eines bemannten Mondlandeprogrammes einzusparen. Im Gegenteil: Man hat erhebliche Summen in ein derartiges Programm investiert. Dazu gehören die unbemannten Umrundungen des Erdtrabanten mit den Sonden Zond 4 bis 8, die mißlungene Entwicklung der G-1e-Großrakete und andere Projekte. Nach vorsichtigen Schätzungen hat die UdSSR einen Betrag für die Gesamtheit ihrer Mondprojekte aufgewendet, der etwa dem der Vereinigten Staaten entspricht, möglicherweise überschreitet, eingeschlossen die Großraketenentwicklung. Wessen Investitionen sich besser ausgezahlt haben, beantwortet sich von selbst.

Im Rahmen des vielschichtigen Mondprogrammes der UdSSR ist ein Projekt beinahe gleichrangig neben dem Rückführsystem zu behandeln: das technologisch eindrucksvolle Mondmobil Lunochod. Die Abbildung zeigt das Fahrzeug auf der Landestufe, die praktisch mit jener der Luna-16-Serie identisch ist. Das bewegliche Laboratorium landet erstmals mit Luna 17 am 17. November 1970 auf der Mondoberfläche. Im Januar 1973 folgte dann mit Luna 21 Lunochod 2 und damit bislang das letzte Fahrzeug dieser Art.

Einige wichtige Zahlen:

	Lunochod I	Lunochod II
● Masse:	756 kg	860 kg
● Zurückgelegte Strecke:	10,5 km	37 km
● Fernsehbilder:	20 000	80 000
● TV-Panoramen:	206	86
● Aktive Lebenszeit:	298 Tage	138 Tage

Lunochod setzt sich aus zwei wesentlichen Elementen zusammen: Dem Spezialfahrwerk und dem aufgesetzten Instrumentenbehälter. Die Gesamthöhe des Mondmobils beträgt 1,54 m, die Spurweite des Fahrwerks 1,60 m und seine Gesamtlänge 2,22 m. Die acht Räder des Fahrwerks haben Einzelaufhängung und Einzelantrieb, wobei jedes von ihnen bei einer Havarie mechanisch entkoppelt werden kann, so daß Lunochod selbst bei einem Ausfall mehrerer Räder noch

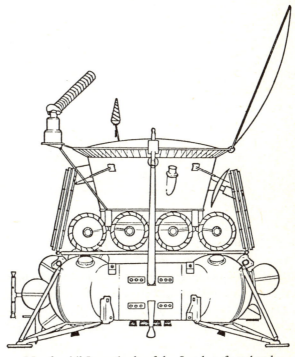

Mondmobil Lunochod auf der Landestufe stehend

immer manövrierfähig bleibt. Elegant wurde das Problem der Lenkung gelöst: Sie erfolgt durch unterschiedliche Geschwindigkeitsregelung der einzelnen Radantriebe. Sehr eingehende Experimente auf entsprechendem irdischen Terrain führten zur optimalen Form der »Bereifung«: Die Räder, mit einem Durchmesser von 0,50 m, besitzen keine festen Laufflächen. Man hat eine gewölbte Metallnetz-Konstruktion gewählt mit aufgesetzten Rippen aus Titan. Auf der Zeichnung nicht sichtbar, ist am Lunochod mit einem besonderen Ausleger noch ein kleines Rad angebracht, das zur Streckenmessung sowie zu bodenmechanischen Untersuchungen dient.

Der Instrumentenbehälter steht unter einem Druck von 1 bar, wobei das Füllgas zum Temperaturausgleich gedacht ist. Auch in der kalten Mondnacht kann mit Hilfe einer kleinen Isotopenbatterie, durch deren Wärmeabgabe, eine mittlere Temperatur von 16° C aufrecht erhalten werden. Die direkte Oberfläche des Instrumentenbehälters ist als Abstrahlungsfläche für das Temperaturregulierungssystem gedacht. Der Deckel, bei Betrieb am Mondtag aufgeklappt, enthält auf seiner Innenfläche die Solarzellen zur Energieerzeugung.

In Fahrtrichtung verfügt Lunochod über zwei Fernsehkameras, die primär der visuellen Fahrzeugführung dienten, aber auch wissenschaftliche Informationen vermittelten. Die Fahrzeugkontrolle am Boden wurde von einem fünfköpfigen Team abgewickelt: Kommandant, Fahrer, Navigator, Betriebsingenieur und Kommunikationstechniker.

An jeder Breitseite befindet sich eine Fernsehkamera für Panorama-Aufnahmen. Die Bildqualität war meist hervorragend, mit 6000 Zeilen Auflösung (500 Bildpunkte pro Zeile) und einem verbesserten Übertragungssystem gelangten hochinteressante Aufnahmen zur Erde.

Mit einem Röntgenfluoreszenz-Spektrometer wurde der Mondboden entlang der Fahrspur an ausgewählten Punkten auf seine chemische Beschaffenheit untersucht, wobei es weniger um absolute Werte ging. Die Änderungen der Konzentration einzelner Elemente entlang der Trasse waren für die Geochemiker aufschlußreich.

Beide Lunochod-Fahrzeuge erfüllten auch eine Reihe nicht mondbezogener Aufgaben: So wurden mit entsprechenden Detektoren kosmische Teilchenflüsse gemessen und mit einem Zenitteleskop die stellare Röntgenstrahlung untersucht. Der französische Beitrag zum Lunochod-Experiment bestand in Laser-Reflektoren, mit deren Hilfe sowjetische und französische Observatorien nicht nur die Fahrzeuge präzise orteten, sondern auch sehr genaue Bestimmungen der Erde-Mond-Distanz vornahmen und noch heute damit experimentieren, ähnlich wie die Vereinigten Staaten mit den Apollo-Alsep-Lasern.

Die Lunochod-Serie hat zweifellos Modellcharakter, und es gehört kaum Prophetie dazu, die Landung eines derartigen Mobils auf dem Mars vorherzusagen, wenn erst einmal die Sowjets die Tücken einer Marslandung gemeistert und außerdem ihre planetare Nutzlastkapazität erweitert haben. In der Mondforschung selbst scheint die Lunochod-Serie ausgedient zu haben. Sie ist, und daraus machen sowjetische Forscher in privatem Gespräch keinen Hehl, im Verhältnis zum wissenschaftlichen Gewinn zu teuer.

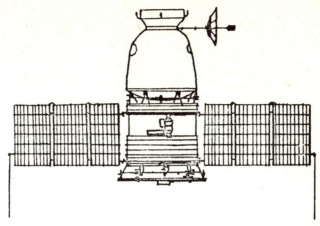

Sowjetisches Raumschiff der Serie Zond 4–8. Mit diesen Raumflugkörpern wurden unbemannte Mondumrundungen mit niederen Tieren an Bord durchgeführt. Die Rückführung von Zond 5–8 zur Erde gelang. Das Fahrzeug war für eine bemannte Mondumkreisung voll ausgelegt und sollte möglicherweise um eine Lande- und Rückstarteinheit erweitert werden. Die Ähnlichkeit mit dem Sojus-Raumschiff der Einzelflugversion ist unverkennbar

Die entscheidende Frage ist die nach dem Fortgang der Mondexperimente: In den Vereinigten Staaten ist für lange Zeit nicht mehr an eine bemannte Mondlandung gedacht. Noch immer ruht in den NASA-Archiven das Projekt des lunaren Polar Orbiter, ein Raumflugkörper also, der den Erdtrabanten auf einer Polbahn umkreisen und eine detaillierte geochemische Bestandsaufnahme vornehmen soll. Dieser Orbiter genießt jedoch gegenwärtig keine hohe Priorität. Auch die Sowjets, die eine neue Generation von Mond-Orbitern entwickelt und erfolgreich erprobt haben, liebäugeln mit der »Polarroute«, und schließlich auch die Europäer meditieren darüber, ob ihr erster Vorstoß in Richtung Mond ein polarer Orbiter sein wird. Die UdSSR ist nach wie vor daran interessiert, als erste Nation Material von der Rückseite des Mondes zurückzuführen. Auch die Kombination eines Lunochods mit einer automatischen Rückführeinheit, so daß die Probenahme nicht mehr dem Zufall überlassen bleibt, wird ernsthaft untersucht. Auf Überraschungen muß man gefaßt sein...

Das Projekt Apollo

Es mag seltsam erscheinen, daß, nachdem wir bereits einen Blick auf die zukünftigen Perspektiven der Monderkundung geworfen haben, noch einmal mit einer »historischen Rückschau« begonnen wird. Auch raketentechnische Details mag der Leser hier an dieser Stelle nicht vermuten, doch wenn wir das Apollo-Mondlandeprogramm richtig einordnen wollen, dann ist dieser Ansatz notwendig. Die technologische Singularität, das Herausragende, ja Monumentale dieses Vorhabens, kommt beim Blick auf den Mond allein immer zu kurz.

Wenig bekannt ist, daß bereits im April 1957 – also noch vor dem Start des ersten Erdsatelliten – bereits mit eingehenden Studien für eine Trägerrakete von der Kapazität der Saturn I begonnen worden ist. Im April 1958 stand es bei der Planungsgruppe um Wernher von Braun fest, daß nach dem Bündelungsprinzip die Entwicklung eines Trägers mit 6670 kN Schub durchaus möglich ist, und man begann mit entsprechenden Forschungs- und Entwicklungsarbeiten. Rocketdyne, eine Abteilung von North American Aviaton (heute Rockwell International) verbesserte das militärische Thor-Jupiter-Triebwerk in mehrfacher Hinsicht. Daraus ging das H-1 Triebwerk mit 890 kN Schub hervor, während in konkurrierenden Studien das 6770 kN F-1 Triebwerk greifbare Formen annahm und zur Basis für die Entwicklung noch größerer Systeme werden sollte. Im Oktober 1958 begann das US Army-Team mit der Entwicklung einer Großrakete für fortgeschrittene Raumflugmissionen. Juno V nannte man das Reißbrettprojekt, das dann – als es Ende 1959 von der NASA übernommen wurde – in Saturn umgetauft wurde.

Im Juli 1960 schlug die US-Raumfahrtbehörde ein Folgeprogramm für die geplante bemannte Mercury-Serie vor und bezeichnete es als Projekt Apollo. Als Nahziel war an Erdorbitalmissionen gedacht, der krönende Schlußpunkt sollte die Mondumrundung mit einem Drei-Mann-Team sein. Anfang 1960 erhielt Douglas Aircraft Co. (heute McDonnell Douglas) den Auftrag, die zweite Stufe (S-IV) für die Saturn I zu bauen, während Rocketdyne den Zuschlag für die Entwicklung eines Wasserstoff-Sauerstoff-Triebwerks – J-2 – erhielt, das für zukünftige Oberstufen der Saturnraketen gedacht war.

Am 25. Mai 1961 forderte der damalige amerikanische Präsident in seiner historischen Erklärung als Reaktion auf die sowjetischen Raumfahrterfolge eine rapide Beschleunigung des US-Weltraumprogramms mit dem Ziel, noch bis zum Ende des Jahrzehnts Menschen auf dem Mond landen und sicher wieder zurückzuführen. In seiner Erklärung an den Kongreß führte Kennedy weiter aus:

»Jetzt ist es an der Zeit, daß diese Nation einen klaren Vorsprung, eine Führungsrolle in der Raumfahrttechnologie erringt, welche in vielfacher Hinsicht den Schlüssel für die Zukunft unserer Erde enthält.« Zwei Dinge sind bei unserer Beschreibung des Apollo-Projekts, die sich ausschließlich auf NASA-Dokumente stützt, festzuhalten: Wesentliche Elemente der Saturn-Trägerraketentechnologie waren bereits vor der Erklärung Kennedys vorhanden oder in der Planung, auch das Projekt eines Mondfluges, wenn auch zunächst nur an eine Umrundung gedacht war. Der amerikanische Präsident hatte bereits 1961 klar die gewichtige Rolle der Raumfahrt für die Zukunft der Menschheit erkannt und vermutlich den bemannten Mondflug als »Motor« für die entsprechenden Innovationen, technische und geistige, in den Vordergrund gestellt. Daß dabei auch handfeste politische Überlegungen eine Rolle spielten, steht natürlich außer Frage.

Nachdem durch den Kongreß grünes Licht für das bemannte Mondprogramm gegeben wurde, rückte natürlich das Problem einer schubstarken Trägerrakete in den Mittelpunkt: Nach einer sechsmonatigen Studie gab die NASA im Januar 1962 die technischen Details dieser Trägerrakete – der Saturn V – bekannt. Boeing und North American erhielten den Auftrag für die ersten beiden Stufen. Die dritte Stufe und die Instrumenten-Einheit wurden von Douglas bzw. IBM entwickelt.

Im Frühjahr 1962 gab die NASA bekannt, daß sie zunächst die Saturn IB entwickeln werde, bestehend aus der ersten Stufe der Saturn I und der Oberstufe der Saturn V. Mit dieser Kombination sollten Tests des Apollo-Raumschiffes in der Erdumlaufbahn abgewickelt werden.

Am 9. August 1961 wurde das Massachusetts Institute of Technology für die Entwicklung des Apollo-Führungs- und Navigationssystems ausgewählt. Dreieinhalb Monate später folgte die NASA-Entscheidung für North American Aviation als Hauptauftragsnehmer für das Apollo-Raumschiff, also für die Kommando- und Versorgungseinheit. Mitte Juli 1962 entschied sich die NASA für die Mondorbit-Rendezvouz-Technik als Grundlage für den Mondflug. Es wäre nicht uninteressant, den Hintergrund dieser Entscheidung aufzurollen. Diese Idee stammt von John Houbolt, wenn man so will von einem Außenseiter, der sich gegen die Konzepte des Planungsteams unter von Braun durchsetzte, das ursprünglich ein direktes Lande- und Rückflugsystem im Auge hatte. Die Firma Grumman Aircraft Engineering Corp. wurde mit der Entwicklung eines Mondlandegerätes für zwei Astronauten beauftragt.

Ein Jahr später wurde die erste Apollo-Kommandoeinheit auf der White Sands Missile Range (New Mexico) in einem simulierten Fehlstart getestet. Die Wirksamkeit des Fluchtturms bei einem Fehlstart konnte erstmals im Versuch am 13. Mai 1964 vorgeführt werden, und 15 Tage später gelangte eine Apollo-Kommandoeinheit mit der Saturn I in den Erdorbit.

Der erste volle Systemtest einer Apollo-Kommandoeinheit mit dem Hitzeschild erfolgte am 26. Februar 1966 und war eine doppelte Premiere, denn erstmals wurde als Trägerrakete die Saturn IB erprobt.

Die erste Phase des Saturn-Flugprogramms wurde 1965 abgeschlossen. Alle zehn Flüge der Saturn I waren erfolgreich, ein ungewöhnlicher Rekord für eine Entwicklungsserie. Breit war das Spektrum der Erprobung neuer Systeme und Komponenten, Grundlagen wurden gelegt: Ein komplexes Führungssystem für Rake-

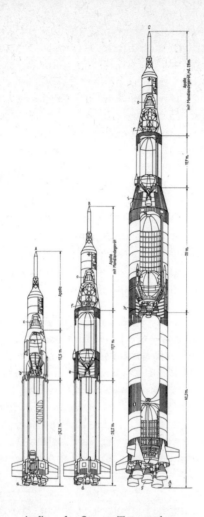

Aufbau der Saturn-Trägerraketen

A Rakete Saturn I mit Erststufe S-I von 26,2 m Länge, Zweitstufe S-IV von 12,5 m Länge und Apollo-Drittstufe (Nutzmasse 12 t in erdnahe Umlaufbahn in rd. 200 km Höhe) *a acht Rocketdyne-H1-Triebwerke (O_2 mit Kerosin) von 680 Mp Gesamtschub, b sechs Triebwerke RL-10A3 von Pratt und Whitney (O_2 mit H_2) von 40 Mp Gesamtschub,* c Triebwerk der Apollo-Antriebseinheit

B Rakete Saturn IB mit Erststufe S-IB von 26,2 m Länge, Zweitstufe S-IVB von 17,7 m Länge und Apollo-Drittstufe mit Mondlandegerät (Nutzmasse 17 t)
d acht Rocketdyne-H1-Triebwerke mit erhöhtem Schub von insgesamt 720 Mp, e Rocketdyne-S2-Triebwerk (O_2 mit H_2) von 90 Mp Gesamtschub, f Triebwerk der Mondlandeeinheit

C Rakete Saturn V mit Erststufe S-IC von 42,5 m Länge, Zweitstufe S-II von 25 m Länge, Drittstufe S-IVB von 17,7 m Länge und Apollo-Viertstufe mit Mondlandegerät von rd. 26 m Länge (Nutzmasse 90 t in erdnaher Umlaufbahn bzw. 45 t auf Fluchtgeschwindigkeit) *g fünf Rocketdyne-F1-Triebwerke (O_2 mit Kerosin) von 3300 Mp Gesamtschub, h fünf Rocketdyne-J2-Triebwerke (O_2 mit H_2) von 450 Mp Gesamtschub, i Rocketdyne-J2-Triebwerk von 90 Mp Schub*

ten entstand, die Technik der Wasserstoff-Sauerstoff-Triebwerke mit allen Randproblemen wurde untersucht und vervollkommnet, um nur einige Beispiele zu nennen.

Dreimal wurde die Saturn IB 1966 für Erdorbitalmissionen eingesetzt, in zwei der Flüge wurden Apollo-Komponenten mit Erfolg einer harten Prüfung unterzogen. Dieser so rasche Fortschritt im Apollo-Programm wurde durch die größte Katastrophe jäh unterbrochen, die die amerikanische Raumfahrt bisher erlebt hat:

Am 27. Januar 1967 brach bei einem Bodentest in der Apollo-Einheit auf Cape Kennedy ein Feuer aus, das rasch um sich griff. Die Astronauten Virgil Grissom, Edward White II und Roger Chaffee kamen dabei ums Leben. Nach einer zweieinhalbmonatigen Untersuchung, an der 1500 Personen beteiligt waren, kam der entsprechende Ausschuß zu der Feststellung, daß elektrische Funken aus der Verkabelung der Apollo-Kommandoeinheit das Desaster ausgelöst hatten. Umfangreiche Veränderungen in der Inneneinrichtung, an der Ein- und Ausstiegsluke

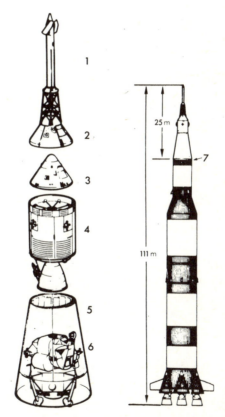

Hier ist zusammenfassend die Zusammensetzung der Apollo-Mond-Einheit gezeigt, wie sie auf dem Saturn-Träger montiert ist. In Start-Konfiguration, also mit Rettungsturm, ist diese Apollo-Einheit 25 m lang.

1 Rettungssystem der 1. Startphase, 2 Schutzkappe für 1. Startphase, 3 Kommandoeinheit, 4 Versorgungseinheit, 5 Adapter, 6 Mondlandefahrzeug LEM, 7 Instrumenteneinheit

und personelle Konsequenzen waren die Folge. Das schlug sich natürlich auch sowohl in den Kosten als auch im Zeitplan nieder.

Die Apollo-Saturn V-Kombination wurde am 9. November 1967 erstmals geflogen und erhielt die offizielle Bezeichnung Apollo 4. Es war die Premiere der bisher noch nicht unter Raumflugbedingungen getesteten Stufen 1 und 2. Die Wiederstartfähigkeit der dritten Stufe in der Umlaufbahn und der sichere Eintritt der Apollokapsel bei Mondrückkehrgeschwindigkeit wurden erfolgreich vorgeführt. Nicht weniger wichtig: das perfekte Funktionieren von Startkomplex und Kontrollzentrum. Mit dem Flug von 8 Stunden und 35 Minuten Dauer wurden 126,4 Tonnen Masse in den Erdorbit gebracht.

In der Apollo 5-Mission am 22./23. Januar 1968 wurden wesentliche Systeme der Mondlandefähre erprobt, darunter je zwei Zündungen des Lande- und des Aufstiegsmotors. Als Trägerrakete diente die Saturn IB, die wieder einmal ihre hohe Flugqualität unter Beweis stellte. Mit dieser Mission hatte die Landefähre ihre Testhürde genommen.

Noch einmal gab es einen unbemannten Apollo-Flug, der wieder mit der Saturn V-Rakete durchgeführt wurde. Apollo 6 sollte – ähnlich wie Flug Nummer 4 – am 4. April 1968 noch einmal zur Systemüberprüfung dienen. Alles in allem ein Erfolg, doch zwei Probleme wurden entdeckt: Vertikale Schwingungen in der ersten Stufe, der sogenannte »POGO«-Effekt, der noch mehrfach im Apollo-Programm Kopfzerbrechen bereiten sollte und Risse in einigen kleinen Leitungen des Treibstoffsystems der Oberstufen.

Jetzt konnte die NASA – 22 Monate nach der Brandkatastrophe am Cape – an eine bemannte Orbitalmission denken. Der exakte Atmosphäreneintritt und die Punktlandung am 22. Oktober 1968 nach dem 11 Tage-Unternehmen, ließ Apollo 7 das Attribut eines 100%igen Erfolges zukommen. Die Astronauten Walter Schirra, Donn Eisele und Walt Cunningham absolvierten das umfangreiche Programm – darunter 8 Zündungen des Hauptmotors der Apollo-Versorgungseinheit – mit Erfolg, wobei erstmals mit live-Fernsehübertragungen aus einem bemannten Raumschiff viele Millionen Erdenbürger den Aktivitäten folgen konnten.

Die Entscheidung, schon mit Apollo 8 die sichere Erdnähe zu verlassen und zu einer Mondumkreisung aufzubrechen, nur knapp zwei Monate nach Apollo 7, hatte mehrere Motive: Da war einerseits das Rätselraten um die sowjetischen Programme: Aufklärungssatelliten der USA hatten Hinweise auf die Entwicklung einer UdSSR-Großrakete in den Dimensionen der Saturn V erbracht. Dann war da die Serie der unbemannten Mondumkreisungen mit dem Raumflugkörper Zond, der ebenso gut ein oder zwei Kosmonauten hätte transportieren können. Andererseits gab es den zeitlichen Rückstand im Apollo-Programm durch die Brandkatastrophe, der durch eine frühe Mond-Umrundungsmission hätte verkürzt werden können. Mit der Besatzung Borman, Lovell und Anders startete Apollo 8 am 21. Dezember 1968 zum Erdtrabanten. Am 24. Dezember, 11 Uhr MEZ, wird der Hauptmotor der Apollo-Versorgungseinheit für 246,5 Sekunden gezündet, eine Satellitenbahn mit 112 km Mondnähe und 313 km ist damit erreicht. Bei der dritten Mondumkreisung wird durch erneutes Zünden

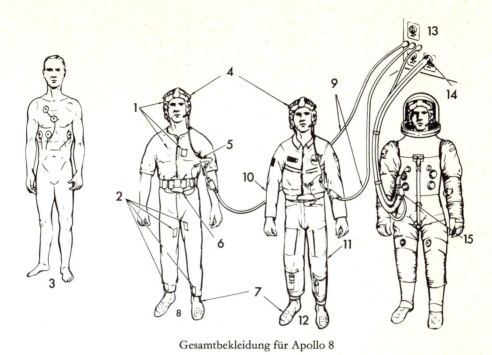

Gesamtbekleidung für Apollo 8

1 Strahlungsdosimeter (passiv), 2 Strahlungsdosimeter (passiv), 3 Biomedizinische Sensoren, 4 Weiche Kopfbedeckung mit Kommunikationsmitteln, 5 Anschlüsse, 6 Biomedizinische Gerätegürtel, 7 Weiche Schuhe, 8 Ständig zu tragendes Unterzeug, 9 Kommunikationskabel, 10 Jacke, 11 Hosen, 12 Kabinen-Overall, 13 Stau- und Geräteraum links vorn im Kommandofahrzeug, 14 Sauerstoff-Schlauch, 15 Kommunikationskabel

des Triebwerkes für 11 Sekunden eine Kreisbahn von 112 Kilometer Höhe erreicht. Spektakulär war die Lesung aus der Schöpfungsgeschichte während der Mondumrundungen, die mit einer Direktübertragung über fast alle amerikanischen Fernsehschirme zu hören und zu sehen war.

Nach zehn Umkreisungen des Mondes wurde das Haupttriebwerk am 25. Dezember für 203 Sekunden gezündet und zwar wie bei allen Mond-Flügen des Apolloprogramms mit Ausnahme von Apollo 13 auf der Rückseite des Erdbegleiters. Der Flug von 147 Stunden Dauer ging mit einer Landung im Pazifik am 27. Dezember reibungslos zu Ende.

Mit Apollo 9 gab es noch einmal eine Erdorbitalmission, mit der alle für die Mondlandung notwendigen Elemente, einschließlich der Landefähre getestet wurden. Auf dem 10-Tage-Flug der Besatzung McDivitt, Scott und Schweickart wurde erstmals das bemannte Ab- und Ankoppeln der Landefähre, der Ausstieg von Astronauten und andere kritische Situationen des Mondfluges erprobt. Daneben wurde intensiv die Erdoberfläche photographiert und ein anderes – nicht unmittelbar zu den Mondaktivitäten gehörendes – Arbeitsprogramm abgewickelt. Es war der vierte Saturn-V-Start, der fast sekundengenau erfolgte. Am 13. März 1969 ging Apollo 9 im Atlantischen Ozean, nordöstlich von Puerto Rico nieder.

Umstritten in der Öffentlichkeit war die Entscheidung der amerikanischen Raumfahrtbehörde, vor der eigentlichen Mondlandung, mit dem Start von Apollo 10 am 18. Mai 1969, erst einmal einen Probeanflug durchzuführen. Die Astronauten Stafford, Young und Cernan absolvierten fast das vollständige Flugprofil, mit dem Einschuß in den Mondorbit, Umsteigen zweier Astronauten in die Mondlandefähre, Abtrennung vom Mutterschiff und Anflug auf die Mondoberfläche. Die Landefähre – abgekürzt LEM – näherte sich der Mondoberfläche bis auf 14,5 Kilometer. Eine neue Triebwerkszündung beschleunigte sie soweit, daß sie nun eine elliptische Bahn um den Mond – zwischen 15 und 362 km Oberflächenabstand einschlägt. Beim zweiten Durchgang wird im

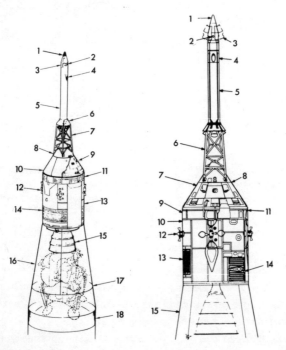

Aufbau des Apollo-Mondfahrzeugs in der Konfiguration, in der die Einheiten Rettungsturm, Kommandofahrzeug, Versorgungseinheit mit Raumschiff-Hauptantrieb und Adapter zum LEM-Gehäuse (Stauraum für Mondlandefahrzeug) auf der Trägerrakete Saturn-V angeordnet sind. Rechts ist diese Einheit mit dem LEM-Gehäuse und der Instrumenten-Baugruppe des Trägersystems gezeigt.

1 Raketennase (R-Ball), 2 Nick-Kontrollmotor, 3 Steuerflächen, 4 Abwurf-Motor für Turm, 5 Rettungsrakete, 6 Turm-Montierung, 7 Rettungsturm, 8 Turm-Befestigungsbolzen (4), 9 Kommando-Fahrzeug (unter der Schutzkappe), 10 Schutzkappe für 1. Startphase, 11 Kühler, 12 Lagesteuermotoren, 13 Versorgungsteil, 14 Kühler, 15 Hauptmotor Expansionsdüse, 16 Gehäuse für LEM, 17 Adapter-Struktur, 18 Instrumentenbaugruppe

1 Turmnase, 2 Nick-Kontrollmotor, 3 Steuerflächen, 4 Turm-Abwurfmotor, 5 Rettungsrakete, 6 Struktur Rettungsturm, 7 Kommandoeinheit (Schutzkappe ist hier weggelassen), 8 Trennebene von Rettungsturm und Kommandofahrzeug, 9 Kommandoverbindung und Versorgungseinheit, 10 Versorgungseinheit, 11 Trennebene von Kommandoeinheit und Versorgungsteil, 12 Lagekontrollmotoren, 13 Kühler, 14 Kühler, 15 Adapter zu LEM-Gehäuse

mondnächsten Punkt der Bahn die Abstiegsstufe abgeworfen und für 15 Sekunden, einen Rückstart vom Mond simulierend, die Aufstiegsstufe gezündet. Insgesamt testen die beiden LEM-Astronauten Haupttriebwerke und Steuerdüsen und koppeln schließlich mit dem Mutterschiff. 62 Stunden Arbeit im Mondlicht und 19 Farbfernseh-Direktübertragungen sollten nicht unerwähnt bleiben. Am 26. Mai 1969 wassert Apollo 10 südwestlich von Hawaii.

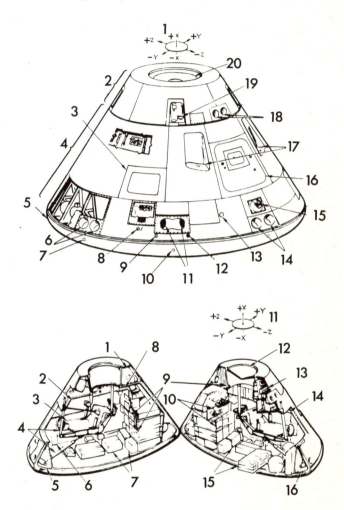

Das Apollo-Kommandofahrzeug, oben von außen gesehen, unten aufgeschnitten dargestellt.

1 Bewegungsachsen, 2 Hitzeschild, Bug, 3 Fenster (seitlich), 4 Hitzeschild, Kabine, 5 Hitzeschild achtern, 6 Lagekontrollmotoren, 7 Antenne, 8 Dampfventil, 9 Abwasserventil (biologisch), 10 Antenne, 11 Lagekontrollmotoren, 12 Abwasserventil, 13 Luftventil, 14 Lagekontrollmotoren, 15 See-Treibankerbefestigung, 16 Ein- und Ausstiegsluke, 17 Fenster (vorwärts), 18 Lagekontrollmotoren, 19 Haltebolzen für Rettungsturm, 20 Kuppelluke

1 Vorderer Stauraum, 2 Kabine, 3 Besatzungsliegesitze, 4 Stoßdämpfer für Besatzungsliegesitze, 5 achterer Stauraum, 6 Stauraum links, 7 achterer Stauraum, 8 Stauraum vorn links, 9 Stauraum vorn rechts, 10 mittlerer Stauraum, 11 Bewegungsachsen, 12 Kuppelluke, 13 vorderer Stauraum, 14 Kabine, 15 Stauraum rechts, 16 achterer Stauraum

Der Apollo-10-Flug hatte wichtige Erfahrungen gebracht und bewies somit die Richtigkeit der NASA-Entscheidung. Auch das umfangreiche Photomaterial von Apollo 8 und 10 erwies sich für die Vorbereitung der ersten Landeexpedition als außerordentlich hilfreich.

Apollo 11 schließlich erfüllte das nationale Ziel, das 1961 von Präsident Kennedy gesteckt worden war, Menschen auf dem Mond zu landen und sie sicher wieder zurückzubringen. Sowohl der Zeitrahmen als auch die Kosten lagen bemerkenswert innerhalb der gesetzten Marken. Am 19. Juli 1969, 14 h 32 m MEZ startete Apollo 11 mit Armstrong, Aldrin und Collins. Am 20. Juli, 21 h 18 m MEZ setzt die Landefähre Eagle weich im Mare Tranquillitatis auf der Mondoberfläche auf. Fast die ganze Welt wird Zeuge der historischen Schritte von Neil Armstrong und Edwin Aldrin auf dem Erdtrabanten. Nur zwei Stunden und 47 Minuten dauert der erste Ausflug im Mondgelände. Immerhin wurden bereits 22 kg gut dokumentiertes Mondgestein gesammelt und eine kleine Meßstation mit einem Seismometer und einem Laserreflektor aufgestellt. Am 24. Juli 1969, 17 h 51 m MEZ, ging Apollo 11 südwestlich von Hawaii nieder. Die umfangreichen Quarantäne-Maßnahmen für die Astronauten erwiesen sich im weiteren Verlauf des Programms als entbehrlich. Die ungewöhnlich sorgfältige Behandlung der Gesteinsproben hat sich jedoch in vieler Hinsicht als wichtig erwiesen.

Exakt vier Monate später, am 19. November 1969, stand eine zweite Mannschaft auf der Mondoberfläche. Die Besatzung von Apollo 12 – Conrad, Bean und Gordon – war mit einer Punktlandung im Oceanus Procellarum niedergegangen. Conrad und Bean stellten während zweier Ausstiege die erste der automatischen Mondforschungsstationen mit der Bezeichnung Alsep auf. Wie genau die Landung war, zeigt die Tatsache, daß die Astronauten nach einem kurzen Marsch ohne Schwierigkeiten die im April 1967 niedergegangene Sonde Surveyor 3 erreichten und dort einige Elemente demontieren konnten, die zur Erde zurückgebracht wurden. Ein interessantes Experiment wurde nach Ankopplung und dem Durchstieg von Bean und Conrad ausgeführt. Der Aufstiegsteil der Mondfähre wurde in relativer Nähe des Landeplatzes zum Absturz gebracht und so ein Mondbeben erzeugt. Zur Verblüffung der Wissenschaftler dauerten die Bodenschwingungen bis 55 Minuten nach dem Aufschlag an. Dieser damals rätselhafte Befund ist heute halbwegs gut verstanden.

Am 11. April 1970 wurde Apollo 13 in Richtung Fra Mauro-Hochland gestartet. Die Mission mit der Besatzung Lovell, Haise und Swigert sollte analog der von Apollo 12 verlaufen, jedoch in einem geologisch anders gearteten Terrain. Am 14. April, um 4 h 11 m MEZ ereignete sich in einem der Sauerstofftanks der Versorgungseinheit eine Explosion, die die Stromversorgung des Apollo-Systems nahezu lahmlegte. Zu diesem Zeitpunkt war Apollo 13 rund 329 000 km von der Erde entfernt. Der Mond konnte also nur umflogen werden. Wie sein Vorgänger befand sich der Havarist auf einer sogenannten Hybridbahn, die eine automatische Rückkehr zur Erde ohne Kursmanöver nicht gestattete. Die Besatzung benutzte die Mondlandefähre als Quartier und Kommandostand und improvisierte in engem Kontakt mit dem Kontrollzentrum in Houston

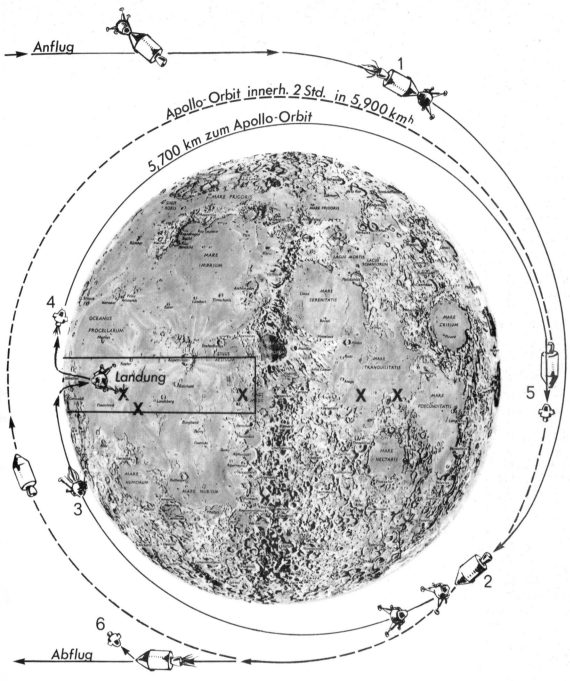

Die wichtigsten Etappen der Apollo-Mondlandung

1 Einschuß des Systems Mutterschiff–LEM in den Mondorbit, 2 Abtrennung der Landefähre, 3 triebwerksgesteuerter Abstieg zur Oberfläche, 4 Rückstart der Aufstiegseinheit, 5 Rendezvous und Kopplung mit dem Mutterschiff, 6 Abtrennung der Aufstiegseinheit und Zündung des Haupttriebwerks zur Erdrückkehr

schnell und praktisch. Das Abstiegstriebwerk der Landefähre wurde zur Kurskorrektur benutzt und damit Apollo 13 auf die Rückkehrbahn gebracht. Vor dem Anflug auf den Eintrittskorridor wurde die defekte Versorgungseinheit abgetrennt, und eine Stunde vor dem Wiedereintritt stiegen die Astronauten aus der Mondfähre in die Apollo-Landekapsel um. Dann wurde das »Rettungsboot« abgetrennt, das in die Erdatmosphäre eindrang und verglühte. Die Landung der Apollo-13-Kapsel gelang 142 Stunden, 54 Minuten und 41 Sekunden nach dem Start ohne Komplikationen. Der von der NASA eingesetzte Untersuchungsausschuß gab am 30. Juni 1970 bekannt, daß ein Kurzschluß die elektrische Isolierung im Sauerstofftank Nr. 2 entzündet hatte und damit die Explosion hervorrief. Der Ausschuß gab Empfehlungen für ganz spezifische Änderungen in den Sauerstofftanks der Apollo-Kommando- und Versorgungseinheit. Daher gab es eine Pause im Programm von über einem dreiviertel Jahr.

Apollo 14 startete dann am 31. Januar 1971 zum Erdtrabanten, zum Ziel seines Vorgängers, zur Fra Mauro-Region. Die Besatzung: Shepard, Mitchell und Roosa. Die Landefähre von Apollo 14 setzte nur 20 Meter vom theoretisch berechneten Landeort entfernt auf.

Mit dem Flug von Apollo 14 kamen neue Varianten in das Programm, das Arbeitspensum wuchs. So dehnten Shepard und Mitchell ihre Außenbordaktivitäten erstmals auf zehn Stunden aus. Sie erprobten z. B. einen kleinen antriebslosen Karren, der den Transport der Instrumente und Bodenproben erleichtern sollte. Die zweite Alsep-Station wurde aufgestellt und in Betrieb genommen. In der Gesteinskollektion von Apollo 14 befinden sich die bisher größten vom Mond zurückgebrachten Steine, jeder von ihnen wiegt 4,5 kg. Das Raumschiff landete am 9. Februar 1971 zielgenau im Südpazifik.

Die vierte Landemission – Apollo 15 – startete am 26. Juli 1971 und war der Auftakt einer verbesserten Apollo-Generation. Sie gestattete nun eine längere Aufenthaltsdauer auf der Mondoberfläche und zusätzliche Experimente in der Mondumlaufbahn. Das Ziel von Scott, Irvin und Worden war die Hadley-Rille, wobei der Anflug über die Apenninen, einem hohen Gebirgszug, erfolgte. Der Anflugwinkel war mit 26° der steilste in der gesamten Apollo-Serie. Mit 66 Stunden und 55 Minuten wurde die Aufenthaltszeit auf dem Mond gegenüber Apollo 14 verdoppelt und mit 18 Stunden 37 Minuten die Explorationsdauer auf der Mondoberfläche ebenso. In dieser Apollo-Generation wurde eine freie Bucht, die zusätzlich 770 kg Nutzlast fassen kann, in der Kommando-Einheit mit Experimenten bestückt: Eine Panorama-Kamera, eine Kamera für kartographische Zwecke und ein Laser-Höhenmesser für exakte Höhenbestimmungen sowie Spektrometer für Gammastrahlen und Röntgenfluoreszenz und Alphapartikel und schließlich ein Massenspektrometer. Auch in der Landefähre gab es Veränderungen: Eine fünfte Batterie für die Abstiegsstufe, einen zusätzlichen Wassertank mit 150 kg Füllung, einen weiteren Sauerstofftank, um nur einige Beispiele zu nennen. Sie bildeten die Grundlage für die verlängerte Aufenthaltsdauer. In der Mondfähre zusätzlich untergebracht: Der Rover, das batteriegetriebene Mondauto.

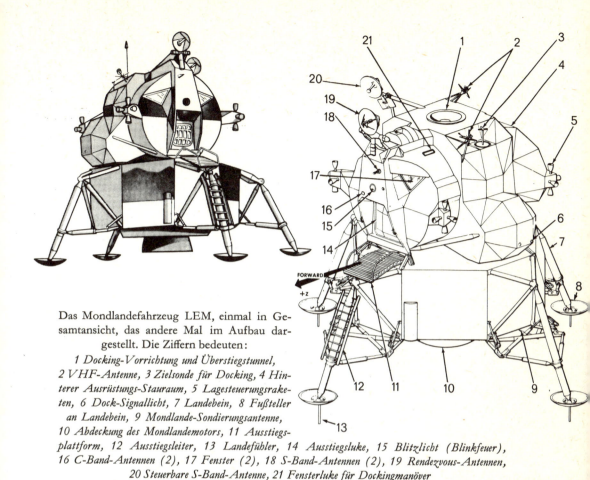

Das Mondlandefahrzeug LEM, einmal in Gesamtansicht, das andere Mal im Aufbau dargestellt. Die Ziffern bedeuten:

1 Docking-Vorrichtung und Überstiegstunnel, 2 VHF-Antenne, 3 Zielsonde für Docking, 4 Hinterer Ausrüstungs-Stauraum, 5 Lagesteuerungsraketen, 6 Dock-Signallicht, 7 Landebein, 8 Fußteller an Landebein, 9 Mondlande-Sondierungsantenne, 10 Abdeckung des Mondlandemotors, 11 Ausstiegsplattform, 12 Ausstiegsleiter, 13 Landefühler, 14 Ausstiegsluke, 15 Blitzlicht (Blinkfeuer), 16 C-Band-Antennen (2), 17 Fenster (2), 18 S-Band-Antennen (2), 19 Rendezvous-Antennen, 20 Steuerbare S-Band-Antenne, 21 Fensterluke für Dockingmanöver

Technische Daten des Mondlanders LEM:

		Erdgewicht	Mondgewicht
Leergewicht (mit Besatzung)	Abstiegsstufe	1855 kg	
	Aufstiegsstufe:	2045 kg	341 kg
	=	3900 kg	
Treibstoffgewicht:	Abstiegsstufe:	8164 kg	
	Aufstiegsstufe:		
	Starttriebwerk:	2358 kg	393 kg
	Fluglagensystem:	272 kg	45 kg
	=	10794 kg	
	Gesamtgewicht: (mit Besatzung und Treibstoff)	14694 kg	
Mondgewicht der Aufstiegsstufe: (minus, je nach Verbrauch an Vorräten)			779 kg
Starttriebwerk-Schub:			1587 kp
Landetriebwerk-Schub: maximum:			4476 kp
minimum:			476 kp
stufenlos regelbar von:			476 kp bis 2857 kp

Aus dem Mutterschiff wurde ein Raumflugkörper in der Mondumlaufbahn ausgestoßen, offiziell als Subsatellit bezeichnet. Auf dem Rückflug mußte Worden aus der Sim-Bay die Filme während eines Ausstiegsmanövers bergen. Apollo 15 kann eine umfangreiche Rekordliste aufweisen: Mit 48 578 kg gelangte die schwerste Nutzlast in Mondorbit. Die maximale radiale Distanz, die Scott und Irvin auf der Oberfläche zurücklegten betrug 28 Kilometer. Apollo 15 stellt mit 145 Stunden in der Mondumlaufbahn auch hier einen neuen Rekord auf.

Mit etwas größerem zeitlichen Abstand folgte am 16. Juli 1972 Apollo 16 mit den Astronauten Young, Duke und Mattingly an Bord. 123 kg Mondgestein wurde aus dem Descartes-Hochland zur Erde zurückgebracht, die Aufenthalts- und Exkursionsdauer gegenüber Apollo 15 noch gesteigert. Wieder wurde ein Subsatellit freigesetzt. In der Instrumentenbay befand sich bei diesem Unternehmen unter anderem eine UV-Kamera.

Während des Rückflugs zur Erde barg Mattingly in einem einstündigen Außenbordmanöver aus der Instrumentenbucht des Apollo-16-Raumschiffes die Filmkassetten.

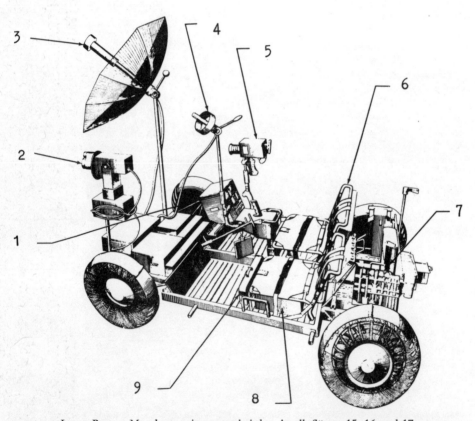

Lunar Rover, Mondauto, eingesetzt bei den Apolloflügen 15, 16 und 17

1 Kontrollkonsole, 2 Fernsehkamera, 3 Hochleistungsantenne, 4 ungerichtete Antenne, 5 Filmkamera – 16 mm, 6 Lagerung für das Lebenserhaltungssystem, 7 Stereokamera, 8 Laderaum unter dem Sitz, 9 Staubbürste

Der Lunar Rover ist für das Arbeiten unter Mondbedingungen ausgelegt. Sein Gewicht beträgt 209 kg, die Zuladungsmasse 490 kg. Das mit Einzelradantrieb ausgestattete und zwei 36-Volt-Silber-Zinkbatterien gespeiste Fahrzeug erreichte eine Spitzengeschwindigkeit von 13 km/h und hatte einen Aktionsradius von 64 km.

1971 erfuhr das Apolloprogramm einschneidende Änderungen: Vom wissenschaftlichen Standpunkt her hatte es sich gezeigt, daß ein Abstand zwischen den einzelnen Flügen von 3 bis 4 Monaten viel zu kurz war, um optimal disponieren zu können, speziell hinsichtlich der folgenden Landeplätze. Aus der Sicht der Projektabwicklung war klar, daß das Projekt aus Kostengründen nicht beliebig zu dehnen war. Die Bodenteams mußten zusammengehalten werden, die für die einzelnen Systeme zuständigen Firmen mußten ständig für das Apollo-Programm greifbar sein. Jeder Monat »Apollo-Projekt« – mit oder ohne Flug – bedeutete feste Kosten um zehn Millionen Dollar. Aus diesen Gründen, aber auch aus einer seltsamen Mischung von politischen Motiven und einer deutlich spürbaren Antiraumfahrt-Stimmung in einflußreichen Gremien, kam es zu einer Verkürzung des ursprünglichen Programms. Deshalb war Apollo 17, gestartet am 7. Dezember 1972, die letzte Mondmission.

Apollo 17-Raumschiff mit dem Radarsystem zur Sondierung der Mondoberfläche. Bei einer Eindringtiefe von 1,3 km erwartete man aus der Analyse der Signalechos Aufschlüsse über die Bodenzusammensetzung, über Metallablagerungen und die Existenz von Eis

Mit dem Astronautenteam Cernan, Schmitt und Evans gelangte erstmals ein Wissenschaftler auf den Mond, der Geologe Harrison Schmitt. Damit hatte die NASA berechtigter Kritik nachgegeben, deren Tenor es war, daß zwar die Astronauten Ungewöhnliches auf dem Mond vollbracht hätten, ein Geologe im Feld hätte für die wissenschaftliche Ausbeute mehr tun können. Bei der Erkundung der Taurus-Littrow-Region auf dem Erdtrabanten hatte Schmitt – heute Senator in Washington – eine besonders glückliche Hand. Allerdings war seine technische Begabung exzellent, er war der Pilot der Landefähre und seine physische Konstitution ungewöhnlich gut.

Die experimentelle Ausstattung des Apollo-17-Systems unterschied sich in mancher Hinsicht von den Flügen Nr. 15 und 16. So enthielt die Instrumentenbucht ein Radarsystem, mit dem der Mondboden bis in eine Tiefe von 1,3 km sondiert werden konnte – neben den Kameras und dem Gesamtstrahlenspektrometer – ein Infrarot-Radiometerscanner, das Informationen über geringe Temperaturdifferenzen auf der Trabantenoberfläche vermittelte.

Auch in der fünften Alsep-Station, die man auf dem Monde installierte, hatte man einiges geändert: So gab es eine Versuchsanordnung zur Bestimmung des einfallenden kosmischen Staubes sowie ein weiteres Experiment zur Wärmeflußmessung im Mondboden, dem eine Tiefenbohrung vorausging.

Der letzte Mondflug war, wie konnte es anders sein, eine Mission der Superlative:

- Längster Mondaufenthalt   :   74 h 59 m 38 s
- Längste Einzelexkursion   :   7 h 37 m 21 s
- Dabei zurückgelegt   :   18,9 km
- Gesamte Exkursionszeit   :   22 h 05 m 06 s
- Längste Rover-Fahrstrecke   :   33,6 km
- Längste Apollomission   :   301 h 51 m
- Längste Mondorbit-Zeit   :   147 h 48 m
- Größte Menge Mondgestein   :   113,5 kg

Und hier noch eine Apollo-Statistik, die das gesamte Programm umfaßt:

- Geplante Missionen   :   14
- Ausgeführte Missionen   :   10
- Abgebrochene Missionen   :   1
- Erdorbit-Missionen   :   2
- Mondflüge   :   9
- Mondlandungen   :   6
- Exkursionen auf dem Mond   :   14
- Gesamtmenge Mondgestein   :   385 kg
- Projektkosten   :   25 Milliarden Dollar

Eine solche summarische Bestandsaufnahme des Apolloprogrammes läßt einen Aspekt hinsichtlich der Mondforschung zu kurz kommen: Das war die Arbeit der fünf automatischen Meßkomplexe, der Alsep-Stationen, die eine extrem wertvolle Serie von Langzeitdaten über die Seismologie des Mondes, über die Strahlungsverhältnisse und andere Größen geliefert haben. Als die NASA am 30. September 1977 aus Kostengründen – der Betrieb der Mondstationen stand jährlich mit 1 Million Dollar zu Buch – die Alsep-Einheiten abschaltete, ging eine weitere Ära der Mondforschung zu Ende. Zum Zeitpunkt der Abschaltung waren noch die Seismometer von Apollo 11, 12, 14, 15, 16 und 17 sowie die Wärmeflußsensoren von Apollo 16 und 17 in Betrieb. Viele der Einzelexperimente hatte man schon früher stillgelegt. Der Informationsfluß ist so reichhaltig, daß seine Auswertung noch Jahre in Anspruch nehmen wird. Enttäuscht wurden die Erwartungen nur hinsichtlich des Niederganges eines großen Meteoriten auf der Mondoberfläche, der ausgeblieben ist. Ein derartiges Ereignis hätte tiefergehende Informationen über den inneren Aufbau des Mondes geliefert. Die Nuklearbatterien der Stationen haben noch eine nutzbare Lebensdauer von fünf Jahren, so daß die NASA-Wissenschaftler bei Bedarf wieder auf Empfang gehen könnten.

Die bemannte Raumstation:
Skylab und Saljut

Der Gedanke der bemannten Raumstation ist vermutlich so alt wie die Idee der Raumfahrt selbst. Da ist – um ein klassisches Beispiel zu erwähnen, der berühmte Backsteinmond des Pfarrers Hale, der im letzten Viertel des Jahres 1869 im amerikanischen Monatsmagazin »Atlantic Monthly« in einer dreiteiligen Geschichte eine Raumstation beschreibt, die unter anderem auch zur irdischen Navigation diente. Allerlei interessantes Detail läßt erkennen, daß dem scharfsinnigen Geistlichen fundamentale Probleme der Raumfahrttechnik durchaus bewußt waren. Bei Jules Verne und Kurd Laßwitz taucht im 19. Jahrhundert die Orbitalstation ebenfalls auf, jedoch mehr als literarisches Faktum, denn als technische Novität. Etwa im Jahre 1911 macht sich einer der geistigen Väter des Weltraumfluges, Konstantin Ziolkowsky, Gedanken über einen von Menschen bewohnten künstlichen Mond. Dinge der Energiegewinnung aus Sonnenstrahlung und ein geschlossenes Ökosystem sind hier erstmals zu finden. Hermann Oberth führte den Gedanken einer Orbitalstation in seinem 1923 erschienenen Buch »Die Rakete zu den Planetenräumen« ebenfalls ausführlicher aus und wies auch auf deren Nutzung als Beobachtungsplattform für astronomische Aufgaben, aber auch für Erdüberwachung hin. Technisch umrissene Projektstudien haben weder Ziolkowsky noch Oberth vorgelegt. Schon sehr technisch und praktisch orientierte Ideen kamen von Guido von Pirquet (1928) und von Hermann Noordung (1928), dessen Buch die ersten technischen Konstruktionszeichnungen einer Raumstation enthielt. Nach dem zweiten Weltkrieg dann schossen die Projektstudien wie Pilze aus der Erde. Eine der berühmtesten ist die des Teams um Wernher von Braun, die dann 1952 in einer Artikelserie einer populären Zeitschrift vorgestellt wurde. (Der interessierte Leser sei in diesem Zusammenhang auf Jesco von Putkamers vorzügliches Buch Raumstationen, 1971 im Verlag Chemie GmbH erschienen, verwiesen.)
Eine erstaunliche Tatsache bleibt festzuhalten: In den frühen fünfziger Jahren waren fast alle ernst zu nehmenden Raumfahrtexperten davon überzeugt, daß, wenn es ihre Disziplin erst einmal geben werde, die zeitliche Reihenfolge der Entwicklung etwa so aussieht: 1. Unbemannte Satelliten, 2. bemannte Raumfahrt in Erdnähe, 3. Entwicklung eines Raumtransporters, 4. Bau einer relativ großen Raumstation und 5. Beginn der Mond- und Planetenerkundung von der Station aus. Was sich in der Realität vollzogen hat wissen wir alle. Der Raumtransporter ist in der Erprobung, und die große Raumstation ist noch lange nicht in Sicht. Deren Problematik wollen wir zum Schluß des Kapitels anschneiden.
Beginnen wir gleich mit dem Projekt Skylab, ignorieren wir den Begriff »Raumstation«, wenn er als Etikett für gekoppelte bemannte Raumschiffe irreführend

gebraucht wird, wie man es in der UdSSR gerne für Sojus-Sojus-Kombinationen gebraucht hat.

Die Idee zu Skylab ist im Rahmen von Projektstudien zur Nutzanwendung leergebrannter Raketenstufen im Orbit entstanden, die im Marshall-Raumflugzentrum der NASA 1965 vorgelegt wurden. Ursprünglich war daran gedacht, die S-IV B-Oberstufe des Saturn-Programm mit der kleinen Saturn I B in die Erdumlaufbahn zu bringen, mit einer bemannten Apollo-Einheit als Nutzlast. Nachdem die S-IV B-Stufe ausgebrannt war, sollten die Astronauten den restlichen Treibstoff entleeren und die Stufe sichern. Dann sollten sie erneut ankoppeln und durch eine Luftschleuse ins Innere des Wasserstofftanks einschweben. Natürlich konnte man im Treibstofftank außer einem gitterförmigen Fußboden keine Einrichtungsgegenstände oder Bordsysteme vor dem Start mitführen. Sie sollten aus dem Vorderteil der Stufe mühsam von den Astronauten in den Tank transportiert und eingebaut werden. Die hohe körperliche Belastung der Raumfahrer und der große Zeitaufwand, der dann von der eigentlichen wissenschaftlichen Arbeit abging, ließ dann die NASA von der Verwendung einer ausgebrannten Raketenstufe absehen. Eine andere Studie, 1966 begonnen, empfahl, doch auf die S-IV B-Stufe zurückzugreifen, sie aber »trocken« am Boden zu

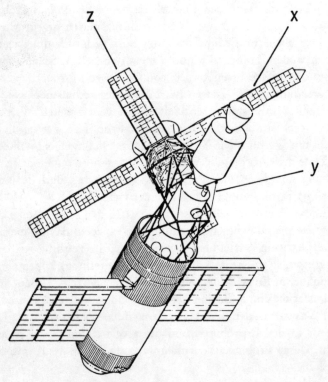

Skylab-Station mit angekoppeltem Apollo-Zubringerraumschiff. Eingezeichnet sind die Hauptachsen des Systems

instrumentieren und einzurichten. Auf den schweren J-2-Raketenmotor mit seinen Pumpen, Ventilen und Leitungssystemen konnte man verzichten. Das voll ausgestattete Himmelslabor war nun inzwischen so schwergewichtig geworden, daß als Trägerrakete nur die Saturn V in Frage kam, was zur Streichung eines Apollo-Mondfluges führte. Da die S-IV B-Stufe sonst als dritte Stufe der Saturn V diente, gab es keine Anpassungsprobleme. Die beiden ersten Stufen der Mondrakete reichten aus, um die 85 Tonnen Masse in eine 435 km hohe Kreisbahn zu bringen.

Die umfunktionierte S-IV B, die Raumwerkstatt, ist das Kernstück der Station. Sie ist 18 m lang, 6,70 m weit und besteht im wesentlichen aus dem ehemaligen Wasserstofftank von 295 m³ Volumen, der durch Einziehen von zwei Gitterböden in zwei Etagen, in zwei Decks, unterteilt worden ist. Hier ist die Arbeits- und Wohneinheit der Astronauten installiert.

Ein neues aber wichtiges Element war der Kopplungsadapter (MDA), der dem Apollo-Kommandoteil das Anlegen an Skylab ermöglichte. Der Adapter ist ein zylinderförmiges Element von rund 5,20 m Länge, 3 m Durchmesser und einem Startgewicht von 4 Tonnen. Das klimatisierte Volumen liegt bei 30 m³. Interessant ist die Tatsache, daß es am MDA zwei Kopplungsstutzen, einen seitlichen und einen axialen gibt.

Zwischen der Raumwerkstatt und dem Kopplungsstutzen sitzt die Luftschleuse (AM), ein langgestreckter Zylinder, rund 19 t schwer. Sie ermöglichte den Astronauten nicht nur den Durchgang vom Zubringer-Raumschiff zum Skylab-Inneren, sondern auch den Ausstieg bei Außenbord-Aktivitäten durch eine seitliche Luke.

Die dritte wesentliche Einheit ist das Sonnenobservatorium der Station, ATM abgekürzt: Apollo-Teleskop-Montierung. Die Bezeichnung Apollo hat nur noch historische Bedeutung und geht auf einen früheren Entwurf zurück. Das ATM selbst dient als Träger für das Observatorium mit acht Experimenten, das allein 10 Tonnen wiegt. Es sitzt seitlich auf der Längsachse von Skylab und ist durch seine vier Solarzellen-Flächen, die wie Windmühlen-Flügel in den Raum ragen, leicht zu erkennen. Das Observatorium ist auf dem Gerüst schwenkbar und saß bei Start in der Verlängerung der Trägerraketenachse. Mit einem Sensor- und Kreiselsystem kann Skylab auf der Sonnenseite der Bahn auf ±4 Bogenminuten genau in Nick- und Gierrichtung und auf ±10 Bogenminuten genau um die Rollachse zur Sonne stabilisiert werden. Ein unabhängiges Feinsteuersystem erlaubt dann die Einstellung einer Stabilisierungsgenauigkeit von etwa ±2,5 Bogensekunden!

Über die Experimente soll an dieser Stelle noch nichts gesagt werden. Der Start des Himmelslabor erfolgte am 14. Mai 1973 ohne Probleme, so schien es zunächst. Dann stellte man jedoch fest, daß ein Meteoriten-Schutzschild und – was noch gravierender war – eine der beiden Solarzellenflächen, die seitlich am Flugkörper der Energieversorgung der Station dienten, abgerissen waren.

Vorab die bemannten Aktivitäten in Zahlen. Angemerkt sei, daß in der offiziellen amerikanischen Zählweise der Start der unbemannten Station als Flug Skylab 1 bezeichnet wird. Die drei Apollo-Zubringer-Flüge mit der Saturn I B

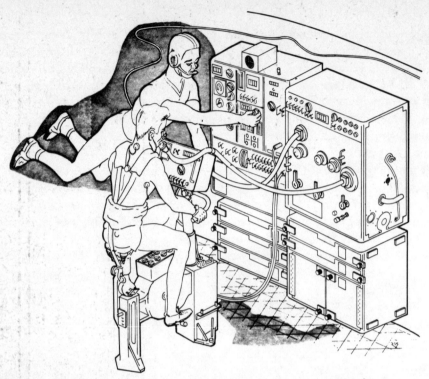

Messung von Vectorcardiogrammen an Bord von Skylab im Rahmen des Experimentes M 093 mit 8 Frank-Elektroden, die in einer speziellen Weste eingebaut sind

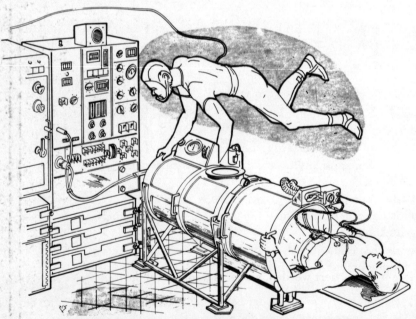

Untersuchung des cardiovaskulären Systems unter Streß mit dem Unterleib-Niederdruckgerät (Low Body Negative Pressure) während des Skylab-Experimentes M 092. Dabei wird durch den Unterdruck Blut in die Beinvenen gesaugt, entsprechend der Fliehkraft in einer Zentrifuge von etwa 7 G. Die Beine schwellen entsprechend an, der Kreislauf wird belastet

als Trägerrakete und jeweils drei Besatzungsmitgliedern an Bord werden dann fortlaufend weiter nummeriert:

	Start	Besatzung	Flugdauer	Gekoppelt mit Skylab 1
Skylab 2	25. 5. 1973	C. Conrad J. P. Kerwin P. J. Weitz	627 h 50 m	28 Tage
Skylab 3	28. 7. 1973	A. L. Bean J. R. Lousma O. K. Garriott	1 427 h 09 m	59 Tage
Skylab 4	16. 11. 1973	G. P. Carr E. G. Gibson W. R. Pogue	2 017 h 16 m	84 Tage

Die Skylab-Mission war ein Triumph der bemannten Raumfahrt, der trotz der Einstellung des zeitlichen Rekordes durch die Saljut-6-Besatzung Gretschko und Romanenko (1978) nichts an Glanz eingebüßt hat. Nicht umsonst wird gerade in der UdSSR der Einsatz der Astronauten und ihr Zusammenwirken mit den Bodenstationen besonders hoch geschätzt. Da war die grandiose Reparatur der Station, das Spannen des Schutzschirms, der die drohende Überhitzung verhinderte. Andere wichtige Reparatur- und Wartungsarbeiten haben weniger öffentliche Popularität erlangt. So erforderte jedes der Sonnenforschungs-Experimente während der aktiven 271-Tage-Spanne eine Reparatur. Zur Erinnerung muß gesagt werden, daß in den unbemannten Flug-Zwischenzeiten diverse Programme automatisch abgewickelt wurden. Ein Zeitschaltsystem wurde umgebaut, in einer Fernsehmonitor-Anordnung diverse Einheiten ausgewechselt. Der Infrarotscanner und die Mikrowellen-Antenne wurden repariert. Auch das Fahrrad-Ergometer wurde, nachdem es streikte, wieder in Schwung gebracht. Beinahe abenteuerlich: das Auswechseln von Kreiseln für die Lagestabilisierung der Station. Ein Kühlkreis wurde aufgefüllt, ein Relais in einem Pufferbatteriesystem ausgetauscht. Keines dieser Systeme war für eine unkomplizierte Reparatur ausgelegt.
Wir haben absichtlich etwas ausführlicher diesen Aspekt beschrieben, zeigt er doch, daß auch im Erdorbit bei enger Kooperation mit den Bodenstationen, mit Konstrukteuren und Ingenieuren, schwierigste Probleme lösbar sind. Das läßt für die bemannte Raumfahrt der Zukunft hoffen, und die UdSSR hat aus diesen Erfahrungen bereits profitiert, wie zum Beispiel das Unternehmen Saljut 6 zeigt.
Aus dem wissenschaftlich-technologischen Arbeitsprogramm sollen vier Bereiche beispielhaft skizziert werden, wobei es weniger auf die ausführliche Darstellung von Resultaten ankommen soll.

Sonnen-Beobachtungen

Daß es sich hier um den wissenschaftlichen Schwerpunkt handelt, geht schon aus einer Aufzählung der Instrumentierung des Sonnen-Observatoriums hervor:

Ein Weißlicht-Koronograph, zwei Hα-Kameras, drei UV-Spektrographen und zwei Röntgenstrahlen-Teleskope decken einen Spektralbereich von 3 A bis 7000 A ab. Ein großer Teil dieser Beobachtungen wäre an der Erdoberfläche nicht durchzuführen. Im Gegensatz zu den bis dahin eingesetzten Geräten in Satelliten, Höhenforschungsraketen oder Ballons, stellten die Sonnenbeobachtungs-Einrichtungen eine bisher unbekannte Größenordnung dar, denn 7 der 8 Instrumente benutzten Film. Die Skylab-Astronauten machten im Durchschnitt täglich 600 Sonnenaufnahmen, die meisten von herausragender Qualität.

Zum Erfolg der Beobachtungsreihe trug der ausgezeichnete Kontakt zu dem weltweiten Netz der irdischen Sonnenbeobachtungsstationen bei: der wechselseitige und schnelle Informationsaustausch über das Kontrollzentrum in Houston erwies sich für die Sonnenphysik als wichtig. Skylab war in einer Phase der »ruhigen Sonne« gestartet, die Beobachtungen aus dem Orbit zeigten jedoch eine extrem aktive Sonne. Der Weißlicht-Koronograph, mit dem allein 36 000 Aufnahmen gemacht wurden, erbrachte den erstaunlichen Befund, daß bereits innerhalb von 40 Sekunden deutliche Veränderungen in der Korona auftreten. Die simultane Untersuchung solarer Phänomene ergab einen engen Zusammenhang zwischen Ereignissen in der Korona und Aktivitäten in der Chromosphäre und Photosphäre der Sonne. Die durch Röntgenbeobachtungen von Satelliten und Raketen entdeckten »Korona-Löcher« konnten erstmals mit Skylab im Detail untersucht werden. Die »Korona-Löcher« (Coronal Holes) sind Gebiete stark reduzierter Röntgenstrahlen-Emission und möglicherweise die Quelle des Sonnenwinds. Die Skylab-Besatzungen entdeckten auf den täglichen Röntgenbildern helle Flecken, Gebiete von etwa 1000 km Durchmesser und Lebenszeiten von einigen Stunden. Der Astronaut Garriott berichtete, daß durchschnittlich 1500 solcher »Mini-Röntgeneruptionen« täglich wahrzunehmen sind.

Der Komet Kohoutek

Kurz vor dem Start von Skylab entdeckte im März 1973 Lubos Kohoutek einen Kometen, der dann nachträglich noch auf einer Aufnahme vom Januar 1973 gefunden wurde. Die ersten Bahnberechnungen ergaben den Periheldurchgang – die größte Annäherung an die Sonne – für Dezember, mit einer Distanz von 21 Millionen km. Erste Sichtbarkeitsberechnungen ließen eine spektakuläre Erscheinung zum Jahresende erwarten. Die Enttäuschung in der Öffentlichkeit war groß als das angekündigte Schauspiel weit hinter den Erwartungen zurückblieb. Dennoch zählt dieser Komet zu den bestuntersuchten seiner Art.

Im Sommer 1973 traf die Skylab-Projektleitung die Entscheidung, das Objekt auf das Beobachtungsprogramm der 3. Mannschaft zu setzen. Eine Spezialkamera – ähnlich der Apollo 16 UV-Kamera – wurde mit zum Raumlabor genommen. Mit ihr konnten Aufnahmen im Lyman-Licht gemacht werden, die die gigantische Wasserstoffwolke um den Kometen zeigten, die an Ausdehnung noch die Sonne übertraf. Aus der Serie der Aufnahmen konnte berechnet werden, daß der Komet zur Zeit des Periheldurchganges rund 1 t Wasserstoff pro Sekunde verlor. Mit dem Weißlicht-Koronographen wurde das Objekt in Son-

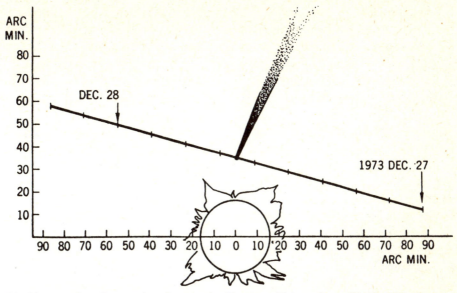

Die Phase größter Sonnen-Annäherung des Kometen Kohoutek am 27. 12. 1973, der von Skylab 4 ausführlich untersucht worden ist

nennähe beobachtet, wobei auch die Schweif- und »Gegenschweif«-Entwicklung dokumentiert werden konnte. Andere Experimentatoren, so eine französische Arbeitsgruppe – stellten ihre Instrumente an Bord von Skylab ebenfalls für die Kometenbeobachtung zur Verfügung.

Bemerkenswert ist die Tatsache, daß dieses plötzlich entstandene Forschungsvorhaben flexibel in das lange festliegende Skylab-Arbeitsprogramm integriert werden konnte und das Team ohne lange Vorbereitung bedeutende Erkenntnisse über den Kometen erarbeitete. Außer Skylab waren an der Kohoutek-Beobachtung die unbemannten Raumflugkörper Mariner 10, Pioneer 8 und 9, Copernicus und OSO 7 beteiligt.

Erdbeobachtungen

Auch dieser bedeutsame Forschungskomplex hat für die Zukunft Maßstäbe gesetzt, im sogenannten Earth Resource Experiment Program (EREP) war ein ganzes Bündel von Techniken zusammengeschlossen. Die EREP-Beobachtungen verlangten jedesmal eine Änderung der Fluglage von Skylab aus der Sonnenbeobachtungs-Richtung. Hier die sechs Experimente:

- S 190: Multispektralkamera mit 70-mm-Film.
- S 191: Infrarotspektrometer.
- S 192: Optisch-mechanischer Multispektral-Bildabtaster (Scanner) mit Filmaufzeichnung der Informationen.
- S 193: Mikrowellen-Sensorsystem, bestehend aus einem Streulichtmeter/ Radiometer, einem Radar-Höhenmesser und einem passiven Radiometer.

Die hier erprobten Methoden sind inzwischen zum größten Teil in verschiedenen Satelliten eingesetzt und erweitert worden, und wir haben darüber im Kapitel Anwendungssatelliten ausführlich berichtet.

Werkstoffherstellungs-Prozesse

Das, was heute zum Alltag sowjetischer Kosmonauten in ihren Orbitalstationen gehört und in Zukunft zum Beispiel im europäischen Spacelab ausführlich genutzt werden soll, nämlich die Materialfertigung unter Weltraumbedingungen, ist im Rahmen des Skylabprogrammes mit 14 verschiedenen Experimenten grundlegend untersucht worden. Kristallisieren, Schmelzen, Mischen unter Schwerelosigkeit, wichtige Erkenntnisse sind dazu bereits 1973 an Bord von Skylab erarbeitet worden. Ein Beispiel: Aufgedampfte Dünnschichtfilme aus Gold und Germanium im Gemisch werden bei einer Temperatur von 1,7 K supraleitend. Versucht man im irdischen Labor Gold und Germanium zu legieren, so erhält man keine supraleitenden Gemische. Bei entsprechenden Experimenten in der Skylab-Station hat man einzelne supraleitende Proben mit einer Sprungtemperatur von 1,5 K erhalten und vermutlich auch eine echte Germanium-Gold-Legierung gefunden. Dafür spricht schon der optische Augenschein, denn die kleinen Gebiete fallen in der Schmelze auf. Auch die Röntgenstrukturanalyse deutet in diese Richtung. Die generellen Aspekte des Werkstoffverhaltens unter Weltraumbedingungen haben wir bereits früher beschrieben.
Mit Skylab ist wissenschaftlich und technologisch in vieler Hinsicht Neuland betreten worden. Das gilt auch für den medizinischen Bereich. Mit der Landung des letzten Teams, Anfang Februar 1974, wurde Skylab stillgelegt. Der überraschend schnelle und steile Anstieg der Sonnenaktivität seit Anfang 1978 hat Befürchtungen hinsichtlich eines frühen unkontrollierten Wiedereintritts dieses

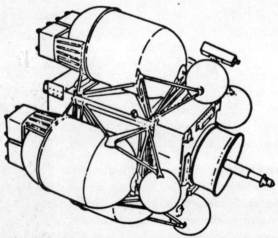

Teleoperator-System als Hilfsaggregat für Bahnänderungen und Stabilisierungsprozesse von Raumflugkörpern. Der erste Einsatz soll der »Rettung« von Skylab dienen. Transportmittel für das Gerät ist der Shuttle

bislang schwersten Raumflugkörpers in die Erdatmosphäre geweckt. Die NASA-Planung sah vor, in der zweiten Jahreshälfte 1979 mit dem Shuttle ein automatisches Antriebsaggregat in die Skylabbahn zu bringen und anzudocken. Dann wollte man in Ruhe entscheiden, ob Skylab gezielt zum Verglühen oder auf eine höhere »Wartebahn« gebracht werden soll. Einen 35-Millionen-Dollar-Auftrag für das sogenannte Teleoperator Retrieval System hat Martin Marietta erhalten.

Da mit einem verspäteten Einsatz des Shuttle – nicht vor Herbst 1979 – zu rechnen ist und das Teleoperator Retrieval System frühestens mit der zweiten Shuttle-Mission in den Orbit gebracht werden kann, versucht man, die Lebenserwartung von Skylab zu erhöhen. Am 9. Juni 1978 hat man verschiedene Bordsysteme aktiviert und die Raumstation so orientiert, daß die Längsachse in der Flugrichtung liegt. Dadurch wird die Angriffsfläche für den Luftwiderstand verkleinert, die Abbremsung reduziert. Dieses erstaunlich gute Ansprechen der Station nach über vier Jahren Betriebsruhe hat Interesse an einer möglichen Nutzung aufkommen lassen. Noch ist jedoch nicht vorherzusagen, wie sich die Abbremsung von Skylab weitervollzieht und eine »Rettungsaktion« nicht zu spät kommt.

Dieses Problem haben die Sowjets mit ihren Orbitalstationen Saljut nicht. Sie haben sie bislang mit dem Bahnkorrektur-Triebwerk gezielt über dem Pazifik zum Absturz gebracht. Wenn wir die sowjetischen Orbitalstationen nach Skylab behandeln, so gibt es dafür einen einleuchtenden Grund: Es ist eine ganze Serie, die von Exemplar zu Exemplar Merkmale einer technologischen Evolution zeigt.

Mit dem Start von Saljut 1 am 19. April 1971 stellten die Sowjets eine Orbitalstation vor, die in all ihren Abmessungen wesentlich kleiner als Skylab ist. Die Station ist etwa 20 Meter lang, mit einem maximalen Durchmesser von 4,15 m und einer Startmasse von 18,6 bis 18,8 t. Die Maßangaben schwanken: So wurde die Länge von Saljut 3 mit 21 m, die von Saljut 4 mit 23 m angegeben. Aus technischen Gründen kann man folgern, daß die tatsächliche Stationslänge konstant ist und die unterschiedlichen Werte aus dem Mitzählen von Auslegern oder ähnlichem resultieren.

Der allgemeine Aufbau von Saljut 1 bis 5: Dem Kopplungsstutzen folgt ein Transfertunnel von 3 m Länge und 2 m Durchmesser. Der anschließende zentrale Kern ist etwas über 9 Meter lang und hat einen maximalen Durchmesser von 4,15 m. Den Abschluß macht die Versorgungseinheit, mit Tanks und Triebwerk. Den zur Verfügung stehenden Nutzraum geben die Sowjets mit 100 m³ an.

Saljut 1 verfügte über vier Solarzellen-Flächen paarig an den hinteren und vorderen Enden der Station angebracht. Zwanzig Öffnungen, nur teilweise mit Instrumenten besetzt, ermöglichten einen guten Ausblick zur Erde. Der erste Flug begann mit einem Ereignis, das bis heute den Saljut-Unternehmungen treu geblieben ist: Mit einer Panne bei der Kopplung. Die am 22. April 1971 zur Station gestartete dreiköpfige Besatzung von Sojus 10 kehrte nach zwei Tagen zur Erde zurück, ohne daß die Station betreten wurde. Obwohl die

UdSSR diesen Mißerfolg niemals zugegeben hat, sprechen die Erfahrungen aus späteren Flügen und zahlreiche Indizien für einen Fehlschlag. Erst am 6. Juni ging die nächste Besatzung mit Sojus 11 – die Kosmonauten Dobrovolski, Volkow und Patsajew – auf Saljut-1-Kurs. Rund 27 Stunden später war die Kopplung erreicht. Nach 22 Tagen eines intensiven Arbeitsprogramms erfolgte am späten Abend des 29. Juni 1971 die Rückkehr mit dem Sojus-Raumschiff zur Erde. Als beim Abstieg die Arbeitseinheit von der Landekapsel abgetrennt wurde, war ein Belüftungsventil, das sich normalerweise in 5300 Meter Höhe öffnet, nicht verschlossen. Da die Raumschiffbesatzung, wie es bei den Sowjets zur Gewohnheit geworden war, auch in der Start- und Landephase ohne Raumanzug flog, erstickte sie an Luftmangel. Es ist nachträglich bekanntgeworden, daß die Mannschaft das Entweichen der Luft – dazu brauchte es etwa 40–50 Sekunden – bemerkte und versuchte, das defekte Ventil abzudichten. Doch zu spät ...

Diese Katastrophe hatte einschneidende Änderungen hinsichtlich der Sicherheitsphilosophie und vermutlich auch personelle Konsequenzen zur Folge: Technische Änderungen an der Landeeinheit des Sojus-Raumschiffes, das Tragen von Raumanzügen mit einem kompakten, tragbaren Lebenserhaltungssystem ...

Immerhin vergingen zwei Jahre, bis eine neue Orbitalstation Saljut 2, am 3. April 1973 gestartet wurde. 11 Tage später gab es eine Explosion, die die Station zerstörte. Da offensichtlich die Raketenoberstufe am 3. April explodierte, ist möglicherweise auch die Zerstörung von Saljut 2 auf eine Kollision mit den Oberstufenfragmenten zurückzuführen.

Saljut 3 wurde am 25. Juni 1974 gestartet und wurde von den Besatzungen Sojus 14 und 15 angeflogen. Doch nur dem Team von Sojus 14 gelang die Kopplung. Eine Reihe Novitäten begleiteten diesen Flug: Die beiden Besatzungen waren Militärs, und die gesamte Missionsführung, einschließlich der hochauflösenden Kamera von 10 Meter Brennweite machte deutlich, daß es sich um einen militärischen Aufklärungsflug handelte. Die Zahl der Besatzungsmitglieder war grundsätzlich auf zwei reduziert worden. Zwei Monate, nachdem die Besatzung die Station verlassen hatte, wurde automatisch eine Kapsel mit Filmen ausgestoßen und mit Triebwerk und Fallschirm wie ein »Mini-Raumschiff« gelandet.

Bedeutsame Änderungen an der Station selbst schlugen sich äußerlich in den nunmehr drei Solarzellen-Flächen, die jedoch um 180° drehbar sind, deutlich nieder. Auch das Innere der Station wurde völlig umgestaltet. Am 24. Dezember 1974 zogen die Sowjets eine Bilanz des Fluges, davon 14 Tage mit Besatzung: Bei 2950 Erdumkreisungen wurden 400 wissenschaftliche und technische Experimente abgewickelt. 8000 Kommandos wurden zur Station übertragen, mehr als 200 dynamische Operationen wurden ausgeführt. Es gab 70 Fernsehübertragungen und 2500 Übertragungen gespeicherter Telemetriedaten. 500000mal wurden die Korrekturtriebwerke gezündet, 5000 kWh Strom wurden produziert.

Die Station hatte das Doppelte der geplanten aktiven Funktionszeit überschritten und wurde dann gezielt am 24. Januar 1975 über dem Pazifik zum Verglühen gebracht. Inzwischen umkreiste bereits seit dem 26. Dezember 1974 Saljut 4 die Erde. Mit dieser Mission kam die UdSSR ihrem Ziel, einer optimalen Nutzung

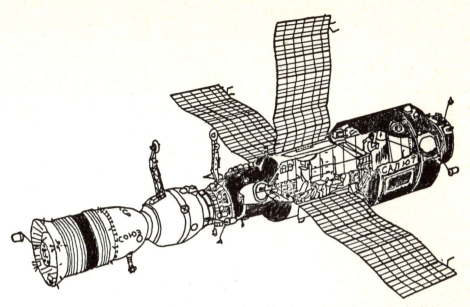

Sowjetische Raumstation der Version Saljut 3, 4 und 5 mit angekoppeltem Sojus-Zubringerraumschiff. Die Station Saljut 6 hat auch am hinteren Ende einen Kopplungsstutzen und damit eine abweichende Konstruktion der Versorgungseinheit

der Station im bemannten Flug, schon wesentlich näher. Zwei Besatzungen – Sojus 17 mit den Kosmonauten Gubarev und Gretschko und Sojus 18 mit der Mannschaft Klimuk und Sewastianow – und ein unbemanntes Raumschiff, Sojus 20, nahmen an diesem Programm teil. Zwischen Sojus 17 und 18 gab es einen Start, der in einer kritischen Phase, kurz vor dem Erreichen der Erdumlaufbahn, mit einer Notlandung endete. In der sogenannten Anomalie vom 5. April 1975 starten die Kosmonauten Lazarew und Makarow mit einem Sojus-Raumschiff in Richtung Orbitalstation. Ein Defekt im Steuerungssystem zwang zur Notlandung: 1600 km vom Startplatz entfernt und nur 320 km vor der chinesischen Grenze ging die Landeeinheit im Gebirge bei Gorno-Altaisk nieder.

Mit Saljut 4 zeigten sich bereits die charakteristischen Züge dieser Stationsserie: Ein hohes Maß an Flexibilität in der Aufgabenstellung. Größere Experimentaleinheiten konnten vor dem Start jeder neuen Station ausgetauscht werden. Ein anderer Aspekt ist in der speziellen Vorbereitung der einzelnen Mannschaften auf ganz bestimmte Programme zu sehen. Sie sind bereits an der Entwicklungs- und Integrationsphase von Geräten, die später in die Saljut-Stationen gelangen, intensiv beteiligt.

Die Mission Saljut 4 hatte vier Schwerpunkte: Astrophysik, Erderkundung, Biomedizin und Stationstechnologie. Beispielsweise dienten für das Studium astrophysikalischer Phänomene zwei Röntgenstrahlen-Teleskope unterschiedlicher Konzeption und relativ hoher Nachführgenauigkeit. Ein Sonnenteleskop – entwickelt vom astrophysikalischen Observatorium auf der Krim – war speziell für die Untersuchung des Tagesgestirns im ultravioletten Bereich gedacht. Auffällig ist der Trend zu großen Geräten und Apparaturen, die anscheinend aus dem irdischen Labor mit nur geringen Modifizierungen, natürlich weltraumqualifiziert, übernommen werden. Ein sehr ökonomischer Zug, der die Wirtschaftlichkeit dieser Missionen natürlich erhöht. Ein genauer Vergleich der wissenschaftlichen Ausstattung von Skylab und einer der Saljutstationen läßt sofort die unterschiedlichen technologischen Wege – bei ähnlicher Aufgabenstellung – erkennen, die die beiden Raumfahrtgiganten schon immer gegangen sind. Nach der Beendigung des bemannten Programmes von Saljut 4 (Sojus 17 = 30 Tage, Sojus 18 = 63 Tage) demonstrierten die Sowjets die Kapazität, ein unbemanntes Raumschiff, Sojus 20, automatisch an die Station heranzuführen und anzukoppeln. Das war noch nicht das »Tanker-Raumschiff« von dem immer schon gemunkelt wurde. Einzelne Systeme hierfür wurden jedoch zweifellos – neben biologischen Versuchen im Sojus – ausführlich getestet.

Im Juni 1976 startete die UdSSR die Orbitalstation Saljut 5. Die erste Besatzung stieg am 7. Juli in die Station um, es war das Team von Sojus 21, die Kosmonauten Wolynow und Sholobow. Sie verbrachten insgesamt 49 Tage an Bord von Saljut 5. Ein Arbeitsschwerpunkt dieser Besatzung war die Werkstoff-Technologie. Einen Einblick in die zu lösenden Probleme gibt ein Bericht von W. Awdujewski, S. Grischin und L. Pimenow, Wissenschaftler, die in der UdSSR an führender Stelle im Raumfahrtprogramm tätig sind:

»Die erste Aufgabe lautete, die Besonderheiten des Wachstums von Kristallen aus Lösung oder Schmelze bei Bedingungen zu untersuchen, bei denen infolge fehlender Schwerkraft die Transportprozesse in der Flüssigkeit vornehmlich diffusionsbedingt sind. Der Hauptteil der Untersuchungen wurde mit dem Gerät ›Kristall‹ ausgeführt. Während des Experiments, das sich über 24 Tage erstreckte, wurden zum erstenmal aus einer wäßrigen Lösung Kaliumalaunkristalle gewonnen, die das gleiche Volumen wie die Lösung einnahmen, und mit zur Erde gebracht. Eine erste Analyse hat ergeben, daß die im Weltraum gezüchteten Kristalle mehr Gas- und Flüssigkeitseinschlüsse enthalten. Wahrscheinlich ist das dadurch bedingt, daß in der Station Auftrieb und Konvektion nicht wirken.

Ähnliche Ergebnisse lieferte im März 1976 der beim Start einer Höhenforschungsrakete vorgenommene Versuch, eine Sintermetallegierung zu gewinnen. Dabei wurde ein technologischer Rohling aus einem Gemisch von Aluminium und Glas verwendet, der mit der Wärme einer äußeren Heizquelle erhitzt und geschmolzen wurde. Zum Vergleich wurden unter Erdbedingungen analoge Versuche ausgeführt. Daraus ließ sich unter anderem schließen, daß die Dichte der Gaseinschlüsse im unteren Teil der ›irdischen‹ Probe der Legierung minimal ist und nach oben erheblich zunimmt. In der ›kosmischen‹ Probe sind die Einschlüsse hingegen gleichmäßiger verteilt. Offensichtlich ist dieser Unterschied, ebenso wie beim Experiment ›Kristall‹ darauf zurückzuführen, daß im Weltraum die Gasbläschen in der Flüssigkeit keinen Auftrieb haben. Der Effekt, daß bei der Kristallisation aus Lösung und Schmelze mehr Gas- und Flüssigkeitseinschlüsse auftreten, muß beachtet werden, wenn bei Mikrogravitation gezüchtet werden soll.

Die nächste ›technologische‹ Aufgabe war es, die Wirkung der Oberflächenspannung zu untersuchen. Mit dem Gerät ›Potok‹ wurde festgestellt, daß sich bei

Mikrogravitation die Vereinigung der in einer Flüssigkeit enthaltenen Gasbläschen wesentlich langsamer vollzieht. Welche Besonderheiten der Übertritt einer Flüssigkeit aus einem Volumen in ein anderes unter der Wirkung der Oberflächenspannung hat, wurde an einer Schmelze von Mangan-Nickel-Lot im Gerät ›Reakzija‹ gezeigt. Die Untersuchung der aus dem Weltraum mitgebrachten Proben gelöteter Röhrchen ergab, daß das flüssige Lötmetall durch einen Kapillarspalt aus dem großen ringförmigen Hohlraum in den kleineren Hohlraum geflossen war.
Mit dem dritten Experiment wurde das Ziel verfolgt, das behälterlose Erhärten flüssigen Metalls mit dem Gerät ›Sfera‹ zu untersuchen. Eine erste Analyse der Woodmetall-Proben, die von Bord der Station zur Erde gebracht wurden, ergab, daß sie die Form eines Ellipsoides und eine Oberfläche mit kompliziertem Relief haben. Die Mikrostruktur der Probe ist im ganzen Querschnitt gleichartig. Die metallographische Untersuchung zeigte, daß sich die Homogenität unter den Bedingungen der Mikrogravitation beim Umschmelzen und Kristallisieren verschlechterte. Bei Werkstoffen wie dem Woodmetall führt das zur Erhöhung der faktischen Schmelztemperatur ... Eine weitere konkrete Aufgabe bestand darin, Löt- und Schmelzprozesse bei Metallen zu untersuchen (Gerät Reakzija). Die im Weltraum gewonnenen Lötproben wurden im Laboratorium untersucht. Bei der metallographischen Analyse zeigte sich, daß die Qualität der Lötnaht im großen und ganzen gut ist. An einzelnen Stellen weist sie allerdings kugelförmige Poren auf ... Die aus dem Weltraum gelieferten Proben wurden auf Vakuumdichte und mechanische Festigkeit geprüft. Dabei zeigte es sich, daß die im Weltraum gelöteten Verbindungen vollständig hermetisch sind, analoge irdische Proben in einigen Parametern übertreffen und ihnen in der Festigkeit nicht nachstehen. All das berechtigt zu dem Schluß: Diese Methode des Lötens, die von der ersten Besatzung von Saljut 5 erprobt wurde, kann bei technologischen Operationen an Raumflugkörpern angewendet werden. Die zweite Besatzung von Saljut 5 hat die technologischen Experimente weitergeführt. So wird vor unseren Augen das Fundament für die kosmische Produktion neuer Werkstoffe gelegt – eine aussichtsreiche Richtung in der Betätigung des Menschen im Weltraum.«
Soweit der leicht gekürzte Bericht der sowjetischen Wissenschaftler. Doch bevor gut ein halbes Jahr später – im Februar 1977 – die Besatzung von Sojus 24, die Kosmonauten Gorbatkow und Glaskow für 19 Tage in der Saljut 5-Station arbeiten sollten, gab es noch einmal einen vergeblichen Kopplungsversuch: Am 14. Oktober 1976 startete das Raumschiff Sojus 23 mit der Besatzung Sudow und Roshdestwenski in Richtung Saljut 5. Das Koppelmanöver scheiterte, und da das Zubringer-Sojusraumschiff nur für einen knapp dreitägigen aktiven Betrieb ausgelegt ist, war der Flug – ohne jedes wissenschaftliche Ergebnis – nach zwei Tagen beendet.
Eine neue Stations-Version wurde am 29. September 1977 mit der Bezeichnung Saljut 6 in die Umlaufbahn gebracht. Ein zweiter Kopplungsstutzen am hinteren Ende der Station sowie gemeinsame Treibstofftanks für alle Triebwerkssysteme, Ersatz der hydraulischen Treibstoffpumpen durch die Druckförderung der Treibstoffe, das sind die bemerkenswertesten konstruktiven Veränderungen, die nun

auch die Versorgung der bemannten Station durch ein entsprechend ausgerüstetes automatisches Raumschiff möglich machen.

Am Unternehmen Saljut 6 waren bis zum Zeitpunkt der Niederschrift dieses Kapitels folgende Raumflugkörper beteiligt:

- Sojus 25   Gestartet 10. Oktober 1977. Kosmonauten: Kowaljonok und Rumin. Kopplung gescheitert. Rückkehr nach 48 Stunden.
- Sojus 26   Gestartet 10. Dezember 1977. Kosmonauten Romanenko und Gretschko. Gekoppelt am 11. 12. an das neue Sekundärsystem. Außenbordinspektion der Station. Neuer Dauerflugrekord von 96 Tagen und 10 Stunden.
- Sojus 27   Gestartet 10. Januar 1978. Kosmonauten Dschanibekow und Makarow. Gekoppelt am 11. 1. an das Primärsystem. Erstmaliger Verbund von drei Raumflugeinheiten. Nach gemeinsamen Experimenten Rückkehr zur Erde am 16. 1. 1978.
- Progress 1   Gestartet am 20. Januar 1978. Vereinfachtes Transportraumschiff auf Sojus zurückgehend, jedoch nicht zur Erdrückkehr gedacht. Startgewicht 7011 kg. Progress 1 kann 2300 kg »Fracht« transportieren. Insgesamt 1000 kg flüssige Treibstoffe und Sauerstoff entfallen auf diese Nutzlastkapazität. Am 6. Februar 1978 wurde Progress 1 abgetrennt und über dem Pazifik gezielt zum Verglühen gebracht.
- Sojus 28   Gestartet 2. März 1978. Besatzung Gurbajew und Remek (CSSR). Gekoppelt am 3. März 1978. Erster Flug eines Interkosmonauten. Rückkehr zur Erde am 10. März 1978 nach gemeinsamer Arbeit mit Gretschko und Romanenko.
- Sojus 29   Gestartet am 15. Juni 1978. Kosmonauten Kowaljonok und Iwanschwenko. Gekoppelt am 16. Juni 1978.
- Sojus 30   Gestartet am 27. Juni 1978. Kosmonauten Klimuk und Hermaszewski (VR Polen).

Aus dieser Auflistung geht bereits hervor, daß Saljut 6 ein Meilenstein in der sowjetischen Raumfahrt allgemein und auf dem Gebiet der Raumstationen speziell darstellen dürfte. Raumstationen: Trifft diese Bezeichnung, wenn man sie an den klassischen Vorstellungen mißt, tatsächlich noch zu? Bei beiden Raumfahrtnationen ist die Großraumstation mit künstlicher Schwerkraft natürlich permanent im Gespräch, doch der Gang der Dinge hat sie für lange Zeit auf das Abstellgleis der technologischen Entwicklung geschoben. Kleinstationen, in den Dimensionen von Saljut bis Skylab, mit regelmäßigem Besatzungswechsel werden auch in den nächsten Jahren das Bild bestimmen. Künstliche Schwerkraft, erzeugt durch Rotation der Station, ist entbehrlich, ja störend, wenn man an Material-Fertigungsprozesse oder astronomische Großteleskope im Orbit denkt. Die Raumstation von Morgen wird ganz anders aussehen als es die Väter der Raumfahrt sich einst ausgemalt haben...

Apollo-Sojus:
Mehr als eine Demonstration guten Willens

Wahrscheinlich ist die gewählte Kapitelüberschrift irreführend. Es soll nämlich nicht um die detaillierte Beschreibung jener bedeutsamen Mission aus dem Jahre 1975 gehen, die im Spektrum der öffentlichen Meinung Einschätzungen erfahren hat, die vom »wissenschaftlich-technischen Politspektakel« bis zum »historischen Durchbruch« reichen. Es geht vielmehr darum, mit den Erfahrungen des Apollo-Sojus-Testprojekts (ASTP) die Möglichkeiten und Grenzen der Kooperation zwischen den beiden Raumfahrtgiganten näher auszuloten.
Zwei Ebenen müssen deutlich unterschieden werden: die politisch-propagandistische und die technologisch-wissenschaftliche. Ohne jede Polemik kann man zum Beispiel behaupten, daß die UdSSR vom ASTP nicht nur propagandistisch profitiert hat, sondern auch keine Gelegenheit ausließ, aus dem Gemeinschaftsunternehmen die technologische Gleichrangigkeit beider Staaten abzuleiten. Ein positives Element dieser hohen Publizität des ASTP in der Sowjetunion war die damit verbundene Änderung der Informationspolitik zum Thema Raumfahrt, die im Vergleich zur sowjetischen Politik vergangener Jahre geradezu exhibitionistisch wirkt. Seit Apollo-Sojus erfährt der Raumfahrtinteressent im Ostblock wesentlich mehr über das, was im Westen vor sich geht.
Auf der zweiten Ebene wird oft genug an den »gesunden Menschenverstand« appelliert, den Wissenschaftler und Ingenieure in West und Ost gleichermaßen gepachtet haben sollen: Allein die hohen Kosten – z.B. bei der Planung von Planetenmissionen – müßten die UdSSR und USA schon zur Zusammenarbeit zwingen. Es sei, so wird argumentiert, doch alles nur eine Frage des politischen Konsenses. So einfach ist es allerdings nicht: Die Raumfahrttechnologien beider Staaten sind nicht kompatibel, nicht beliebig austauschbar. Dieser Effekt geht – als Konsequenz einer separaten zwanzigjährigen Entwicklung – bis in kleinste Einzelheiten. Es war daher tatsächlich eine kühne Entscheidung der Vereinigten Staaten und der Sowjetunion, als sie am 24. Mai 1972 beschlossen, ein gemeinsames bemanntes Raumflugunternehmen durchzuführen.
Die Techniker und Experten beider Staaten waren in den Vorgesprächen sich darin einig, daß nur eine Mission realisierbar sein würde, die keine grundsätzlichen Eingriffe in die einzelnen Raumflugsysteme erforderlich macht. Schwierigkeiten gab es ohnehin genug: Da war die Sprachbarriere, die unterschiedlichen Kabinenatmosphären und Kommunikationssysteme, um nur einige Punkte herauszugreifen.
Im Sojus-Raumschiff, wie in allen anderen sowjetischen bemannten Systemen, befindet sich Luft unter normalem Atmosphärendruck, während die Apollo-Raumschiffe mit reinem Sauerstoff bei 260 Millibar Druck als Atemgas arbeiteten. Ein Transfer der Sojus-Besatzung in das Apollo-Raumschiff hätte in einer

Druckschleuse relativ lange Anpassungszeiten erfordert, vergleichbar dem langsamen Aufstieg beim Tiefsee-Tauchen. Die UdSSR änderte ihre Kabinenatmosphäre, indem sie den Sauerstoffgehalt auf 40 % anreicherte und den Druck auf 520 Millibar senkte. Mit dem Flug von Sojus 16 wurde diese neue Situation getestet.

Die Vereinigten Staaten entwickelten das Docking-Modul, das beide Fahrzeuge verband. Der drei Meter lange Zylinder von 1,5 m Durchmesser diente primär als Luft- und Druckschleuse, enthielt aber auch Kommunikationssysteme und Gastanks, Heizaggregate sowie Anzeige- und Kontrolleinheiten für die Durchstiegsprozedur. Das Docking-Modul war so ausgelegt, daß zwei Besatzungsmitglieder sich darin gleichzeitig aufhalten konnten. Am »Apollo-Ende« befand sich ein Kopplungsstutzen, der dem der Aufstiegseinheit der Mondlandefähre entsprach, während am »Sojus-Ende« die universelle sowjetische Kopplungseinheit angebracht war.

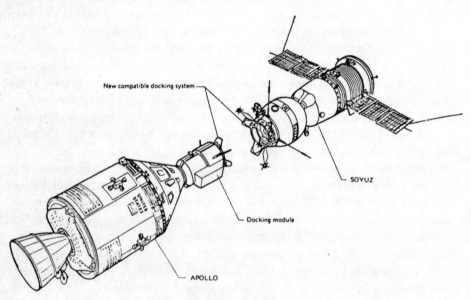

Apollo-Sojus-Raumschiffkomplex

Am 15. Juli 1975 startete Sojus 19 mit den Kosmonauten Leonow und Kubasow vom Kosmodrom Tyuratam (Baikonur) in Gegenwart des amerikanischen Botschafters in der Sowjetunion. Nach $7^{1}/_{2}$ Stunden folgte von Cape Canaveral die Apollo-Einheit an der Spitze der Saturn IB-Trägerrakete mit den Astronauten Stafford, Slayton und Brand. Die Apollo-Einheit war das aktive Raumschiff: Es mußte das Docking-Modul aus der Endstufe der Trägerrakete ziehen, ankoppeln und eine Reihe von Rendezvous-Manövern durchführen. Am 17. Juli, 17.15 Uhr MEZ, war die Kopplung perfekt. Beide Raumschiffe blieben für zwei Tage verbunden, vollführten eine Reihe von Entkopplungs- und Andockmanövern und trennten sich schließlich am 19. Juli 1975, 16.30 Uhr

MEZ. Zu keiner Zeit während der Kopplung befanden sich mehr als drei Raumfahrer in einer der beiden Flugeinheiten.

Gemeinsam wurden wissenschaftliche und technologische Experimente durchgeführt, die den Rahmen der Routine jedoch nicht sprengten. Sojus 19 landete am 21. Juli 1975, 11.51 Uhr MEZ bei Arkalyk (Kasachstan) weich und problemlos. Es war die erste Landung eines sowjetischen Raumschiffes, die direkt im Fernsehen übertragen wurde. Apollo umkreiste die Erde weiter, ein eigenes Forschungsprogramm ausführend, und landete schließlich am 24. Juli 1975, 22.20 Uhr MEZ im Pazifischen Ozean bei Hawaii. In der Abstiegsphase kam es in der Apollo-Kapsel noch zu einer gefährlichen Situation: Durch einen Bedienungsfehler drang Stickstofftetroxid in die Kabine und führte beinahe zu einer lebensbedrohlichen Vergiftung.

Alles in allem: Das Unternehmen war ein Erfolg: Ein Erfolg für die Ingenieure und Techniker beider Nationen, die in jahrelanger Vorarbeit fair zusammengearbeitet hatten, um die schwierigen Probleme zu lösen. Es war ein wissenschaftspolitischer Erfolg, im Sinne einer Öffnung der UdSSR nach Westen und in dem Beweis, daß ideologisch und raumfahrttechnologisch so unterschiedlich orientierte Systeme perfekt kooperieren können. Es war ein Erfolg für die Raumfahrer, für Kosmonauten und Astronauten, die über enge freundschaftliche Bindungen zu einer Solidarisierung des »Berufsstandes« führten.

In der Öffentlichkeit wurde vielfach die Frage diskutiert, wer denn wohl von dem Flug am meisten profitiert habe, und schnell wurde die Antwort gegeben: Die UdSSR. Doch so einfach sollte man es sich nicht machen: Natürlich sind technologische Erfahrungen primär von West nach Ost geflossen, ob die Sowjets sie entsprechend nutzen können, muß wegen der unterschiedlichen Konzepte bezweifelt werden.

Ein weiteres Argument, das oft zitiert wurde, waren die Kosten, die die Vereinigten Staaten für die Entwicklung und den Bau des Docking-Moduls aufwenden mußten. Dem muß entgegen gehalten werden, daß die UdSSR mit Sojus 16 einen Vorbereitungsflug durchführte, der auch nicht gerade gering zu Buche schlägt. Keine der beiden Nationen kann sich als übervorteilt betrachten. Das ist auch der offizielle Standpunkt der Teilnehmer am ASTP.

Durch den Apollo-Sojus-Gruppenflug lernte die westliche Welt auch das Sojus-Raumschiff sehr genau kennen. Zwei Versionen gibt es von diesem Raumflugkörper: die eine ist nur als Zubringerschiff zur Saljut-Orbitalstation gedacht und besitzt keine Solarzellenflächen zur Energieversorgung, sondern nur chemische Batterien. Die zweite Version ist für längere Erdorbitmission ausgelegt, offiziell spricht man von 30 Tagen. Der längste Soloflug eines Sojus-Raumschiffes betrug bisher jedoch nur 19 Tage. Die folgenden Zeichnungen des Sojus stammen aus einem offiziellen sowjetischen Dokument, das zum ASTP 1975 vorgelegt worden ist. Sie sind die authentischsten Darstellungen eines Raumflugkörpers der UdSSR.

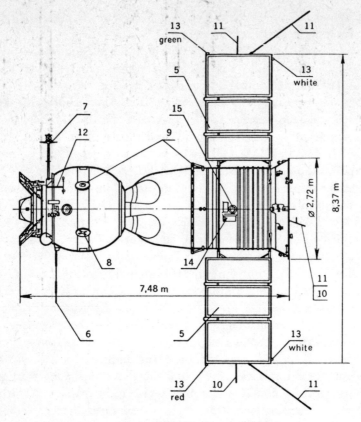

Sojus-Raumschiff (von oben gesehen)

1 Kopplungssystem, 2 Orbitaleinheit, 3 Landeeinheit, 4 Versorgungseinheit, 5 Solarzellen-Flächen, 6, 7 VHF-Antennen, 8 UHF-Antennen, 9 Transponder-Antenne, 10 Telemetrie-Antenne, 11 KW-Antenne, 12 Kopplungs-Target, 13 Orientierungslampen, 14 Blinklichter, 15 Sonnensensor, 16 Ionensensor, 17 Infrarotsensor, 18 Optische Orientierungshilfe, 19 Annäherungs- und Lageregelungstriebwerke, 20 Lageregelungstriebwerk, 21 Korrekturtriebwerk, 22 Einstiegsluke, 23 Außenbord-TVKameras, 24 Fenster

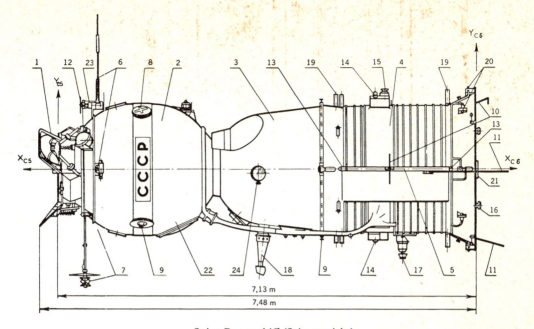

Sojus-Raumschiff (Seitenansicht)

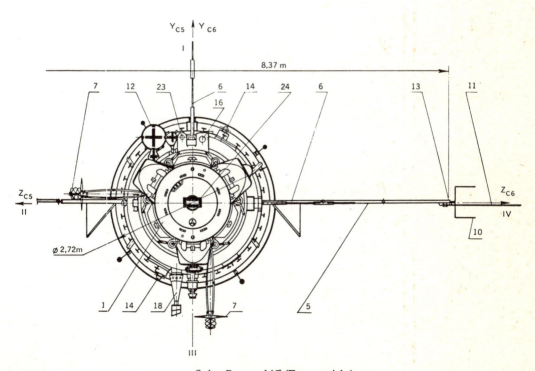

Sojus-Raumschiff (Frontansicht)

Die nächste aufsehenerregende Verbrüderung im Erd-Orbit zwischen den beiden Raumfahrtgiganten ist bereits programmiert. Dieses Fazit könnte man aus den sowjetisch-amerikanischen Gesprächsrunden ziehen, die zwischen der NASA und der Sowjetischen Akademie der Wissenschaften stattfinden. Die offiziellen Verlautbarungen sind zur Zeit noch wenig ergiebig, doch es ist kaum ein Geheimnis, worum es geht: Die Sowjets möchten zu einem möglichst frühen Zeitpunkt ein gemeinsames Unternehmen durchführen, dessen Kernstück das Rendezvous und die Kopplung des Shuttle Orbiters mit einer Saljut-Station darstellen soll.

Zunächst klingt dieser Vorschlag nach einer Neuauflage des ASTP aus dem Jahre 1975, dennoch handelt es sich um ein Problem von anderem Zuschnitt: Es ist die Begegnung des modernsten Raumtransport-Fahrzeuges mit einer beinahe klassischen Technologie, die nicht einfach mit einem Kopplungssystem, mit einer Adapterstufe zu realisieren ist.

Bereits beim Vergleich der Dimensionen wird klar, daß hier die üblichen Maßstäbe nicht mehr passen. Im Vergleich zum Shuttle Orbiter ist Saljut ein relativ kleines Objekt. Mühelos würde sie von ihrer Masse her in den »Laderaum« des Shuttle passen und beinahe auch in den äußeren Abmessungen. Ein starrer Verbund beider Fahrzeuge erscheint daher nicht praktikabel. Gemeinsame Manöver und Arbeiten in der Umlaufbahn erscheinen daher sinnvoller. Bei der NASA ist man hinsichtlich eines Verbundes oder eines »hautnahen« Gemeinschaftsfluges mit Außenbordumstieg noch außerordentlich skeptisch. Erfahrungsgemäß dürften die Amerikaner bei einem derartigen Unternehmen die gravierenden technischen Probleme zu lösen und zu bezahlen haben. Zudem wäre in der frühen Phase der Shuttle-Flüge kaum propagandistischer, geschweige denn wissenschaftlich-technischer Gewinn für die Vereinigten Staaten zu erwarten.

Eines ist sicher: Beide Staaten sind an einer engeren Kooperation ernsthaft interessiert. Im Rahmen der bestehenden Verträge haben die Sowjets über das ASTP hinaus faire Partnerschaft gezeigt: So konnten die USA auf zwei Biosatelliten der UdSSR wissenschaftliche Nutzlasten fliegen und bereiten bereits ein weiteres Experiment vor. Die Sowjetische Akademie der Wissenschaften hat den Forschern in den Vereinigten Staaten Mondgesteinsproben aus den Rückführmissionen zur Verfügung gestellt. Die mögliche Kooperation bei Mond- und Planetenmissionen stößt eben auf jene schon erwähnte »Unverträglichkeit« der beiden Technologien. Der NASA schwebt hier ein Typ von Zusammenarbeit vor, bei dem keine sogenannten »Interface«-Probleme auftreten, wo also jeder seine eigene Rakete plus Nutzlast verwendet und das Experimentalprogramm miteinander abgestimmt wird. Festzuhalten bleibt zunächst, daß man intensiv und offen miteinander spricht...

Der Vorstoß zu den Planeten

Zu den wissenschaftlichen und technologischen Glanzlichtern der Raumfahrt gehört zweifellos die Erkundung der Planeten, die uns völlig neue Vorstellungen über die Natur unserer kosmischen Nachbarn vermittelt hat.
Drei Methoden sind hier zu unterscheiden, und wir haben gleich mit angeführt, wo sie bereits zum Einsatz gekommen sind.

- Vorbeiflug-Erkundung: Merkur, Venus, Mars, Jupiter
- Weiche Landung: Venus, Mars
- Planeten-Umlaufbahn: Venus, Mars

Die »Fahrpläne« zu den Planeten und ihre Startfenster haben wir bereits beschrieben, ebenso die Ausnutzung der Vorbeiflugtechnik, des kosmischen Billards. Im folgenden soll es nicht so sehr um die Ergebnisse der einzelnen Missionen oder um ihren chronologischen Ablauf gehen. Uns interessiert hier die Technik und das jeweilige Konzept der einzelnen Programme.
Natürlich hat die Raumfahrt bereits in einer frühen Phase zu den Planeten gegriffen: Die UdSSR unternahm erste Sondenstarts zu Mars und Venus bereits 1960 und 1961, wobei die Raumflugkörper meist schon beim Verlassen des Erdorbits versagten. Bereits hier soll vermerkt werden, daß die UdSSR mit ihren planetaren Raumflügen nicht vom Glück begünstigt war, wenn man die amerikanischen Erfolge dagegenhält. Mit einer Ausnahme: Die Sowjetunion hat mit Vehemenz die Erforschung des Planeten Venus vorangetrieben und hier große Erfolge erzielt. Wir werden uns noch die Frage stellen müssen, worin die tieferen Ursachen dieses Phänomens begründet liegen.
Die Vereinigten Staaten begannen ihren Vorstoß zu den Planeten mit den sogenannten Mariner-Sonden, ein Serienname, der noch Schlagzeilen machen sollte. Zwei dieser Sonden, Mariner II und V, die die Venus im Vorbeiflug erkundeten, waren nicht mit Kameras bestückt, sondern ausschließlich mit Meßgeräten. Bis auf eine Ausnahme (Mariner 9) waren Sonden dieses Typs für Vorbeiflugmissionen konzipiert.
Mariner II (gestartet am 26. August 1962) untersuchte die Venus bei einem Vorbeiflug auf 34 750 km Distanz und sendete Meßdaten bis auf eine Entfernung von 86 800 000 km von der Erde. Mariner V (gestartet am 14. Juni 1967) passierte die Venus am 19. Oktober 1967 auf 4180 km Distanz. Mariner II untersuchte die Gashülle der Venus, Mariner V hatte die Aufgabe, das Magnetfeld des Planeten und seine Atmosphäre zu sondieren.
Am 28. November 1964 wurde Mariner IV gestartet und passierte am 14. Juli 1965 den Mars auf eine Distanz von 10 618 km, wobei er die ersten Großaufnahmen von der Oberfläche des Planeten machen und zur Erde übermitteln

konnte. Es waren 21 Bilder, die ersten Photodokumente, die Menschen jemals aus so großer Nähe von einem anderen Planeten gewinnen konnten. Die Photomission gelang bis auf eine Distanz von nahezu 17 000 km.

Während ihrer über viele Millionen Kilometer führenden Reisen durch das Sonnensystem berichteten die Mariner über die Verhältnisse im interplanetaren Raum und damit natürlich auch über die Sonnenwirkungen dort. Mariner II reiste während einer Zeit relativer Sonnenruhe, während Mariner IV und V zu einer Zeit im Raum waren, da die Sonnenaktivität wieder zunahm. In der Zeit von August bis Oktober 1967 befanden sich Mariner IV, die Erde und Mariner V auf einer gedachten geraden Linie, die radial von der Sonne ausging. Die Raumfahrzeuge waren rund 112 630 000 km voneinander entfernt mit der Erde in der Mitte zwischen sich. Mit diesen drei Beobachtungsstationen, den beiden

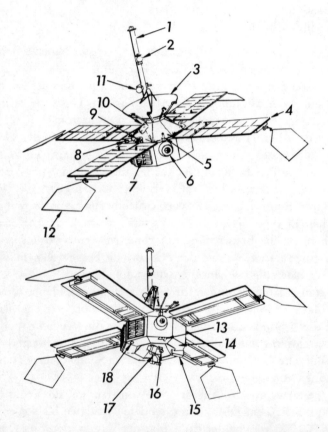

Mariner-Mars, die erste Sonde, die Großaufnahmen des Planeten Mars zur Erde funkte, Aufbauschema.

1 Ungerichtete Antenne, 2 Magnetometer, 3 Richtantenne, 4 Sonnensegel, 5 Sonnensensor, 6 Raketenmotor, 7 Jalousie für Temperaturausgleich, 8 Instrument zur Messung magnetisch festgehaltener Strahlung, 9 Plasmasonde, 10 Detektor für kosmisches Material, 11 Ionenkammer, 12 Paddel für Aufnahme des Drucks der Sonnenrinde, 13 Sonnensensoren, 14 Elektronische Anlage, 15 Navigationssensor für Fixstern Canopus, 16 Fernsehkamera, 17 Planet-Marssensor, 18 Meßanlage für kosmische Strahlung

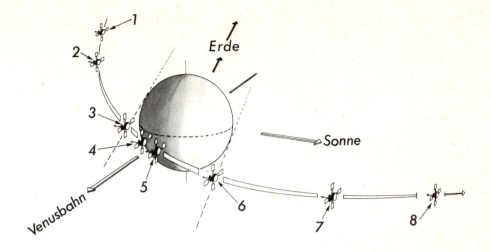

Der Flugkurs von Mariner V um den Planeten Venus. Wenn die Sonde von der Erde aus gesehen hinter dem Planeten verschwindet, herrscht bis zu ihrem Wiederauftauchen eine Funkstille, während der nur Datenaufzeichnungen, nicht aber Datenübertragungen zur Erde oder Kommandoempfang von der Erde möglich sind.

1 Sensor faßt Venus auf, Beginn Datensammlung im UV-Bereich, 2 Beginn Datensammlung mit Doppelfrequenz-Radiosonde, 3 Eintritt in Okkultationszone, Abreißen der Funkverbindung, 4 Größte Annäherung auf rund 3220 km, 5 Sensor erfaßt Dämmerungszone Antennen-Manöver, 6 Okkultationsende Wiederbeginn der Funkverbindung, 7 Ende der Datensammlung, 8 Übertragung von Meßdaten zur Erde

Mariner-Fahrzeugen und der Erde, waren simultane Messungen an drei verschiedenen Stellen im Planetensystem möglich, die neue Aufschlüsse über die Sonnenwinde und die Magnetfelder im Raum gaben. Auch die Astronomische Einheit, also die mittlere Entfernung Erde–Sonne, die rund 149 600 000 km beträgt, konnte mit Hilfe der Mariner kontrolliert werden.

Im Oktober 1967 gaben die Experimentatoren der Sonde Mariner IV den Befehl, ihr Bildübertragungssystem in Gang zu setzen und ihre Rakete zu zünden. Beides gelang – nach mehr als zweieinhalb Jahren Raumfahrt und über Dutzende von Millionen Kilometer Entfernung hinweg. Bis zum 20. Dezember 1967 sendete Mariner IV Daten zur Erde.

Zwei weitere Mariner-Sonden, Nr. 6 und 7, gestartet am 24. 2. bzw. 27. 3. 1969, setzten weitere Akzente in der Marsforschung. Grundsätzlich so aufgebaut wie Mariner 4, wurde bei ihnen auf der unteren Fläche des Hauptkörpers eine drehbare Instrumentenplattform montiert, die die beiden Kameras, verschiedene Sensoren und zwei der vier Meßgeräte trug. Die Navigationstechnik wurde verbessert und ein leistungsstärkeres Nachrichtenübertragungssystem eingebaut. Während die Datenübertragungsrate bei Mariner noch bei 66 bit/s lag, wurde sie hier auf 270 bit/s gesteigert und zwar durch die Erhöhung der Sendeleistung von 10 auf 20 W mit einer Wanderfeldröhre. Beide Sonden strahlten während des Marsvorbeifluges 200 Aufnahmen ab, die überwiegend Krater-

landschaften zeigten. Das war in den Tagen kurz nach der ersten Mondlandung. Möglicherweise haben diese Bilder Geschichte gemacht: In der Planungsspitze der NASA existierte ein Konzept einer bemannten Marslandung für 1981, die man als nächste nationale Aufgabe dem Präsidenten nahebringen wollte. Die »deprimierenden« Marsbilder und die Schilderungen der Öde des Mondes durch die Apollo-Astronauten ließen den Plan einer bemannten Marsexpedition rasch in der Versenkung verschwinden. Erst Mariner 9, gestartet am 30. Mai 1971, zeigte das »Doppelgesicht« des roten Planeten. Diese Sonde hatte man mit einem Raketenmotor versehen, der am 13. November 1971 in Marsnähe gezündet wurde und die Sonde in eine Planetenbahn einschwenken ließ.
Zum Zeitpunkt des Einschusses der Sonde in die Marsbahn tobte auf dem Nachbarplaneten gerade ein Staubsturm: die Atmosphäre war völlig undurchsichtig. Messend verfolgte man das Abklingen dieses globalen Ereignisses und erhielt interessante Informationen über die Natur der Staubpartikel und die Atmosphäre. Auf der um 65° gegen den Marsäquator geneigten Sondenbahn näherte sich Mariner 9 der Planetenoberfläche bis auf 1650 km; der marsfernste Punkt dieser Bahn lag bei 17 100 km. Anfang Februar wurde die Lufthülle des Planeten wieder transparent. Mariner 9 gewann nun nahezu 8000 Bilder mit den Fernsehkameras, die als digitale Information zur Erde übertragen und in den Computern des Jet Propulsion Laboratory der NASA in Pasadena (Kalifornien) wieder rekonstruiert wurden. Mariner 9 photographierte fast die gesamte Marsoberfläche, wobei die maximale Detailauflösung bei etwa 1 km lag. Die Kamera mit 100 m Auflösung erfaßte rund 1 % der Oberfläche unseres planetaren Nachbarn. Mariner 9 präsentierte den Wissenschaftlern einen »neuen« Mars und erste Bilder der beiden Monde des Planeten. Diese Informationen bildeten die Basis für die Missionsplanung des Viking-Landeprogramms.
Eine weitere Sonde dieser Serie, die Maßstäbe gesetzt hat: Mariner 10, gestartet am 3. November 1973 in Richtung Venus und Merkur. Diesen Flug haben wir bereits unter dem Aspekt der Vorbeiflugtechnik betrachtet, doch es gibt noch mehr zu berichten: Da sind Nahaufnahmen im ultravioletten Licht, gewonnen um den 6. Februar 1974, die die Dynamik der Venusatmosphäre dramatisch sichtbar macht. Ende März 1974 kommen die ersten gestochenscharfen Nahaufnahmen von der Oberfläche des Merkur. Bildbeispiele dieser und anderer Missionen sind im Abbildungsteil des Buches zu finden. Auch die Meßinstrumente machen – wie schon bei der Venus – erstaunliche Beobachtungen. Die größte Sensation: die Entdeckung eines Dipol-Magnetfeldes von Merkur. Mariner 10 schwenkt in eine Bahn um die Sonne ein, die mit der des Merkur so synchronisiert ist, daß sich die Sonde und Planet alle zwei Merkurumläufe – im Abstand von 176 Tagen also – wiederbegegnen. Das ist am 21. September 1974 und am 16. März 1975 der Fall. Um den Verbrauch an Kaltgas zur Lageregelung von Mariner 10 auf ein Minimum zu beschränken, hatte man eine spezielle »Segeltechnik« im Sonnenwind erdacht, die Mariner 10 während des Kurses um die Sonne in einer stabilen Fluglage hält. Alle drei Begegnungen mit dem sonnennächsten Planeten wurden zu einem grandiosen Erfolg. Neben Bildern, Temperaturprofilen, Strahlungsflüssen, Magnetfeldern und Konzentrations-

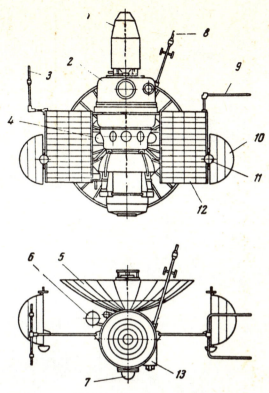

Sowjetische Raumsonde Mars 1 (1962). Ähnlich aufgebaut war auch Venus 1 (1961). Beide Raumflugkörper waren für Vorbeiflugmissionen ausgelegt

1 Korrekturtriebwerk, 2 Gerätezelle, 3 Stabantenne, 4 Druckgasbehälter, 5 Parabolantenne, 6 Spektrometer, 7 Sternsensor, 8 Magnetometer, 9 Stabantenne, 10 Kühlfläche, 11 Sonnensensor, 12 Solarzellenausleger, 13 Lageindikator

messungen von Gasbestandteilen in der dichten Hochatmosphäre der Venus und der dünnen Gashülle des Merkur, lieferte der Mariner 10-Flug die präzisesten Massenangaben für die beiden Planeten und Informationen zur exakten Prüfung der allgemeinen Relativitätstheorie.

Die Raumsonden Mars 1 und Venus 1 der UdSSR brachten keinerlei Informationen von den Planeten, da ihr Kommunikationssystem vorzeitig zusammengebrochen war. Das Startfenster zur Venus im Jahre 1965 wurde von den Sowjets mit einem Doppelflug genutzt. Während Venus 2 einen nahen Vorbeiflug absolvieren sollte, war mit Venus 3 das Absetzen einer Landekapsel vorgesehen. Venus 2 passierte den Planeten am 27. 2. 1966 in einem Abstand von 24 000 km. Venus 3 tauchte am 1. 3. 1966 in die Planetenatmosphäre ein. Allerdings war die Funkverbindung zu beiden Raumflugkörpern unmittelbar in Venusnähe abgerissen, so daß keine Meßdaten erhalten wurden.

Am 12. Juni 1967 startete die UdSSR Venus 4. Am 18. Oktober tauchte dann der kugelförmige Eintrittskörper mit 11,35 km/s in die dichte Atmosphäre ein und schwebte nach aerodynamischer Abbremsung am Fallschirm durch die

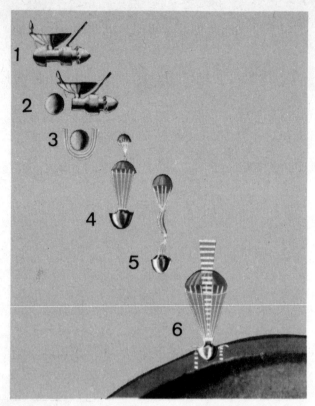

Absetzen einer Landekapsel auf der Venus im UdSSR-Raumfahrtprogramm
1 Anflug der Venus, 2 Abtrennen der Kapsel, 3 Aerodynamische Abbremsung, 4 Entfaltung der Bremsfallschirme, 5 Durchflug durch die dichteren Schichten der Atmosphäre, 6 Landeanflug

Atmosphäre und registrierte dort den Druck, die Temperatur und die chemische Zusammensetzung. Die Zeichnung zeigt den schematischen Verlauf dieser Prozedur, die prinzipiell bis heute beibehalten worden ist.
Bei Venus 4 hatte man offensichtlich den Fallschirmquerschnitt zu groß gewählt, so daß die Sinkgeschwindigkeit (3 m/s) zu klein war. Nach 96 Minuten riß der Funkkontakt ab, so daß vermutet wurde, die Sonde sei gelandet. Heute wissen wir, daß die Kapsel, die mit zwei Thermometern, einem Barometer, einem Luftdichtemesser und 11 Gasanalysatoren ausgerüstet war, noch in der oberen Atmosphäre den Betrieb eingestellt hatte. Am Venusboden herrschen rund 92 bar Druck und eine Temperatur um 470 °C. 1969 wiederholte die UdSSR mit Venus 5 und 6 das Experiment mit verkleinertem Fallschirm. Offensichtlich waren jedoch die Landekapseln dem hohen Druck, der 97 Vol. % CO_2 enthaltenden Atmosphäre nicht gewachsen; auch sie stellten vorzeitig ihre Datenübertragungen ein. Venus 7, gestartet am 17. August 1970, war für höhere Druckbelastungen ausgelegt. Sie tauchte am 15. Dezember mit 350 G Abbremsung in die Venusatmosphäre ein, wo dann – als die aerodynamische Abbremsung die Geschwindigkeit auf 250 m/s reduziert hatte – der Fallschirm

freigesetzt wurde. Die Sinkzeit betrug nur noch 35 Minuten. Dieses Mal wurde die Oberfläche erreicht, dann wurde 23 Minuten lang ein hundertmal schwächeres Signal von der Landekapsel empfangen. Die erste weiche Landung auf der Venus war geglückt.

Hier eine Anmerkung: Bei diesem Flug war man nicht etwa vom Doppelstart-Prinzip abgegangen. Wie beim Unternehmen Venus 4 und später bei Venus 8 waren die zweiten Sonden im Erdorbit geblieben, durch eine technische Panne, und erhielten das unverfängliche Etikett Kosmos 167, 359 und 482. Das sowjetische Experiment von 1972 mit Venus 8, wieder eine unfreiwillige Solonummer, brachte am 22. 7. 1972 abermals eine weiche Landung, dieses Mal auf der Tagseite des Planeten mit deutlichen Signalen für 50 Minuten. Die Meßdaten zeigten eine Temperatur von 465 °C und einen Bodendruck von 93 bar. Abschätzungen der Dichte des Bodens an der Landestelle und sein Gehalt an Kalium, Thorium und Uran wurden übermittelt. Sie ähneln den entsprechenden Werten für Granit.

Hatte die UdSSR bislang ihre Venussonden mit der A-2-Trägerrakete gestartet, mit einer Masse zwischen 1100 und 1180 kg, so wurde für die nächste Serie der Raumsonden nicht nur eine radikal veränderte Version eingesetzt, sondern auch die leistungsfähigste Trägerrakete der Sowjets, die D-1-e eingesetzt. Die Nutzlastkapazität dieses Trägerfahrzeuges für interplanetare Missionen liegt bei etwa 4,8 t. Am 8. und 14. Juni 1975 wurden Venus 9 und 10 auf den Kurs zu unserem planetaren Nachbarn gebracht. Das neue System bestand aus einem Orbiter und einem Lander, hervorgegangen aus der Serie der neuen Marssonden. Der Lander – siehe Abbildung – war in einer kugelförmigen Schutzverkleidung

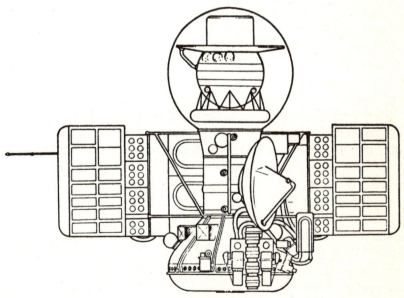

Sowjetische Venussonde vom Typ Venus 9 und 10. Kombination Orbiter und Lander nach C. D. Woods

verpackt, die mit einem Hitzeschild verkleidet war. Nach aerodynamischer Abbremsung wurde die obere Hälfte der Schutzverkleidung abgesprengt und drei Fallschirme wurden frei. Sie wurden in 50 km Höhe abgetrennt und der Rest des Weges mit aerodynamischer Abbremsung zurückgelegt. Das Aufsetzen erfolgte nach dem Absprengen der unteren Hälfte der Schutzverkleidung mit etwa 6 bis 8 m/s. Ein elastisches Federsystem mit einer runden Pufferbasis sorgte für ein weiches Aufsetzen. Der mit Scheinwerfern ausgestattete Lander hatte eine Gesamthöhe von 2 Meter. Einige Daten für den Lander von Venus 10 – er ging drei Tage nach Nummer 9 am 23. Oktober 1975, mögen die Verhältnisse illustrieren: Anflug mit einem Winkel von 20°, Verzögerung während der aerodynamischen Bremsung 168 G. Öffnen der Fallschirme in 60 km Höhe, das Abtrennen der Schirme erfolgt in 49 km Höhe. Bei 42 km Höhe beträgt der Druck 3,3 bar, die Temperatur 158 °C. Die Werte für 15 km Höhe: 37 bar und 363 °C. Am Boden mißt die Sonde 92 bar und 465 °C sowie eine Windgeschwindigkeit von 3,5 m/s.

Wie der Lander von Venus 9 liefert Venus 10 ebenfalls ein Panorama-Bild der Umgebung. Beide Aufnahmen zeigen eine Oberfläche, mit Gesteinen und Fels, wie man sie eigentlich nicht erwartet hat. Die Datenübertragung geht über die beiden Orbiter, die – nachdem die Lander nach rund 55 Minuten stillgelegt werden – ein sich über Monate hinziehendes Forschungsprogramm abwickeln. Neben den Oberflächenpanoramen werden zusätzliche Informationen gewonnen, die einige Fragen aufgeben. So ist es relativ hell auf der Venus, Schatten sind zu beobachten. Wie vereinbart sich das mit einer geschlossenen Wolken- bzw. Dunstdecke?

Bleiben wir gleich bei den planetaren Aktivitäten der UdSSR und werfen einen Blick auf das Marsprogramm. 1971 startete die Sowjetunion eine neue Generation von Marssonden, 4650 kg schwer, mit der Bezeichnung Mars 2 und 3. Dieses Projekt wurde parallel zum amerikanischen Mariner 9-Programm abgewickelt. Man vereinbarte zwischen den USA und der UdSSR einen »heißen Draht« zum schnellen Informationsaustausch. Diese Verbindung entpuppte sich jedoch als Einweg-Leitung von West nach Ost und sollte daher schnell vergessen werden. Am 27. November 1971 erreichte Mars 2 den roten Planeten und setzte eine Landekapsel ab, während der »Bus« in die Marsumlaufbahn ging. Die Landung, erst drei Tage nach dem Ereignis bekanntgegeben, erwies sich als Mißerfolg. Am 7. Dezember 1971 teilten die Sowjets mit, daß am 2. Dezember die Landeeinheit von Mars 3 niedergegangen sei. Aerodynamische Abbremsung, ein Fallschirm und schließlich Bremsraketen waren die entsprechenden Hilfsmittel. 90 Sekunden nach dem Aufsetzen wurden die Landersysteme aktiviert, brachen jedoch 20 Sekunden später zusammen, ohne eine Information von der Planetenoberfläche übermittelt zu haben. Mit den Orbitern von Mars 2 und 3 wurde die Marsoberfläche mit zahlreichen Experimenten aus der Umlaufbahn untersucht. Die veröffentlichten Photographien des Planeten sind, gemessen an den etwa gleichzeitig gewonnenen Aufnahmen von Mariner 9, nur von minderer Qualität.

360-Grad-Photographie vom Inneren des Apollo-Mondschiffes (Kommandofahrzeug) ohne Astronautensitze. Man erkennt die Instrumenten- und Bedienungstafel, die Sichtluken und (in der Mitte des Bildes) die röhrenförmige Überstiegsöffnung, durch die zwei Männer der dreiköpfigen Apollo-Besatzung aus dem Kommandofahrzeug in das Mondlandeboot LEM zur Mondoberflächenexkursion gelangen

Kurz nach dem erfolgreichen
Mondlandeunternehmen
Apollo 11 – und in der Publizität
von jenem verdrängt – passierten
die beiden amerikanischen Sonden
Mariner 6 und 7 den Planeten Mars
in einer Mindestentfernung von
rund 3200 km. Sie machten Fernseh-
aufnahmen mit Tele- und Weit-
winkelobjektiven, und sie waren mit
Geräten zur Untersuchung der Gashülle des Mars ausgerüstet.
Unser Bild: Der Mariner-Mars-Typ

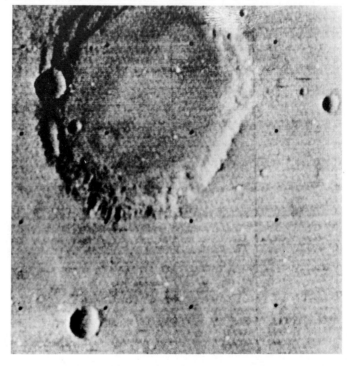

Mariner-Mars Nr. 6 übermittelte
dieses Bild zur Erde. Es zeigt eine
Gegend im Äquatorgürtel des
Planeten. Abmessungen etwa 75mal
100 km. Man erkennt einen von
mehreren Wallzonen umgebenen
Krater (Durchmesser rund 38 km)
und mehrere kleinere und wesentlich jüngere Kraterbildungen

Mit Apollo 9 testeten die Vereinigten Staaten im März 1969 noch einmal das gesamte Mondflugsystem in der Erdumlaufbahn. Astronaut Scott bereitet gerade einen Ausstieg vor

Diese Aufnahme eines Kraters auf der Rückseite des Mondes entstand bei der ersten bemannten Mondumkreisung mit Apollo 8 im Dezember 1968

Mondlandeunternehmen Apollo 11: Edwin Aldrin steigt zur Mondoberfläche ab, photographiert von Neil Armstrong. Man erkennt deutlich die Schutzfolienverpackung des LEM gegen Strahlung und Staub

Der Photograph Neil Armstrong, ein Teil des LEM, die Fernsehkamera, die US-Flagge und ein Teil der Mondoberfläche spiegeln sich in dem Helmvisier von Edwin Aldrin. Im Vordergrund Stiefelabdrücke der Astronauten

Apollo 11: Das Seismometer ist aufgestellt. Zwischen Aldrin und der Fähre steht der Laserreflektor

Nach geglücktem Rückstart vom Erdtrabanten nähert sich die Mondfähre »Adler« dem Kommando-Raumschiff »Columbia«

Der Planet Jupiter, aufgenommen von der Raumsonde Pioneer 10 im Dezember 1973

Astronaut James B. Irvin beim Mondauto »Rover«. Mission Apollo 15, im Hintergrund die Hadley-Berge

Ein Blick in das Innere der amerikanischen Raumstation Skylab, die bis heute an Geräumigkeit und Arbeitskomfort nicht übertroffen worden ist

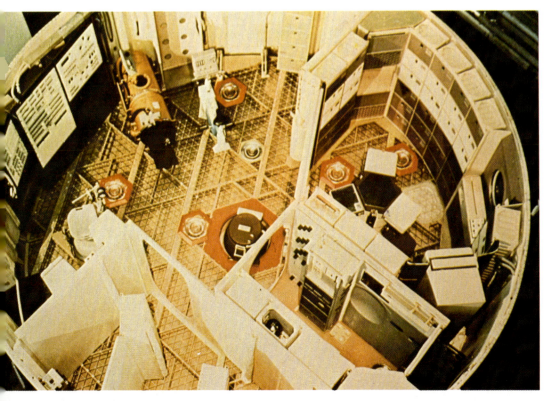

Skylab in der Umlaufbahn, aufgenommen von einem der Apollo-Zubringer-Raumschiffe. Man erkennt, daß eine der Solarzellenflächen fehlt

Mondgestein: Jede zur Erde gebrachte Probe wird vorher photographiert und dokumentiert

Viking auf dem Mars: Sonnenuntergang in der Chryse-Region, aufgenommen vom Lander 1

Der Planet Venus aus 720 000 Kilometer Distanz, aufgenommen von den Ultraviolett-Kameras der US-Raumsonde Mariner 10 am 6. Februar 1974. (*Farbe*)

Photomosaik der Südpolarregion des Planeten Merkur aus 65000 km Abstand, aufgenommen von Mariner 10 am 21. September 1974

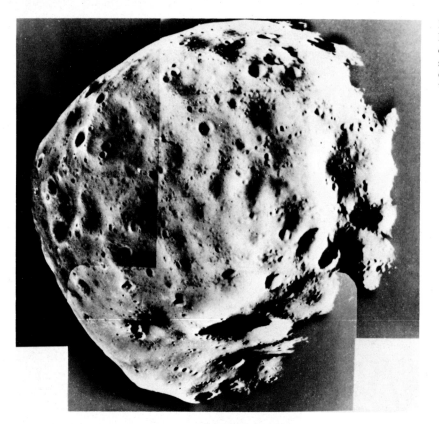

Marsmond Phobos: Nahaufnahme aus einem Abstand von nur 300 Kilometern. Gewonnen mit dem Viking 1-Orbiter 1976

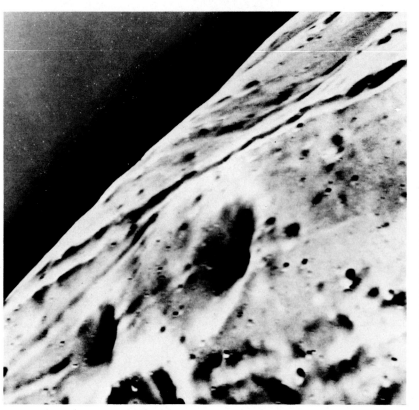

Noch einmal Phobos, diesesmal aus nur knapp 100 Kilometer Distanz. Die leichte Bewegungsunschärfe kommt durch die nicht exakte Bewegungskompensation zustande. Trotzdem läßt diese Viking-Orbiter-Aufnahme noch Details von nur 3 Meter Größe auf dem Trabanten erkennen

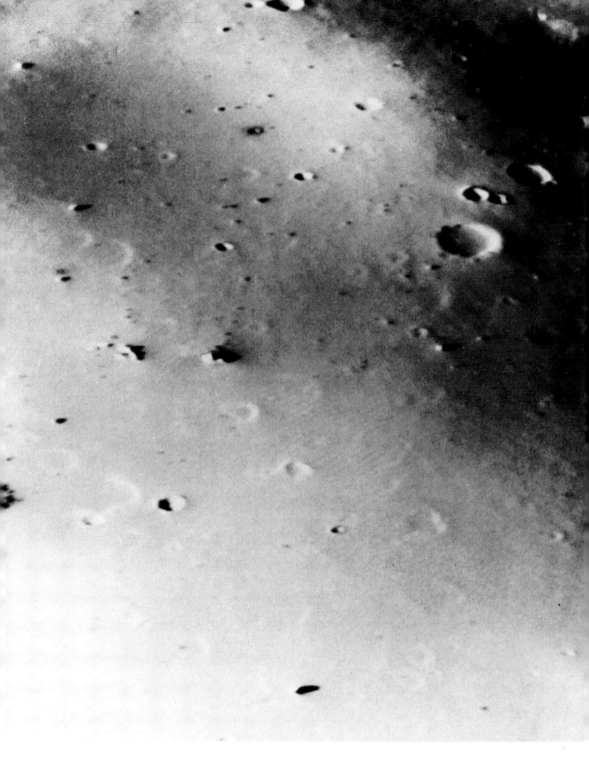

Dieses Bild ist eine echte Sensation: Es zeigt den kleineren Marsmond Deimos aus einer Entfernung von nur 50 Kilometern. Viking 2 gewann dieses Bild am 15. Oktober 1977. Einzelheiten von kleiner als 3 Meter Größe sind noch auszumachen. Man vergleiche den dramatischen Unterschied im Oberflächenanblick der beiden Marstrabanten

Viking-Orbiter. – Modell im Jet Propulsion Laboratory der NASA in Pasadena (Kalifornien), dem Kontrollzentrum der Mission

Viking-Lander. Auch dieses Modell steht im Kontrollzentrum in Pasadena

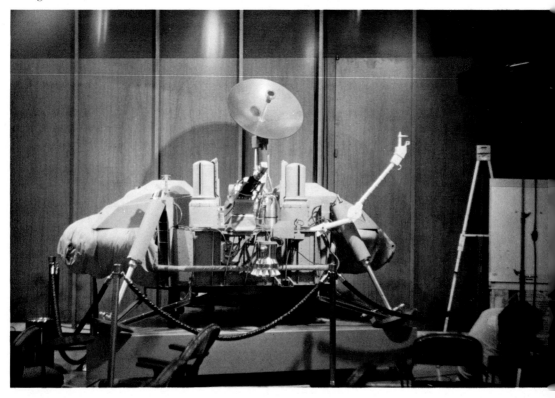

Skylab: Astronaut Jack Lousma während Außenbordarbeiten in der zweiten Mission. Im Helm spiegeln sich Teile der Station und die Erde wider

Skylab: Druckschleuse und Beobachtungszentrale der Raumstation. Die Astronauten Bean und Garriott beim Training. Im Hintergrund Astronaut Lousma

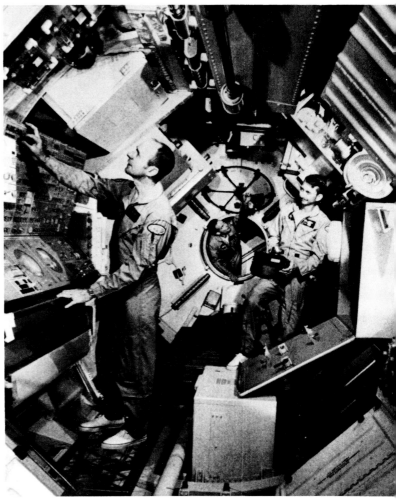

Modell der sowjetischen Mondsonde Luna 16, mit der erstmals die automatische Rückführung von Mondgestein gelang

Das UDSSR Mondmobil Lunochod, von denen bisher zwei Exemplare auf dem Erdtrabanten abgesetzt wurden

Der experimentelle deutsch-französische Kommunikationssatellit Symphonie

Für die Länder der Arabischen Liga plant MBB gemeinsam mit einem europäischen Industrie-Konsortium das Nachrichtensatellitensystem ARCOMSAT

OTS: Europäischer Kommunikationssatellit. Das erste Exemplar wurde 1977 bei einem Fehlstart der US-Trägerrakete zerstört

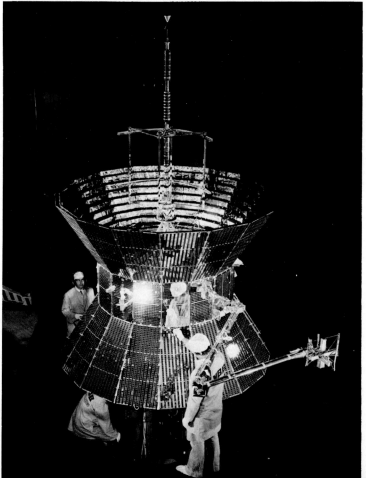

Deutsch-amerikanische Sonnensonde Helios

Amerikanischer Hochenergie-
Forschungssatellit HEAO 1,
im August 1977 gestartet

Meteosat, Europas Beitrag zum weltweiten
Wetterbeobachtungs-Programm, seit November 1977
in der geostationären Umlaufbahn

Der US-Space Shuttle mit dem europäischen Raumlabor Spacelab im Frachtraum

Erster Freiflug der Enterprise am 13. September 1977

Die Enterprise während eines Testfluges auf der Boeing 747 über der Edwards Air Force Base (Kalifornien)

Cape Canaveral, umgerüstet für den Shuttle-Betrieb

Der Shuttle-Orbiter Enterprise und die beiden Testbesatzungen

Entwurf einer Raum-Plattform aus dem leeren Treibstofftank des Shuttle

Apollo 13: Der Versorgungsteil nach der Explosion. Die Mission zum Mond mußte bekanntlich abgebrochen werden

Die Erde aus dem Weltraum, aufgenommen von Apollo 17. Im Bild Afrika und die Antarktis

Infrarotaufnahme Mitteleuropas des Wettersatelliten NOAA 3 (USA) vom 9.4.1974 aus 1500 km Höhe. Als dunkle Flecke, Zentren mit höherer Umgebungstemperatur also, sind zahlreiche Großstädte zu erkennen (Rechte Seite)

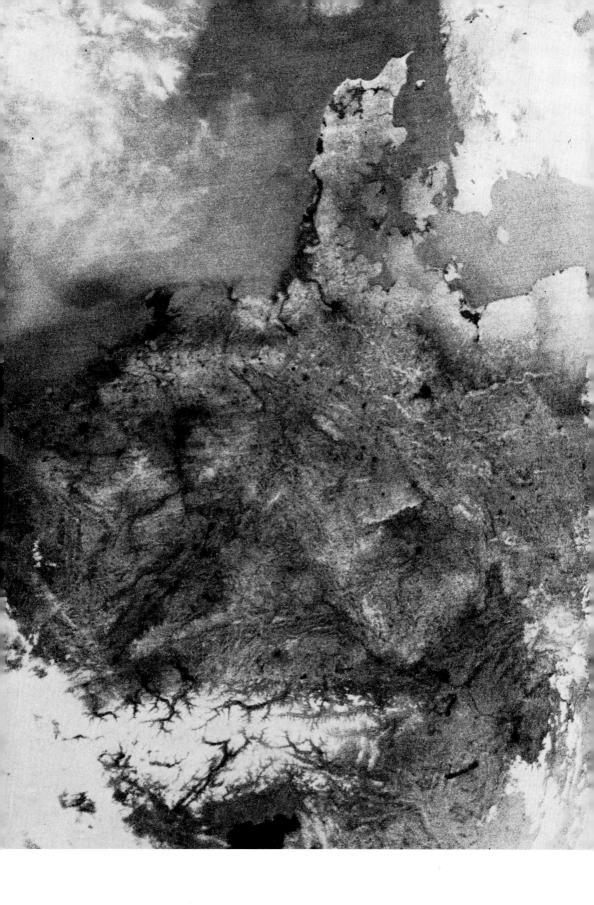

Aufnahme des Sinai und des Nahen Ostens, gewonnen vom US-Wettersatelliten NOAA 3 am 28.4.1974 aus 1500 km Höhe

Multispektralaufnahme von Nordostitalien und der Adriatischen Küste. Man erkennt den Golf von Triest, Venedig und das Po-Delta. Landsat 1-Bild vom Dezember 1975

Integration und Überprüfung des MS-T3-Satelliten im japanischen Kagoshima-Raumflugzentrum

Start des japanischen Satelliten Tansei III am 19. Februar 1977 vom Kagoshima-Raumflugzentrum

Apollo-Sojus-Projekt

Mars: Landestelle von Viking 1 in der Chryse-Region, 15 Minuten vor 15 Sonnenuntergang. Aufnahme vom Viking 1 Lander am 21. August 1976

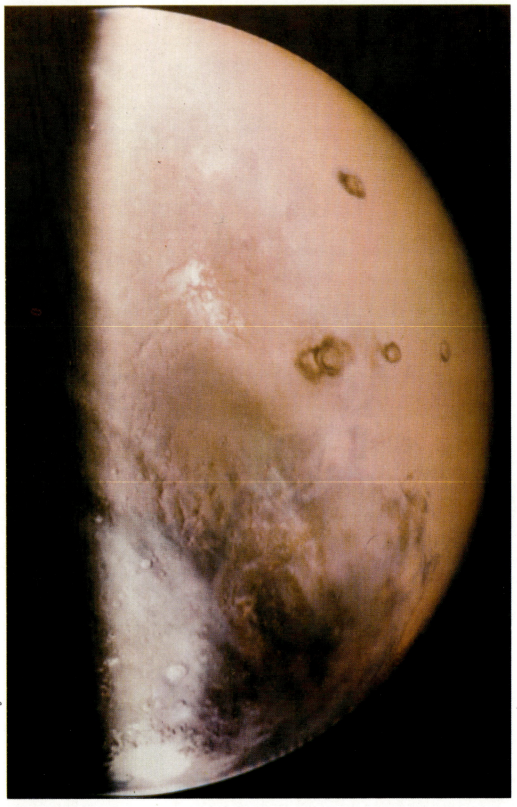

Der Planet Mars aus rund 700 000 km Entfernung, aufgenommen im Juli 1976 von Viking 1. Auffällig ist die Tharsis-Vulkankette und das mit Frost überzogene Argyre-Becken auf der Südhalbkugel des Planeten

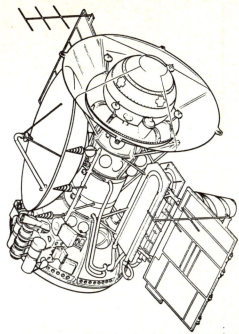

Sowjetische Marssonde vom Typ Mars 2, 3, 6 und 7. Kombination von Lander und Orbiter

Das Mars-»Startfenster« von 1973 wurde von der UdSSR, wohl wissend, daß für 1976 die Viking-Marslandung der Amerikaner vorgesehen war, mit einem Massenstart genutzt. Zwischen dem 21. Juli und dem 9. August 1973 wurden vier Sonden mit der Bezeichnung Mars 4 bis 7 auf die Reise geschickt. Gleich nach dem Start wurde bekannt, daß die Sondenpaare 4 und 6 sowie 5 und 7 gemeinsame Experimente ausführen sollen. Zwei der Sonden waren mit französischen Instrumenten bestückt.
Mars 4 – ein Orbiter – erreichte den Planeten am 10. Februar 1974. Das Bremstriebwerk versagte, die Sonde flog im Abstand von 2200 km am Planeten vorbei. Einige Marsaufnahmen bei der Passage und Meßdaten aus dem interplanetaren Raum wurden zur Erde übermittelt. Mars 5 – ebenfalls ein reiner Orbiter – gelangte ohne Probleme am 12. Februar in die planetare Umlaufbahn. Mars 6 setzte am 12. März 1974 aus der Vorbeiflugbahn eine Landeeinheit ab. Meßdaten konnten unmittelbar bis zum Aufsetzen empfangen werden. Dann riß der Kontakt ab. Die Landeprozedur ähnelte der später von Viking verwendeten. Mars 7 schließlich erreichte den Mars bereits am 9. März. Hier scheiterte das Absetzen der Landeeinheit, die den Planeten um 1300 km verfehlte.
Keine besonders erfolgreiche Serie also, gemessen am Aufwand. Dennoch wurden 60 recht gute Photos – gewonnen von Mars 4 und 5 – zur Erde übertragen und zahlreiche Ergebnisse von den Orbiterexperimenten. Ein Resultat versetzte jedoch die Amerikaner in Sorge: Aus den Messungen der Betriebsgrößen eines funktionierenden Massenspektrometers schlossen die Sowjets auf einen Anteil von 35 % Argon in der Marsatmosphäre, was erhebliche Konsequenzen für das Viking-Programm gehabt hätte.

Pioneer 10 und 11

Vorstudien für eine Jupiter-Vorbeiflugmission wurden in den Vereinigten Staaten bereits seit etwa 1965 durchgeführt. Im Februar 1969 machte die NASA einen entsprechenden Vorschlag. Bei allen Überlegungen spielte die Unkenntnis über die Materie-Konzentration im Asteroidengürtel eine Rolle. Pessimisten setzten die Chancen für eine erfolgreiche Durchquerung nur mit 50 % an, daher die Forderung, zumindest zwei Sonden zu starten.
Alle 13 Monate bietet sich von der Erde aus ein Startfenster in Richtung Jupiter, so daß man in der Missionsplanung flexibel sein konnte. Als Aufgaben für einen Jupiterflug, der mit einem neuen und robusten Fahrzeug abgewickelt werden sollte, definierte die NASA drei Punkte:

- Untersuchung des interplanetaren Mediums jenseits der Marsbahn.
- Untersuchung der Natur des Asteroidengürtels vom wissenschaftlichen Standpunkt aus, und Bestimmung des Risikos einer Beschädigung von Raumflugkörpern beim Durchflug.
- Erkundung des jupiternahen Raumes.

Um die 250 kg schweren Raumsonden auf eine schnellere Flugbahn zu schicken, wurde die Atlas-Centaur-Trägerrakete noch mit einer zusätzlichen Stufe ausgestattet, die Pioneer 10 die höchste Anfangsgeschwindigkeit verlieh, die bis dahin jemals ein von Menschenhand geschaffenes Objekt erreicht hat: 51 500 km/h. Am 2. März 1972 wurde Pioneer 10 gestartet und passierte bereits nach 11 Stunden die Bahn des Mondes. Am 15. Juli 1972 flog die Sonde in den Asteroidengürtel ein. Von den bekannten Kleinen Planeten war keine Gefahr zu erwarten. Die nächste Begegnung mit einem derartigen Objekt erfolgte in einem Abstand von 8,8 Millionen km. Doch bereits die Kollision mit einem nur 0,05 cm großen Mikrometeoriten konnte die Sonde ernsthaft beschädigen, schon wegen der hohen Einschlaggeschwindigkeit. Optische und andere Sensoren zeigten aber eine überraschend geringe Konzentration an Kleinpartikeln an, so daß am 5. April 1973 auch Pioneer 11 gestartet wurde.

An dieser Stelle eine Anmerkung zur wissenschaftlichen Ausstattung der Pioneer-Sonden, die ja keine primäre Photomission flogen:

- Zwei verschiedene Magnetometer zur Messung von magnetischen Feldern.
- Plasma-Analysator zur Untersuchung des Energiespektrums geladener Teilchen.
- Diverse Detektoren zur Untersuchung der Zusammensetzung und Energie geladener Teilchen.
- Ein »Teleskop« zur Analyse der kosmischen Strahlung.
- Partikel- und Staubsensoren.
- UV-Spektrometer zur Bestimmung des Wasserstoffgehalts im interplanetaren Raum und der Jupiteratmosphäre sowie zur Ermittlung der Heliumkonzentration.

- Infrarot-Radiometer zur Bestimmung der Temperaturen auf Jupiter und des totalen Wärmeflusses.
- Photopolarimeter zur Bildaufnahme und Ermittlung anderer optischer Größen.
- Bedeckungsexperiment zur Sondierung der Jupiteratmosphäre mit den Radiowellen der beiden Bordsender.

Das Photopolarimeter hat jene aufsehenerregenden Bilder des Jupiter geliefert, die erst »Appetit« auf das Ergebnis der Voyager-Photomission machen. Das Gerät verfügt über ein kleines Fernrohr von 2,54 cm Öffnung, das bei der Aufnahme den Planeten durch eine Schwenkbewegung zeilenweise abtastet. Da sich Pioneer alle 12,5 s einmal um seine Achse dreht, springt mit jeder Rotation die Zeile weiter. Es hat aufwendiger Computerprozeduren bedurft, um aus diesen Bildern, die ja verglichen mit Mariner oder Viking, mit einem bescheidenen optischen System gewonnen wurden, den optimalen Informationsgehalt her-

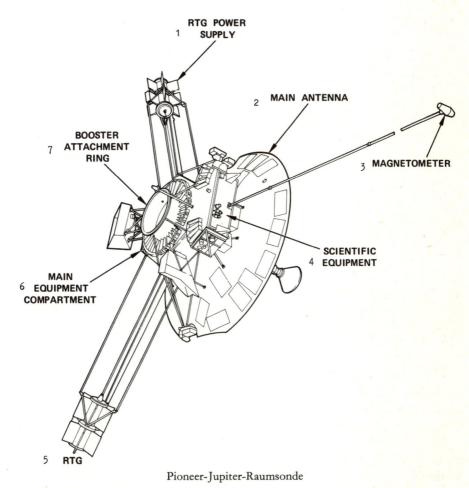

Pioneer-Jupiter-Raumsonde

1 Radionuklidbatterie zur Energieversorgung, 2 Parabolantenne, 3 Magnetometer, 4 Wissenschaftliche Ausrüstung, 5 Radionuklidbatterie, 6 Sonden-Bus, 7 Adapter-Ring zwischen Sonde und Endstufe

auszuholen. Es wurden letztlich »blaue« und »rote« Bilder übertragen. Durch Hinzumischung eines synthetischen Grünbildes entstanden die populären Farbaufnahmen. Am 4. Dezember 1973 erreichte Pioneer 10 mit 203 000 km Distanz den geringsten Jupiterabstand. Pioneer 11 flog fast genau ein Jahr später, am 3. Dezember 1974, am Planeten vorbei, nur knapp 37 000 km von der Wolkendecke des Planetenriesen entfernt. Die Belastung der Sonden durch Strahlung und Teilchen in Jupiternähe war teilweise so hoch, daß sie zur Absättigung einiger Sensoren führten. Es wäre reizvoll, die überraschende wissenschaftliche Ausbeute ausführlich darzustellen. Beschränken wir uns auf eine wesentliche Feststellung:
Die Resultate entlang der gewaltigen Flugstrecke haben ebenfalls neue Perspektiven eröffnet, ein Aspekt der in der öffentlichen Behandlung solcher Themen immer wieder übergangen wird. Flüge dieser Art sind eben nicht nur Missionen zu dem betreffenden Planeten: Sie loten den interplanetaren Raum unter verschiedensten Aspekten aus, der keineswegs das absolute und leere Vakuum repräsentiert. Auch jene Ergebnisse, die durch den kaum noch vorstellbaren Grad an Präzision der funktechnischen Bahnvermessung bei den amerikanischen Flügen erzielt werden, wie die genauen Massen der Planeten und ihrer Monde, Informationen über den inneren Aufbau, die sich in Deformationen des Gravitationsfeldes niederschlagen, sind ein Produkt der Raumfahrt. Sie sind in dieser Qualität durch noch so sorgfältige Beobachtungstechniken von der Erde aus nicht zu erhalten.
Beide Pioneer-Jupiterflüge waren ein überraschender Erfolg, und wenn es noch gelingt, mit Pioneer 11 einige Informationen vom Saturn zu erhalten, dann wird dieses Programm in die Geschichte der Raumfahrt eingehen.
Den beiden Pioneer-Sonden ist, da sie das Sonnensystem verlassen werden, eine »Erkennungsmarke« beigegeben. Eine vergoldete Aluminiumplatte von 15,2 × 22,9 cm Größe enthält alle wesentlichen Informationen über die Erde und ihre Bewohner. Vielleicht animiert Sie die Abbildung zur Lösung des »kosmischen Bilderrätsels«?
Das wohl anspruchsvollste Raumfahrtunternehmen der nächsten Jahre, das fundamentale wissenschaftliche Erkenntnisse erwarten läßt, ist das Projekt Voyager. Zwei amerikanische Raumsonden, gestartet im Spätsommer 1977, befinden sich auf dem Vorstoß in das äußere Sonnensystem. Der äußere Anblick ähnelt mehr den Pioneer-Jupitersonden als den üblichen Planetenspähern: er reflektiert die besonderen Anforderungen dieses Typs von Mission, Energieversorgung mit Radionuklidbatterien, eine hochbündelnde Antenne für die Bild- und Datenübertragung aus großen Distanzen.
Voyager – »Reisende« – ist ein treffender Name für die zwei Raumsonden, die eine neue Generation von automatischen Forschungsgeräten repräsentieren: In den 825 Kilogramm Masse jedes Voyagers verbirgt sich ausgefeilteste Elektronik, entwickelt und getestet mit dem Ziel, noch nach einer Flugzeit von 8 Jahren durch den Raum einwandfrei zu arbeiten. Das erste Ziel wird also Jupiter sein, jener Großplanet, der die Wissenschaftler mehr und mehr zu faszinieren beginnt. Mit den beiden Raumsonden Pioneer 10 und 11 haben die Ame-

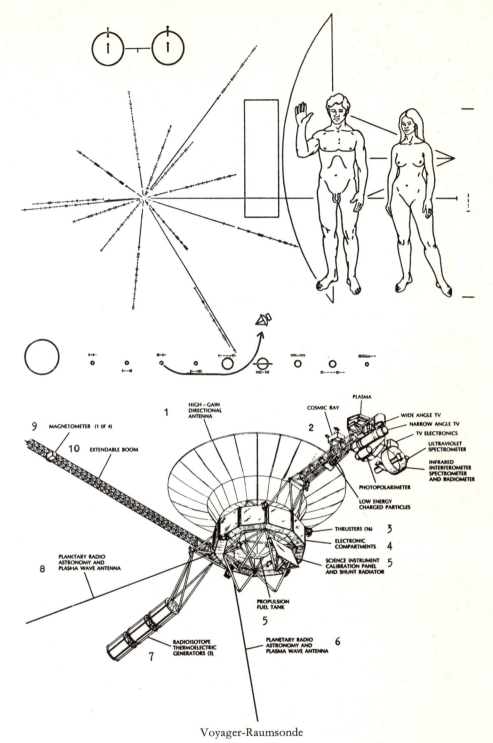

Voyager-Raumsonde

1 Parabolantenne, 2 Plattform mit den wissenschaftlichen Experimenten, 3 Korrekturtriebwerke, 4 Bordelektronik, 5 Treibstofftank, 6 Antenne für Radioastronomie, 7 Radionuklidbatterien zur Energieversorgung, 8 Antenne für Radioastronomie, 9 Eines der vier Magnetometer, 10 Ausfahrbarer Ausleger

rikaner 1973 und 74 erstmals den Planeten im Vorbeiflug inspiziert, haben den Beweis erbracht, daß es möglich ist, ein Raumfahrzeug gefahrlos durch die Zone der »Kleinen Planeten« zu schicken. Pioneer 11 wird uns möglicherweise im Herbst 1979 erste Nahaufnahmen von Saturn übermitteln. Die eigentliche Erforschung der großen Planeten jenseits der Marsbahn und ihrer Monde – einschließlich gestochen scharfer Nahaufnahmen – wird jedoch Aufgabe der Voyager-Sonden sein. Sie sind gewissermaßen Kreuzungen zwischen den erfolgreichen Mariner-Fluggeräten, mit denen die NASA Venus, Merkur und Mars studiert hat und den beiden Pioneer-Sonden, die jetzt zwischen Jupiter und Saturn ihren Kurs in Richtung interstellarer Raum ziehen. Von den Mariner-Sonden kommen die hochauflösenden Kamerasysteme, die umfangreich ausgestattete Instrumenten-Plattform sowie die Drei Achsen-Stabilisierung. Aus den Erfahrungen mit Pioneer 10 und 11 übernahm man die Nuklearbatterien als Energiequelle. Dennoch weisen die beiden neuen Raumsonden bemerkenswerte Extras auf, die Weltraumpremiere haben. Mit einem Durchmesser von 3,7 Meter wird die bisher größte Kommunikations-Antenne an Bord eines Raumschiffes auf den Planetenkurs gehen. Das elektronische Gehirn der Voyager-Sonden ist ein Computersystem, das fast selbständig den größten Teil der Flugoperationen überwacht und steuert, somit also das Problem der langen Laufzeit von Befehlen und Informationen erträglich macht: kleines Beispiel: Ein Kommando vom Kontrollzentrum in Pasadena zur Voyager-Sonde in Saturn-Nähe ist rund 72 Minuten unterwegs. Bis wir die Antwort vom Voyager erhalten haben, sind abermals 72 Minuten vergangen – insgesamt also 2 Stunden und 24 Minuten. In dieser Zeit hat die Sonde bereits einige zehntausend Kilometer zurückgelegt. Der Bordcomputer muß also gewisse Entscheidungen selbst fällen und in kritischen Situationen schnell reagieren, ohne uns zu fragen. Eine weitere Neuerung ist das große Feststoff-Triebwerk, das unmittelbar nach dem Start der Sonde eine zusätzliche Geschwindigkeit verleiht, um die Reisezeit zum Jupiter zu verkürzen. Soviel vorweg an Informationen zu den Voyager-Geräten selbst. Das Unternehmen steht jedoch unter einem besonderen Aspekt: In den nächsten Jahren liegt eine kosmische Konstellation vor, die nicht so schnell wiederkehrt: Alle vier Großplaneten – Jupiter, Saturn, Uranus und Neptun – stehen so günstig, daß sie unter Ausnutzung der Vorbeiflugtechnik mit einem einzigen Start nacheinander angeflogen werden können. Die Möglichkeit ist seit langem unter der Bezeichnung »Große Tour« bekannt.
Jupiter katapultiert Voyager zum Saturn, der Ringplanet befördert die Sonde zum Uranus, und der grünbleiche Geselle, der in rund 2,7 Milliarden Kilometer Entfernung seine Bahn um die Sonne zieht, gibt den Impuls für die mögliche Reise zum Neptun. Dieses Verfahren funktioniert perfekt.
Man muß allerdings dieses »kosmische Billard« recht exakt spielen. Genaue Bahnbestimmungen der Sonden sind nötig, dazu die Möglichkeit, Kurse mit Hilfe von kleinen Triebwerken zu korrigieren.
Wie die Pioneer-Jupitersonden auch, erfahren Voyager 1 und 2 bei der Jupiter-Passage einen so hohen Geschwindigkeitszuwachs, daß sie das Sonnensystem verlassen werden. Dieser Entweichkurs ist auch der Grund für die Tatsache, daß

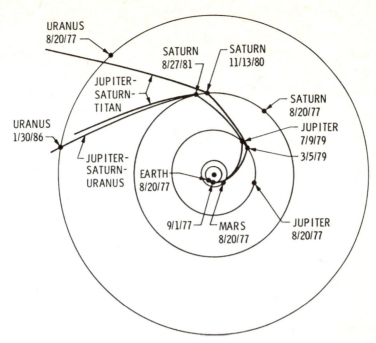

Raumflugbahnen der Sonden Voyager 1 und 2

den Pioneer- und den Voyager-Sonden Botschaften für mögliche Nachbarn im All mit auf den Weg gegeben wurden. Vor einigen Jahren hatte man hinsichtlich der »Großen Tour« noch etwas anspruchsvollere Pläne, mit noch mehr Fluggerät und verschiedenen interplanetaren Kursen. Dann kam durch die Streichung der Mittel die große Ernüchterung. Es sah ganz so aus, als ob die Amerikaner diese Chance ungenutzt verstreichen lassen würden. Von den Sowjets weiß man ohnehin, daß sie – allein von der Zuverlässigkeit der Elektronik her – nicht in der Lage sind, ein solches Projekt erfolgversprechend abzuwickeln. Es gelang der NASA jedoch, die Finanzierung des Voyager-Programms durchzusetzen. Ursprünglich etwas leichtfertig als »Großer Tour-Verschnitt« eingestuft, wird heute das 335-Millionen-Dollar-Unternehmen als das angesehen, was es tatsächlich ist: Als eines der anspruchsvollsten Vorhaben in der Geschichte der Raumfahrt, bei dem die Frage nach dem Verhältnis von Aufwand und Nutzen ganz eindeutig zu beantworten ist: Hier wird wissenschaftliches Neuland betreten. Erstmals werden wir völlig verschiedene Mitglieder unseres Planetensystems aus geradezu greifbarer Nähe betrachten können. Himmelskörper, von denen uns kein noch so großes erdgebundenes Teleskop eine anschauliche Vorstellung vermitteln kann. Und in diesem Zusammenhang noch eine Anmerkung zu Voyager und der »Großen Tour«: Eines der Standardargumente gegen die Finanzierung des Vorhabens lautete etwa so: »Warum muß man unbedingt jetzt, wo es dringendere Probleme anzupacken gilt, für viel Geld zu Jupiter und Saturn fliegen? Die Planeten laufen uns doch nicht weg.« Das ist allerdings ein recht kurzsichtiger Standpunkt: Ein Flug zum Saturn im

Rahmen der »Großen Tour« – eben unter Ausnutzung des »Jupiter-swing by« – dauert nur rund 3 Jahre. Die normale Reisezeit zum Ringplaneten würde jedoch 6 Jahre betragen. Für die noch weiter entfernten Uranus und Neptun kämen selbst für die modernste Technik unzumutbare Reisezeiten heraus. Daher ist gerade unter wirtschaftlichen Gesichtspunkten die Erkundung der äußeren Planeten nur im Rahmen der »Großen Tour« sinnvoll.

In den ersten Wochen und Monaten gab es mit beiden Sonden technische Probleme: Da war der Instrumententräger nicht voll ausgefahren, ein Kommando-Empfänger sprach nicht mehr an. Inzwischen hat sich die Situation stabilisiert, und man sieht mit Optimismus dem weiteren Programm-Ablauf entgegen.

Etwas Verwirrung ist dadurch entstanden, daß Voyager 2 vor der Nummer 1 am Cape Canaveral gestartet worden ist. Beide Sonden bewegen sich jedoch auf recht unterschiedlichen Bahnen in Richtung äußeres Sonnensystem. Der später gestartete Voyager 1 hat inzwischen die Sonde Nummer 2 längst überholt und erreicht Jupiter am 5. März 1979. Der Abstand wird dann etwa 278 000 Kilometer betragen. Hierbei bietet sich eine erste Gelegenheit, die vier großen Galileischen Monde und den planetennahsten Trabanten, die winzige Amalthea, zu beobachten. Vier Monate später trifft dann Voyager 2 ein. Wenn Voyager 1 nach einer Flugstrecke von 2,2 Milliarden Kilometer am 12. November 1980 in Saturnnähe eingetroffen ist, liegt die Sonde Nummer 2 bereits 9 Monate zurück. Sie begegnet dem Saturn am 27. August 1981. Natürlich will man nicht nur Saturn und sein seltsames Ringsystem ausführlicher untersuchen. Auch die Monde dieses Planeten sind von größtem Interesse: Mindestens fünf von ihnen gelangen vor die Kameras der beiden Voyager-Sonden, darunter Titan – mit 5800 Kilometern Durchmesser der Gigant unter den Trabanten des Sonnensystems und größer als der Planet Merkur. Titan besitzt eine relativ dichte Atmosphäre, die organische Komponenten enthält und wärmespeichernd wirkt. Viele Exobiologen – jene frustrierten Zeitgenossen also, die nach außerirdischem Leben suchen – sind der Meinung, daß man auf Titan Vorstufen des Lebens – möglicherweise sogar primitive Lebensformen – finden könnte.

Hat die erste Begegnung zwischen Voyager 1 und Saturn geklappt, sind die Erwartungen der Wissenschaftler nicht enttäuscht worden und ist vor allem Voyager 2 elektronisch noch voll auf der Höhe, dann fällt die Entscheidung über eine Kurskorrektur in Richtung Uranus, den Voyager 2 im Januar 1986 erreichen würde. Unser Wissen über Uranus ist recht bescheiden. Wie eine Bombe schlug kürzlich die Mitteilung ein, daß auch dieser Planet ein Ringsystem besitzt, das zwar in seinen Dimensionen nicht direkt mit dem des Saturn vergleichbar ist, dennoch aber eine wissenschaftliche Sensation darstellt. Über die Atmosphäre und die feste Oberfläche des Uranus – wenn es sie überhaupt gibt – haben die irdischen Fernrohrbeobachtungen nur dürftige Erkenntnisse gebracht. Ein Blick aus der Raumschiffperspektive wäre hier von kaum vorstellbarem Reiz. Und schließlich: Vom Uranus aus bietet sich für Voyager 2 die Gelegenheit, in Richtung Neptun weiterzufliegen, der dann im Jahre 1989 erreicht werden könnte. Das ist kein offizieller Programmpunkt der Mission,

denn niemand kann garantieren, daß die wichtigsten wissenschaftlichen Experimente auch dann noch – nämlich 12 Jahre nach dem Start – funktionieren.
11 Experimente sind es insgesamt. Darunter zwei Kameras mit einem 200- und einem 1500-Millimeter-Objektiv, die zum Teil Bildqualitäten liefern werden, wie wir sie bisher nur vom Mond oder vom Mars kennen. Zwei andere optische Instrumente liefern zusätzliche Informationen. Sensoren für elektrisch geladene Teilchen und Magnetfelder, Empfänger zur Aufnahme der natürlichen Radiostrahlung von Jupiter und Saturn und Geräte zur Temperaturbestimmung der Planeten und Monde ergänzen die Ausstattung. Ein anderer »Passagier«, der weder zum wissenschaftlichen noch zum technischen Inventar der Raumsonden gehört, hat bereits Schlagzeilen gemacht. Der »Plattenspieler«, der sich an Bord von Voyager befindet und ein abendfüllendes »Bildungs- und Informationsprogramm« über den Planeten Erde enthält. Das auf den ersten Blick antiquiert anmutende System mit der kupfernen Schallplatte ist nicht nur in Erinnerung an das 100jährige Jubiläum des Edison-Phonographen entwickelt worden. Es garantiert eine Langlebigkeit, selbst in kosmischen Maßstäben, die es noch nach einigen zehn- oder hunderttausend Jahren gestattet, mittels der beigelegten Abspielanweisung das Programm wiederzugeben. Da sind die 115 Bilder, in Analogform gespeichert, die nicht nur verschiedene Impressionen von der Erde und vom Menschen zeigen, sondern auch unsere kosmische Umgebung portraitieren. Ein spezielles Kapitel behandelt die menschliche Fortpflanzung, dargestellt in einem Stil, der zwischen »prüde« und »geschmackvoll« beurteilt wird. Dann folgt ein babylonisches Stimmgewirr, angeführt von UN-Generalsekretär Kurt Waldheim mit einer Grußbotschaft, an die sich andere in 60 lebenden und recht toten Sprachen reihen. Ein akustisches Bild des Planeten Erde schließt sich an, das vom Grillengezirp über den Kuß bis hin zu Herzschlag ein Geräuschequiz ersten Ranges enthält. Fast 90 Minuten der »kosmischen Flaschenpost« ist der Musik gewidmet, gewissermaßen ein stellares Wunschkonzert, das mit einem deutschen Komponisten beginnt und endet: Mit Bach und Beethoven ...

Das Viking-Programm

In der konsequenten Fortsetzung ihrer Planeten-Erkundungsprogramme legte die US-Raumfahrtbehörde NASA 1968 ihr Konzept für eine unbemannte Marslandung vor. Schon zu diesem Zeitpunkt war abzusehen, daß etwa eine ausgeprägte Marsvegetation nur noch in der Phantasie mancher Zeitgenossen existierte und zur Suche nach Leben auf der Planetenoberfläche subtile und kostenaufwendige Techniken herangezogen werden mußten.
Daß Viking schließlich mit einem finanziellen Aufwand von 2,5 Milliarden Mark das bisher teuerste unbemannte Raumflug-Unternehmen geworden ist, hatte mehrere Gründe: Zunächst liefen einmal die effektiven Kosten dem ursprünglichen Ansatz permanent davon, zu neu war die Auslegung der Experimente. Man konnte also kaum auf bereits erprobte Standardgeräte zurück-

greifen. Ein Gefühl für die finanziellen Dimensionen vermittelt die Tatsache, daß allein der Bioblock im Viking – jener Komplex also, der zum Nachweis von Lebensformen diente, soviel kostete wie ein kommerzieller Nachrichtensatellit einschließlich Trägerrakete. Dann kamen neue Informationen vom Mars, gewonnen von Mariner 6, 7 und 9, die nicht nur die Fundamente für die Missionsplanung legten, sondern auch die Projektwissenschaftler zu Änderungswünschen an den Experimenten inspirierten.

Natürlich hatten die speziellen technischen Probleme dieser Mission ihren Preis: Die Marsatmosphäre ist für eine reine Fallschirmlandung zu dünn, wenn man nicht gerade auf gigantische und den Erfolg gefährdende Schirmquerschnitte zurückgreifen wollte. Eine Landung mit ausschließlicher Bremsung durch ein Raketentriebwerk – wie z. B. beim Surveyor-Mondlandeprojekt – hätte eine aerodynamische Formgebung des Landers erfordert, was zahlreiche technische Fragen aufgeworfen hätte.

Zum Zeitpunkt der vorgesehenen Landung hatte Mars einen sehr großen Erdabstand: er befand sich – von uns aus gesehen – hinter der Sonne, und das bedingte lange Signallaufzeiten. Doch bei der NASA stand es ohnehin fest: Die Landephase mußte vollautomatisch ablaufen, mit einer aktiven computergesteuerten und -kontrollierten Flugführung. Doch noch andere Anforderungen wurden an den Bordrechner im Viking-Lander gestellt. Programmiert mit einem Operationsplan für die Tätigkeit auf der Marsoberfläche, der selbständig abläuft, falls der Orbiter als Funkbrücke ausfällt oder der Kommandoempfänger im Lander nicht anspricht, sollte der Lander so unabhängig wie möglich sein. Die sowjetischen Mißerfolge bei den Versuchen auf dem Mars zu landen, obwohl die Landetechniken in etwa vergleichbar waren, veranlaßte die Amerikaner zu besonderen Vorsichtsmaßnahmen. So sollten die Landeplätze sorgfältig mit dem Viking-Orbiter, der in diesem Missionsabschnitt noch den Lander integriert enthielt, in aller Ruhe ausgesucht werden.

Interessant ist ein Blick auf den Ablauf der Landung, in dem mehrere Bremstechniken kombiniert werden:

1. In 18 200 Kilometer Höhe über der Marsoberfläche wird bei einer Geschwindigkeit von 1406 m/s der aerodynamisch verkapselte Lander abgetrennt. Die Fluglage wird mit einem Regelungssystem so einjustiert, daß 7 Minuten nach der Abtrennung ein Triebwerk zur Abbremsung der Kapsel gezündet wird, die dann in einer ballistischen Abstiegsbahn auf den Planeten zufällt.

2. Zwei Stunden und 39 Minuten dauert es, bis der Eintrittspunkt in die Marsatmosphäre erreicht ist. Per Definition liegt er in einer Höhe von 243,8 km. Wenn die Sensoren dann einen Bremseffekt von 0,05 G messen, wird die Sequenz der folgenden Operationen eingeleitet. Während des Abstiegs werden ausführliche Untersuchungen der Hochatmosphäre vorgenommen und in Echtzeit zum Orbiter übertragen.

3. Vom Eintrittspunkt an bis zur Landung dauert es jetzt nur noch 10 Minuten. In 5,9 Kilometer Höhe passiert der nächste entscheidende Schritt. Der untere Teil der Landerverkapselung wird abgesprengt und fliegt innerhalb von 3 Sekunden 15 Meter weit weg. Dann entfaltet sich der Fallschirm (Durch-

messer 11,5 m). Der Bordsender wird auf 30 Watt Leistung hochgeschaltet, das Landeradar aktiviert. Radar-Höhenmessungen werden bereits seit dem Eintrittspunkt vorgenommen. Die elektronischen Steuerungssysteme für die Triebwerksbremsung werden aktiviert.

4. Zeigt das Radar einen Bodenabstand von 1410 m an, so wird der Fallschirm abgetrennt, die Bremstriebwerke auf 10 % Leistung eingestellt. Das Hitzeschild wird abgeworfen, und der Lander senkrecht zur Oberfläche orientiert. Die Abbremsung verläuft nun so, daß der Lander von 16,8 m Höhe an mit konstanter Geschwindigkeit – 2,4 ± 0,9 m/s – fällt. Bei Bodenberührung eines der drei Landebeine werden die Bremstriebwerke abgeschaltet.

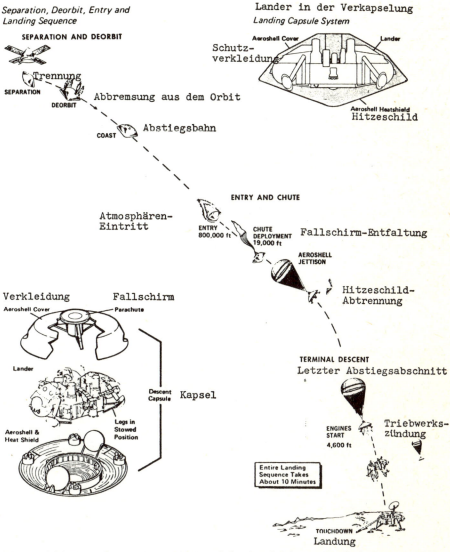

Diese NASA-Darstellung zeigt noch einmal den beschriebenen Landeabstieg von Viking auf die Marsoberfläche und die sterile »Verpackung« des Landers.

Die Landegebiete

Die Auswahl beider Landestellen erfolgte sowohl unter flugtechnischen als auch unter wissenschaftlichen Gesichtspunkten. Tiefebenen wurden deshalb gewählt, um den höheren atmosphärischen Druck für die Fallschirm-Landephase zu nutzen.

Die Viking 1-Landestelle sollte primär ein weiches Aufsetzen garantieren. Bei Viking 2 gab der hohe Wasserdampfgehalt der Atmosphäre im Bereich um 48° nördlicher Breite – ein von den Biologen für entscheidend angesehenes Kriterium – letztlich den Ausschlag.

Die Festlegung der Landeellipse wurde durch erdgebundene Radarmessungen bestimmt. Ein ursprünglich von den Geologen als risikoarm angesehenes Gebiet erwies sich bei der Sondierung mit dem Arecibo-Radar als extrem rauh, zumindest im Dezimeter-Maßstab. Eine benachbarte Region hingegen, erschien nach den Radardaten recht homogen. Im Zentrum der Landeellipse sind keine besonders markanten Formationen zu erkennen. Ein Umstand, der die exakte Identifizierung des Landeplatzes anhand der Bodenaufnahmen außerordentlich erschwerte.

Die Landestelle von Viking 2 konnte auch erst nach mehreren Sondierungen entlang des 48. Breitengrades festgelegt werden. Interessant ist die NASA-Charakterisierung dieses Gebietes vor dem Absetzen des Landers: »Es handelt sich um eine Landschaft, die von jungen Dünen überzogen ist, die vom Wind im Laufe der Marsgeschichte herantransportiert worden sind. Sie liegen über dem ›ejecta blanket‹ des rund 200 Kilometer entfernten großen Einschlagkraters Mie.« Eine gravierende Fehlinterpretation, wie man unmittelbar nach der Landung feststellte. In der Tabelle sind einige wesentliche Landedaten zusammengefaßt.

Dazu einige Anmerkungen: Die Abweichungen des VL 1 vom Zielpunkt betragen 30 Kilometer in westlicher und 4 Kilometer in nördlicher Richtung. Die entsprechenden Erfahrungen haben sich dann beim VL 2 ausgezahlt. Hier lagen die Abweichungen vom theoretischen Zielpunkt nur bei 1 Kilometer in westlicher und 10 Kilometer in nördlicher Richtung.

Etwas problematischer ist die Angabe, wie tief die Lander unter Normal-Null stehen. Diese Werte wurden aus den Druckmessungen abgeleitet, wobei als Basis der Wert 6,1 mb für die definierte Mars-Nullfläche – wie in den Modellrechnungen – angesetzt wurde.

Beim VL 1 wurden jedoch mit den Beschleunigungsmessern unabhängig Informationen gewonnen. So betrug die Schwerebeschleunigung an der Landestelle $3,7189 \pm 0,0006$ m/s^{-2}, was einem Abstand vom Planeten-Mittelpunkt von $3389,8 \pm 0,03$ Kilometer entspricht. Aus Radiomessungen ergibt sich eine planetozentrische Distanz von $3389,5 \pm 0,3$ Kilometer. Im Vergleich mit dem allgemein benutzten und als recht zuverlässig empfundenen Standard-Ellipsoid – es ergibt für den Landepunkt von VL 1 3391,51 km planetozentrische Distanz – müßte demnach der VL 1 nur etwa 1,7 bis 2,0 Kilometer unter Normal-Null stehen. Noch problematischer ist diese Frage beim VL 2. Es ist fraglich, ob es zulässig ist, die Druckdifferenz einfach als Höhenunterschied zu interpretieren. Außerdem entspricht die Topographie des Geländes kaum einer Depression von 4,2 Kilometer Tiefe.

Tabelle	Viking-Lander 1	Viking-Lander 2
Datum:	20.7.1976	3.9.1976
Zeit (GMT)*	11h 12m 07s	22h 58m 20s
Zeit (Mars-Ortszeit)	16h 13m	09h 49m 05s
Lande-Koordinaten	22,46° N, 48,01° W	47.97°N, 225.67° W
Höhe über Normal-Null	−2,9 km	−4,2 km

* Erd-Empfangszeit

Die Viking-Experimente

Die Resultate der Viking-Mission haben ein neues, faszinierendes Bild des roten Nachbarplaneten entworfen. Sie geben jedoch keinen Anlaß zu Optimismus hinsichtlich der Frage von Lebensspuren auf der Marsoberfläche, sie schließen ihre Existenz auch nicht völlig aus. Die Entscheidung kann nur eine entsprechend optimierte Nachfolgemission bringen.

Das Portrait des »neuen Mars« ist in der deutschen Literatur von mehreren Autoren nachgezeichnet worden, daher an dieser Stelle nur einige Informationen zu den Experimenten.

Viking Orbiter:
- Zwei Kameras mit 47,5 cm Brennweite Cassegrain-Spiegelteleskopen und 8,5 cm Öffnung verbunden mit einem Vidicon. Kamera-Gesichtsfeld: 1,5×1,7°. Aufzeichnungszeit je Bild 4,48 s, Übertragungszeit: etwa 10 Minuten. Ein Einzelbild aus 1500 km Höhe erfaßt einen Bildausschnitt von 41×46 km. Die Bildauflösung beträgt dabei etwa 80 m.
- Das Infrarotspektrometer oder **M**arsatmosphären-**W**asserdampf**d**etektor (MAWD) registriert den Bereich 1,38 Mikrometer-Bande und deren Umgebung und kann Flächenareale von 3×24 km untersuchen. Eine sehr genaue Wasserdampfbestimmung ist mit dieser Technik möglich.
- Das Infrarotradiometer zur Bestimmung von Oberflächen- und Wolkentemperaturen erfaßt mit vier Teleskopen und Interferenzfiltern ausgewählte Kanäle im Bereich von 0,3–24 Mikrometer. Je nach Meßbereich beträgt die Empfindlichkeit des Systems hinsichtlich von Temperaturdifferenzen zwischen 0,2 und 1°. Im marsnächsten Punkt lag die räumliche Auflösung des Systems bei 8 km.
- Alle drei Experimente sind auf einer schwenkbaren Plattform im Viking-Orbiter montiert.

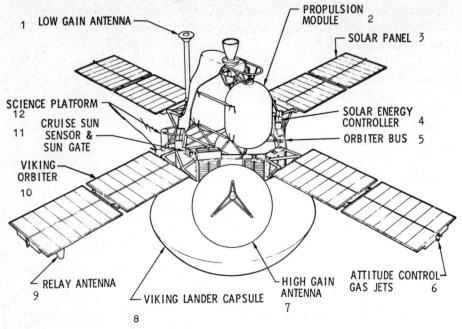

Viking-Orbiter vor dem Absetzen des Landers

1 Rundstrahlantenne, 2 Triebwerk, 3 Solarzellenfläche, 4 Kontrollsystem für die einfallende Sonnenenergie, 5 Orbiter-Bus, 6 Lagekontrolldüsen, 7 Parabolantenne, 8 Steril verpackter Viking-Lander, 9 Relaisantenne, 10 Solarzellenfläche, 11 Sonnen-Flugsensor und -Suchsensor.

Viking Lander:

- Zwei Kameras, die nach dem Faksimile-Prinzip arbeiten. Sie können horizontal rund 342° abbilden, in der Höhe den Bereich von −40 bis +60°, mit einer Auflösung von 0,04°. Das entspricht in einem Kameraabstand von 1,5 m rund 1 mm Auflösung oder bei einem Abstand von 1400 m etwa einem Meter Auflösung. Mit Filtern sind auch Farbaufnahmen möglich.
- Physikalische Eigenschaften der Marsoberfläche wurden gemeinsam mit den Kameras und einem ausfahr- und schwenkbaren Greifarm untersucht.
- Die magnetischen Eigenschaften des Bodenmaterials konnten mit Magneten am Greifarm und einer Versuchsanordnung auf dem Landerdeck studiert werden.
- Mit dem Dreiachsen-Seismometer sollten eventuelle Marsbeben erfaßt werden. Das Seismometer vom Lander 1 ließ sich nicht entsichern, das entsprechende Gerät des zweiten Landers erbrachte zweifelhafte Resultate.
- Zur organischen Molekularanalyse und zur Bestimmung von bestimmten Gaskomponenten der Marsatmosphäre diente das System Gaschromatograph-Massenspektrometer.
- Zur Ermittlung der anorganischen Bestandteile, also der chemischen Zusammensetzung des Marsbodens, wurde ein Röntgenfluoreszenz-Spektrometer eingesetzt. Bis Juli 1978 war es nicht möglich gewesen, einen kleineren kom-

pakten Stein oder »Felssplitter« der Analyse zuzuführen, sondern immer nur das sehr feinkörnige Material gelangte in die Apparatur.
- Im sogenannten Bioblock wurde in drei Experimenten nach biologischer Aktivität im Marsboden geforscht. Der Photosyntheseversuch, das Stoffwechselexperiment und der Gasaustausch brachten Resultate, die heute sowohl als die Äußerung von Lebensspuren interpretiert werden als auch im Sinne einer exotischen und ungewöhnlichen Bodenchemie gedeutet werden können.
- Die meteorologische Station war an einem speziellen Mast angebracht und erlaubt die Bestimmung der Temperatur, der Windrichtung und der Windgeschwindigkeit.
- Während des Landerabstieges wurden in der Marsatmosphäre Ionen- und Elektronenkonzentrationen gemessen, das Neutralgas untersucht, Druck, Dichte und Temperaturen bestimmt.

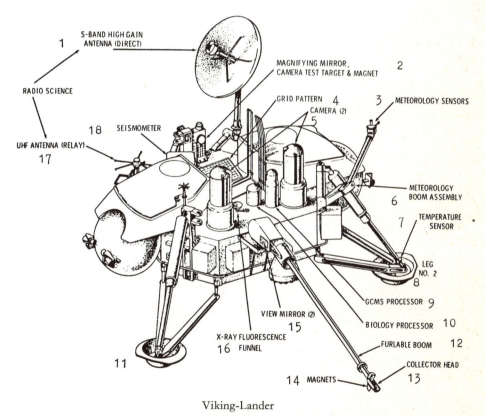

Viking-Lander

1 S-Band-Parabolantenne, 2 Vergrößerungsspiegel und Testfeld für die Kameras, 3 Meteorologische Sensoren, 4 Spezielles Testfeld, 5 Kameras, 6 Halterung für den Mast der Wetterstation, 7 Temperaturfühler, 8 Landebein Nr. 2, 9 Einfüllstutzen für das System Gaschromatograph-Massenspektrometer, 10 Einfüllstutzen für die Bio-Experimente, 11 Landebein Nr. 3, 12 Ausfahrbarer Greifarm, 13 Greifkopf, 14 Magnete, 15 Beobachtungsspiegel, 16 Einfüllstutzen für die »Anorganische Chemie«, 17 UHF-Relaisantenne, 18 Seismometer

Mit den Kommunikationssystemen der Lander und Orbiter wurden ebenfalls umfangreiche Untersuchungen durchgeführt, die von der exakten Prüfung der Allgemeinen Relativitätstheorie bis hin zu Vermessung der Landerpositionen reichen.

Viking-Orbiter(VO) 1 und VO 2 schwenkten am 19. Juni bzw. 7. August 1976 in den Marsorbit ein. Beide Fahrzeuge haben eine aktive Lebensdauer von nahezu zwei Jahren im Orbit erreicht. Wegen des übermäßig hohen Treibgasverbrauches durch einen Defekt im Frühjahr 1978 wurde VO 2 Anfang Juli 1978 stillgelegt. VO 1 wird im Herbst nach dem offiziellen Abschluß des erweiterten Viking-Programms stillgelegt. Beide Orbiter führten eine Reihe von Bahnmanövern durch, die sich aus speziellen Problemstellungen ergaben: Änderung der Bahnneigung und der Periapsis – dem marsnächsten Punkt also und Einstellung bestimmter Umlaufzeiten zur nahen Begegnung mit den Monden: Die »Vorratswirtschaft« mit dem Treibstoff war hervorragend und erlaubte ein hohes Maß an Flexibilität. Die Elektronik, vor allem die Kameras, zeigte keinerlei »Alterserscheinungen«, das Ende der Viking-Mission ist primär durch finanzielle Gründe bestimmt.

Beide Viking-Lander (VL) arbeiteten Anfang Juli 1978 noch befriedigend, wenn auch einzelne Experimente bereits früher abgeschaltet wurden, so die Untersuchungen im Bioblock Ende Mai 1977. Im April 1978 wurde das Seismometer des VL 2 stillgelegt, weil die wenigen »Ereignisse«, die gemessen wurden, offensichtlich nicht seismischen Ursprungs waren. Das Seismometer vom VL 1 konnte bekanntlich nach der Landung nicht aktiviert werden. Einer der beiden Lander wird nach dem endgültigen Abschluß des Viking-Programmes im Herbst 1978 auf »Sparflamme« weiter betrieben, um von Zeit zu Zeit meteorologische Daten vom Mars sowie systemtechnische Informationen über den Zustand des Landers selbst zu erhalten; vergleichbar dem Langzeitbetrieb der ALSEP-Mondstationen im Apolloprogramm. Zur Datenübertragung wird die Direktverbindung zur Erde benutzt.

Das Pioneer-Venus-Programm

Wieder einmal wird es eine sowjetisch-amerikanische Konkurrenz im Weltraum geben: Insgesamt 4 interplanetare Sonden werden Anfang Dezember 1978 zu einer wissenschaftlichen Großoffensive in der Nähe und auf der Oberfläche des Nachbarplaneten eintreffen.

Die Vereinigten Staaten waren diesesmal zuerst am Zuge. Am 20. Mai startete von Cape Canaveral an der Spitze einer Atlas-Centaur-Trägerrakete die Sonde Venus Pioneer 1, die inzwischen auf dem Weg zum Abendstern erste Bilder der Erde zur Erprobung des Kamerasystems übermittelt hat. Eine zweite Sonde – Venus Pioneer 2 – wird am 7. August auf interplanetaren Kurs gehen. Beide Raumflugkörper werden am 4. bzw. 9. Dezember die Venus erreichen.

Pioneer Venus 1, jene Sonde also, die bereits den interplanetaren Raum durcheilt, ist der sogenannte Orbiter, denn sie wird in eine Venus-Umlaufbahn einschwenken, zum künstlichen Mond des wolkenverhangenen Erdnachbarn werden.

Das ist nicht grundsätzlich neu: Die Sowjets haben diese »Ersttat« bereits 1975 mit den Sonden Venera 9 und 10 auf ihr Konto verbucht. Hingegen wird die zweite amerikanische Pioneer-Venussonde ihrerseits mit einer Novität aufwarten, die bislang noch kein Vorbild hat: Vom Hauptfahrzeug, eben vom »Bus« werden vier Meßsonden auf die Venus gesteuert, durchfliegen die ungewöhnliche Atmosphäre an vier weit entfernten Punkten auf der Venus, vermitteln also simultan ein ganzes Bündel von Informationen, die zweifellos aussagekräftiger sind, als die »Stichproben-Situation« einer Einzellandung.

Der Pioneer-Venus-Orbiter soll, einmal in die Venus-Umlaufbahn eingeschossen, die längste Beobachtungsreihe des Planeten aus der Weltraumperspektive einleiten: 8 Monate lang, das entspricht einem Venusjahr – soll gemessen, photographiert und registriert werden. Eigenartig ist bereits der Kurs, den die Raumsonde auf ihrer siebenmonatigen Reise eingeschlagen hat. 483 Millionen Kilometer ist die Flugstrecke lang. Obwohl die Venus bekanntlich innerhalb der Erdbahn läuft, fliegt die Orbiter-Sonde für drei Monate auf einer Bahn außerhalb des Erdorbit und wird erst in den letzten vier Monaten sich nach innen »einordnen«, um den Abendstern zu erreichen. Warum diese umständliche Reiseroute? Die Erklärung ist so schwierig nicht: Man möchte mit einer möglichst geringen Geschwindigkeit in Venusnähe eintreffen, damit nicht soviel Energie zum weiteren Abbremsen des Raumflugkörpers erforderlich ist. Dieser Bremsvorgang ist notwendig, damit aus dem Pioneer-Venus-Fahrzeug tatsächlich ein Orbiter, ein künstlicher Venustrabant wird. Außerdem bringt dieser Kurs die notwendigen Voraussetzungen für eine günstige Bahnwahl des Orbiters, der die Venus mit 24 Stunden Umlaufzeit in einer hochexzentrischen Ellipse umkreisen soll. Wenn er sich auf dieser Bahn dem Planeten nähert, beträgt sein Abstand von der Oberfläche nur 150 Kilometer, damit taucht er bereits in die Hochatmosphäre der Venus ein. Im venusfernsten Punkt der Ellipse befindet sich der Orbiter dann 66 000 Kilometer über dem Planeten, hat ihn also voll im »Visier«. Der Orbiter soll täglich Bilder von der Venus machen. Allerdings: Die Oberfläche der Venus ist auch aus dieser Distanz nicht direkt zu sehen. Einer normalen Kamera erscheint die Wolkendecke völlig geschlossen. Beobachtet hingegen im ultravioletten Licht, so ändert sich das Bild dramatisch: Nicht etwa, daß nunmehr die Planetenlandschaft sichtbar wird: Sie bleibt der optischen Beobachtung grundsätzlich verschlossen. Was man sieht, ist das Venus-Wetter, sind die rapiden Wolken-Bewegungen. Das Wolkenfeld wirbelt orkanartig in vier Tagen einmal um den Planeten, so daß die Astronomen, die diesen Effekt 1957 durch Ultraviolett-Photographie von der Erde aus entdeckten, der Meinung waren, sie hätten jetzt die so umstrittene Länge des Venustages ermittelt. Heute wissen wir genau, in welcher Zeit sich unser planetarer Nachbar einmal um seine Achse dreht: es sind 243,1 Tage. Ein Venustag ist also länger als ein Venusjahr! Doch damit der Seltsamkeiten nicht genug. Venus dreht sich in entgegengesetztem Sinne um ihre Achse, wenn wir einmal die anderen Planeten, die eine einheitliche Drehrichtung aufweisen, als Maßstab wählen. Diese ungewöhnliche Situation spiegelt sich auch in der Dynamik des Wetters wieder. Es gibt auf der Oberfläche der Venus, gegen die Dantes Inferno ein reiner Lustgarten sein dürfte, keine Ozeane. Alles in allem: Ein simples meteorologisches Modell bestimmt den Wetterablauf. Doch leider sind nun einmal die Verhältnisse nicht »ganz« so. Die Wolken der Venus: Das ist nun allerdings tatsächlich eine bildhafte Beschreibung des Phänomens:

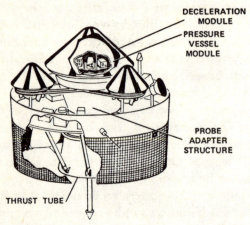

Pioneer-Venus-Bus, dessen Probesonden die Venusatmosphäre beim Durchflug untersuchen.

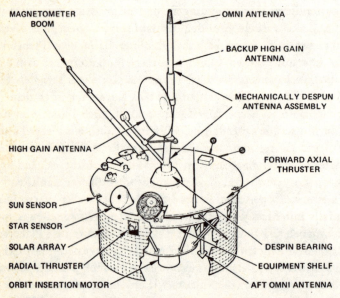

Pioneer-Venus-Orbiter, der als Venussatellit aus der Umlaufbahn vielfältige Informationen liefern kann, unter anderem auch ein Radarportrait des Nachbarplaneten

Von Wolken in irdischem Sinne kann nämlich keine Rede sein: Die fahlgelben Venuswolken bestehen nicht aus Wasserdampf, sondern aus feinen Tröpfchen konzentrierter Schwefelsäure. Das ist keine Spekulation, das sind Fakten! Nimmt man die Wolken kritischer unter die Lupe, so muß man nach amerikanischen und sowjetischen Raumsonden-Messungen das klassische Bild abermals revidieren: Tatsächlich sind die »Venuswolken« eher dichten Dunstschleiern vergleichbar, die in relativ großer Höhe, nämlich zwischen 30 und 70 Kilometer zirkulieren.

Schon aus diesen kurzen Andeutungen wird verständlich, daß der zweiten Raumsonde der NASA, dem Venus-Bus mit seinen vier Atmosphärensonden, besondere Bedeutung zukommt. Übrigens wird der Bus, nach dem er seine kostbare Fracht freigesetzt hat, selbst in die Venusatmosphäre eintauchen und verbrennen. Während dieses Sturzes ins Infero wird er aber noch direkte Messungen der chemischen Zusammensetzung und der physikalischen Struktur der Hochatmosphäre liefern. Wir wissen, daß die Venusatmosphäre sehr dicht ist und einen Bodendruck von 90 Bar aufweist, mit anderen Worten, sie ist am Boden 90mal dichter als die irdische Lufthülle. Die Sowjets, deren erklärtes Ziel es immer war, auf dieser Oberfläche zu landen, haben einiges Lehrgeld bezahlen müssen, bis es ihnen gelang, einen Flugkörper zu entwickeln, der zunächst einmal die Landung selbst überlebt und dann noch für kurze Zeit Informationen übermittelt. Mit relativ einfachen Geräten haben die sowjetischen Venera-Sonden, während sie am Fallschirm baumelnd durch die Venusatmosphäre schwebten, die chemische Zusammensetzung des Gasgemisches bestimmt. Danach bestehen 97 % der Atmosphäre aus Kohlendioxid. In den restlichen 3 % finden sich nur wenig Stickstoff und Edelgase, kaum Sauerstoff und wechselnde Mengen Wasserdampf, allerdings in geringer Größenordnung. Andere »delikate« Zutaten wie Chlorwasserstoff, Fluorwasserstoff und Kohlenmonoxid sind sicher nachgewiesen worden, allerdings ist ihr Anteil an der Venusatmosphäre sehr gering. Diese Beschreibung klingt gut, aber nur auf den ersten Blick: Unterstellen wir zunächst die Richtigkeit der 97 % Kohlendioxid, dann verbleiben noch immer 3 %, die einem Teildruck von 2,7 Bar entsprechen. Da wäre es doch wohl mehr als wichtig, genauer zu wissen, woraus dieser »Rest« denn tatsächlich besteht. Die NASA wird deshalb alle Atmosphären-Untersuchungen mit Massenspektrometern durchführen, die eine präzise und widerspruchsfreie Bestimmung der chemischen Zusammensetzung liefern. Die Sowjets hatten sich auf Methoden der klassischen Gasanalyse verlassen.

Wohl wissend, daß diese Verfahren nur grobe Informationen in einer so dichten Atmosphäre liefern können, hatte man es bei den letzten Flügen von Venera 9 und 10 ebenfalls mit Massenspektrometern versucht, doch sie versagten. Die Amerikaner hingegen erwarten nicht nur neue Informationen über die anderen Bestandteile der Venusatmosphäre, sie haben auch die 97 % Kohlendioxid mehr oder weniger offen in Zweifel gestellt. Man vermutet einen weit größeren Anteil an Stickstoff oder Argon, für den andere Untersuchungen mit Raumsonden der USA, die ihre Informationen während des Vorbeifluges gewonnen haben, sprechen.

Die Erforschung des sonnennahen Raums mit Helios

Ein gewichtiger Meilenstein beim Vorstoß in den interplanetaren Raum ist ohne Zweifel das deutsch-amerikanische Sonnensondenprojekt Helios, in dessen Rahmen am 10. Dezember 1974 und am 15. Januar 1976 zwei Raumflugkörper auf eine sonnennahe Umlaufbahn gebracht wurden. Die 370 kg schweren Sonden wurden mit der amerikanischen Titan III E – Centaur-TE 364-4 – Trägerrakete von Cape Canaveral aus gestartet. Diese umständliche Trägerraketen-Bezeichnung steht für das zur Zeit schnellste Antriebssystem, das den Helios-Sonden eine Anfangsgeschwindigkeit von 14 326 m/s (Apollo ca. 11 000 m/s) verlieh. Somit wurde die Bahn des Mondes bereits nach 7,45 Stunden passiert (Apollo: 3,5 Tage).

Die folgende Abbildung zeigt die Bahn von Helios, eine Ellipse, deren sonnenfernster Punkt die Erdbahn ist. Im Perihel, im sonnennächsten Punkt kommt Helios A dem Zentralgestirn bis auf 46,5 Millionen km und Helios B bis auf 43,4 Millionen km nahe.

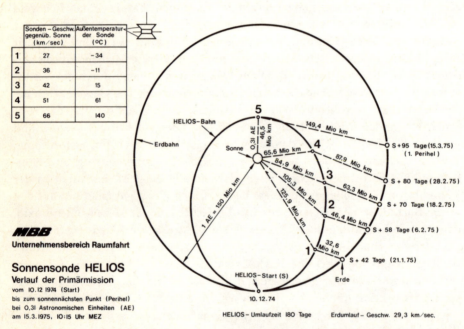

Sonnensonde Helios — Verlauf der Primärmission

Wo das primäre technische Problem liegt, ist unschwer zu erkennen. In einer entsprechenden Verlautbarung des Hauptauftragnehmers, MBB in Ottobrunn bei München, heißt es hierzu:
»Die bahngegebenen extremen Belastungen stellten für Entwurf und Entwicklung der Sonde Probleme dar, die auch im Vergleich zu bisherigen Satellitenprojekten als in ihrem Ausmaß ungewöhnlich zu bezeichnen sind.

Eine der in diesem Sinne hervorragenden Aufgaben war die Entwicklung des Temperaturkontrollsystems. Die durch den Orbitbereich gegebenen stark variierenden Strahlungsintensitäten reichen von Null (Erdschatten) bis zu 11 Solarkonstanten. Das Helios-Temperaturkontrollsystem hat zu gewährleisten, daß unabhängig von den enormen Schwankungen des Wärmeeinfalls, zwischen weniger als 1 Kilowatt und 70 Kilowatt, die elektronischen Geräte bei einer Arbeitstemperatur von ca. 20 °C betrieben werden können. Techniken die grundsätzlich und auch in ihrer Kombination neu waren, ermöglichten die Lösung dieses Problems.

Durch spezielle optische Reflektoren (Second Surface Mirrors) angeordnet auf 50 % der Außenfläche der Sonde werden 90 % der einfallenden Sonnenenergie reflektiert. Für die Anbringung dieser Reflektoren sowie der Sonnenzellen, mußte ein temperaturbeständiges Bindungselement zwischen −100° und +170 °C qualifiziert werden. Bimetallkontrollierte, jalousieähnliche Abstrahler (Louver) auf der Ober- und Unterseite der Sonde regulieren die Temperatur des Innenraumes. Superisolierung, auf der gesamten Innenseite der Sonde angebracht, wirkt als zusätzliche Wärmedämmung. Thermostatkontrollierte elektrische Heizsysteme unterstützen weiter die Einhaltung der geforderten engen Temperaturbereiche im Innenraum und bei den äußeren Sensoren.

Einen außerordentlichen Anspruch an ingenieurtechnisches Können stellte die Sicherheit der Datenübertragung über eine Entfernung von 300 Millionen Kilometer dar: Die Signallaufzeiten betragen 1000 s; d. h. auf die Antwort bzw. auf die Reaktionskontrolle ist über eine halbe Stunde zu warten. Während der bis zu 65 Tagen betragenden ›blackout-Phasen‹, in denen die Sonde hinter der Sonne steht und daher keine Direktübertragung möglich ist, werden die Meßwerte in einem Kernspeicher (500 000 bit) gesammelt und beim Austritt aus dem Sonnenschatten abgestrahlt; d. h. auch diese Werte gehen nicht verloren...

Die Erfüllung der strengen Forderungen an magnetische Reinheit, Störsuszeptibilität und -strahlung der Bordgeräte und Sensoren setzte umfangreiches Wissen und Können zur Beherrschung dieser Interferenzproblematik voraus.«

Das ist gewiß nicht übertrieben: Die Ingenieure und Wissenschaftler in Ottobrunn lösten diese Aufgabe hervorragend.

Erwähnenswert ist die Tatsache, wie sich die Finanzmittel bei diesem Projekt verteilten: Bundesrepublik 77 %, EG 8 % und USA 15 %.

Was soll mit den Helios-Sonden untersucht werden? Beide Raumflugkörper arbeiten (Juli 1978) noch immer.

Die Missionsziele der elf Heliosexperimente konzentrieren sich auf die vier Hauptgebiete: Partikel, interplanetare Magnetfelder, kosmischer Staub und relativistische Effekte. Die Gruppe der Partikel- und Strahlungs-Experimente dient der Untersuchung des Sonnenwindes, der kosmischen Strahlung sowie der solaren Röntgenstrahlung. Die Magnetfeld-Experimente liefern Informationen über magnetische Gleich- und Wechselfelder und tragen somit zum Verständnis der Morphologie des interplanetaren Raumes, insbesondere in Sonnennähe bei. Zwei Experimente liefern Daten über den kosmischen Staub und Mikrometeorite.

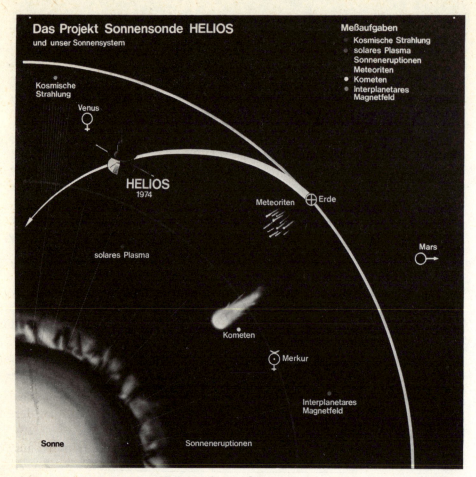

Helios und unser Sonnensystem

Helios A wurde 1974 zum Zeitpunkt minimaler Sonnenaktivität gestartet. Schon Helios B traf die Sonne unter anderen Bedingungen an, und 1978 haben beide Raumflugkörper den rapiden Anstieg der solaren Aktivität beobachten können. Zeitweise waren vergleichende Messungen bestimmter Phänomene von Helios A und B möglich. Bei Helios B ist die Antenne nach Süden gerichtet, entgegengesetzt zur Orientierung bei Helios A. Für zwei Experimente, bei denen es um eine vermutete Nord-Süd-Asymmetrie (Zodiakallicht und Mikrometeoriten) ging, war diese Missionsergänzung von Wichtigkeit. Die Hoffnung der Wissenschaftler richtet sich jetzt darauf, daß die Helios-Sonden noch so viel wie möglich vom Sonnenflecken-Maximum mitbekommen. Die Chancen stehen gut...

Der Vorstoß in den interplanetaren Raum: Und Morgen...?

Natürlich haben die Raumfahrtplaner in West und Ost umfangreiche Projektstudien für zukünftige Missionen in der Schublade. Wir müssen uns hier jedoch auf Programme konzentrieren, deren Verwirklichung hohe Priorität genießt, die entweder schon in der konkreten Planung sind oder wo der Meinungsbildungsprozeß kurz vor einem Abschluß steht.

Wenig ist über die Intentionen der UdSSR bekannt: Es gibt jedoch immer wieder Hinweise auf eine geplante weiche Merkurlandung, die mit dem technologischen Potential der Sowjetunion durchaus zu realisieren ist. Sicher ist die gemeinsame Venus-Mission von 1983 mit Frankreich, deren Höhepunkt das Absetzen eines Ballones mit einer wissenschaftlichen Meßgondel in die Hochatmosphäre der Venus sein wird. Die Sowjetunion stellt das Trägerfahrzeug und den Orbiter, der statt der »klassischen« Landekapsel nun das Ballonsystem transportieren soll.

Die Vereinigten Staaten diskutieren für 1983 die Entsendung eines Venus-Orbiters, dessen primäre Nutzlast ein hochauflösendes Seitensichtradar sein soll, mit dem die Planetenoberfläche im Detail dargestellt werden kann. Diese Projektstudie ist relativ weit fortgeschritten. Eine Entscheidungshilfe dürften die Resultate der Pioneer-Venus-Mission bringen.

In der Vorbereitung befindet sich bereits ein anderes Planetenprojekt, das die Entsendung eines Raumflugkörpers zum Jupiter vorsieht, mit dem Ziel, ihn als künstlichen Mond, als polaren Orbiter zu umkreisen. Der offizielle Projektname ist »Galileo«, zu Ehren Galileo Galileis, der bekanntlich als Erster die Jupitermonde beobachtet und beschrieben hat. Der Start der komplexen Sonde ist – mit deutscher Beteiligung – für 1982 vorgesehen. Erstmals soll dabei mit einem Probekörper, der mit 6 Experimenten bestückt ist, eine direkte Untersuchung der Jupiteratmosphäre vorgenommen werden. Der Orbiter, dessen aktive Lebensdauer auf 20 Monate angesetzt wird, soll mit seinen 10 Bordinstrumenten nicht nur den Riesenplaneten selbst, sondern auch das innere Mondsystem sehr sorgfältig untersuchen. Die Orbiterbahn um den Jupiter wird starken Störungen unterliegen, die jedoch zur besseren Beobachtung der Trabanten gezielt genutzt werden.

In einem weit fortgeschrittenen Stadium befindet sich auch das europäisch-amerikanische Projekt für eine polare Sonnenmission. Zwei Raumfahrzeuge sollen so am Planeten Jupiter vorbei dirigiert werden, daß die Bahnebenen durch die Entwicklung des Jupiter-Gravitationsfeldes – wir haben diese Vorbeiflug-Technik ausführlich beschrieben – um rund 90° gedreht werden. Die Bahn der beiden Sonden ist eine ausgeprägte Ellipse, deren sonnennächster Punkt über den Polen der Sonne liegt, während der sonnenfernste mit der Jupiterbahn zusammenfällt. Die Anfangsbedingungen werden so gewählt, daß sich die beiden Sonden immer an entgegengesetzten Polen befinden. Diese Perspektive der Sonnenbeobachtung ist fundamental neu und dürfte entscheidende Impulse für die Sonnenphysik liefern. Der simultane Start beider Raumflugkörper ist für 1983 vorgesehen. Die zweite Polpassage des Sondenpaars würde dann 1988 stattfinden. Als Startfahrzeug dient der Space Shuttle, während für Transport aus dem Erdorbit in Richtung Jupiter eine zusätzliche Oberstufe sorgen soll.

Zu den noch offenen Planungen müssen die beiden vielleicht faszinierendsten Projekte gerechnet werden: Die Viking-Nachfolgemission zum Mars und der Raumflug in Richtung Halleyscher Komet. Das Marsprojekt hat hohe Priorität, man ist jedoch noch nicht über die Missionsstrategie einig. Eine Gruppe von Wissenschaftlern plädiert für die Kombination Orbiter und Marsmobil, ergänzt entweder durch ein kleines leichtes Aufklärungsflugzeug oder hart aufsetzende Sonden (Penetratoren), die gewissermaßen im Marsboden stecken und zusätzliche Informationen liefern. Das Marsmobil, ein fahrbares Laboratorium, soll einen relativ großen Aktionsradius – einige hundert Kilometer – haben. Die andere Meinung: Man solle sich doch gleich auf eine automatische Rückführmission von Marsmaterial konzentrieren, wobei durch ein fahrbares Bohrsystem gezielt Proben entnommen werden sollen. Dazu gehört natürlich auch ein gut instrumentierter Orbiter. Diese reizvolle Version ist ein Milliarden-Vorhaben und dürfte kaum vor 1986 realisierbar sein.

Das Kometenprojekt steht vor vergleichbaren Problemen: Ein Besuch beim Halleyschen Kometen 1985/86, wobei bei geschickter Missionsführung noch ein weiterer Komet – Tempel II – inspiziert werden kann, setzt nach den Vorstellungen der NASA die Qualifizierung der elektrischen Antriebstechnologie voraus. Die hiermit mögliche präzise »Dosierung« kleiner Schubleistung ist für die Anflugmanöver in Kometennähe, für ein Rendezvous oder eine »Landung« eine Notwendigkeit. Aus diesen Gründen hat man die neuartige Sonnensegel-Technik zunächst zurückgestellt, die dieses Kriterium nicht erfüllt. Viel Zeit für eine Entscheidung bleibt nicht mehr: Der Start in Richtung Halley müßte spätestens – mit elektrischem Triebwerk – 1983 erfolgen.

Raumfahrt zur Jahrtausendwende

Weltraumkolonien

Wenn man über die Raumfahrt zur Jahrtausendwende spekuliert, dürfte es naheliegen, die bemannte Erkundung des Sonnensystems in den Vordergrund zu rücken. Den unbemannten Aktivitäten sind ohnehin nur finanzielle Grenzen gesetzt, kaum jedoch technologische. Entscheidend für einen Durchbruch in der bemannten Raumfahrt werden entweder grundsätzlich neue Einsichten in das biomedizinische Langzeitverhalten des Menschen unter Gewichtslosigkeit sein oder die Entwicklung von Raketenantrieben für hohe Geschwindigkeiten.
Seit dem historischen Flug von Jurij Gagarin am 12. April 1961 bis zu den Langzeitflügen im Skylab (1973/74) und in der Saljut 6-Station (1977/78) haben die Mediziner ein gewisses Gespür dafür bekommen, wo etwa die physiologischen und psychischen Grenzen liegen. Das Problem Nummer 1 ist und bleibt die Schwerelosigkeit: Alle bemannten Missionen haben gezeigt, daß zum Beispiel ein Calcium-Abbau aus dem Knochengerüst stattfindet, und zwar mit einer Rate von 1 bis 2% pro Monat, wodurch die Knochenmasse und -dichtigkeit abnimmt. Selbst in der längsten Skylabmission (84 Tage) war keine Abnahme dieser Calciummobilisierung zu erkennen. Bei Langzeitflügen besteht also die Gefahr der Osteoporose (Schwund des festen Knochengewebes) und der starken Erhöhung der Bruchanfälligkeit schon bei geringen Stößen und Belastungen. Vermutlich hängt die Calciummobilisierung mit einem Regelmechanismus zum Ausgleich des Elektrolythaushaltes im Organismus zusammen. Auch entsprechende Verschiebungen im Hormonhaushalt werden beobachtet, so bei einigen Langzeitflügen eine Reduzierung der Steroidausschüttung in späteren Flugabschnitten. Hier gibt es eine Reihe von Veränderungen, deren Verhalten man nicht einfach extrapolieren und deren komplexe Einwirkung auf den Organismus man nicht genau vorhersagen kann.
Auch die Rückkehr in das Milieu von 1 G – also die Landung auf der Erde – ist durchaus ein kritischer Punkt: Erhöhung der Herzfrequenz um 10–20 Schläge pro Minute, Irritationen des cardio-vaskulären Systems, Änderungen der Muskelreflexe, das Auftreten einer Leukozytose; alles das gehört zu jenem Symptomkomplex, den jeder Astronaut kennt, von der Anpassung des Gleichgewichtssinns mit ihren wenig angenehmen Begleiterscheinungen gar nicht erst zu reden. Die physiologischen Veränderungen sind reversibel, d.h. sie klingen mehr oder weniger rasch ab, der Normalzustand stellt sich wieder ein. Allerdings ist auch hier wenig über die Konsequenzen einer Langzeitmission bekannt:
Veränderungen der großen Blutgefäße und des körpereigenen Abwehrsystems sowie Dauerstörungen des Gleichgewichtssinns, das sind nur einige der Befürch-

tungen, die hinsichtlich der Rückanpassung an das Erdschwerefeld geäußert worden sind.

Für den Aufbau von Weltraumkolonien ist daher die Schaffung künstlicher Schwerkraft durch Rotation notwendig, eine Lösung die bei interplanetaren Flügen kaum sinnvoll realisiert werden kann. Großstationen, genauer gesagt, unabhängige Kolonien im Weltraum sind in West und Ost im Gespräch. So hält der sowjetische Wissenschaftler Josif Schklowski eine Kolonisierung des interplanetaren Raumes für den Fall für unausweichlich, daß die Erde durch einschneidende klimatische Veränderungen und Umweltbelastung sowie durch Überbevölkerung in zunehmendem Maße unwohnlich wird. Seine Voraussage: Innerhalb der nächsten 250 Jahre wird es möglich sein, künstliche Biosphären im Weltraum aufzubauen, in denen bis zu zehn Milliarden Menschen leben können. Ein solches System künstlicher »Welten« werde zusammen über eine Oberfläche verfügen, die hunderttausendmal größer als die der Erde ist und damit in der Lage sein, große Mengen Sonnenenergie aufzufangen und zu verwerten, meint der Wissenschaftler aus der UdSSR.

Schklowski, der Leiter der radioastronomischen Abteilung des Moskauer Sternberg-Institutes, setzt voraus, daß beim Bau der Weltraumkolonien Rohstoffe vom Mond, von den Asteroiden und anderen Planeten verwendet werden. Die Errichtung solcher »Siedlungen« hält er für unausweichlich. Der einmal eingeleitete Aufbruch des Menschen in den Weltraum sei ebenso unumkehrbar wie die Entdeckung, Besiedelung und Nutzung neuer Territorien und der Ozeane während der Zeit der großen geschichtlichen Entdeckungen. Innerhalb der nächsten zwei Jahrtausende – so der sowjetische Gelehrte – wird die Menschheit das gesamte Planetensystem kolonisiert haben und damit beginnen, in andere Bereiche des Milchstraßensystems vorzudringen. Nur eine Kolonisierung des Weltraums bietet nach Schklowskis Ansicht eine langfristige Lösung für die Probleme der Menschheit, »da mathematisch erwiesen ist, daß eine auf globales Gleichgewicht abzielende Strategie des begrenzten Wachstums eine weltweite Krise nur verzögern, nicht aber abwenden kann«.

In den Vereinigten Staaten hat man die Dinge bereits unter sehr pragmatischen Gesichtspunkten angepackt: 1977 hat die NASA eine ausführliche Studie zum Thema »Weltraum-Kolonien« vorgelegt. Einer der geistigen Väter des Konzepts ist G. K. O'Neill, der eine Kolonie für rund 10 000 Menschen vorgeschlagen hat, die in Mondentfernung die Erde umkreisen soll.

Ihr genauer »kosmischer« Standort soll der sogenannte Lagrange-Librationspunkt L_5 sein, der gleichweit von Erde und Mond entfernt ist und eine himmelsmechanisch besonders stabile Position darstellt. Das wesentliche Element der Station ist ein Rohr von 130 Meter Querschnitt, das zentral in einem Rad von 1790 m Durchmesser angebracht ist. Das innere und das äußere Segment sind mit 6 Speichen, Röhren von 15 m Durchschnitt verbunden. Durch Rotation – eine Umdrehung pro Minute – wird künstlich Schwerkraft erzeugt. Über der Station ist ein um 45° geneigter Spiegel angebracht, der mittels Hilfsspiegel das Sonnenlicht in der Station – speziell auf die 63 Hektar landwirtschaftliche Nutzfläche – verteilt.

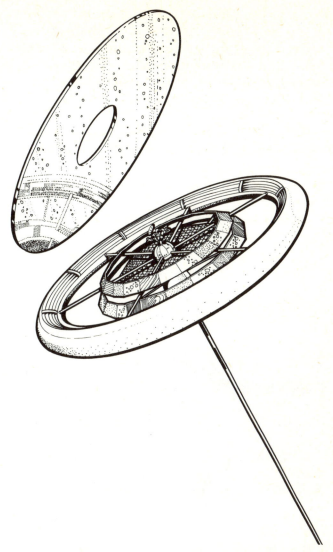

Die Weltraumkolonie im Librationspunkt L_5 nach dem NASA-Entwurf

Bei einer vorgesehenen Bevölkerungszahl von 10 000 Personen und den gegebenen Abmessungen scheint der Lebensraum für den Einzelnen klein zu sein, doch immerhin liegt er mit 47 m² pro Kopf z. B. über der Siedlungsdichte Roms. Rund 20 m² landwirtschaftliche Anbaufläche sind pro Person eingeplant.

Sehr sorgfältige Überlegungen hat man zur Organisationsstruktur dieser Kolonie gemacht, die sich nicht von einer mit Grünflächen durchzogenen Stadt auf der Erde mit vergleichbarer Einwohnerzahl unterscheiden soll.

Die ausführlichen technischen Details – von der Energieversorgung über das Lebenserhaltungssystem bis hin zur Rohstoffgewinnung auf dem Mond – sind gut durchdacht. Die entscheidende Frage muß jedoch lauten, ob in absehbarer

Zeit ausreichende Weltraum-Transportkapazität zur Verfügung steht, um über einen Zeitraum von 6 bis 10 Jahren rund 1 Million Tonnen Material von der Erde in Mondentfernung zu bringen. Fahrzeuge sind erforderlich, die mit großem Frachtraum im Routineverkehr zwischen der Station und der Erde sowie der Station und dem Mond pendeln können. Die Landung von Raumfrachtern und der Betrieb von Erzgruben auf dem Mond muß problemlos gelöst sein.

Das Transportproblem ist auch von der NASA-Studiengruppe untersucht worden. Sie kommt zu dem Schluß, daß es grundsätzlich mit konventioneller Technologie, d. h. mit Wasserstoff/Sauerstoff-Triebwerken und zusätzlich für bestimmte Zwecke mit elektrischen Antriebssystemen zu lösen ist. Allerdings für den Massentransport vom Mond zur Station werden auch neuartige Konzepte – wie elektrische und mechanische Beschleuniger – diskutiert und beschrieben.

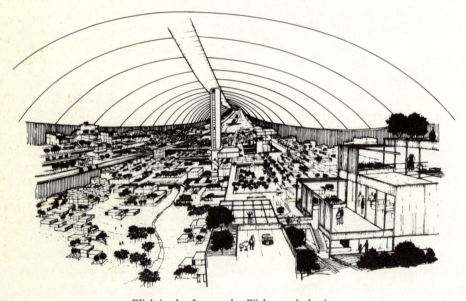

Blick in das Innere der Weltraumkolonie

Eine Weltraumkolonie wie die skizzierte ist nicht als rasch improvisierte Fluchtstätte einer den Planeten Erde verlassenden Menschheit gedacht, dazu sind 10 000 Lebensplätze um Größenordnungen zu wenig. Sie soll – wenn sie überhaupt die Chance hat, Realität zu werden – ein Versuchsprojekt sein, um vielleicht später das verwirklichen zu können, was J. Schklowski als unaufhaltsame Entwicklung kommen sieht.

Interstellare Raumfahrt

Das halbwegs tragfähige Fundament der technologischen Extrapolation verlassen wir, wenn wir für einen halbwegs überschaubaren Zeitraum etwa Hoffnung auf den interstellaren Raumflug machen würden. Wir leben ja offensichtlich in einer Zeit, in der anscheinend für diesen Aspekt der Weltraumfahrt Maßstab und Kritik verloren gegangen sind. Liegt es an der »Drei Groschen-Science Fiction«, die uns täglich überflutet, in der die Lichtjahre im Eiltempo durchmessen werden und der Sprung von einer Galaxie zur anderen selbst schon zum Alltag gehört?

Wenn wir keine neue Physik einführen wollen, dann gibt es ernsthafte und fundamentale Probleme, die dem interstellaren Flug im Wege stehen. Meist ist es die Frage nach dem »Superantrieb«, der uns – so einige Kritiker – heute und in Zukunft verschlossen bleiben wird. Sicher, die Geschwindigkeiten mit denen die Raumfahrt heute operiert, sind klein, etwa einige Tausendstel Prozent der Lichtgeschwindigkeit (c), selbst wenn wir mit elektrischen Antrieben in Zukunft einige Hundertstel Prozent von c erreichen werden. Nichts jedoch schließt grundsätzlich den großen Durchbruch aus, der es späteren Generationen ermöglichen könnte, mit Geschwindigkeiten in der Größenordnung von c zu operieren.

Untersucht man jedoch den interstellaren Raumflug unter Berücksichtigung solcher Größen wie Zeit, Energie, Beschleunigung und Leistung, dann wird es schnell klar, daß mit sehr hohen Geschwindigkeiten allein, das Problem des Fluges zu den Lichtjahren entfernten Fixsternen längst nicht gelöst ist. So wird man zum Beispiel während der Langzeitflüge die Beschleunigung kaum über 1 G anwachsen lassen, das heißt, wir werden die Hälfte des Weges mit 1 G beschleunigen, die zweite Hälfte mit -1 G bremsen. Daraus ergibt sich bereits – wie später gezeigt wird – eine bestimmte Zeit-Entfernungsskala unter Heranziehung der Speziellen Relativitätstheorie.

Unter energetischen Aspekten – selbst unter Annahme von völliger Zerstrahlung der Materie – scheint nur ein Flug in die nähere Umgebung, von 15–20 Lichtjahren denkbar, wenn wir mit Bordzeiten von einigen Jahrzehnten rechnen. Kritisch wird es jedoch, wenn wir eine Leistungsbilanz aufmachen, das Verhältnis P der Leistung des Antriebes zur Gesamtmasse der Rakete untersuchen:

$P = $ Antriebsleistung/Gesamtmasse der Rakete

Die Beschleunigung des Raumfahrzeuges ergibt sich für den Grenzfall des Photonenantriebes, für extrem hohe Strahlgeschwindigkeiten also, zu $b = P/c$. Hier liegt das ganze Dilemma der interstellaren Raumfahrt. Man braucht etwa 60 Megawatt pro Gramm um eine Beschleunigung von 1 G zu erzielen. Man stelle sich ein interstellares Fluggerät von mehreren hundert oder tausend Tonnen

Masse vor ... Um die Forderung $P = 60$ MW/g zu realisieren, dürfte ein 100-PS-Automotor nur 1 Milligramm und ein Großkraftwerk von 300 MW nur 5 Gramm wiegen!

Allein das Leistungs-Masse-Verhältnis scheint eine unüberwindliche Hürde für die interstellare Raumfahrt darzustellen. Dennoch wird man weiter über sie spekulieren. Daher wollen wir mit einem Aspekt abschließen, der unabhängig von den technischen Fragen ist, mit der Zeitdehnung, so wie sie die Spezielle Relativitätstheorie fordert. Auch über sie ist viel diskutiert worden: Verhalten sich biologische Organismen, der Mensch also, wie ein komplexes physikalisches System? Mit anderen Worten also: Altert der Mensch tatsächlich bei relativistischem Flug langsamer als die zurückgebliebenen Erdenbürger? Eine bisher durch das Experiment unbeantwortbare Frage.

Steigen wir in ein Raumschiff, nach dem wir zuvor alle technischen und physiologischen Einwände an der Startrampe zurückgelassen haben, brechen zum großen Flug auf und haben schließlich einmal Geschwindigkeiten erreicht, die in die Nähe der Lichtgeschwindigkeit kommen.

Dann müßte für die Astronauten logischerweise die Zeit ebenfalls langsamer ablaufen als für die Forscher auf Erden. Bei relativ erdnahen Raumflügen wären diese Zeitdifferenzen allerdings außerordentlich gering. Ließen wir dagegen ein Raumschiff auf große Fahrt gehen, also weit hinausstoßen in die kosmischen Weiten, müßte die Zeitverschiebung gewaltig anwachsen.

Ein Weltraumreisender zum Beispiel, der mit einem Raumschiff fährt, das bis zum halben Wege des gesteckten Zieles mit der einfachen (beziehungsweise dreifachen) Erdbeschleunigung reist, und den weiteren Weg mit der entsprechenden Verzögerung, so daß das Raumschiff an seinem Reiseziel wieder die Geschwindigkeit Null hat, würde bis zur Sonne 2,83 (beziehungsweise 1,63) Tage benötigen, für einen Flug bis zum nächsten Fixstern, Alpha Centauri, nur 3,60 (beziehungsweise 1,77) Jahre.

An diesem Beispiel demonstriert sich die Zeitdilatation, also die relative Zeitdehnung in einem rascher bewegten Bezugssystem, nämlich dem Raumschiff, besonders deutlich. Dieses Beispiel wurde von Professor Dr. Eugen Sänger errechnet. Ein Lichtsignal, welches zur Sonne geschickt und dort reflektiert zur Erde zurückgelangen würde, träfe nach rund 16 Minuten wieder bei uns ein. In der gewöhnlichen Sprache heißt das, daß das Licht von der Sonne bis zur Erde 8 Minuten braucht. Die Zeit, welche ein superschnelles Raumschiff, also etwa eine Photonenrakete, dafür benötigt, ist wesentlich größer. Es braucht 2,83 (beziehungsweise 1,63) Tage bis zur Sonne, je nach Beschleunigung.

Ganz anders liegen aber die Verhältnisse für einen Flug bis zum nächsten Fixstern, also Alpha Centauri. Die Entfernung dorthin beträgt rund fünf Lichtjahre, das heißt, daß ein zu Alpha Centauri gesandtes und von dort reflektiertes Signal nach rund zehn Jahren wieder auf Erden eintreffen müßte. Die Besatzung unseres Photonen-Raumschiffes benötigte für die Hinreise aber nur 3,60 (beziehungsweise 1,77) Jahre, je nachdem, ob es bis zum halben Wege des Zieles mit der einfachen beziehungsweise der dreifachen Erdbeschleunigung fährt.

Und nun ergeben sich die auf den ersten Blick so völlig unglaubhaft klingenden Tatsachen, daß ein Raumschiff, das nach seiner Ankunft auf Alpha Centauri wieder umkehren und zur Erde zurückreisen würde, nach seiner eigenen Zeitrechnung bereits nach 7,2 (beziehungsweise 3,54) Jahren wieder zur Erde zurückkäme. Der Kalender auf der Erde aber würde inzwischen eine Zeitdifferenz von 10,3 Jahren anzeigen!
Unsere Raumreisenden hätten also 3,1 (beziehungsweise 6,8) Jahre – nach dem irdischen Bezugssystem – geschenkt bekommen. Es ergäbe sich die groteske Situation, daß bei Zwillingen, von denen der eine die Raumreise mitmachte, der andere auf Erden zurückblieb, der Astronaut auf einmal 3,1 (beziehungsweise 6,8) Jahre jünger wäre als sein auf der Erde zurückgebliebener Zwillingsbruder.
Es darf nach allen bisherigen Erfahrungen keinem Zweifel unterliegen, daß auch die biologischen Vorgänge der gleichen Zeitdilatation unterworfen sind. Theoretisch könnte also ein Raumfahrer auf großer Fahrt tatsächlich jung bleiben, und bei genügend großer Reisegeschwindigkeit und -entfernung tatsächlich die mehrfache menschliche Lebensdauer erreichen.
Bis zum Zentrum unseres Milchstraßensystems, von dem unsere Sonne rund 30 000 Lichtjahre entfernt ist, benötigte ein Photonen-Raumschiff bei einfacher Erdbeschleunigung rund 20 Jahre, und bei dreifacher Erdbeschleunigung etwas mehr als sieben Jahre. Bis zum Andromedanebel, dem uns am nächsten benachbarten Milchstraßensystem, brauchte das Raumschiff 26 (beziehungsweise 9) Jahre. Und für eine gedachte Umfahrung des gesamten Universums brauchte es 42 (beziehungsweise 15) Jahre. Trifft allerdings die Theorie zu, nach der sich das Weltall mit annähernd Lichtgeschwindigkeit ständig ausdehnt, dann wäre eine solche Rundfahrt durch das Universum auf einem Größtkreis unmöglich, weil sich das Weltall während der Raumreise ja unablässig weiter dehnt. Es könnte also höchstens ein Kurs gefahren werden, der die Form einer niemals endenden Spirale hat.
Von den Astronomen und Kosmologen der Erde aus gemessen, schrumpft das Weltall für die Besatzung des mit annähernd Lichtgeschwindigkeit fliegenden Raumschiffes auf den zehnmilliardsten Teil zusammen und erscheint nicht größer als die nähere Umgebung unserer Sonne im Milchstraßensystem. Aber kämen die als Jünglinge aufgebrochenen Besatzungsmitglieder schließlich als Greise wieder zu dem Ort zurück, den sie einst verlassen haben, so fänden sie vielleicht die Erde überhaupt nicht wieder. Denn vom Bezugspunkt der Erde aus gesehen wären inzwischen Milliarden von Jahren vergangen.
Hier endet das menschliche Vorstellungsvermögen. Und doch – es sei noch einmal betont – stützen sich diese Berechnungen auf Grundlagen, die durch Experimente erhärtet sind. Hier haben wir ein klassisches Beispiel für die moderne wissenschaftliche Träumerei, die auf exakten Ergebnissen aufgebaut ist. Wie exakt, das können wir wieder einmal an einer Formel demonstrieren. Wenn $\Delta t'$ die Zeit ist, die die Besatzung des Raumschiffes während des Fluges mißt, wenn Δt die Zeit bedeutet, die inzwischen auf der Erde vergangen ist, und wenn wir mit v die Eigengeschwindigkeit der Rakete und mit

c die Lichtgeschwindigkeit bezeichnen, dann können wir das Phänomen der Zeitdehnung folgendermaßen formelmäßig erfassen:

$$\Delta t' = \Delta t \sqrt{1 - \frac{v^2}{c^2}}$$

Wenn sich also die Eigengeschwindigkeit des Raumschiffes der Lichtgeschwindigkeit nähert, so nähert sich der Ausdruck unter der Wurzel der Null, und damit strebt die ganze rechte Seite der Gleichung gegen Null. Wir haben hier also einen unbestimmten Ausdruck vor uns. Die auf der Erde seit dem Start des Schiffes verflossene Zeit Δt kann noch so groß sein – die in dem Raumschiff abgelaufene Zeit $\Delta t'$ wird dadurch beliebig klein. Einzelheiten dazu gibt unsere folgende Tabelle (nach v. Hoerner) über den relativistischen Raketenflug bei andauernder und konstanter Beschleunigung und Bremsung mit 1 g, also einfacher Erdbeschleunigung (1 Parsec [Parallaxensekunde] = 3,26 Lichtjahre = 30,8 Billionen km):

Gesamtdauer (Hin- und Rückflug)		Umkehrpunkt in der Entfernung
für die Raketenbesatzung	für die zurückbleibenden Erdbewohner	
Jahre	Jahre	Parsec
1	1,0	0,018
2	2,1	0,075
5	6,5	0,52
10	24	3,0
15	80	11,4
20	270	42
25	910	140
30	3 100	480
40	36 000	5 400
50	420 000	64 000
60	5 000 000	760 000

Die Einsteinsche Mathematik bringt aber auch noch andere wunderbare Erscheinungen für die Raumfahrer. Setzen wir voraus, daß unser Raumschiff mit gut 99 Prozent der Lichtgeschwindigkeit durch das All fliegt, was bedeutet, daß es in der Sekunde mehr als 296 802 Kilometer zurücklegt, dann beträgt der Zeitdilatationsfaktor fast acht. Das heißt, daß bei solcher Annäherung an die Lichtgeschwindigkeit sich die Wellenlängen des von den Sternen ausgesandten Lichtes im Verhältnis zu dem dahinrasenden Raumschiff nach den Gesetzen des Doppler-Effektes verschieben. Die Besatzung des Schiffes wird dabei beobachten, wie die Sterne in Zielrichtung des Schiffes sich allmählich von ihrer ursprünglich gelblich-weißen Farbe über Grün, Blau und Violett gegen Ultraviolett verfärben – und wie zugleich die hinter dem Schiff liegenden Sterne, vor allem der Ausgangsstern, ihre ursprünglich gelblich-weiße Farbe allmählich über Orange und Rot nach Infrarot verändern. Zugleich verfärben sich aber auch alle übrigen Sterne am Firmament. Nur die Sterne auf einem Großkreis, der senkrecht zur Fahrtrichtung steht und in dessen Mittelpunkt sich das Fahrzeug befindet – nur in diesem Großkreis der senkrecht quer vom Fahrzeug liegenden Sterne bleibt die ursprüngliche Sternfarbe unverändert.

Alle in Fahrtrichtung weiter vorn liegenden Sterne verschieben ihre Farbe um so mehr gegen Ultraviolett, je näher sie dem Zielstern stehen – und alle hinter dieser Ebene liegenden Sterne verschieben ihre Farbe um so mehr nach Infrarot, je näher sie dem Startstern stehen. Das gesamte Firmament erstrahlt für die Raumfahrer deshalb in allen Farben des Regenbogens. Dabei haben konzentrische, senkrecht zur Fahrtrichtung stehende Kreise immer dieselbe Farbe. Der Grad der Verfärbung ist ein genauer Maßstab der erreichten Fluggeschwindigkeit relativ zum Start- oder Zielstern.

So stellt sich künftigen Raumfahrern die Photonenreise durch das Universum als ein überwältigender Zauber zwischen Raum und Zeit dar. Sie fliegen durch einen strahlenden Tunnel aus lauter Farben, eingeschlossen in ein himmlisches Kaleidoskop. Wer sich die Mühe macht, die Wunderwelt Albert Einsteins zu durchdenken, der wird vielerlei Anlaß zu erregenden Visionen haben – Träumen, die aber niemals den Bereich wissenschaftlicher Wirklichkeit verlassen, wenngleich es nur eine mathematische, beileibe keine technische Wirklichkeit ist. Denn der Flug zu den Sternen ist heute noch – und sicher noch für lange Zeit – eine Utopie.

Nachwort

Vom ersten Start der A-4-Rakete in Peenemünde im Jahre 1942 bis zum interstellaren Raumflug einer sehr fernen Zukunft, von handfester Realität zur Science Fiction, haben wir den Bogen gespannt. Das Raumfahrtzeitalter hat uns jedoch gelehrt, daß aus wissenschaftlichen Träumen sehr schnell Wirklichkeit werden kann, aber auch, daß nicht alle Ideen und Pläne – trotz gegebener technischer Voraussetzungen – reifen.
Als mir der Safari-Verlag vorschlug, das zwischen 1963 und 1969 in mehreren Auflagen erschienene Buch des im September 1972 verstorbenen A. F. Marfeld »Astronautik – Technik und Dokumentation der Weltraumfahrt« zu bearbeiten und auf den neuesten Stand zu bringen, war die Entscheidung nicht ganz leicht. Ein Werk, das mit der ersten Landung von Menschen auf dem Mond kulminierte und ausklang, war schon Historie und damit eigentlich unbearbeitbar. Doch der Ansatz Marfelds, ausführlicher die Grundlagen darzustellen, erscheint mir gerade heute wieder tragfähig.
Die Grundlagen der Weltraumfahrt, reflektiert in über zwanzig Jahren praktischer Bewährung, stehen im Mittelpunkt dieses Buches, in dem einiges von dem, was bei A. F. Marfeld »zeitlos« ist, seinen Niederschlag gefunden hat. In Ost und West ist die Raumfahrt getrennte Wege gegangen, hat unterschiedliche Lösungen für vergleichbare Problemstellungen gefunden und macht zum Teil auch divergierende Ansätze für die Zukunft; auch das soll aufgezeigt werden. Schon unter diesem Aspekt erwartet den Leser ein modernes und aktuelles Buch. Weniger Priorität hat allerdings die Schilderung von Missionsabläufen und die Darstellung von Forschungsergebnissen der einzelnen Flüge. Hier dürfte jedoch der Bildteil einen Ausgleich bieten. Die Raumfahrttechnologie ist aus unserem Alltag nicht mehr wegzudenken und nicht wegzudiskutieren. Sie hat diese Welt als Ganzes sicherer gemacht und bietet allein die technischen Voraussetzungen zur Erkennung globaler Probleme und teilweise auch zu ihrer Lösung. Richtig genutzt, kann uns die Raumfahrttechnologie zu mehr Lebensqualität verhelfen. Der Vorstoß in den kosmischen Raum, die breite Grundlagenforschung, bringen nicht nur Impulse für die technische Innovation, sondern erweitern unseren geistigen Horizont und können zu einem Weltbild führen, das dem dritten Jahrtausend angemessen ist. Die großartigen Perspektiven der Weltraumfahrt sollten jedoch nicht durch die ständige opportunistische Betonung der ausschließlich erdbezogenen Anwendung verstellt werden. Sie kann und darf nur ein Teil des Ganzen sein.

Berlin, im Juli 1978

Harro Zimmer

Sachregister

A (sowj. Rakete) 93 ff.
A 1 (Vostok-Version) 93 ff.
A 2 (Sojus-Ausführung) 95
A 4 (V 2) 70
– Bauelemente d. Raketenkörpers 11
– Gasdampferzeuger 75
– Kreiselsteueranlage 170 f.
– Oxydator 11
– Rückstoßkraft 70
– Steueranlage 168 ff.
– Steuerorgane 168
– Trägheitslenksystem 170 f.
Abschuß, horizontaler 53 f.
Abschuß, senkrechter 53 f.
Abschußgeschwindigkeit 52
Abstandsbestimmung Erde–Mond 245 f.
Abstiegsbahn, aerodynamische 191
Abstrahler (Louver)
– Helios 357
Abtasteinrichtungen (Landsat) 226
Advanced Research Projects Agency 101
AEG-Telefunken 123, 197 f., 223
Aequatorialbahn 48
Agena (Oberstufe) 99
Aggregat 4 (A 4, V 2) 11, 68
Aggregate, Mitteltemperatur– 196
AIRBUS A 300 (europ. Flugzeug) 150
Aktionsradius (Mondauto) 267
Aktivator (Oxydator) 83
Aktivitätszyklus d. Sonne 205
Aldrin (Astronaut) 262, 308
Alpha Centauri, Flug zum 368
Alphastrahlen 245
Alsep (autom. Mondforschungsstation) 262, 268 f.
Aluminium-Legierung (Space Shuttle) 152
Aluminiumpulver 80
Amalthea-Trabant 344
Amerikanische Raumfahrt 11 ff., 254 ff., 271 ff.
– Kosten 250
– Raketen 99 ff.
Amerikanische Raumfahrttechnologie 12 ff.
Amerikanische Trägerraketen 99 ff.
Amerikanischer Forschungssatellit HEAO 1 323
Analyse, chemische
– Mondboden 245
Anders (Astronaut) 258
Andruck-Belastung (Space Shuttle) 163
Anna 1 B (1962 B MY 1)
– Leuchtfeuersatellit 121

Anpeilung von Sternen, automatische (Flugkörper) 173
Antiraumfahrt-Stimmung 267
Antrieb
– idealer 72
– Raketengrundgleichung 72
Antriebe
– elektrische 85 ff.
– Fusion 89
– Laser-Antriebe 89
– Mikrofusion 89
– nukleare 85 ff., 88 f.
– Photonen-Antriebe 89
– Sonnensegel 89
Antriebsbahnen (Aufstiegsbahnen) v. Satelliten 54
Antriebsimpuls (Rakete) 176
Antriebslose Phase 177
Antriebsphase 177
Antriebssystem
– elektrostatisches 87 ff.
– elektrothermisches 87 ff.
– magnetogasdynamisches 87 ff.
– schnellstes 356
Antriebssysteme 87 ff.
Antriebstechnologie
– Erstleistungen-Tabelle 19 f.
Anwendung in der Raumfahrt
– Erstleistungen-Tabelle 18
Anwendungssatelliten
– europäische 112
Anziehungskraft 34 f., 39 ff.
Apenninen (Mond) 264
Apogäum (erdferner Punkt) 49 f.
Apogäumsmotor 100
Apollo 154, 189 ff., 196, 254 ff.
– Feuer bei Bodentest 257
– Kommandofahrzeug 261
– Kosten 250
– Kosten pro kg Mondgestein 250
– Länge d. Eintrittskorridors 191
– Mond-Einheit 257
– Mondfahrzeug 260
– Mondlandeprogramm (Kosten) 21
– Mondlandung 263
– Mondschiff, Inneres 305
– Statistik 268
– Teleskop-Montierung (ATM) 275
– Triebwerke 76 f.
– Zubringerraumschiff 274
Apollo-Raumschiff des Apollo-Sojus-Projekts 289
Apollo-Sojus-Landung 291
Apollo-Sojus-Mission 287 ff.
Apollo-Sojus-Projekt 334

Apollo-Sojus-Raumschiffkomplex 290
Apollo-Sojus-Start 290
Apollo-Sojus-Testprojekt (ASTP) 289 ff.
Apollo 4 258
Apollo 5 258
Apollo 6 258
Apollo 7 258
Apollo 8 258 f., 307
– Gesamtbekleidung 259
Apollo 9 259, 307
Apollo 10 260 ff.
Apollo 11 262, 308
Apollo 12 262
Apollo 13 262 ff.
– Explosion 327
Apollo 14 264
Apollo 15 264, 311
Apollo 16 266
Apollo 17 267
Apolunäum (höchster Bahnpunkt über d. Mond) 241
Apple (indischer experimenteller Kommunikationssatellit) 112
APT 218
Arabische Liga – Satellitensystem 321
Arbeitstemperatur elektronischer Geräte (Helios) 357
ARCOMSAT, Nachrichtensatellitensystem für die Länder der Arabischen Liga 321
Argon in der Marsatmosphäre 337
Argyre – Becken des Mars 336
Ariane (europäische Rakete) 24, 110 ff.
– Aufbau 111
– Startgelände 112
– Testflüge 112
Aristoteles 31
Armstrong, Neil (Astronaut) 262, 308
Aryabata (indischer Satellit) 96
ASN (Arbeitsgemeinschaft Spacelab-Nutzung) 234
Asteroidengürtel, Natur des 338
ASTP, Apollo-Sojus-Testprojekt 289 ff.
Astris (westdeutsche Raketenstufe) 107
Astronauten, europäische 18
– Frauen 160
Astronautik, Höhepunkte der
– Erstleistungen-Tabelle 19 f.
Astronavigation (Flugkörper) 173
Astronomie-Satelliten 209 ff.
Asymptote d. Vorbeihyperbel 186

Atlas (amerik. Rakete) 68, 99
– Aufrichten auf d. Startrampe 113
Atlas-Agena 242
Atlas-Centaur-Kombination 101 ff.
Atlas-Centaur-Trägerrakete 338
Atlas D 79, 102
– Count-down 79
Atlas-Mercury-Friendship 7 (Start) 141
Atmosphäre
– Erd 177
– radioaktive Verseuchung 202
– Untersuchung d. Hochatmosphäre 205
Atmosphärendurchflug 189 ff.
Atombatterie 117
Aufklärungsflug, militärischer 282
Aufklärungssatellit China 7 22
Aufklärungssatelliten, militärische – der 2. u. 3. Generation 95
Auflösung
– Landsat-Bilder 227
– Lunar Orbiter-Bilder 241
– RBV 228
Aufnahme, erste
d. Erde aus d. Mondperspektive 244
Aufnahmen
– Sonne 278
Aufstieg, direkter (Direct Ascent) 101
Aufstiegsbahnen (Antriebsbahnen) v. Satelliten 54
Auftrieb d. Raumflugkörpers 190
Ausrichtungs- u. Lageregelungssystem (Weltraumteleskop) 214
Ausströmgeschwindigkeit 84 ff.
Ausströmgeschwindigkeiten
– Raketengrundgleichung 84 f.
Außenbordaktivität 144
Außenbordaktivitäten
– Apollo 14 264
– Space Shuttle 160
Australische Raumfahrt 24
Aviation Week & Space Technology (Fachzeitschrift) 98
Awdujewski, S. 284
AYOC (osteurop. Satellit) 29
Azimutwinkel 167
Azur (Forschungssatellit) 125
– Meßaufgaben 206

373

B (sowj. Rakete) 95
Bahnbeschleunigung 46f.
Bahnellipse 43ff.
Bahnen v. Satelliten 45ff.
Bahngeschwindigkeiten 51
Bahnkoordinaten 177
Bahnneigung (Inklination)
– Space Shuttle 162
– Landsat 226
Bahnvermessung 178
Baikonur 12, 247
Ballistik 54ff.
Ballistische Wurfbahnen 50
Bandbreite 223
Bariumwolken-Experiment 112
Basaltregolith (Mond) 249
Batterien 195ff.
Baumgarten, Professor von 235
Bauteile, kommerzielle 109
Bean (Astronaut) 262
Beau, Lousma, Garriott (Astronauten) 277
Bekleidung, Gesamt-(Apollo 8) 259
Belüftungsventil, defektes (Saljut) 282
Benzin 82f.
Berlin, Aufnahmen von (Landsat) 227
Beschäftigte in der Raumfahrtindustrie 21
Beschichtung der Außenhaut (Space Shuttle) 157ff.
Beschleunigung
– in Relation zum Zeitpunkt d. Erreichens d. Fluchtgeschwindigkeit (Diagramm) 57
– negative 32ff.
– positive 32ff.
Betriebskennlinie 197
Bewegungsenergie 176
Bewegungsgesetz (Newton) 65, 68f.
Bilder von d. Mondoberfläche
– Lunar Orbiter 243
– Lunochod 252
– Ranger 240
Billard, kosmisches, für die Vorbeiflugtechnik 297
Billigrakete 109
– Abbildung 109
Biosatelliten der UdSSR 294
Biosatelliten-Technik (Erststufungs-Tabelle) 19
Biosphären, Schaffung künstlicher 364
Black Arrow (brit. Rakete) 24
Blue Streak (brit. Raketenstufe) 26
BMW 83
Bodenentnahmevorrichtung (Luna 24) 247
Bodenproben, automatisch entnommene 246
Bodenstation
– Übertragung zur Bodenstation (Meteosat) 218
Bölkow 66, 170
Boeing 150
Bohrtiefe (Luna 24) 248
Bohrvorrichtung (Luna 24) 248
Bondi, Professor 36f.
Booster (Space Shuttle) 150

Borman (amerik. Astronaut) 144, 258
Brasukow, W. 247
Braun, Wernher von 15, 103, 149, 254
Bremsen
– Orbiter (Space Shuttle) 160
Bremstriebwerk 189
Brennkammer 73ff.
– doppelwandige 73ff.
Brennkammerwand 80
Brennschluß 79f.
Brennschlußgeschwindigkeit, ideale 72
Brennstoff, Güte 84
Brennstoffzellen 195ff.
– Ionenaustauscher 196
– Space Shuttle 160
– Wasserstoff/Sauerstoff 196
Britische Raumfahrt 24
Büdeler, W. 230
Bundesforschungsministerium 109
Bundesministerium f. Forschung u. Technologie 234, 235
Burner 99

C (sowj. Rakete) 95
Cäsium 87
Canopus (Fixstern) 244
Cape Canaveral 99, 160f., 326
Cardiovaskuläres System 276
Carr, Gibson, Pogue (Astronauten) 277
CAT (europ. technologische Meßeinheit) 112
Cavendish, H. 35
Centaur 99, 100
– Aufbauskizze 103
– Autopilot 103
– Bahnhöhe 100f.
– Flüssigsauerstoff 102
– Führungssystem 103
– Hochleistungsrechner 102
– inertiales System 102
– Strahldüsen 102
– Stufen 102
CEPT (Konferenz f. d. Post u. Fernmeldewesen) 221
Cernan (Astronaut) 260, 267
Chaffee, Roger (amerik. Astronaut, gestorben am 27. 1. 67) 257
Chagos-Archipel 191
Chemie d. Verbrennungsvorgangs 73ff.
Chemische Reaktionen 66ff.
China 1–5 (Satelliten) 22
China 6, Forschungssatellit 22
China 7, Aufklärungssatellit 22
Chinesische Raumfahrt 21f.
– Erderkundungsflüge 230
Chryse-Region des Mars 313
Clarke, Arthur C. (brit. Raketenpionier) 59
Cleator 180
CNES (franz. Raumfahrtbehörde) 25, 110
Cockpit (Orbiter-Space Shuttle) 159
Collins (Astronaut) 262
»Columbia«-Kommando-Raumschiff 309
Computer

– Analysen (Space Shuttle) 157
– Bordrechner d. Space Shuttle 156
COMSAT 219
Concorde
– Strahlenbelastung 208
Conrad, Kerwin, Weitz (Astronauten) 262, 277
Container, kugelförmiger (Luna 16) 246
Coralie (franz. Raketenstufe) 26
COS-B
– Meßaufgaben 206
Count-down 79
Countdown (Space Shuttle) 162
Crocco (Mathematiker) 183
Cunningham, Walt (Astronaut) 258

Daten-Aufbereitungstechniken 188
Daten-Sammelplattform (DCS) 228
Datenübertragung (Helios) 357
– Space Shuttle 160
DC-9 (amerik. Verkehrsflugzeug) 150
DCS (Daten-Sammelsystem) 224ff.
D 1-e (sowj. Rakete) 96ff., 98, 246
Deimos-Marsmond 317
Delta (amerik. Rakete) 99, 176
Descartes-Hochland (Mond) 266
Deutsch-amerikanische Sonnensonde Helios 322
Deutsch-französischer Kommunikationssatellit Symphonie 321
DFVLR (deutsche Forschungs- und Versuchsanstalt f. Luft- und Raumfahrt) 227, 234
Diademe I (D-IC) franz. Satellit 121
DIAL
– Meßaufgaben 206
Diamant (franz. Rakete) 24
Differentialgleichung d. Raketenbewegung 71
Dimension, Vierte 38
Dipol-Magnetfeld von Merkur 300
Discoverer 1 (amerik. Satellit) 189
Discoverer 13 (amerik. Satellit) 189
Dobrovolski (Kosmonaut, gestorben am 29. 6. 71) 282
Docking-Modul 290
Dopplereffekt (A 4) 171
Dornberger, Walter 149
Douglas
– Saturn 77
Drehbohrverfahren (Luna 24) 248
Dreistufenrakete 176
Druckgasbehälter 68
Dünnschichtfilme 280
Düse, Schub- (Expansionsdüse) 74ff.

Duke (Astronaut) 266
Dynamik 37
Dyna-Soar (amerik. Raumfahrtprojekt) 149f.

Eagle (Landefähre) 262
Earth Resource Experiment Program (EREP) 279
EBU (Europäische Rundfunk Union) 221
Echolotung 56
ECS (europ. Kommunikationssatellit) 221, 223
Einheiten im Meßwesen (Bundesgesetz) 33
Einschußgeschwindigkeit
– Ranger-Mondsonden 240
Einschußkanal
– Ranger-Mondsonden 240
Einstein, Albert 38
Einstoffsysteme 81ff.
Eisele, Donn (Astronaut) 258
Ekliptik (Ebene d. Planetensystems) 174
ELDO (europ. Raumfahrtorganisation) 26f.
Elektrische Triebwerke 66ff.
Elektromagnet, kameraüberwachter 245
Elektromagnetisches Triebwerk (Schema) 86ff.
Elektron 2 (sowjet. Forschungssatellit) 131
Elektronik 167ff.
Elektronische Energieaufbereitung 200
Ellipse 43ff.
Emission, thermische 228
Energie
– Bewegungsenergie 176
– chemische 74ff.
– kinetische 70
– mechanische 70
Energieaufbereitung, elektronische 200
Energieversorgung
– Brennstoffzellen 196
– chemische Prozesse 195
– Kernenergie 117
– Lunochod 252
– Nickel-Cadmium-Batterien 195
– Nuklearbatterien 269
– nukleare Mechanismen 195ff.
– nukleare Systeme 200
– Silber-Cadmium-Batterie 195
– Silber-Zink-Batterie 195
– Sonnenenergie 117
– Sonnenstrahlung 195
– Space Shuttle 160
– Systeme 20
– von Raumflugkörpern 195ff.
Enterprise 325, 326
Entwicklungslabor (Spacelab) 231
Erde
– Äquatorialebene 206
– Anziehungskraft 39ff.
– Atmosphäre 50, 177
– Aufnahme (vom Mond aus) 137
– Aufnahmen 132ff.
– Beschleunigung 41ff.

374

- Eintritt in d. Erdatmosphäre 190
- Erdaufnahme (Meteosat) 218
- Erdbeobachtungen 279
- Erdefunkstellen 223
- Erde-Mars Konjunktion 179 f.
- Erde-Mars Opposition 179 f.
- Erde-Mars Relationen 181
- Erderkundung 224 ff.
- Erderkundungsflüge, chinesische 230
- Erde-Venus Konjunktion 180
- Erde-Venus Opposition 180
- Erde-Venus Relationen 181
- Erdferne 179
- Erdferner Punkt 49 f.
- Erdkrümmung 175 f.
- Erdnähe 179
- Erdnaher Punkt 49 f.
- Erdorbitalmission 259
- erste Aufnahme aus Mondperspektive 244
- Foto aus d. Weltraum 328
- Gewicht eines Raumflugkörpers zum Erdabstand 57
- Gravitationskraft 58 f.
- Hochatmosphäre 205
- Ionosphäre 205
- Magnetfeld 205 ff.
- Magnetosphäre 206 ff.
- Rückkehr zur Erde 189
- Rundflug Erde-Venus-Mars-Erde 183
- Schwerkraft 54 f., 175
- Strahlungsgürtel 205
- Temperatur 218
Erforschung d. sonnennahen Raums 356 ff.
Erforschung d. Sonnensystems 179
ERNO 110, 230, 233
- Labor 234
Eros-Programm (amerik.) 224
Erprobungsplattform (Spacelab) 232
Erstleistungen
- Tabellen 16 ff.
ERTS 1 (amerik. Satellit) 224
Eruptivgestein (Mond) 249
ESA (europ. Raumfahrtbehörde) 21, 26 ff., 110, 188, 208, 217, 221, 223, 230 ff., 233
- Kosten 28
- Mitgliedsstaaten 27
- Programm-Schwerpunkte 28
- Satelliten 207
- Sonnenenergieversorgung 215
- Villafranca 211
ESOC (europ. Raumfahrtzentrum) 27
- Kontrollzentrum (Darmstadt) 218
ESRO (europ. Raumfahrtorganisation) 21, 27, 230
Esro IV (europ. Forschungssatellit)
- Montage 130
ESTEC (europ. Raumfahrtzentrum) 27, 130

Europäische Raumfahrt 21 ff., 230 ff.
- Ariane 110 ff.
- Nachrichtensatelliten 220 ff.
- Raumtransporter 150
Europäischer Kommunikationssatellit OTS 322
Europäischer Wetterbeobachtungs-Satellit Meteosat 323
Europarakete 110
Eurovisionssendungen 221
EVA (Extravehicular Activity = Außenbordaktivität) 144
Evans (Astronaut) 267
Expansionsdüse 74 ff.
Experimentsegment (Spacelab) 231
Explorer 14 (1962 B GAMMA 1) 121
Explorer 15 (1962 B LAMBDA 1) 121
Explorer 16 (1962 B CHI 1) 122
Explosion
- Saljut 2 282
- Sauerstofftank Apollo 13 262

F (sowj. Rakete) 96
Fahrenheit (Mondkrater) 249
»Fahrpläne« zu den Planeten 297
Fahrwerk
- Lunochod 251
- Orbiter (Space Shuttle) 160
Fallbeschleunigung 41 ff.
Fallschirmbehälter (Space Shuttle) 163
Feinmechanik 167 ff.
Felder, elektrostatische 85 ff.
Fernmeldeunion, Internationale (ITU) 22
Fernsehaufnahmesystem 225
Fernsehkamera (Lunochod) 252
Fernsehprogramme
- Direktempfang ausländischer 220
Fernsehübertragungen (live)
- Apollo 7 258
Festkernreaktoren 200
Festkernreaktor-Triebwerk 88 f.
Feststoffraketen 67 f.
- Forderungen an die 79
- Scout 99
- Titan 99
- Zündung der 78 f.
Feststoff-Stufen 99
Feststoff-Triebwerke 77 ff.
- Feuerstrahlgeschwindigkeit 78
- Zündung 78 f.
Feststofftreibstoffe 82
- Monergole Treibst. 81 ff.
- Fest-Treibstoffsätze
- Formen von 80
Feuerstrahlgeschwindigkeit 78
Finanzielle Aufwendungen in der Raumfahrt 16, 20 f.
Firewheel (europ. Satellit) 112
Fixsterne 56
Fliehkraft 40, 42
Flossen, aerodynamische (A-4) 168

Fluchtgeschwindigkeit 51 ff.
- d. Sonne, Planeten u. d. Mond d. Erde
- Tabelle 42
Fluchtgeschwindigkeit und Umlaufgeschwindigkeit für d. Erde in Relation zu Entfernungen zum Erdmittelpunkt (Diagramm) 58
Fluchtkurs 100
Flüssigkeitsmotor
- Brennkammer 105
Flüssigkeitsraketen 67 ff.
- erste 11 ff.
- Vorteile 78 f.
Flüssigkeitstriebwerke
- H 1 104 ff.
- RL-10-A-3 (A 3) 76 f.
- Vereinfachung von 75 f.
- X 1 75 f.
- XLR-115 76 f.
Flüssigsauerstoff 76
Flüssigtreibstoffe 79, 81 ff.
- Flüssigsauerstoff 83 f.
- Flüssigwasserstoff 83 f.
- Hypergole 82 ff.
- Katergole 82 ff.
- Kerosin 83 f.
- nicht hypergole 82 ff. (noch Flüssigtreibstoffe)
- Tonka 505 C 83
- Waffentechnik 83
Flüssigwasserstoff 76, 83 f.
- Raketenmotor für 76 f.
Flug, interplanetarischer 179
Flug-Zwischenzeiten, unbemannte (Skylab) 277
Flugbahnen
- aerodynamische 191
- antriebslose Phase 177
- ballistische 174 ff.
- (durch Erdkrümmung) 175
- (Vortrieb) 175
- (Zweistufenrakete) 177
- Bahnvermessung 178
- elliptische 60 f., 356
- (um den Mond) 260
- Flugkörper 66
- geostationäre 217
- Hohmann-Bahnen 182
- Hybridbahn 262
- Interkontinentalrakete 178
- Keplersche 180
- Koplanare 185
- kreisförmige (Landsat) 225
- Landsat 225
- Mondbahn, polare 243
- parabolische 59 f., 178
- polare 217
- Sondenbahnen Erde-Mars 184
- Erde-Venus 184
- sonnensynchrone 225
- Umlenkung der Raumsonden 185
- zu den Planeten 179
Flugbahnkinematik (Lenkverfahren)
- Raketen 172
Flugeinheit I, II (Spacelab) 231
Flugführungssysteme (Space Shuttle) 159
Flugkörper in der Bahn 165 ff.
- Lenken 173
- Rückführung 189

- Sternnavigation 173
- Steuerung 173
Flugkonfigurationen (Spacelab) 232
Flugregler (Flugkörper) 173
Flugregelung, Ausschuß (VDI/VDE, Fachgruppe Regelungstechnik) 172
Flyby-Flugtechnik 185
Forschung, »grenzüberschreitende« 228
Forschungssatellit China 6 22
Forschungssatellit HEAO 1 323
Fra Mauro-Hochland 262, 264
Französische Raumfahrt 24 ff., 110 ff., 230, 252
- - Erderkundungssatelliten 230
- - Laser-Reflektoren 252
Freier Fall
- Formel 41
Freon-Kühlkreislauf (Space Shuttle) 160
Frequenzen, hohe 222
Fremdzündung 82
FRSI (Isolierungsschicht) 158
Fucino (europ. Bodenstation) 226
Funkpeilanlagen (Luna 24) 247
Fusion 89

G (sowj. Rakete) 98
Gagarin, Jurij (sowjet. Kosmonaut) 139 f.
Galaxien, Beobachtung von 209
Galilei, Galileo 31 ff.
Galileische Monde 344
»Galileo«-Jupiter-Raumflug-Projekt 359
Gammastrahlenquellen 212
Gamow, George (amerik. Physiker) 68 ff.
Gartmann, Heinz 72, 83
Gaseinschlüsse 284
Gase, Verbrennungs- 73 ff.
Gasnebel
- Beobachtung von Gasnebeln 209
Gasstrahl 65
Gegenschlagwaffen
- Flüssigtreibstoffe 83
Gemini 196
Gemini 4
- Aufnahmen der Erde 132, 134
- Außenbordaktivität 144
- Erdaufnahmen 132, 134
Gemini-6
- Rendezvous 144
Gemini-7
- Rendezvous 144
Gemini-11 (Erdaufnahmen) 133
Gemini-Rendezvous-Manöver 142
Gemini-Trägerrakete 143
GENERAL ELECTRIC 201
Generatoraufbau, modularer
- Vorteile 199
Generator Dora 199
Geophysikalische Forschungen, Satellit für 122
Geos II (europ. Magneto-

375

sphären-Forschungssatellit) 208
Germanium-Gold-Legierung 280
Gesamtstrahlenspektrometer 268
Geschichte, Raumfahrt- 30 f.
Geschwindigkeit 36 ff.
– Änderung im Venusvorbeiflug 187
– asymptotische 186
– heliozentrische 186 f.
– ideale 72
– Planeten-Veränderung 185 f.
Geschwindigkeitskreisel 171
Geschwindigkeitsverhältnis 71
Gesteinsproben, Mond- 62
Gewichtsbeeinflussung durch d. Bewegung d. Erde 39 f.
– durch Sonne u. Mond 39
Gleitflug, antriebsloser (Space Shuttle) 164
Glenn, John (amerik. Astronaut) 141
Globales Atmosphären-Forschungsprogramm (GARP) 217
Giannini Controls (amerik. Firma) 171
Gigahertzband
– 4- und 6-G. 222
– 11- und 14-G. 222 f.
Goddard 88
Goddard Raumflugzentrum 211
GOMS (sowjet. Satellit) 217
Gordon, Richard (Astronaut) 133, 262
Gravitation 34 ff., 58 f., 175
Gravitationsfeld 42, 53 f., 59 ff.
Gravitationsgesetz (Newton) 33 ff.
Gravitationskonstante (Newton) 36
Gravitationstrichter 59 ff.
Greb/Transit 4 A/Injun (Dreifachsatellit) 120
Greinacher, Dr. H. 38 ff., 54
Gretschko, Romanenko (Astronauten) 277
Gringaus, K. 205 ff.
Grischin, S. 284
Grissom, Virgil (amerik. Astronaut, gestorben am 27. 1. 67) 257
»Große Tour« für Voyager-Raumsonden 342
Großrakete, erste 11
Grundgleichung der Rakete 71 f.
Grumman Aircraft Engineering Corp. 211, 255
Gyroskop (Kreisel) 169 ff.

H 1 (Flüssigkeitstriebwerk) 104 ff.
– Aufbauschema 105
– Startablauf 105 f.
– Triebwerk 254
Hadley-Berge des Mondes 311
Hadley-Rille (Mond) 264
Haise (Astronaut) 262
Halbleitermaterial 197

Halbleiter, strahlungsunempfindlichere 197
Halley (Komet) 89, 185, 360
Halleyscher Komet, Viking-Nachfolgeprojekt 360
HEAO 1, Forschungssatellit 323
Heath Capacity Mapping Satellite 205
Helios, Deutsch-amerikanische Sonnensonde 322, 356 ff.
Helios-Sonnensonde A u. B 358
Helios, Sonnensonde-Projekt 358
Heliozentrisches Weltbild 44
Helium/Wasserstoff-Verhältnis 214
HEOS 1, 2 27
– Meßaufgaben 206
Herbig-Haro-Objekte 214
Hermaszewski (Kosmonaut aus Polen) 286
Hermes (kanadischer Kommunikationssatellit) 199
Himmelsmechanik 178 ff.
Hitzeschild 189
Hitzeschild (Space Shuttle) 157
Hochachse (Rakete) 167
Hochauflösungskamera (Lunar Orbiter) 241
Hochenergie-Forschungssatellit HEAO 1 323
Hochgeschwindigkeitsphotometer 215
Hochvakuum 231
Höfling, Oskar 35 f.
Höhenforschungsrakete 284
Höhenwinkel 167
Hohmann-Bahnen 181
– – Erde-Mars 182
– – Erde-Venus 182
Hohmann, Dr. Walter 181
Hohmann-Ellipse Erde-Mars 181
Hohmann-Ellipsen
– Reisezeiten von d. Erde zu d. Planeten 185
Hohmann-Übergang 101
Hohmannscher Rundflug Erde–Venus–Mars–Erde 182, 183
Houbolt, John 255
Houston (Kontrollzentrum) 264
HRSI (Isolierungsschicht) 158
Hubble-Konstanten 214
Huntsville 103
Hydraulische Energie (Space Shuttle) 160
Hydrometeorologischer Dienst (sowjet.) 215
Hyperbolische Geschwindigkeit 53

Impuls
– Gesamtimpuls einer Rakete in Relation zum Gewichtsanteil d. Treibstoffs 84 f.
– spezifischer 71
– Satz 68 ff.
Indische Raumfahrt
– Satelliten 96, 230

Indischer Satellit
– Aryabata 96
Informations- und Regeltechnik 168 ff.
Infrarotaufnahmen (Landsat) 226
Infrarot-Horizontsensoren (Satelliten) 174
Infrarot-Radiometerscanner 268
Infrarotspektrometer (Skylab) 279
Infrarot-Systeme 215
Infrarot-Temperaturband 228
Ingenieurmodell (Spacelab) 233
Injektion eines Flugkörpers 178
Injektionsdaten, Hohmann-Bahnen 182
– Erde–Mars 182
– Erde–Venus 182
Injun/Greb/Transit 4 A (Dreifachsatellit) 120
Inklination (Landsat) 226
Instrumentenbehälter (Lunochod) 251, 252
Intelsat IV (Kommunikationssatellit) 124
Intelsat V (amerik. Satellit) 162
Intelsat (Kommunikationssatelliten-Organisation) 218 ff.
Intelsat
– Tabellen über d. Entwicklung 219
Interface-Probleme 294
Interferenzen 222
Interferenzproblematik (Helios) 357
Interim Eutelsat (europ. Rundfunk- u. Fernmeldeorganisation) 223
Interim Upper Stage (IUS) 162
Interkontinentalrakete, Flugbahn einer 178
Interkontinentalraketen, sowjetische 93 ff.
Interkosmos 95
Interkosmos-Organisation 28 ff.
Interkosmossatelliten 29 f.
Internationales Geophysisches Jahr 1957/58 12
Interplanetarer Raum, Auslotung 340
Interplanetarische Raumfahrt 359
Intersputnik (sowjet. Organisation) 218 f.
Interstellare Raumfahrt 367 ff.
Ionen 87
Ionenaustauscher-Brennstoffzellen 196
Ionenstrahltriebwerk (Schema) 86 f.
Ionen-Triebwerk 185
Ionosphäre 205 ff.
Ionosphären-Forschungssatellit 122
Irvin, James B. 264, 311
ISAS (jap. Raumfahrtinstitut) 23
ISEE I, II, III (Sonnenwind-Forschungssatelliten) 208
Isopropylnitrat 82

Isotopenbatterie (Lunochod) 252
IUE (International Ultraviolett Explorer)
– Satellit 199, 211

J 2 (Flüssigkeitstriebwerk) 104, 275
Japanische Raumfahrt 22 ff.
– – Trägerraketen 145
– – Wettersatellit 217
Japanischer Satellit MS-T 3 332
Tansei III 333
Jetevator 81
Jet Propulsion Laboratory (JPL) 186
Jupiter 207, 214
Jupiteratmosphäre 339
Jupiter-Flugmission 340
Jupiter, Foto der Raumsonde Pioneer 10, 310
Jupiterorbiter, polarer 188
Jupiter-Raumflugkörper, Planung der USA 359
Jupiter-Raumsonde 339 f.
Jupiter-Raumsonde, wiss. Ausrüstung der USA
Jupiter-Sonde der USA mit deutscher Beteiligung 200, 359
»Jupiter-swing-by« 344
Jupiter-Vorbeiflug 340, 342
Jupiter-Vorbeiflug-Erkundung 297
Jupiter-Vorbeiflug-Mission 338

Kabine (Modul)
– Spacelab 231
Kagoshima (jap. Raumflugzentrum) 23, 332, 333
Kalilauge (Elektrolyt) 196
Kaliumalaunkristalle 284
Kaliumpermanganat 75
Kamera f. extrem schwache Objekte 215
Kamera (Landsat) 226
Kamera, Spezial- (Skylab) 278
Kamerasystem
– Nachführmechanismus 243
Kapillaren
– Verhalten v. Flüssigkeiten 234
Kapillartanks 234
Kappa 6 (jap. Feststoffrakete) 23
Kapsel, Rückführung einer 190
Kapustin Yar (sowjet. Kosmodrom) 25, 95
Karamanolis, S. 230
Kartographie 228 f.
– Asien, Afrika und Lateinamerika 229
Kasachstan 191
Katalysator 82 ff.
Kaufman 87
Kayser, Lutz 109
Kennedy, John F. 103
Kennedy, John F.-Raumflugzentrum 109, 160
Kepler, Johannes 42 ff.
Keplersche Ellipsenbahnen 180

Keplersche Gesetze 34 ff.
– – Abbildungen 42 ff.
– – Drittes 34 f.
Kernenergie 66, 117
Kernexplosions-Überwachungssatelliten 87
Kernreaktoren 66, 88 f.
Kernsegment (Spacelab) 231
Kernspeicher (Helios) 357
Kerosin (Kerosene) 83
Killersatelliten 96
Kilopond (Maßeinheit) 33
Kinetische Energie 70
Kiruna (europ. Startbasis) 27
»Kleine Planeten«-Vorbeiflug 341
Klemmung 78
Kohoutek (Komet) 278
Kolloid-Ionentriebwerke 87
Kometenmission 88, 360
Kommunikations-Antenne, größte 342
Kommunikationssatelliten 28, 218 ff.
– britischer 28
– Demonstration regionaler 222
– Programm 26
Konjunktion 179 ff.
Konjunktion, obere 180
Konjunktion, untere 180, 183
Kopernikus, Nikolaus 44
Koplanare Übergangsbahnen 185
Koppelmanöver, mißlungenes (Saljut) 285
Kopplungsadapter (MDA) 275
Kopplungsstutzen 275
Koroljow, Sergei Pawlowitsch 15
Korona-Löcher (Sonne) 278
Korona (Sonne) 278
Kosmische Konstellation 342
Kosmonauten – DDR, ČSSR, Polen 18
Kosmos (UdSSR) 29, 96, 129, 167, 196, 200, 201 f., 207, 303, 359, 482
– militärische 93
– Rakete B 95
– Serie 93
Kosten für
– Alsep 269
– Ariane (europ.) 110
– Europ. Raumfahrt 28, 150
– Experimentalprogramm ERNO 234
– Helios 357
– Japanische Raumfahrt 23
– Vergleich bemannte-automatische 250
Kosten (Materialkosten) für
– pro kg Mondgestein (Apollo) 250
– – – (Luna 16) 250
Kosten (Unterhaltskosten) für
– Apollo (pro Monat) 267
– Mondmission 250
– Spacelab 231, 234
– Space Shuttle 150
– Teleoperator Retrieval System 281
– Transportkosten je kg 149
Korrosion (Erforschung) 234
Kourou 110 f.

Kreisbahn-Beschleunigung 183
Kreisbahn eines Satelliten 45 ff.
Kreisbahngeschwindigkeit 60
Kreisbahngeschwindigkeit d. Sonne, Planeten und d. Mond d. Erde
– Tabelle 42
Kreisbahn (Space Shuttle) 164
Kreisel (Gyroskop) 169 ff.
Kreiselsteueranlage der A-4 170 f.
»Kristall« (Gerät an Bord von Saljut) 284
Kühlung 73 ff., 189
Kursrechnung (Raumfahrt) 174

L 01 (europ. Testflug 1979) 112
L 02 (europ. Testflug 1979) 112
L 03 (europ. Testflug 1980) 112
L-4S (jap. Rakete) 145
Labor (Arbeitsbereich)
– Spacelab 231
LACIE (Erntevorhersage-Experiment) 228
Längsachse (Rakete) 167
Lambda-3 (jap. Rakete) 23
Lambda-4 S-5 (jap. Rakete) 23
Lampton, Michel L. (Astronaut) 235
Landefähre
– Erprobung 259
Landekapsel auf der Venus 302
Landeplattform (Luna 16) 246
Landestufe (Luna 24) 247
Lander 1, Marsfoto 313
Lander- und Orbiter-Kombination 337
Landsat 224 ff.
– Abtasteinrichtungen 226
– Ernteprognosen 229
Landsat-Informationen
– Anwendungen 228
Landsat 1 - (Multispektralaufnahme von Norditalien) 331
Landsat 3 225
Landung
– Space Shuttle 164
– weiche (Venus, Mars) 297
Langstreckenraketen, sowjetische 93 ff.
Laser-Antriebe 89
Laserbeschuß (von Infrarot-Horizontsensoren) 174
Laser-Reflektoren (Lunochod) 252
Laser-Signale 245
Laßwitz, Kurd 273
Lebensformen auf Titan 344
Leistungsbedarf zukünftiger Raumfahrtprogramme 198
LEM (Mondfähre) 260, 308, 309
– Aufbau u. Gesamtansicht 265
– techn. Daten 265
– Test d. Haupttriebwerke 261

Leningrad (Gasdynamisches Laboratorium) 95
Lenken (Flugkörper) 173
Lenksysteme
– Übersicht 171 f.
Lenkung
– Fernlenkung 172
– Fremdlenkung 172
– Lunochod 252
– reine Selbstlenkung 172
Lenkverfahren (Flugbahn-Kinematik)
– Raketen 172
LES 8, 9 (amerik. Experimentalsatelliten) 201
Lichtbogen-Triebwerk (Schema) 86 ff.
Lichtenberg, Byron K. (Astronaut) 235
Lichtgeschwindigkeit 56
Lockheed Missiles and Space Co. 212
Lockheed Propulsion Company 79 f.
Lötnaht (in Schwerelosigkeit) 285
London (University College) 211
Lousma, Jack 319
Lovell (amerik. Astronaut) 144, 258, 262
LRSI (Isolierungsschicht) 158
Luftmangel, Tod durch (Saljut) 282
Luftsauerstoff 66
Luftschleuse (AM)
– Skylab 275
– Space Shuttle 159 f.
Luftwiderstand 190
– Granate 175
Luna 9 138
Luna 9, 10 239, 240
Luna 15 246
Luna 16 190, 246, 249
– Kosten pro kg Mondgestein 250
– Modell 320
Luna 17 251
Luna 18 246
Luna 20 190, 246, 249
Luna 21 251
Luna 23 246
Luna 24 246 ff.
Lunar Orbiter (amerik. Mondsonde) 239, 241 ff.
– Aufbauschema 241
– Flugprofil 242
Lunar Orbiter 1 137, 243
Lunar Orbiter 4 243
Lunar Orbiter 5 243 f.
Lunar Rover (Mondauto) 266
Lunik 1 (1959 MY 1) 128
Lunik 3 (1959 THETA 1) 128
Lunochod (sowjet. Mondmobil) 246, 251 f., 320
– Lenkung 252
Lunochod I 251
Lunochod II 251
Lyman-Licht 278

M 093 (Experiment an Bord v. Skylab) 276
M-3 C (jap. Rakete) 145
M-3 H (jap. Rakete) 145
M-4 S (jap. Rakete) 145
Magnetband (Landsat) 226

Magnetfeld
– Erde 205 ff.
– Messung d. interplanetaren Magnetfeldes 208
Magnetische Eigenschaften d. Mondbodens 248
Magnetische Substürme 207
Magnetopause 207
Magnetosphäre
– Erforschung d. 205 ff.
Magnetosphären-Studie, Internationale (IMS) 207
Mangan-Nickel-Lot (Schmelze–Saljut) 285
Mare Tranquillitatis (Mond) 262
Marecs (europ. maritimer Kommunikationssatellit) 199, 223
Mariner-Mars-Sonde 298
Mariner-Mars-Typ, Sonde 306
Mariner-Planetensonden 89
Mariner-Sonden beim Vorstoß zu den Planeten 297
Mariner Venus/Merkur-Mission 185 ff.
Mariner II (1962 A RHO 1) 121, 297
Mariner IV (Marssonde) 136
Mariner VI 306
Mariner VII 306
Mariner IX 300
Mariner X 186 f.
– Bahn um d. Sonne 300
– Foto d. Merkur 315
– Foto d. Venus 314
– Flug zu Venus u. Merkur 300
– Flugstrecke 188
– Geschwindigkeitsänderung 187
– Korrekturkapazität 188
– Kosten 188
Marots-A (europ. Kommunikationssatellit für d. Schiffahrt) 112
Mars-Äquatorgürtel, Foto von 306
Marsatmosphäre 346
Marsatmosphären-Wasserdampfdetektor (MAWD) 349
Mars-Aufnahme von Viking 1 336
Marsbahn 338
Mars-Chryse-Region 313
Marsflug, bemannter 108
Marsflugbahn 337
Mars-Gesteins-Rückführmission 192
Mars-Infrarotdiometer 349
Mars-Konjunktion u. Opposition 179 ff.
Mars-Landegebiete 348
Mars-Landestelle von Viking 1 335
Mars-Landung 346
– Bremstechnik 346 f.
– Landeabstieg 347
– unbemannte 345
Marslandungen, Zeiten der 349
Marslandungsprojekt 1981 300
Marsmobil für Viking Nachfolgemission 360

377

Marsmond Deimos 317
Marsmond Phobos 316
Marsoberfläche 348
Marsprogramm der UdSSR 304
Marssonde vom Typ Mars 337
Marssonden der UdSSR 304
Mars-Sonnenuntergang 313
»Mars-Startfenster« 337
Mars-Staubsturm 300
Mars-Südhalbkugel 336
Mars-Viking-Landeprogramm 300
Mars-Viking-Nachfolgemission 360
Mars-Vorbeiflug-Erkundung 297
Mars 1, sowjetische Raumsonde 301
Marssonde 2, 3, 6, 7 337
Mars 4, Orbiter 337
Mars 6, Flugbahn 337
Marshall-Raumflugzentrum 101, 103, 274, 212
Martin Marietta (amerik. Firma) 152
Mascon (Anomalie d. Mondgravitationsfeldes) 249
Masse 32 f.
Massenangaben für Venus und Merkur 301
Massenanziehung 34 ff.
Massenverhältnis 71, 84 f.
Mattingly (Astronaut) 266
MAUS (Studienprogramm) 235
MAWD 349
Max-Planck-Institut f. Extraterrestrische Physik 112
Maxwellsche Gleichungen 37
MBB 156, 356
MBB-Nachrichtensatellitensystem 321
McDivitt (Astronaut) 259
Mechanik, Grundgleichung der 33
Mechanische Energie 70
Meer der Krisen (Mond) 247
Mehrfachzündung 156
Mehrstufenprinzip (Nachteile) 176
Merbold, Ulf (Astronaut – Bundesrepublik Deutschland) 235
Mercury
– Vergleich mit Gemini 142 f.
Merkurbahn 187
Merkur-Dipol-Magnetfeld 300
Merkurlandungsprojekt (weiche Landung) der USA 359
Merkur-Südpolarregion 315
Merkur, Vorbeiflug-Erkundung 297
Merrit Island 161
MESH (europ. Firmenkonsortium) 221
Meßdaten
– Surveyor 1 245
Meßeinheit CAT 112
Messerschmidt-Bölkow-Blohm (MBB) 156, 356
Meßgeber (Informationsgeber über d. Fluglage) 169 f.
Meßplattform (Spacelab) 232
Meteor (sowjet. Wettersatelliten) 131, 215

Meteorologische Satelliten 215 ff.
Meteosat (europ. Wettersatellit) 112, 215 ff., 323
– Kosten 217
– Rotation 218
– Teleskop 218
Michelstadt (Bodenstation im Odenwald) 218
Midas 2 (1960 Zeta 1) 119
Mikro-Elektronik 14
Mikrofusion 89
Mikrogravitation 284, 285
Mikrometeoriten 205
Mikrometeoriten-Konzentration 103
Mikrowellen-Sensorsystem 279
Militärische Raumfahrt 13 ff.
– Erdbeobachtung 224
– Midas 2 119
– Oberstufen d. US Air Force 162
– Orbiter 160
– Sojus 14, 15 282
– Sowjet. Trägerraketen 93 ff.
– Thesen 16
– Wettersatelliten 215
– Wettersatellitensystem 16
Minovitch, Michael A. 186
Minuteman 83
Missionsspezialisten, weibliche (Space Shuttle) 160
Missionsziele (Helios) 357
Mitchell (Astronaut) 264
Mitgliedsstaaten der ESA 27
Mittelstreckenraketen, sowjetische 93 ff.
MMS (Multispektral-Scanner) 224 ff.
Modulbauweise 223, 231
Molekulargewicht 88
Molnija-Kommunikationssatelliten 95, 207
– Bahn 220
Molnija 1 (sowjet. Nachrichtensatellit) 128
Mond
– Abstand von d. Erde 56
– Alter d. Mondes 249
– Anziehungskraft 39 f., 54 f.
– Apolunäum 241
– Aufnahme von Luna 9 (sowjet. Mondsonde) 137
– Aufnahmen von Lunar Orbiter 1 137
– Bahngeschwindigkeit 47 f.
– Bilder aus einer Mond-Kreisbahn (Lunar Orbiter) 243
– Bilder aus einer Mond-Kreisbahn (Schema) 242
– Bilder aus d. Mondoberfläche (Lunochod) 252
– chemische Analyse d. Mondbodens 245
– Einschuß in d. Mondorbit (Apollo 10) 260
– erdabgewandte Seite 127
– erdzugewandte Seite 127
– Eruptivgestein 249
– Fahrenheit (Meteoritenkrater) 249
– Fallgeschwindigkeit 55
– Gewichtsbeeinflussung durch d. 39
– Gravitationskraft 58 f.

– Hadley-Rille 264
– Kommando-Raumschiff »Columbia« 309
– Künstl. Mondsatellit 179
– Landeunternehmen 308
– Landung auf d. Rückseite 62
– letzter Mondflug 268
– magnetische Eigenschaften d. Bodens 248
– Mare Tranquillitatis 262
– Mascon 249
– Meer d. Krisen 247
– Methoden zur Untersuchung d. Bodens 248
– Mondauto »Rover« 311
– Mondboden-Untersuchung 245
– Mondfähre »Adler« 309
– Mondflugsystem 307, 308
– Mondgestein 262, 312
– Mondlandung bemannte 179
– Mondlandung, harte 179
– Mondmeere 249
– Mondmobil Lunochod der UdSSR 246, 251 f., 320
– Mondorbit-Rendezvous-Technik 255
– Mondrückseite, Krater der 307
– Mondsonde Ranger V II 125
– Mondumkreisung Apollo 8 258 f.
– Oceanus Procellarum 244, 262
– Perilunäum 241
– Ranger V II 136
– Rohstoffgewinnung auf dem 365
– Rückkehr von d. Mondoberfläche 179
– Satelliten 54 f.
– Seismologie 269
– Sonde Luna 16 320
– Surveyor-Mondsonde 135
– Tycho (Krater) 245
– Umkreisung Apollo 8 259
– Umlaufgeschwindigkeit 55
– Umlaufzeit 47 f., 56
– Umrundung 179
– Untersuchung d. Mondbodens 245
– Weg zum Mond 237 ff.
Monopolstellung d. beiden Raumfahrtgroßmächte 228
MS-T 3-Satellit 332
Multispektralkamera (MKF-6) 29, 230
– Skylab 279
Multispektral-Scanner (MSS) 226 ff.
My-4 S-2 (jap. Rakete) 23
Mylarfolie 89

N-3 (jap. Rakete) 23
Nachrichtennetz, globales 124
Nachrichtensatelliten 218 ff.
– leistungsstarke 198
Nachrichtensatellitensystem für die Länder der Arabischen Liga 321
Nachrichtenübermittlung, Relaisstationen für 47
NASA 78 f., 79, 88 f., 101,
150, 154, 160, 162, 185, 188, 208, 215, 255
NASDA (jap. Raumfahrtbehörde) 23
Navigation im Raum 174
Neptun-Vorbeiflug 342, 344 f.
NERVA 88 f.
NESS (National Environmental Satellite Service) 215
Newton, Isaac 32 ff., 176
– Gravitationsgesetz 33 ff.
– Gravitationskonstante 36
– Grundgleichung der Mechanik 33
– Trägheitsgesetz 32
Newton (N) (Krafteinheit) 32 f., 67
Newton, Kilo- (KN) 67
Newtonsche Gesetze 32 ff., 65 ff., 68 ff.
Newtonsches Gesetz, drittes 69 f.
Nickel-Cadmium-Batterien 195
Nicollier, Claude (Astronaut–Schweiz) 235
Nitrocellulose 82
Nitroglyzerin (Trinitrin) 82
Nitromethan 82
NOAA-Wettersatelliten–Infrarotaufnahme Mitteleuropas 329
NOAA 3-Wettersatelliten–Aufnahme des Nahen Ostens 330
Noordung, Hermann 273
Noordwijk 130
North American Aviation (amerik. Firma) 75 f., 172, 254, 255
Notlandung
– Sojus 283
Nuklearbatterien 269
Nutzlast, schwerste (in Mondorbit) 265
Nutzlastbucht (Space Shuttle) 159
Nutzlastexperten (Spacelab) 232
Nutzlastkapazität
– Experimentalprogramm 234
– Space Shuttle 162
Nutzlast-Massen der Erststarts 21 f.
Nutzraum (Saljut) 281

OAO Typ A (Kreisbahn
– Astronomie-Observatorium)
– Aufbauskizze 209
OAO 1 (Orbitalsternwarte) 210
OAO 2 (Orbitalsternwarte) 135, 210
OAO 3 (Orbitalsternwarte) »Copernicus« 210 f.
Oberflächenhelligkeit 214
Oberflächenspannung 284
Oberth 88, 273
Objektiv, Doppel- 243
Observatorium, Kreisbahn-Astronomie 209
Oceanus Procellarum 262
Ockels, Wubbo (Astronaut–Niederlande) 235

Offenbach (Knotenpunkt d. Weltwetter-Organisation) 218
O'Neill, K. O., US-Raumfahrtwissenschaftler 364
Operationelle Phase (Spacelab) 233
Oppositon 179 ff.
Optik 37
– Tele- u. Weitwinkeloptik 241 ff.
Orbitalstation (Saljut) 149
Orbitalstationen
– Arbeit an Bord von 232
– zukünftige Konzepte für 154
Orbitalsternwarten 209 ff.
Orbiter (Space Shuttle) 150 ff.
Orbiter- und Lander-Kombination der sowjetischen Venussonde 303
Orbit-Manöver-System (OMS) 154, 156
Orientierung im Raum 167 ff.
OSCAR-AMSAT (Satellit f. Amateurfunker) 112
Osteoporose (Knochengewebsschwund) durch Schwerelosigkeit 363
OSUM I (jap. Satellit) 23
OTRAG 109
OTS, Europäischer Kommunikationssatellit 199, 322
OTS 2 (europ. experimenteller Nachrichtensatellit) 221 ff.
– Masse 223
Oxydator 67 f.
Ozean-Überwachungssatelliten 96

Panne bei d. Kopplung (Saljut) 281
Parkkreisbahn 101
Pasadena 186
Patsajew (Kosmonaut, gestorben am 29. 6. 71) 282
Pegasus-Satelliten 103
Peilobjekt
– Lunar Orbiter 244
Perigäum 49 f.
Perihel (sonnennächster Punkt) 356
Periheldistanz 187
Perilunäum (niedrigster Bahnpunkt über d. Mond) 241
Periselenum (mondnächster Punkt d. Bahn) 243
Pflanzenkrankheiten
– Erkennung v. Pflanzenk. mit Satellitenaufnahmen 229
Phasenmodulation (Space Shuttle) 160
Phenolharz-Epoxidharzbasis (Hitzeschild) 191
Phobos – Marsmond 316
Photonen-Antriebe 89
Photonenraketen 66 ff.
Photonen-Raumschiff 368 ff.
Photonenreise durch das Universum 371
Photonenstrahlantriebe 66
Photopolarimeter 339
Pimenow, L. 284

Pioneer 11 338
Pioneer-Jupitermission 188
Pioneer-Jupiter-Raumsonde 339
Pioneer-Sonde, »Erkennungsmarke« 340, 341
Pioneer-Sonden, Ausstattung der 338
Pioneer-Venus-Bus 354
Pioneer-Venus-Orbiter 353, 354
Pioneer-Venus-Programm 352 f.
Pionier 10 13, 338
Planetenbahnebenen 61
Planeten-Erkundungsprogramm 345
Planeten-Flugbahnen 179
Planetenkonstellationen 180 f.
Planeten-Temperaturen 345
Planeten-Umlaufbahn zu Venus, Mars 297
Planeten-Vorbeiflug 341
Planeten, Vorstoß zu den 295 ff.
Planung, Japanische Raumfahrt 23 f.
Plasma 206, 208
Plasma-Analysator 338
Plasmamantel 207
Plasma-Triebwerke 87 ff.
Plasmawellen 208
Plattform, operationelle (Spacelab) 231, 232
Plesetsk (russ. Versuchsgelände) 29, 95, 227
Po-Delta, Multispektralaufnahme 331
POGO-Effekt 258
Polar Orbiter, lunarer (amerik.) 253
Polarbahn 48
Polaris 83
Polarlicht-Leuchten 206
»Potok« (Gerät an Bord von Saljut) 284
Pratt & Whitney Division 76 f.
Preßluft 68
Primärbatterien 195
Primärenergie-Quellen 195
Princeton (Universität) 211
Prognoz-Serie (sowjet. Satelliten) 207
Programm
– A-4 170
– d. ESA 28
Progress (unbemanntes Versorgungsraumschiff) 95, 149, 196
Progress 1 286
Proportionalitätsfaktoren 34 ff.
Prospero (brit. Satellit) 24
Proton-Satelliten (sowjet.) 129
Pumpe, Turbo- 73 ff.
Punkt, neutraler (abarischer Punkt, Punkt gleicher Anziehung) 58

Quantentheorie 38
Quarantäne-Maßnahmen 262
Quasaren 214
Quecksilber 87
Querachse (Rakete) 167

Radarsystem (Apollo 17) 267
Radialbeschleunigung 52
Radioaktive Verseuchung d. Atmosphäre 202
Radioisotopenquelle 245
Radiometer, Infrarot- 339
Radionuklidbatterien 200
Radiopulsare 214
Radiowellen 56, 208
Radiusvektor 35
Räder (Lunochod) 252
Raketen 65 ff.
Raketen, amerikanische
– Tabelle 100
– Atlas-Mercury-Friendship 7 (amerik. Rakete) 141
– Beschleunigung in Relation zum Erreichen d. Fluchtgeschwindigkeit (Diagramm) 57
– Brennkammer 73 ff.
– Bruttogewicht (Startgewicht) 84
Raketen, chemische 66 ff.
Raketen, chinesische 22
– Dreistufenrakete 176
– Elektronik 167 ff.
– Feinmechanik 167 ff.
– Feststoffraketen 67 ff.
– Feststoffraketen d. Space Shuttle 151 f.
– Flüssigkeitsraketen 67 ff.
– Flugbahn einer Interkontinentalrakete 178
– Gesamtimpuls einer Rakete in Relation zum Gewichtsanteil d. Treibstoffs 84 f.
– Grundgleichung der 71 f.
– Grundgleichung für d. Antrieb 72
– Grundgleichung für verschiedene Ausströmgeschwindigkeiten 84 f.
– Hochachse 167
– Informations- und Regeltechnik 168 ff.
Raketen, Japanische Träger- 145
– Längsachse 167
– Lenksysteme (Übersicht) 171 f.
– Mehrstufenprinzip (Nachteile) 176
– Mond-Erde (Luna 24) 247
– Motor f. Flüssigwasserstoff 76 f.
– Nettogewicht (Trockengewicht) 84
Raketen, nukleare (thermische) 66
– Orientierung im Raum 167 ff.
Raketen, Photonen- 66 ff.
– Querachse 167
– Raketenflug zum Mond u. Planeten 178
– Raketenflugtechnik (Buch v. E. Sänger) 149
– Raketenformel 68
– Raketenmotor d. Orbiters (Space Shuttle) 154 ff.
– Raketenstufe, ausgebrannte 274
– Saturn (Aufbau) 256
– Saturn-Raketentechnologie 150
– Saturn I 254

– Saturn I B 255
– Saturn V 255
– Scout 212
– Short-Seacat (britisch) 171
– Skylark 234
– Starthilfen, zusätzliche 176
– Steuerung 168
– Strahlruder (A-4) 168
– Strahlsteuerung (A-4) 168 f.
– Stufenprinzip 116
– Stufentrennung 116
– Titan II (Start) 143
Raketen, Träger- 93 ff.
– amerikanische (Nutzlastkapazität) 100
– Trägerraketen, vierstufige 176
– Triebwerk, Flüssigkeits- 68 ff.
– Vierstufenrakete 178
– Wostok-Trägerrakete 131
Ranger (amerik. Mondsonde) 239 f.
Ranger V II (amerik. Mondsonde) 125, 136
Ranger VII, VIII, IX (amerik. Mondsonden) 240
Raum, Orientierung im 167 ff.
Raumballistik 67
Raumfahrt, Bemannte und Biosatelliten-Technik – Erstleistungen – Tabelle 19
Raumfahrt der Jahrtausendwende 361 ff.
Raumfahrt, interstellare 367 ff.
Raumfahrt, physiologische und psychische Grenzen 363
Raumfahrtbehörde, amerikanische 108, 260
Raumfahrtgroßmächte, Monopolstellung der beiden 228
Raumfahrtindustrie, Beschäftigte 21
Raumfahrtkosten 16, 20 f.
– Ariane 110
Raumfahrt-Medizin der Zukunft 363
Raumfahrtprogramme
– Leistungsbedarf 198
Raumfahrttechnologie
– Anfänge der 11 ff.
– Nutzungsmöglichkeiten 13
Raumfahrzeuge
– Orientierung im Raum 167 ff.
Raumflüge, interplanetare 88
Raumflugbahnen 174 ff.
Raumflugkörper
– Auftrieb 190
– Gewicht in Relation zum Erdabstand (Diagramm) 57
Raumflugkörpers, Bahnbestimmung des 188
Raumflugkörpern, Energieversorgung von 195 ff.
Raumkraftwerke (Gigawatt-Bereich) 198
Raumkrankheiten (Spacelab) 235
Raumlabor Spacelab 324
Raumschlitten (Space Sled) 235
Raumstation, bemannte 271 ff.

379

Raumstationen, unabhängige 198
Raumtransporter, europ. 150
Raumtransporter, wiederverwendbarer s. Space Shuttle 149 ff.
Raum-Zeit-Kontinuum 38 f.
RBV (Fernsehaufnahmesystem) 224 ff., 228
RCC (Isolierungsschicht) 158
RD-107 93
RD-108 93
RD-119 95
RD-214 95
RD-253 98
Reaktor Snap-10 A 117
»Reakzija« (Gerät an Bord von Saljut) 285
Rechner (A-4) 170
Redstone 68
Rees, Eberhard 104
Reflektoren, optische (Helios) 357
Regenerativ-Kühlung (Space Shuttle) 156
Regierungsdokument (amerik.)
– Kostenvergleich bemannte – automatische Raumfahrt 250
Regionalsysteme (Satellitensysteme) 219 ff.
Reibungswiderstand 51
Reisedauer auf Hohmannkurs 184
Reisezeiten von der Erde zu d. Planeten (Hohmann-Ellipsen) 185
Relaissatelliten, lunare 62
Relaisstationen 47 f.
Relativitätstheorie 38 f.
Relay 1 (1962 B YPSILON 1) 122
Remek (Kosmonaut aus d. ČSSR) 286
Rendezvous Gemini-6 mit Gemini-7 144
Rendezvous Kosmos 186–Kosmos 188 129
Reparaturarbeiten (Skylab) 277
Richtungsstabilisierung (Granate) 175
Ritchey-Chrétien-Teleskop 213
RL-10-A-3 (A 3), (Flüssigkeitstriebwerk) 76 f., 103
Rocketdyne Division 75 f., 152
Rocketdyne F-1 (Triebwerk) 114
Rockwell International (amerik. Firma) 152, 230
Röntgenbeobachtungen (Sonne) 278
Röntgenfluoreszenz-Spektrometer 252
Röntgenquellen 214
Röntgenstrahlenquellen 212
Röntgenstrahlen-Teleskope 211, 278, 283
Rohstoffe aus dem Weltraum 364, 365
Rollstabilisierung, Kreisel für die 171
Rollsteuerung 79
Roosa (Astronaut) 264

Rotation
– Meteosat 218
Rotationsgeschwindigkeit 40 ff.
Rotationskörper 48
Rotverschiebung 214
Rover (batteriegetriebenes Mondauto) 88, 264
Rückführtechnik, automatische 246 ff.
Rückführung einer Kapsel 190
Rückführung von Flugkörpern 189
Rückführung von Mensch und Material vom Mond 189
Rückkehrgerät (Luna 24) 247
Rückkehrproblem aus d. interplanetaren Raum 189
Rückstoß-Kontrollsystem RCS) 156
Rundflug (Hohmannscher) 182 ff.
Russische Raumfahrttechnologie 12 ff.

S-IV B 104, 274, 275
S IV-Stufe 104
S-51-Ariel (1962 OMIKRON 1) britischer Ionosphären-Forschungssatellit 122
Sänger, Dr. Eugen 149, 368
SAFE-Antenne (Satellitenfunk-Bodenstations-Antenne mit festem Einspeisepunkt) 123
Saljut (sowjet. Orbitalstation) 98, 149, 154, 281 ff., 291
Saljut 1 281 f.
Saljut 2 (zerstörte sowjet. Raumstation) 282
Saljut 3 282
– Bilanz d. Fluges 282
Saljut 4 282 ff.
Saljut 5 284, 285
Saljut 6 230, 276, 285 f.
Salpetersäure 73, 82
Samos 2 (1961 Alpha 1) 119
SAS (Small Astronomy Satellite) 211 f.
SAS 3 (amerik. Astronomie-Satellit) 211 f.
Satelliten 203 ff.
– Anwendungss. (amerik.) 162
– Anwendungss. f. d. geostationären Orbit 98
– Apple (indischer experimenteller Kommunikationssatellit) 112
– Astronomie-Satelliten 209 ff.
– Azur (Forschungssatellit) 125, 206
– Bergung 210
– chinesische 22, 230
– COS-B 206
– Defekt in d. Bordelektronik 202
– defekte 149
– Diademe I (D-IC) französischer S. 121
– DIAL 206
– Dreifachsatellit Transit 4 A/Injun/Greb (1961 Omikron 1–186) 120

– ECS (europ. Kommunikationssatellit) 221
– Elektron 2 (sowjet. Forschungssatellit) 131
– Erderkundung 224 ff.
– Erdsatelliten 193 ff.
– ERTS 1 (amerik.) 224
– Esro IV (europ. Forschungssatellit) 130
– europ. Anwendungssatelliten 112
– Explorer 14 (1962 B GAMMA 1) 121
– Explorer 15 (1962 B LAMBDA 1) 121
– Explorer 16 (1962 B CHI 1) 122
– Firewheel (europ.) 112
– Flugbahnen 217
– Forschung u. Technologie 205 ff.
– Geos II (europ. Magnetosphären-Forschungssatellit) 208
– Gesamtstarts 30 f.
– Heath Capacity Mapping Satellite 205
– HEOS 206
– Hermes (Kanadischer Kommunikationssatellit) 199
– indische 230
– Infrarot-Horizontsensoren 174
– Intelsat 218 ff.
– Intelsat IV 124
– Intelsat V (Kommunikationss.) 162
– ISEE I, II, III (Sonnenwind-Forschungssatelliten 208
– IUE 199, 211
– Kartographie 228 f.
– Kernexplosions-Überwachungss. 87
– Kosmos (sowjet. Satellit) 196
– Kosmos 186 129
– Kosmos 188 129
– Kosmos 900 (sowjet.) 207
– Kosmos 954 (abgestürzter sowjet. Satellit mit Kleinreaktor) 96, 200, 201 f.
– Kreisbahn 176
– Landsat (amerik.) 224 ff.
– LES 8, 9 (amerik. Experimentalsatelliten) 201
– Leuchtfeuersatellit Anna 1 B (1962 B MY 1) 121
– Marecs (europ. maritimer Kommunikationssatellit) 199, 223
– Marots-A (europ. Kommunikationssatellit) 112
– Meteor (sowjet. Wettersatellit) 131, 215
– Meteosat (europ. Wettersatellit) 112, 215 ff.
– Midas 2 (1960 Zeta 1) 119
– Molnija (sowjet.) 207
– Molnija 1 (sowjet. Nachrichtensatellit) 128
– Nachrichtennetz, globales 124
– Nachrichtensatelliten, leistungsstarke 198

– OAO-2 (amerik. Astronomie-Satellit) 135
– Oberfläche eines 198
– Orbitalsternwarten 209 ff.
– OSCAR-AMSAT (europ.) 112
– OTS 199
– OTS 2 (europ. experimenteller Nachrichtensatellit) 221 ff.
– Pegasus 103
– Position d. fünf geostationären Wettersatelliten 216
– Prognoz (sowjet.) 207
– Proton-Serie (sowjet.) 129
– radioaktive Satellitenfragmente 202
– räumliche Orientierung von 174
– Regionalsysteme 219 ff.
– Relais- 62
– Relay 1 (1962 B YPSILON 1) 122
– SAS (Small Astronomy Satellite) 211 f.
– SAS 3 (amerik.) 211 f.
– SEASAT 205
– Solarzellen-Außenhautverkleidung 197
– Sputnik 1 (1957 BETA 1) sowjet. Satellit 239
– Subsatellit (Mond) 265
– Synchron-Satelliten (Nachrichtensatelliten) 220
– Syncom (amerik. Nachrichtensatellit) 122
– Systeme, d. einen direkten Empfang aus dem geostationären Orbit ermöglichen 220
– Tabelle Lebenserwartung 50
– TD 1 (europ. astronomischer Forschungssatellit) 130
– TDRS (amerik. Relaissatellit) 160
– Tiros (Wettersatellit) 125
– Tiros 1 (1960 Beta 2) 118, 132
– Tiros 2 119
– Transit IV A 117
– Samos 2 (1961 Alpha 1) 119
– Satellitenfunk-Bodenstations-Antenne (SAFE) 123
– Spot (franz. Erdbeobachtungssatellit) 112
– S-51-Ariel (1962 OMIKRON 1) britischer Ionosphären-Forschungssatellit 122
– Untersuchung des erdnahen Weltraums 205 ff.
– Wettersatelliten 215 ff.
Satellitenbahnen 45 ff.
– Aequatorialbahn 48
– Bahnelemente (Abb.) 54
– Bahngeschwindigkeiten 51
– ballistische Wurfbahnen 50
– Beschleunigung 46 f.
– elliptische 60 f.
– Fluchtgeschwindigkeit 51 ff.
– hyperbolische 59 f.
– Kreisbahn 45 ff.
– »Laika«, erstes Lebewesen

auf einer Erdsatellitenbahn 139
- parabolische 59f.
- Polarbahn 48
- Tabelle-Umlaufzeiten u. Bahngeschwindigkeiten für Höhen u. Abstände vom Erdmittelpunkt 47
Saturn 77, 98, 99
- Aufbau 256
- Oberstufe 104
- Raketentechnologie 150
- Vorbeiflug 342, 344
Saturn I 103 ff., 254
- Aufbau 256
- H-1-Triebwerk 104
Saturn I B 103 ff., 255, 274
- Aufbau 256
- J 2-Triebwerk 104
- techn. Daten 107
Saturn V 103 ff., 104 ff., 255, 275
- Abbildung d. 1. u. 2. Stufe 106
- Aufbau 107, 256
- Erststufenmotor 114
- Gesamtansicht mit Turm u. Schlepper 112
- H-1 Triebwerk 105 f.
- Instrumenteneinheit 104
- Montagehalle (Vehicle Assembly Building) 115
- techn. Daten 107
- 1. Stufe (S-1 C) 104 ff.
- 2. Stufe 104 ff.
- 3. Stufe (S-IVB) 104
Sauerstoff 66 ff., 81 ff
- flüssiger 74 ff.
Sauerstofftanks, Umbau d. (Apollo 13) 264
Sauerstoffträger 67 f.
Scheitelpunkt d. ballistischen Flugkurve 177
Schirra (amerik. Astronaut) 144, 258
Schklowski, Josif 364
Schmidt, E. 197 f.
Schmitt, H. (Astronaut u. Geologe) 267
Scholze, O. 66, 170 ff.
Schub-Antriebsgewichtsverhältnis 66
Schubasymmetrie 80
Schubdüse 74 ff.
Schubkraft 71 f.
Schubvektor 168
Schubvektorkontrolle 78 ff.
Schweickart (Astronaut) 259
Schweif- und »Gegenschweif«-Entwicklung 279
Schwenkmotoren 169
Schwerebeschleunigung 41 ff.
Schwerelosigkeit 231
Schwerkraft 32 ff., 54 f., 175
Schwerkraft, künstliche 286
- Umlenkung 185
Schwerelosigkeit 54
Scout (amerik. Rakete) 99, 176, 212
Scott (Astronaut) 259, 264
SEASAT (Satellit) 205
Seattle 150
»Segeltechnik« von Mariner 10 300
Sekundärbatterien 195
Sensoren, Partikel- und Staub- 338

Sensor- und Kreiselsystem (Skylab) 275
Sextanten 174
»Sfera« (Gerät an Bord von Saljut) 285
Shaba (Zaire) 109
Shepard (Astronaut) 264
SHINSEI (jap. Satellit) 23
Short-Seacat (britische Flab-Rakete) 171
Shuang Cheng-tzu (chinesisches Versuchsgelände) 21
Shuttle, US-Space – 324, 325
Shuttle Orbiter
- Aufenthaltsbereich 231
- Enterprise 326
- Kopplung mit einer Saljut-Station 294
Shuttle-Raum-Plattform 327
Shuttle-Tank-Raumstation 154
Shuttle-Tanks (Wiederverwendung) 154
Signal, elektrisches (Raketensteuersystem) 170
SIGNE 3 (franz. Satellit) 25, 96
Silber-Cadmium-Batterie 195
Silber-Zink-Batterie 195, 267
Skylab 271, 275, 277
Skylab, Inneres 311, 319
Skylab, »Rettung« von 280, 281
Skylab-Umlaufbahn 312
Skylark (Rakete) 234
Smithsonian Insitution (Luft- u. Raumfahrtmuseum) 108
SNAP (Hilfsstromaggregate auf nuklearer Basis) 200 f.
SNAP 3 A 201
SNAP 9 A 201
SNAP 10 A 117, 201
SNAP 19 201
SNAP 27 201
Sojus (sowjet. Raumschiff) 95, 149, 196, 289
Sojus-Raumschiff-Modell 292 f.
Sojus-Sojus-Kombination 274
Sojus 10 281
Sojus 11 282
Sojus 14, 15 282
Sojus 17 283, 284
Sojus 18 283, 284
Sojus 20 283, 284
Sojus 21 284
Sojus 23 285
Sojus 24 285
Sojus 25 286
Sojus 26 230, 286
Sojus 27 286
Sojus 28 286
Sojus 29 286
Sojus 30 286
Sokolow, S. 246
Solargenerator (Schema) 197
Solargeneratoren, entfaltbare 198
Solarzellen 195 ff.
- Außenhautverkleidung 197
- Flächen 197
- Serien-Parallelschaltung 198
Solarzellen-Flächen
- Saljut 281
Solarzellen-Flächen

- Saltjut 3 282
- Skylab 275
Sonden
- Helios 356
- Jupitersonde 200
- Luna 9 (sowjet. Mondsonde) 138
- Luna 15, 16, 18, 20, 23 (sowjet.) 246
- Luna 17 251
- Luna 21 (sowjet.) 251
- Luna 24 (sowjet.) 246 ff.
- Lunar Orbiter (amerik. Mondsonde) 239, 241 ff.
- Lunar Orbiter Spacecraft (Aufbauschema) 241
- Lunar Orbiter 1 137
- Lunar Orbiter 1, 4 243
- Lunar Orbiter 5 243 f.
- Lunik 1 (1959 MY 1) 128
- Lunik 3 (sowjet. Raumsonde) 126
- Mariner IV (Marssonde) 136
- Mariner X 186
- Mondsonde (sowjet.) Zeichnung 246
- Ranger (amerik. Mondsonde) 239 f.
- Ranger V II (Mondsonde) 125, 136
- Raumsonden 193 ff.
- Sondenbahnen Erde–Mars 184
- Sondenbahnen Erde–Venus 184
- Sputnik 1 (sowjet. Mondsonde) 239
- Surveyor (amerik. Mondsonde) 239
- Surveyor-Mondsonde 135
- Surveyor 3 (Mondsonde) 138
- Surveyor 5, 6, 7 245 f.
- Venus 3 (sowjet. Raumsonde) 128
- Venus-Sonde (1961 GAMMA 1) 128
- Venussonde Mariner 2 121
Sonne 179 ff., 207 f.
- Anziehungskraft 39 f.
- Aufnahmen (Skylab) 278
- gesteigerte Sonnenaktivität 280
- Gewichtsbeeinflussung durch d. 39
- Korona 278
- Kreisbahn-Beschleunigung 183
- Mission zu d. Polargebieten d. S. 188
- Sonnen-Annäherung (Kohoutek) 279
- Sonneneruptionen 207, 208
- Sonnenstrahlung 199
- Sonnenwind 206
- Umlaufgeschwindigkeiten in Relation zur Entfernung (Diagramm) 56
Sonnenenergie 117
Sonnenenergieversorgung (europ.) 215
Sonnenforschungs-Experimente 277
Sonnenmission, polare, amerikanisch-europäische 359

Sonnenobservatorium (Skylab) 275, 277 f.
Sonnensegel 89
Sonnensonde Helios, 322, 358
Sonnensystem 61
- Erforschung 179
Sonnenteleskop (Saljut) 283
Sowjetische Biosatelliten 294
Sowjetische Raumfahrt 11 ff., 281 ff.
Sowjetische Raumfahrt
- Erderkundungsaktivitäten 229
- Kosten 250
- Mondsonden 239 f., 246 ff.
- Primärenergie-Quelle 196
- Trägerraketen 93 ff.
Sowjetische Raumfahrttechnologie 289
Sowjetische Raumsonde Mars 1 301
- Venus 1 301
Sowjetische Trägerraketen 93 ff.
Space Division (amerik. Firma) 152
Space Shuttle 18, 89, 100, 149 ff., 203 f., 230, 281, 360
- Aluminium-Legierung 152
- Andruck-Belastung 163
- Antriebsstufe (Booster) 150
- Aufbau 151
- Außenbordaktivitäten 160
- Bergung eines Satelliten 210
- Bordrechner 156
- Fallschirmbehälter 163
- Feststoffraketen 151 f.
- Feststofftriebwerke 150 f.
- Festtreibstoff 163
- geplante Starts 233
- Hochleistungs-Turbinenpumpen 156
- Kontraktfirmen 152
- Kosten 150
- Kühlung d. Brennkammer 156
- Landebahn 161
- Landung 161
- Mechanische Probleme am Triebwerk 233
- OMS-Doppeltank 156
- Orbiter 150 ff.
- Orbiter (Abbremsung) 164
- Orbiter (Antriebssystem) 154
- Orbiter (Aufbau) 155
- Orbiter (Besatzungsstärke) 154
- Orbiter (Beschichtung der Außenhaut) 157 ff.
- Orbiter (Cockpit) 159
- Orbiter (Datenübertragung) 160
- Orbiter (Energieversorgung) 160
- Orbiter (Flugführungssysteme) 159
- Orbiter (Form) 157
- Orbiter (hinterer Abschnitt) 157
- Orbiter (Hitzeschild) 157
- Orbiter (Kreisbahn) 164
- Orbiter (Landegeschwindigkeit) 157
- Orbiter (Luftschleuse) 159 f.

- Orbiter (Missionsspezialisten) 159
- Orbiter (Mittelabschnitt) 157
- Orbiter (Nutzlastbucht) 159
- Orbiter (Nutzlast-Kapazität) 162
- Orbiter (Passagierzone) 159
- Orbiter (Steuerungs- und Kontrollelemente) 159
- Orbiter (Triebwerk d. OMS) 164
- Orbiter (Versorgungs- und Umwelterhaltungssysteme) 159
- Orbiter (vordere Sektion) 157
- Orbitereinsatz (Dauer) 154
- Orbit-Manöver-System 154, 156
- Raketenmotor d. Orbiters 154 ff.
- RCS Vernier-Triebwerke 157
- Rückstoß-Kontrollsystem (RCS) 156 f.
- Schnittzeichnung d. Feststoffrakete 153
- Shuttle-Tank 152 f.
- Shuttle-Tank-Raumstation 154
- Shuttle-Tanks (Wiederverwendung) 154
- Spacelab 230 ff.
- Start 162 ff.
- Tank, leerer 163
- Treibstofftank (Aufbau) 153
- typischer Ablauf einer Mission 162
- Wartungs- und Überholungszentrum 162
- 1. Stufe 151 f.

Space Telescope (Weltraumteleskop) 212 ff.
SPACELAB 18, 28, 203 f., 230 ff.
- Hauptaufgaben 231 f.
- Missions-Ablauf 233
Spacelab-Raumlabor 324
Spektrograph f. lichtschwache Objekte 214 f.
Spektrograph mit hoher Auflösung 215
Spektralbänder (Landsat 1 und 2) 226 ff.
Spezialbatterie (A-4) 171
Spiegelteleskop 210 f.
Spot (franz. Erdbeobachtungssatellit) 112
Sputnik 1 (sowjet. Sonde) 12, 239
Sputnik 2 (1957 BETA 1) sowjet. Satellit 12, 139
Sputnik 3 (1958 DELTA 2) 126
SS-4 95
SS-5 95
SS-6 93
SS-9 96
Stabilisatoren (A-4) 168
Stafford, Tom (amerik. Astronaut) 144, 260
Startazimut (Space Shuttle) 162

Startfenster in Richtung Jupiter 338
- zu den Planeten 297
Starthilfen, zusätzliche (Rakete) 176
Staustrahltriebwerke 65 f.
Stehling, Kurt R. 78 ff.
Stellmotor (A-4) 170
Stereoskopische Erfassung d. Mondoberfläche 245
Sterne
- Beobachtung von Sternen 209 ff.
- Navigation 173
- Sensoren 174
Steueranlage (A-4) 168 ff.
Steuerkreisel 169
- Geschwindigkeitskreisel 171
- Kreisel für die Rollstabilisierung 171
Steuern (Flugkörper) 173
Steuerorgane A-4 (V 2) 168
- mechanische 168 ff.
Steuerung, Roll- 79
Steuerung einer Rakete
- Schwenkmotoren 169
- Strahlruder 169
Steuerungs- und Kontrollelemente (Space Shuttle) 159
Steuerungssystem, Defekt im 283
Strahlablenkring 81
Strahlantriebe 65 ff.
- Einteilung 65 f.
Strahlgeschwindigkeit 65, 71 f.
Strahlrohr 65
Strahlruder (A-4) 81, 168 f.
Strahlturbine 65
Strahlungsgürtel 205
Strom-Spannungs-Kennlinie 197
Stromversorgungssysteme, standardisierte 198
Stützmassen 65 ff.
Stufenprinzip (Rakete) 176
Stuhlinger 87
Suborbital-Bombentests 96
Subsatellit 265
Sunnyvale (Kalifornien) 77
Surveyor (amerik. Mondsonde) 135, 239, 244 f.
- Bahnkorrektur-Manöver 244
Surveyor 1 (amerik. Mondsonde)
- photographische Entdeckung 244
Surveyor 3 262
- Mondsonde 138
Surveyor 5, 6, 7 245 f.
Swigert (Astronaut) 262
Symphonie, deutsch-französischer Kommunikationssatellit 321
Synchronbahn 100
Synchron-Satelliten (Nachrichtensatelliten) 220
Syncom (amerik. Nachrichtensatellit) 120
Synodische Periode 180 ff.
Synodische Periode
- d. Mars (Relationen Erde–Mars) 181
- d. Venus (Relationen Erde–Venus) 181

Tanegashima (jap. Raumflugzentrum) 23
TANSEI (jap. Testsatellit) 23
Tansei III, japanischer Satellit 333
Taurus-Littrow-Region (Mond) 268
TD 1 (europ. astronomischer Forschungssatellit) 130
TD-1 A (Astronomiesatellit) 27
Teilchenflüsse, kosmische
- Messung 252
Tele-Manipulatoren (Space Shuttle) 159
Telemetrie (Space Shuttle) 160
Teleoperator-System 280 f.
Teleskope 210 f.
- Meteosat 218
- Ritchey-Chrétien-Teleskop 213
- Winkelauflösung 213
Tempel II (Komet) 185, 360
Temperatur d. Erdoberfläche (Infrarotaufnahme) 218
Temperaturkontrollsystem (Helios) 357
Tereschkowa, Valentina (sowjet. Astronautin) 23
Testlabor (Spacelab) 231
Texus (Raketenprogramm) 234
Texus 2-Mission 234
Tharsis-Vulkankette des Mars 336
Thermischer Ausdehnungskoeffizient 213
Thermoelemente 195 ff.
Thiokol (amerik. Firma) 152
Thor-Able
- Stufentrennung 116
Thor-Delta-Trägerrakete (amerik.) 108, 208
Thor-Jupiter-Triebwerk 254
Tiros (Wettersatellit) 125
TIROS 1 (amerik. Satellit) 215
Tiros 1 (1960 Beta 2)
- Aufbauschema 118
Tiros 1
- Erdaufnahmen 132
Tiros 1 (1960 Beta 2)
- Wettersatellit 118
Tiros 2 (amerik. Satellit) 119
Titan (amerik. Rakete) 99, 176
Titan-Vorbeiflug 344
Titan II
- Start 143
Titan III D 100
Titan III E-Centaur 99
Titan III E-Centaur-TE 364-4 (amerik. Trägerrakete) 356
Titow, German (sowjet. Kosmonaut) 23
Toilette (Space Shuttle) 160
Tonka 505 C 83
Trägerraketen, s. d. einzelnen Raketen
- amerikanische 99 ff.
- sowjetische 93 ff.
- vierstufige 176
Trägheitsgesetz (Newton) 32
Trägheitslenksystem (A-4) 170 f.
Trägheitsnavigationssystem (schematische Darstellung) 172
Transit IV A 117, 120

Treibsatzoberfläche 78
Treibstoffe 81 ff.
- Aufwand an Treibstoff für Planetenflüge 183
- Dieselöl-Salpetersäure 109
Treibstoffe, Flüssig- 79
- Gewichtsanteil d. Treibstoffes in Relation zum Gesamtimpuls einer Rakete 84 f.
- Hypergole 82 ff.
- Katergole 82 ff.
- Monergole 81 ff.
- Nicht-hypergole 82 ff.
Treibstoffpumpen 68
Treibstoffsätze, Fest-Formen 80
Treibstofftank (Verwendung als Raumschiff) 274
Triebwerke
- Antrieb mit positiven und negativen Ionen (Schema) 86 ff.
- elektrische 66 ff., 85 ff.
- elektromagnetische Triebwerke (Schema) 86 ff.
- Festkernreaktor- 88 f.
- Feststoffraketen d. Space Shuttle 151 f.
- Feststofftriebwerke 77 ff., 150 f.
- H-1 104 ff., 254
- Hilfstriebwerk (Space Shuttle) 162
- Hochdrucktriebwerke 156
- Ionenstrahl- (Schema) 86 ff.
- Ionen-Triebwerk 185
- J 2 104
- kaltes Triebwerk 82
- Kolloid-Ionentriebwerk 87
- Lichtbogen- (Schema) 86 ff.
- Mehrfachzündung 156
- nukleare 85 ff.
- OMS (Space Shuttle) 164
- d. Orbiters (Space Shuttle) 154 ff.
- Plasma- 87 ff.
- RD-107 93
- RD-108 93
- RD-119 95
- RD-214 95
- RD-253 98
- RL-10-A-3 76 f., 103, 104
- Rocketdyne F-1 114
- S-1 C 104
- S-IV B 104
- Space Shuttle (Probleme) 233
- Technologie von Messerschmidt-Bölkow-Blohm 156
- Thor-Jupiter 254
- Vernier-Triebwerke 157
- Wasserstoff-Sauerstoff- 257
- X 1 75 f.
- XLR-115 76 f.
Turbinenläufer 75
Turbinenpumpen, Hochleistungs- (Space Shuttle) 156
Turbo- oder MHD-Generatoren 195 f.
Turbopumpe 73 ff.
Twerskoi, B. 205 ff.
Tycho (Mondkrater) 245
Tyuratam (Baikonur) 96, 227

U-2 (amerik. Flugzeug) 224
Übertragung d. Signale zu den Bodenstationen (Weltraumteleskop) 213
Übertragungskapazität
– OTS 2 (europ. Satellit) 222
UdSSR-Sondenstart zu Mars und Venus 297
Überwachungssatellit 87
ULE-7971 (Spiegelmaterial) 213
ULP (extrem leichte Solarfläche) 199
Umlaufgeschwindigkeit 44
– und Fluchtgeschwindigkeit für d. Erde in Relation zu Entfernungen zum Erdmittelpunkt (Diagramm) 58
Umlenkung d. Raumsondenbahn 185
Umlenkwinkel 186
United Aircraft 76f.
United Technology Corporation 77
Unterleib-Niederdruckgerät 276
Uranus 344
– Ringsystem 344
US-Raumfahrtbehörde 212
US-Raumfahrttechnologie 289
US-Sowjetisches Raumfahrtprojekt ASTP 289
US-Space-Shuttle 324, 325
US-Wettersatellit NOAA 3 – Aufnahme des Nahen Ostens 330
UV-Emissionslinien 214
UV-Kamera (Apollo 16) 266
UV-Photometer 210
UV-Spektrograph 278
UV-Spektrometer 338

V 2 (A 4) 11
V 2-Technologie 93
Van-Allen-Strahlungsgürtel 207
Vandenberg AFB (Startplatz d. US-Luftwaffe) 99, 161f.
VDI/VDE, Fachgruppe Regelungstechnik, Ausschuß Flugregelung 172
VELA 87
Vectorcardiogramm 276
Venera-Sonden, sowjetische 353, 355
Venus
– Atmosphäre 355
– Erkundung 297
– Konjunktion und Opposition 180ff.
Venus-Landekapseln der UdSSR 302
– -Landschaft 353
– -Mission 25f.
– -Orbiter (Planung) der USA 359

Venus-Pioneer-Bus 354
Venus-Pioneer-Orbiter 353, 354
Venus-Pioneer-Programm 352
Venus-Sonde (1961 GAMMA 1) 128
– Trabant, künstlicher 353
– Ultraviolett-Aufnahme 314
– Venera-Sonden, sowjetische 355
– »Venuswolken« 355
– Vorbeiflug 186f.
Venus, weiche Landung 303
Venus 1, sowjetische Raumsonde 301
Venus 2 – Anflug der UdSSR-Raumkapsel 301, 302
Venus 3 (sowjet. Raumsonde) 128
Venus 4, sowjetische Raumsonde 301
Venus 4-Fallschirm 302
Venus 5, 6, 7 der UdSSR 302
Venus 9 u. 10, sowjetische Sonde 303
Verbrennungsgase 73ff.
Verbrennungsvorgang im Triebwerk 73f.
Verifikationsphase (Spacelab) 233
Verne, Jules 273
Vernier-Triebwerke (Space Shuttle) 157
Véronique-Höhenforschungsraketenprogramm 26
Versorgungs- und Umwelterhaltungssysteme (Space Shuttle) 159
Versorgungsraumschiff, unbemanntes (Progress) 149
Verstärker (A-4) 170
Vertical Assembly Building (VAB) 161
VFW-Fokker/ERNO 231
Vielfachbündelung 109
Vierstufenrakete 178
Viking (amerik. Sonde) 192
– auf dem Mars 313
– -Bioblock 346, 351
– -Experimente 349
– Lander 349, 350f., 352
– -Lander-Modell 318
– -Marsmission (amerik.) 246
– -Mission 349
– -Nachfolgemission zum Mars 360
– Orbiter 349, 350, 352
– -Orbiter-Modell 318
– -Programm 345
Viking 1 348
– Lander auf dem Mars 335
– -Marslandung 335
– -Orbiter, Foto des Marsmondes Phobos 316
Viking 2-Landestelle Mars 348

Villafranca (ESA-Station bei Madrid) 211
Volkow (Kosmonaut, gestorben am 29. 6. 71) 282
Vorbeiflug-Erkundung der Planeten Merkur, Venus, Mars, Jupiter 297
Vortrieb (Granate) 175
Voyager (amerik. Sonde) 185, 188
Voyager-Daten für das Erreichen von Jupiter und Saturn 344
Voyager-Kurskorrekturen in Richtung Uranus 344
Voyager-»Plattenspieler« mit Welt-Informationsprogramm 345
Voyager-Projekt 340, 341f.
Voyager-Raumflugbahnen 343
Voyager-Raumsonde, wissenschaftliche Ausrüstung 341
Voyager-Sonden, Computersystem 342
– Feststoff-Triebwerk 342

Wärme, Abführung der beim Atmosphärendurchflug auftretenden 189
Wärmeaustauscher (Space Shuttle) 160
Wärmeflußmessung im Mondboden 268
Waffentechnik 13ff.
– Flüssigtreibstoffe 83
– Short-Seacat (brit.) 171
Wallops Island 99
Wassereinspritzung 75
Wasserstoff 82f.
Wasserstoffsuperoxyd 73, 75, 82
Wasserstoffwolke (Kohoutek) 278
WB-57 (amerik. Flugzeug) 224
WEFAX 218
»Wegwerf«-Element (Space Shuttle) 154
Weißlicht-Koronograph 278
Weitwinkelkamera 214
Weltbild, heliozentrisches 44
Weltraumbohrtechnik 247f.
Weltraumkolonie, Organisationsstruktur 364, 365, 366
Weltraumteleskop
– Kosten 212
– Space Telescope 212ff.
– Gesamtfunktionsdauer 213
– Aufgabenkatalog 214
– Ausrichtungs- u. Lageregelungssystem 214
Werkstoffherstellungsprozesse 280
Werkstoff-Technologie (Saljut) 284
Western Test Range 99

Wetterbeobachtung, globales Netz zur 215
Wetterbeobachtungssatellit Meteosat 323
Wettersatelliten 125, 215ff.
– Frühwarnung 215
– Meteosat (europ.) 215ff.
– Meteor (sowjet.) 215
– Position der fünf geostationären Wettersatelliten 216
White, Edward (amerik. Astronaut) 144
White II, Edward (amerik. Astronaut, gestorben am 27. 1. 67) 257
White Sands Missile Range (New Mexiko) 255
Wiedereintritts-Korridor 190
Windgeschwindigkeit (Satellitenaufnahme) 218
Windkanal-Untersuchungen (Space Shuttle) 157
Winkelauflösung (Teleskop) 213
Wissenschaftlicher Bereich
– Erstleistungen – Tabelle 16f.
W. I. – Wernadski-Institut 248
Wladimirow, B. 247
Wohnräume, Aufenthalts- und (Space Shuttle) 159
Wolgograd 227
Woodmetall-Proben (Saljut) 285
Woomera (australisches Testgelände) 24, 27
Worden (Astronaut) 264
Wostok (sowjet. Raumschiff) 140
Wostok-Trägerrakete 131
Wostok 1
– Gagarin, Jurij 139f.
Wostok 2 (1961 TAU 1)
– Titow, German (sowjet. Kosmonaut) 139
Wresat (australischer Satellit) 24

X-1 (Flüssigkeitstriebwerk) 75f.
XLR-115 (Flüssigkeitstriebwerk) 76f.

Zaire 109
Zenitteleskop 252
Zentrifugalkraft 40, 42
Ziolkowski, Konstantin 273
Zond 4–8 (sowjet. Raumschiff) 190f., 253
Zubringerraumschiff (Sojus) 149
Zweistoffsysteme 82ff.
Zwischenbrennschluß 177
Zwischenfilm (Lunar Orbiter) 241